刘海林 王 强 甘 露 林 延 张文俊 赵鑫彦 龚陈宝 等◎编著

人民邮电出版社
北京

图书在版编目（CIP）数据

5G 无线网络优化 / 刘海林等编著. -- 2 版. -- 北京 ：
人民邮电出版社，2025. -- ISBN 978-7-115-65782-4

Ⅰ. TN929.538

中国国家版本馆 CIP 数据核字第 2024DH6393 号

内 容 提 要

本书系统性地阐述了 5G 无线网络优化技术的基本理论及实践全过程，从 5G 无线网络优化的概念、无线网络工程相关理论知识到数据采集及优化分析，再到专题优化及共建共享优化，全书整体逻辑清晰、结构完整，通过分析大量的工程实践经验和案例，达到理论结合实践的目的。

本书是一部综合 5G 无线网络原理与优化实战经验的专业性图书，可作为无线通信领域研究人员和工程技术人员的参考用书，也可作为高等院校通信专业高年级本科生或研究生的教学参考用书。

◆ 编　　著　刘海林　王　强　甘　露　林　延　张文俊
　　　　　　赵鑫彦　龚陈宝　等

责任编辑　张　迪

责任印制　马振武

◆ 人民邮电出版社出版发行　　北京市丰台区成寿寺路 11 号

邮编　100164　　电子邮件　315@ptpress.com.cn

网址　https://www.ptpress.com.cn

固安县铭成印刷有限公司印刷

◆ 开本：800×1000　1/16

印张：19.75　　2025 年 3 月第 2 版

字数：419 千字　　2025 年 3 月河北第 1 次印刷

定价：129.00 元

读者服务热线：(010)53913866　印装质量热线：(010)81055316

反盗版热线：(010)81055315

策划委员会

编审委员会

发展新质生产力是推动经济社会高质量发展的内在要求和重要着力点，作为新质生产力的典型代表，已深度赋能千行百业，推动融合应用新业态、新模式蓬勃兴起，促进经济社会高质量发展。

移动通信从模拟通信发展到数字通信，从2G时代到3G时代，再到4G时代，每一次变革都给人们的生活带来了翻天覆地的变化，5G万物互联时代更是如此。5G是数字经济时代的战略性基础设施，是新一轮科技革命和产业变革的重要驱动力量。加快推动5G建设工作，对于助力经济社会发展，增强国家核心竞争力，具有重大意义。

5G与云计算、大数据、人工智能等新一代信息技术结合，将全面构筑支撑经济社会数字化转型的关键基础设施，促进生产方式和生活方式深刻变革，重塑现代经济体系。

我国5G商用5年来，实现了跨越式发展。工业和信息化部数据显示，截至2024年4月底，我国已累计建成5G基站374.8万个。庞大而高效的5G通信网络，不仅覆盖了城市的每一个角落，更是延伸到乡村和偏远地区，实现了从“县县通”向“村村通”的跨越式发展。5G用户数量快速增长。截至2024年4月底，我国5G移动电话用户已达8.89亿户。5G技术应用的普及工作取得了显著成效。目前，5G应用已融入国民经济97个大类中的74个类别，特别是在采矿业、电力、医疗等重点行业，5G技术已经实现规模化复制，为行业的数字化转型升级提供有力支持。

5G-A技术是5G技术升级版，被称为“5.5G”，必将带来5G技术和新基建的新一轮热潮。5G-A技术将对现有5G网络进行迭代更新，显著提升5G网络的速度、时延、连接数等方面的性能。在改善性能的同时，5G-A也将进一步丰富各行各业的数字化场景。

为了更好地推动5G-A网络的发展，工业和信息化部提出了“以建带用、以用促建”的总体策略。先完善基础设施，确保5G网络覆盖的广度和深度。随着5G基础网络的建设，通信网络性能提升势必带动5G应用开发和应用普及；而5G应用的普及势必迎来对5G基础设施更加广泛和深入的需求，继而进一步促进5G基础设施建设和技术迭代，以适应5G新应用的发展。如此，以建设带动应用发展，应用发展反过来对建设提出要求，从而形成良性循环、持续发展迭代良好格局。

然而，在这个日新月异、技术飞速发展的时代，如何有效地优化5G无线网络，确保其稳定运行和高效传输，成为业界专家和工程师们共同面临的挑战。正是基于对这一挑战的深刻认识和对知识分享的渴望，我们在2020年精心编著了《5G无线网络优化》。随着5G技术的快速演进和应用场景的不断拓展，新的技术挑战和解决方案层出不穷。为了应对这些变化，提供更加全面、深入的指导和参考，我们对《5G无线网络优化》进行了再版。

本书的第1章介绍了移动通信系统技术演进、5G网络的发展现状和产业应用，介绍了5G无线频谱；第2章介绍了5G网络的关键应用、网络架构、面临的挑战等；第3章重点分析了5G NR基本信令流程；第4章介绍了NR新空口技术、毫米波、大规模MIMO技术、超密度异构网络等；第5章介绍了小区选择和重选、小区接入、切换等算法与参数设置，并重点介绍了PCI规划；第6章介绍了网络优化项目的准备和启动流程、单站验证和优化，以及RF优化流程、参数优化流程等；第7章介绍了如何采集及统计路测数据，并重点介绍了如何针对路测数据中的问题进行分析，制定有效的优化方案；第8章介绍了5G网络中的呼叫接入类指标、移动性管理类指标、资源负载类指标、传统业务质量类指标等；第9章、第10章分别介绍了5G网络上下行吞吐率问题定位及优化，以及覆盖与干扰问题定位及优化；第11章介绍了业务感知专题优化，重点对视频业务，网页浏览业务，即时通信业务和即时游戏业务进行分析优化；第12章介绍了高铁场景专项优化，从“建维优”一体化对高铁通信业务进行分析研究，总结高铁专项优化思路与优化策略；第13章介绍了中国电信集团有限公司与中国联合网络通信集团有限公司共建共享的设计原则及思路，并列举了实际工作中的案例；第14章介绍了SA组网下4G/5G协同优化策略，并结合4G/5G互操作案例进行剖析；第15章介绍了未来网络的发展及演进，以及现阶段6G网络的研究进展。

本书作者是中通服咨询设计研究院从事移动通信的专业技术人员，在编写过程中，融入了作者在长期从事移动通信网络优化工作中积累的经验和总结出的心得，可以帮助读者更好地理解移动通信的演进，5G的标准组织、网络架构、关键技术、信令流程、网络优化思路、测试数据分析、专题优化及共建共享等知识。

本书由刘海林、王强主编，林延、张文俊负责全书结构和内容的把握，参与全书编写的还有甘露、赵鑫彦、龚陈宝、陈震等。

本书在编写期间，得到了石启良、田原、周旭等同仁的支持和帮助，在此谨向他们表示衷心的感谢。由于时间仓促，编著者水平有限，书中难免有疏漏和不当之处，恳请广大读者批评指正。

编著者

2024年8月于南京

目录 CONTENTS

第1章 Chapter One

5G简介

移动通信是指移动体之间或移动体与固定体之间的通信。移动体可以是人，也可以是汽车、火车、轮船等物体。

移动通信是电子计算机与移动互联网发展的重要成果之一。移动通信技术经过第一代、第二代、第三代、第四代技术的发展，目前已经迈入第五代技术（5G移动通信技术，简称5G）的发展时代。

现代移动通信技术可以分为低频、中频、高频、甚高频和特高频等频段。从模拟制式的移动通信系统、数字蜂窝通信系统、移动多媒体通信系统到高速移动通信系统，移动通信技术的传输速率不断提升，时延降低，误码现象减少，技术的稳定性与可靠性不断提升，为人们的生产、生活带来了多种灵活的通信方式。

在过去的半个世纪中，移动通信的发展对人们的生活、生产产生了深刻的影响。30年前，人们幻想的无人机、智能家居、网络视频、网上购物等均已实现。移动通信技术经历了模拟通信、数字通信、多媒体业务、移动互联网和万物互联5个发展阶段。移动通信技术发展如图1-1所示。移动通信发展阶段如图1-2所示。

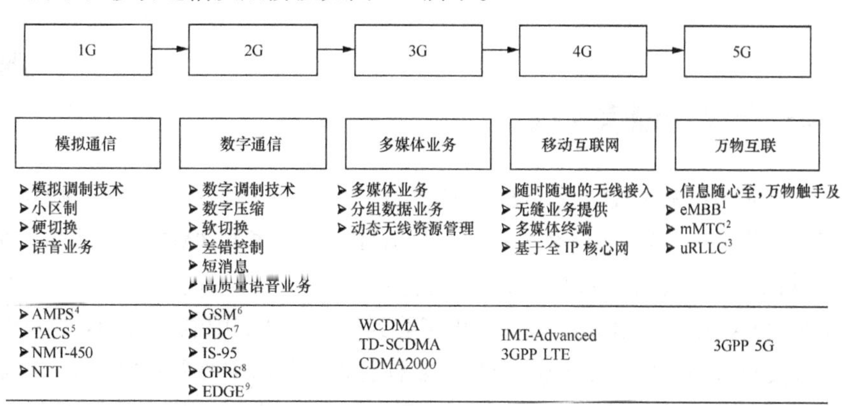

注：1. eMBB（enhanced Mobile Broadband，增强移动宽带）。
2. mMTC（massive Machine Type of Communication，大规模物联网）。
3. uRLLC（ultra Reliable and Low Latency Communication，超高可靠性与超低时延业务）。
4. AMPS（Advanced Mobile Phone System，高级移动电话系统）。
5. TACS（Total Access Communication System，全接入通信系统）。
6. GSM（Global System for Mobile Communications，全球移动通信系统）。
7. PDC（Public Digital Cellular，公用数字蜂窝）。
8. GPRS（General Packet Radio Service，通用分组无线服务技术）。
9. EDGE（Enhanced Data Rate for GSM Evolution，增强型数据速率GSM演进）。

图1-1 移动通信技术发展

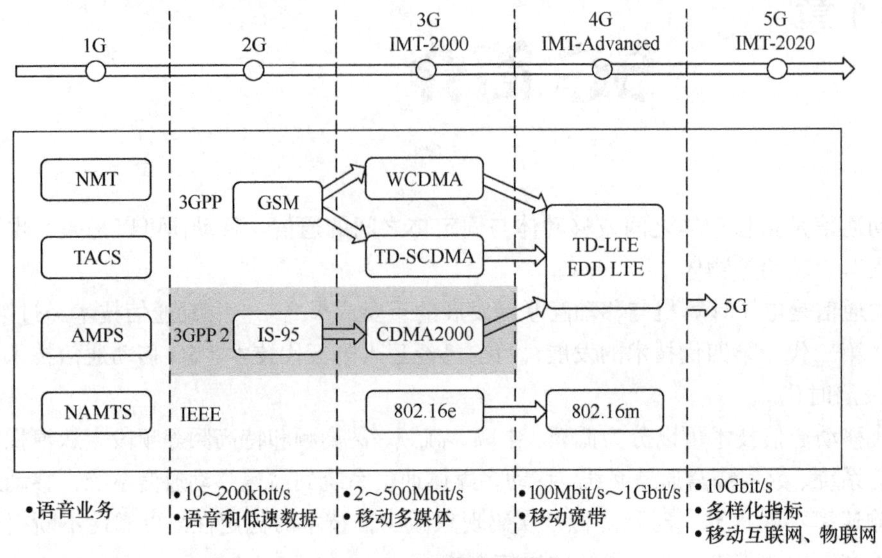

图1-2　移动通信发展阶段

1.1　移动通信系统技术演进

1.1.1　第一代移动通信系统

第一代移动通信技术（1G）是指最初模拟、仅限语音的蜂窝电话标准，制定于20世纪80年代。典型的第一代移动通信系统有美国的AMPS、英国的TACS、日本的JTAGS、法国的Radiocom 2000和意大利的RTMI。1G主要采用模拟技术和频分多路访问（Frequency Division Multiple Access，FDMA）技术。由于受到传输带宽的限制，1G不支持移动通信的长途漫游，只支持区域性的移动通信。1G有多种制式，我国主要采用的是TACS制式。1G有很多不足，例如，容量有限、制式过多、互不兼容、保密性差、通话质量不高、不能提供数据业务和自动漫游等。

1G主要用于提供模拟语音业务。美国摩托罗拉公司的工程师马丁•库帕于1976年率先将无线电应用于移动电话。同年，国际无线电大会批准了将800MHz/900MHz频段用于移动电话的频率分配方案。自此之后一直到20世纪80年代中期，许多国家都开始建设基于FDMA和模拟调制技术的1G。

1978年年底，美国贝尔实验室成功研制了全球第一个移动蜂窝电话系统——AMPS。5

年后，这套系统在芝加哥正式投入商用并迅速在美国推广。

同一时期，欧洲各国也不甘示弱，瑞典等北欧四国在 1980 年成功研制了 NMT-450 移动通信网并投入使用；德国在 1984 年完成 C 网络（C-Netz）；英国在 1985 年开发出频段在 900MHz 的 TACS。

我国的 1G 于 1987 年 11 月 18 日在广东第六届全运会上开通并正式商用，采用的是 TACS 制式。从中国电信 1987 年 11 月开始运营模拟移动电话业务到 2001 年 12 月底中国移动关闭模拟移动通信网，1G 在我国的应用长达 14 年，用户数最高曾达到 660 万。如今，1G 时代手持终端——“大哥大”成为很多人的回忆。

由于采用的是模拟技术，1G 容量有限。此外，1G 的安全性和抗干扰性也存在较大的问题。由于 1G 的先天不足，它无法真正大规模地普及和应用，且价格非常昂贵。与此同时，不同国家 1G 的技术标准各不相同，即只有国家标准，没有国际标准，国际漫游成为一个突出的问题。这些缺点都随着第二代移动通信系统的到来得到很大的改善。

1.1.2 第二代移动通信系统

第二代移动通信技术（2G）是以数字技术为主体的移动通信网络。在我国，2G 标准以 GSM 为主，以 IS-95 码分多路访问（Code Division Multiple Access，CDMA）为辅。20 世纪 80 年代以来，世界各国加速开发数字移动通信技术，其中采用 TDMA 方式的代表性制式有欧洲 GSM/DCS[1]1800、美国 ADC[2]、日本 PDC 等数字移动通信系统。

1982 年，欧洲邮电管理委员会（CEPT）成立了一个新的标准化组织——移动特别小组（Group Special Mobile，GSM），其目的是制定欧洲 900MHz 数字 TDMA 蜂窝移动通信系统（GSM 系统）的技术规范，使欧洲的移动电话用户能在欧洲地区自动漫游。1988 年，欧洲电信标准化协会（ETSI）成立。1990 年，GSM 第一期规范确定，系统试运行。英国政府发放许可证建立个人通信网（Personal Communication Network，PCN），将 GSM 标准推广应用到 1800MHz 频段，改为 DCS1800，频宽为 2×75MHz。1991 年，GSM 系统在欧洲开通运行；DCS1800 规范确定，其可以工作于微蜂窝，与现有系统重叠或部分重叠覆盖。1992 年，北美 ADC（IS-54）投入使用，日本 PDC 投入使用；FCC 批准了 CDMA（IS-95）系统标准，并继续进行现场实验；GSM 被重新命名为全球移动通信系统。1993 年，GSM 已经覆盖欧洲、澳大利亚等国家和地区，67 个国家成为 GSM 成员。1994 年，CDMA 系统开始商用。1995 年，DCS1800 开始推广应用。

当今世界市场的第二代数字无线标准，例如 GSM、D-AMPS、PDC、IS-95 等均是窄

1. DCS：Distributed Control System，分散控制系统。
2. ADC：Analog to Digital Conversion，模数转换。

带通信系统。现存的移动通信网络主要以第二代 GSM 和 CDMA 为主，采用 GSM GPRS、CDMA 的 IS-95B 技术，数据提供能力可达 115.2kbit/s，GSM 采用 EDGE 技术，其速率可达 384kbit/s。

2G 系统主要采用的是 TDMA 技术和 CDMA 技术，主要业务是语音，主要特性是提供数字化的语音业务及低速数据业务。它克服了模拟移动通信系统的弱点，语音质量、保密性能大幅提升，可进行省内、省际自动漫游。

2G 系统替代 1G 系统完成模拟技术向数字技术的转变，但由于 2G 系统采用不同的制式、移动通信标准不统一，用户只能在同一制式覆盖范围内漫游，因而无法进行全球漫游。由于 2G 系统的带宽是有限的，这限制了数据业务的应用，而且无法实现高速率的业务，例如移动的多媒体业务。

1.1.3 第三代移动通信系统

1995 年问世的第一代数字制式手机只能进行语音通话；1996—1997 年出现的 GSM、TDMA 等数字制式手机增加了接收数据的功能，例如接收电子邮件或网页；而第三代移动通信技术（3G）与前两代的主要区别是提升了传输声音和数据的速率，它能够在全球范围内更好地实现无缝漫游，并且处理图像、音乐、视频流等多种媒体业务，提供网页浏览、电话会议、电子商务等多种信息服务。

1.1.3.1 第三代移动通信系统的基本特征

第三代移动通信系统具有以下基本特征。

① 在全球范围内设计，与固定通信网络业务及用户互联，无线接口的类型尽可能少且具有高度兼容性。

② 具有能够与固定通信网络相比拟的高语音质量和高安全性。

③ 具有在本地采用 2Mbit/s 高速率接入和在广域网采用 384kbit/s 接入速率的数据率分段使用功能。

④ 具有 2GHz 左右的高效频谱利用率，并且能最大限度地利用有限带宽。

⑤ 移动终端可连接固定通信网络和卫星通信网络，可移动使用和固定使用，也可与卫星业务共存和互联。

⑥ 能够处理国际互联网和视频会议、高数据速率通信和非对称数据传输的分组和电路交换业务。

⑦ 既支持分层小区结构，也支持用户向不同地点通信时浏览国际互联网的多种同步连接。

⑧ 语音只占移动通信业务的一部分，大部分业务是非语音数据和视频信息。

⑨ 一个共用的基础设施可支持同一个地方的多个公共的和专用的运营商。

⑩ 手机体积小、重量轻，具有真正的全球漫游能力。

⑪ 具有根据数据量、服务质量和使用时间为收费参数，而不是以距离为收费参数的新收费机制。

1.1.3.2　宽带 CDMA、窄带 CDMA 和 GSM 的主要区别

IMT-2000 的主要技术方案是宽带 CDMA，并同时兼顾在 2G 系统中应用广泛的 GSM 与窄带 CDMA 系统的兼容问题。那么，支撑 3G 系统的宽带 CDMA 与在 2G 系统中运行的窄带 CDMA 和 GSM 在技术与性能方面有什么区别呢？

第一，更大的通信容量和覆盖范围。宽带 CDMA 可以使用更宽的信道，是窄带 CDMA 的 4 倍，可以提供更大的容量。更大的带宽可以改善频率分集的效果，从而降低衰减问题，还可以为更多的用户提供更好的统计平均效果。在宽带 CDMA 的上行链路中使用相干解调，可提供 2 ～ 3dB 的解调增益，从而有效地扩大覆盖范围。宽带 CDMA 的信道更宽，衰减效应较小，可改善功率控制精度。其上下行链路中的快速功率控制还可以抵消衰减，降低平均功率水平，从而提高容量。

第二，具有可变的高速数据率。宽带 CDMA 同时支持无线接口的高低数据传输速率，其全移动的 384kbit/s 数据速率和不漫游的本地通信的 2Mbit/s 数据速率不仅可以支持普通语音，还可以支持多媒体数据，满足具有不同通信需求的各类用户。通过使用可变正交扩频码，能够实现发射功率的自适应，使高速数据率可变。在应用中，用户会发现宽带 CDMA 比窄带 CDMA 和 GSM 具有更好的应用性能。

第三，可同时提供高速电路交换和分组交换业务。虽然在窄带 CDMA 与 GSM 的移动通信业务中，只有也只需要进行与语音相关的电路和交换，但分组交换所提供的与主机应用始终"联机"而不占用专用信道的特性，可以实现只根据用户所传输数据的多少来付费的新收费机制。而不是像 2G 系统那样，只根据用户连续占用时间的长短来付费。另外，宽带 CDMA 还有一种优化分组模式，对于不太频繁的分组数据可提供快速分组传播，在专用信道上也支持大型或比较频繁的分组。同时，分组数据业务对于建立远程局域网和无线国际互联网接入的经济高效应用也是非常重要的。当然，高速的电话交换业务仍然非常适用于像视频会议这样的实时应用。

第四，宽带 CDMA 支持多种同步业务。每个宽带 CDMA 终端均可同时开展多种业务，因而可以使每个用户在连接到局域网的同时还能接收语音呼叫，即当用户被长时间数据呼叫占据时也不会出现像 2G 系统那样常见的忙音现象。

第五，宽带 CDMA 还支持其他系统的改进功能。3G 系统中的宽带 CDMA 还将引进其他可改进系统的相关功能，以达到进一步提高系统容量的目的。具体内容主要是支持自适应天线阵列（Adaptive Antenna Array，AAA），该天线可利用天线方向图对每个移动电话进行优化，可提供更加有效的频谱和更高的容量。AAA 要求下行链路中的每个连接都有导频符号，而宽带 CDMA 系统中的每个小区中都使用一个公共导频广播。

无线基站再也不需要全球定位系统来同步。宽带 CDMA 拥有一个内部系统来同步无线

电基站，所以它不像GSM那样在建立和维护基站时需要全球定位系统（Global Positioning System，GPS）来同步。因为无线基站的安装依赖GPS卫星覆盖，在购物中心、地铁等地区实施会比较困难。

支持分层小区结构。宽带CDMA的载波可引进一种被称为"移动辅助异频越区切换（Mobile Auxiliary Inter-Frequency Handover，MAIFHO）"的新切换机制，使其能够支持分层小区结构。这样，移动台可以扫描多个CDMA载波，使移动通信系统能够在热点地区部署微小区。

支持多用户检测，因为多用户检测可以消除小区中的干扰并且提高容量。时分同步码分多路访问（Time-Division Synchronous Code Division Multiple Access，TD-SCDMA）是由当时我国信息产业部（现工业和信息化部）电信科学技术研究院提出，并与德国西门子公司联合开发的。其主要技术特点是采用同步码分多路访问技术、智能天线技术和软件无线技术。它采用时分双工（Time Division Duplex，TDD）模式，载波带宽为1.6MHz。TDD是一种优越的双工模式，因为在3G系统中，需要大约400MHz的频谱资源，在3GHz以下是很难实现的。而TDD则能使用各种频率资源，不需要成对的频率，能够节省紧张的频率资源，而且设备成本相对较低，比频分双工（Frequency Division Duplex，FDD）系统的成本低20%～50%。特别是对于上下行不对称、不同传输速率的数据业务，TDD更能显示出其优越性，也许这是它能成为3种标准之一的重要原因。另外，TD-SCDMA的智能天线技术能够大幅提高系统容量，特别是能增加50%的CDMA系统容量，而且降低了基站的发射功率，减少了干扰。TD-SCDMA软件无线技术能够利用软件修改硬件，在设计、测试方面非常方便，不同系统间的兼容性也易于实现。当然，TD-SCDMA也存在一些缺陷，它的技术成熟度比另外两种技术要欠缺一些。另外，它在抗衰落和终端用户的移动速度方面也有一定的缺陷。

宽带码分多路访问（Wideband Code Division Multiple Access，WCDMA）是一种3G蜂窝网络。WCDMA使用的部分协议与2G的GSM标准一致。具体而言，WCDMA是一种利用码分多路访问复用技术的宽带扩频的3G移动通信系统。

WCDMA采用直扩模式，载波带宽为5MHz，数据传送速率可达2Mbit/s（室内）和384kbit/s（移动空间）。它采用直扩FDD模式，与GSM网络有良好的兼容性和互操作性。作为一项新技术，WCDMA在技术成熟性方面虽然不如CDMA2000，但其优势在于GSM的广泛采用能为其升级带来便利，因此也备受各大厂商的青睐。WCDMA采用最新的异步传输模式（Asynchronous Transfer Mode，ATM）信元传输协议，允许在一条线路上传送更多的语音呼叫，呼叫数由30个提高到300个，即使在人口密集的地区，线路也不容易堵塞。

另外，WCDMA还采用自适应天线和微小区技术，大幅扩大了系统容量。CDMA2000采用多载波方式，载波带宽1.25MHz。CDMA2000共分为两个阶段，第一个阶段提供144kbit/s的数据传送速率，第二个阶段提供2Mbit/s的数据传送速率。CDMA2000和WCDMA一样支持移动多媒体服务，是CDMA发展3G的最终目标。CDMA2000和WCDMA在原理上没有本质的区别，都起源于CDMA（IS-95）系统。但CDMA2000做到了完全兼容CDMA（IS-95）系统，为技术的延续带来了优势，既保障了成熟度和可靠性，也使CDMA2000成为2G向3G平稳过渡的一种技术。但是CDMA2000的多载传输方式与WCDMA的直扩模式相比，对频率资源造成极大的浪费，而且它所处的频段与IMT-2000规定的频段也形成矛盾。

1.1.3.3 第三代移动通信系统增加的新业务

3G系统增加的新业务如下。

① 高速电路交换数据（High-Speed Circuit-Switched Data，HSCSD）业务是GSM向3G演进的一种软件解决方案，它把单个业务信道的数据速率从9.6kbit/s提高到14.4kbit/s，并把4条信道复用在一个时隙中，从而使数据经营者能够提供高达57.6kbit/s的数据传输速率。

② GPRS是基于IP解决方案且可使GSM运营商迈向多媒体无线业务，从而向3G演进的另一项新技术，可提供高达115kbit/s的数据传输速率。

③ EDGE业务是由GSM和TDMA运营商合作开发的基于未来移动通信系统的应用平台，它能为未来移动通信系统IMT-2000提供高达384kbit/s的移动速率业务。

3G通信标准IMT-2000提出对频谱和业务的基本要求，也就是2GHz频段、384kbit/s广域网、2Mbit/s本地网数据传输速率业务等。显然，要实现3G系统中的基本要求，首先必须解决频谱、核心网络和无线接入三大技术难题。

第一，必须确定全球统一的频谱段。IMT-2000标准确定了在2GHz左右的频段，而美国联邦通信委员会在1994年就把PCS定位在1.9GHz频段并已拍卖，使3G建立的统一频谱出现了裂痕。

第二，必须建立统一的核心网络系统。3G标准是在2G核心网的基础上逐步将电路交换演变成高速电路交换与分组交换相结合的核心网络。当时世界上存在两大移动通信系统核心网络，即GSM-MAP和ANSI-41，国际电信联盟（ITU）决定将两大网络都定为第三代核心网络。因此，要实现全球漫游，就必须通过信令转换器把它们连接起来，形成逻辑上的统一核心网络系统。

第三，必须考虑多频谱的无线接入方案。ITU称为无线传输技术（Radio Transmission Technology，RTT）的无线接入方案，可以分为两大类，一类是建立在现有频段上把无线接入技术革新演变成能为3G提供业务的RTT，这里最重要的是考虑反向兼容要求，其中工作频段在900MHz/1800MHz/1900MHz的GSM、北美的D-AMPS和窄带CDMA（IS-95）都在考虑向3G过渡的反向兼容性；另一类是直接在新的频段上工作，即在IMT-2000制定的2GHz频段上为3G开发出新的无线传输技术，即宽带CDMA技术。3G中采用的多种高新技术带来翻天覆地的变化。这些高新技术是3G的精髓，也是制定3G标准的基础，了解这些技术就了解了3G。应用于3G的技术如下。

TD-SCDMA技术。TD-SCDMA是我国唯一提交关于3G的技术，它使用了2G和3G通信中的所有接入技术，包括TDMA、CDMA和空分多址（Space Division Multiple Access，SDMA），其中最关键的创新部分是SDMA。SDMA可以在时域/频域之外用来增加容量和改善性能，SDMA的关键技术就是利用多天线估计空间参数，对下行链路的信号进行空间合成。另外，将CDMA与SDMA技术结合起来也起到了相互补充的作用，尤其是当多个移动用户靠得很近且SDMA无法分出时，CDMA则可以很轻松地起到分离作用，而SDMA本身又可以使CDMA用户间的相互干扰降至最小。SDMA技术的另一个重要作用是可以大致估算出每个用户的距离和方位，可用于定位3G用户，并能为越区切换提供参考信息。总之，TD-SCDMA具有价格低、容量较高、性能优良等优点。

智能天线技术。智能天线技术是我国标准TD-SDMA中的重要技术之一，是基于自适应天线原理的一种适用于3G的新技术。它结合了自适应天线技术的优点，利用天线阵列波束的汇成和指向产生多个独立的波束，可以自适应地调整其方向图以跟踪信号的变化，同时可以对干扰方向调零以减少甚至抵消干扰信号，增加系统的容量和频谱效率。智能天线的特点是能够以较低的代价换得天线覆盖范围的扩大和系统容量、业务质量、抗阻塞、抗掉话等性能的提高。智能天线能够在干扰和噪声环境下，通过其自身的反馈控制系统改变辐射单元的辐射方向图、频率响应及其他参数，使接收机输出端有最大的信噪比。

无线应用协议（Wireless Application Protocol，WAP）。WAP是数字移动电话和其他无线终端上无线信息和电话服务的世界标准。WAP可提供相关服务和信息，提供其他用户连接时的安全、迅速、灵敏和在线的交互方式。WAP驻留在互联网上的TCP/IP环境和蜂窝传输环境之间，但是独立于其所使用的传输机制，可用于通过移动电话或其他无线终端来访问和显示多种形式的无线信息。WAP规范既利用了现有技术标准中适用于无线通信环境的部分，又在此基础上进行了新的扩展。由于WAP技术位于GSM网络和互联网之间，一端连接现有的GSM网络，另一端连接互联网。因此，只要用户具有支持WAP的媒体电话就可以接入互联网，实现一体化的信息传送。而厂商使用WAP则可以开发出无线接口独立、设备独立和完全可以交互操作的手持设备互联网接入方案，从而使厂商的WAP方案能最大限度地利用用户对Web服务器、Web开发工具、Web编程和Web应用的既有投资，保护用户的现有利益，同时也解决无线环境所带来的新问题。目前，全球各大移动电话制造商都能提供支持WAP的无线设备。

快速无线IP技术。快速无线IP技术是未来移动通信发展的重点，宽带多媒体业务是最终用户的基本要求。根据ITM-2000的基本要求，3G可以提供较高的传输速率（2Mbit/s，移动144kbit/s）。现代的移动设备（手机、笔记本计算机、平板计算机等）越来越多，剩下的就是网络是否可以移动，而无线IP技术与3G技术的结合是否会实现这个愿望。由于无线IP主机在通信期间需要在网络上移动，其IP地址可能经常变化，传统的有线IP技术容易导致通信中断，但3G技术通过利用蜂窝移动电话的呼叫原理，可以使移动节点采用并保持固定不变的IP地址，一次登录即可实现在任意位置上或在移动中保持与IP主机的单一链路层连接，完成移动中的数据通信。

软件无线电技术。在不同工作频率、不同调制方式、不同多址方式等多种标准共存的3G中，软件无线电技术是最有希望解决这些问题的技术之一。软件无线电技术可以使模拟信号的数字化过程尽可能地接近天线，即将AD转换器尽量靠近射频前端，利用数字信号处理器（Digital Signal Processor，DSP）的强大处理能力和软件的灵活性完成信道分离、调制解调、信道编码、译码等工作，从而为2G向3G的平滑过渡提供一个良好的解决方案。

3G需要很多关键技术，软件无线电技术基于同一硬件平台，通过加载不同的软件获得不同的业务特性，这对于系统升级、网络平滑过渡、多频多模的运行情况来讲相对简单容易、成本低，所以对于3G的多模式、多频段、多速率、多业务、多环境的特殊要求尤为重要，且在未来移动通信中具有广泛的应用意义，这不仅可以改变传统观念，还将为移动通信的软件化、智能化、通用化、个人化和兼容性带来深远的影响。

多载波码分多路访问（Multi Carrier-Code Division Multiple Access，MC-CDMA）技术。MC-CDMA是3G中使用的一种新技术。MC-CDMA技术早在1993年的个人、室内和移动无线电通信国际研讨会（PIMRC）上就被提出来了。目前，MC-CDMA作为一种有着良好应用前景的技术，已经吸引了许多公司对此开展深入研究。MC-CDMA技术的研究内容大致有两类：一类是用给定的扩频码来扩展原始数据，再用每个码片来调制不同的载波；另一类是用扩频码来扩展已经进行了串并变换后的数据流，再用每个数据流来调制不同的载波。

多用户检测技术。在CDMA系统中，码间不正交会引起多址干扰（Multiple Access Interference，MAI），而MAI将会限制系统容量。为了消除MAI的影响，人们提出了利用其他用户的已知信息消除MAI的多用户检测技术。多用户检测技术分为线性多用户检测和相减去干扰检测。在线性多用户检测中，对传统的解相器软输出的信号进行一种线性的映射（变换），希望产生新的一组有希望提供更好性能的输出；在相减去干扰检测中，可产生对干扰的预测并使之减小。目前，CDMA系统中的多用户检测技术还存在一定的局限，主要表现在：多用户检测只是消除了小区内的干扰，但无法消除小区间的干扰；算法相当复杂，不易在实际系统中实现。多用户检测技术的局限是暂时的，随着数字信号处理技术和微电子技术的发展，降低复杂性的多用户检测技术在3G系统中得到广泛应用。

1.1.4 第四代移动通信系统

第四代移动通信技术（4G）使图像传输速率更快，图像质量更清晰。4G以2G、3G为基础，添加了一些新技术，使无线通信的信号更加稳定，不仅提高了数据传输速率，而且兼容性更平滑，通信质量更高。同时，4G 使用的技术也比 2G、3G 先进，使信息通信速率更快。

4G 的创新使其与 3G 相比具有更大的竞争优势。一是 4G 在图片、视频传输上能够实现原图、原视频高清传输，传输质量与计算机画质不相上下；二是利用 4G 下载软件、文件、图片、音 / 视频，其速率最高可达到每秒几十兆比特，这是 3G 无法实现的，同时这也是 4G 的一个显著优势。

1.1.4.1　4G 关键技术

（1）正交频分复用（Orthogonal Frequency Division Multiplexing，OFDM）技术

频移键控（Frequency Shift Keying，FSK）具有一点抗干扰性，编码采用的是单极性不归零码，即当发送端发送的编码为“1”的时候，表示处于高频；当发送端发送的编码为“0”的时候，表示处于低频；当发送端发送的编码是“1011010”时，编码形成的波形会表现出周期性浮动。利用 OFDM 技术传输的信号会有一定的重叠部分，技术人员会依据处理器对其进行分析，根据频率的细微差别划分不同的信息类别，从而保证数字信号的稳定传输。

（2）多输入多输出（Multiple Input Multiple Output，MIMO）技术

MIMO 技术利用的是映射技术，发送设备会将信息发送到无线载波天线上，天线在接收信息后会迅速对其进行编译，并将编译之后的数据编成数字信号，分别发送到不同的映射区，再利用分集和复用模式融合接收到的数据信号，获得分级增益。

（3）智能天线技术

智能天线技术是将时分复用与波分复用技术有效融合起来的技术。在 4G 系统中，智能天线技术可以对传输的信号实现全方位覆盖，每个天线的覆盖角度是 120°。为了保证信号全面覆盖，发送基站都会至少安装 3 根天线。另外，智能天线技术可以调节发射信号，获得增益效果，增大信号发射功率。需要注意的是，这里的增益调控与天线的辐射角度没有关联，只是在原来的基础上增大了传输功率。

（4）软件定义的无线电（Software Defined Radio，SDR）技术

SDR 技术是无线通信技术常用的技术，其技术思想是将宽带模拟数字变换器或数字模拟变换器充分靠近射频天线，编写特定的程序代码完成频段选择，抽样传送信息后进行量化分析，从而实现信道调制方式的差异化选择，并完成不同的保密结构、控制终端的选择。

1.1.4.2　4G 网络构架

（1）以太网无源光网络（Ethernet Passive Optical Network，EPON）构架

EPON 构架共由 3 个部分组成，在用户和运营商之间分别有终端设备、交换设备和局端设备。在传输线路中共有 64 个传输帧，而每个传输帧又包括 24 字节，也就是 192 比特数据，这个传输结构的最大传输距离可以达到 20km。而 EPON 传输线路又分为上下两层，上

层线路应用时分复用方式进行传输，交换设备会在不同的传输时间将不同的信息传输到终端设备，以避免各种信息混淆；而下层线路则采用广播传输方式实时传输，使用终端设备甄别不同的信息，选择实时需要的信息接收。

（2）TD-LTE 网络构架

TD-LTE 主要是从 3 个层面对网络信息进行布局规划。核心层的目的是提高传输数据的速率，减少用户端到基站的传输时间；业务层完成数据的处理和交换，在 4G 通信业务中需要传输的数据信息非常多，业务层可以有效提升原来的传输速率，降低接收数据的时延；传输层主要是用来引用无源光网络，在光线路终端（Optical Line Terminal，OLT）和光网络单元（Optical Network Unit，ONU）之间实现分光。其中 ONU 在上行端口应采用双无源光网络（Passive Optical Network，PON）传输模式，在局端设备附近形成一个保护网，避免数据流失。

1.1.4.3　4G 的优势

（1）显著提升通信速率

相比 3G，4G 的最大优势就是显著提升了通信速率，让用户有了更佳的使用体验，同时这也推动了我国通信技术的发展。通信技术的发展是一个漫长的过程，1G 只有语音系统；2G 的通信速率只有 10kbit/s；当发展到 3G 时，通信速率也没有实现质的飞跃，只有 2Mbit/s。这些都是阻碍我国通信事业发展的因素，但是 4G 的出现很明显在通信速率方面实现质的飞跃。

（2）通信技术更加智能化

4G 相较于之前的移动通信系统，已经在很大程度上实现了智能化操作。这更符合社会当下的需求，人们在日常生活中使用的手机就是 4G 的智能化体现。智能化的 4G 可以根据人们在使用过程中的不同指令来做出更加准确无误的回应，对搜索出来的数据进行分析、处理、整理后再传输到用户的手机上。4G 手机作为人们越来越离不开的一个通信工具，极大地方便了人们的生活。

（3）提升兼容性

软件、硬件之间相互配合的程度就是我们平时所说的兼容性。如果软件、硬件之间的冲突减少，就会表现出兼容性的提高；如果冲突多，那么兼容性就会降低。4G 的出现极大地提高了兼容性，减少了软件、硬件在工作过程中的冲突，让软件、硬件之间的配合更加默契，这也在很大程度上避免了故障的发生。4G 在很大程度上提高兼容性的一个表现就是人们很少会遇到之前经常出现的卡顿、闪退等故障，这让人们在使用通信设备的过程更加顺畅。

1.1.5　第五代移动通信系统

第五代移动通信技术（5G）具有高速率、低时延和大连接特点，5G 通信设施是实现人机物互联的网络基础设施。

当前，5G的关键性能指标更加多元化。ITU定义了5G八大关键性能指标，其中高速率、低时延、大连接成为5G突出的特征，用户体验速率达1Gbit/s，时延低至1ms，用户连接能力达100万连接/平方千米。2018年6月，3GPP发布了第一个5G标准（R15），支持5G独立组网，重点满足增强移动宽带业务。2020年6月，R16发布，重点支持低时延高可靠业务，实现对5G车联网、工业互联网等应用的支持。2022年6月11日，在3GPP全会第96次会议上，R17宣布冻结，R17将重点实现差异化物联网应用，实现中高速大连接。2024年6月18日，在上海举行的3GPP RAN第104次会议上，R18正式冻结，R18在多个方向上对5G进行持续增强，主要围绕3个方面，即传统的宽带业务提升方面精益求精，覆盖性、节能、载波聚合等方面得到持续提升；坚持不懈加大行业支持力度，上行容量提升，定位精度提升；以人工智能融合为代表勇于创新技术，AI for 5G和5G for AI为未来网络的演进奠定基础。

从2018年6月开始，5G技术的发展经历了R15、R16和R17版本演进，这期间5G已在全球范围商用5年。随着5G商用不断向纵深推进，更多用户需求、更多应用场景呼唤5G技术升级演进。R18作为5G-Advanced(以下简称5G-A）第一个版本，承载着产业界“挖掘新价值，探索新领域，衔接下一代”的期望，因而备受关注。作为5G-A的第一代技术标准，R18冻结将加速5G-A产业成熟和部署应用。据当时参会的CCSA 3GPP标准推进委员会（TC801）主席刘晓峰介绍，R18的冻结，一是为5G-A提供了第一个版本的国际标准，为有关各方丰富和发展5G-A技术与开发5G-A产品提供了根本依据；二是R18的冻结为运营商商用5G-A提供了新标签，可以更好地构筑5G-A生态。同时，R18的冻结也会进一步推进5G商用网络面向5G-A技术演进。参会的中国移动研究院无线与终端技术研究所代表指出，R18是5G进入下半场的发令枪，5G将在赋能新领域、创造新价值、拥抱6G的道路上飞速前进，推动新质生产力加快发展。在技术和标准方面，我们应推动R19标准化，衔接6G提前布局R20；推进近期技术形成面向落地的技术方案，对于6G中比较成熟的技术可考虑提前在5G中引入，实现6G技术5G化。

2019年10月31日，国内三家运营商公布5G商用套餐，并于11月1日正式上线5G商用套餐。2023年5月17日，中国电信、中国移动、中国联通、中国广电宣布正式启动全球首个5G异网漫游试商用。我国5G建设已取得显著成果，截至2024年9月底，我国累计建成5G基站408.9万个，5G用户普及率达到69.6%，这一数字显示了中国在5G网络建设方面的成果。

我国实现了县县通千兆、乡乡通5G、村村通宽带的全面覆盖。这不仅为民众提供了更快速、更稳定的移动通信服务，也为各行各业的数字化转型奠定了坚实的基础。

在5G应用方面，我国同样取得显著进展。截至2024年6月，我国已实现5G应用案例数累计超过9.4万个，涵盖工业、矿业、电力、港口、医疗等多个行业。特别是在工业领域，“5G + 工业互联网”在建项目数超过 1.3 万个，已建成一批 5G 工厂，这些成果为全球制造业的可持续数字化转型提供了中国方案。

展望未来，我国将继续推进 5G 与新一代信息技术的深度融合，特别是与人工智能的结合。后续我国将系统布局 5G 轻量化、5G-A 技术研究、标准研制和产品研发，并加快推进商用部署。同时，我国还将深入开展 6G 关键技术的研发，为未来的 6G 标准制定和产业发展奠定基础。

1.1.5.1 发展背景

移动通信延续着每十年一代技术的发展规律，已历经 1G、2G、3G、4G 的发展。每一次代际跃迁，每一次技术进步，都极大地促进了产业升级和经济社会发展。从 1G 到 2G，实现了模拟通信到数字通信的过渡，移动通信走进千家万户；从 2G 到 3G、4G，实现了语音业务到数据业务的转变，传输速率成百倍提升，促进了移动互联网应用的普及和繁荣。当前，移动网络已融入社会生活的方方面面，深刻改变了人们的沟通、交流乃至整个生活方式。4G 网络促进了繁荣的互联网经济，解决了人与人随时随地通信的问题，随着移动互联网快速发展，新服务、新业务不断涌现，移动数据业务流量爆发式增长，4G 系统难以满足未来移动数据流量暴涨的需求，亟须研发 5G 系统。

5G 作为一种新型移动通信网络，不仅要解决人与人通信，为用户提供增强现实、虚拟现实、超高清视频等极致业务体验，更要解决人与物、物与物通信问题，满足移动医疗、车联网、智能家居、工业控制、环境监测等物联网应用需求。5G 已渗透经济社会的各行业各领域，成为支撑经济社会数字化、网络化、智能化转型的关键新型基础设施。

1.1.5.2 基本概念

5G 网络与早期的 2G、3G 和 4G 网络一样，也是数字蜂窝网络。在数字蜂窝网络中，运营商覆盖的服务区域被划分为许多被称为蜂窝的小地理区域。表示语音和图像的模拟信号在手机中被数字化，由模数转换器转换并作为比特流传输。蜂窝网络中的所有 5G 无线设备通过无线电波与蜂窝网络中的本地天线阵列和低功率自动收发器（发射机和接收机）进行通信。收发器从公共频率池分配频道，这些频道在地理上分离的蜂窝网络中可以重复使用。本地天线通过大带宽光纤或无线回程连接与电话网络和互联网连接。与现有的手机一样，当用户从一个蜂窝网络穿越到另一个蜂窝网络时，他们的移动设备将自动“切换”到新蜂窝网络中的天线。

5G 网络的主要优势在于，其数据传输速率远远高于以前的蜂窝网络，最高可达 20Gbit/s，比当前有线互联网的传输速率高，比先前 4G LTE 蜂窝网络的传输速率高 100 倍。5G 网络的另一个优点是网络时延低于 1ms，而 4G 网络时延为 30 ～ 70ms。由于数据传输更快，5G 网络将不仅为手机提供服务，而且还将成为一般性家庭和办公网络的提供商，与有线网络提供商进行竞争。

1.1.5.3　网络特点

5G峰值速率需要达到Gbit/s标准，以满足高清视频、虚拟现实等大数据量的传输要求。空中接口时延应在1ms左右，满足自动驾驶、远程医疗等实时应用。超大网络容量提供千亿设备的连接能力，可满足物联网通信的需求，频谱效率比LTE提升10倍以上。基于连续广域覆盖和高移动性，用户体验速率达到100Mbit/s，可大幅提高流量密度和连接数密度。系统协同化、智能化水平提升，表现为多用户、多点、多天线、多摄取的协同组网，以及网络间灵活的自动调整。

以上是5G区别于前几代移动通信系统的关键，是移动通信从以技术为中心逐步向以用户为中心转变的体现。

1.1.5.4　关键技术

1. 超密集异构网络

随机接入的目的：一是获得上行同步，二是为UE分配唯一的标识C-RNTI。

随机接入通常由以下6类事件之一触发。

① 初始接入时建立无线链接：UE会从RRC_IDLE态到RRC_CONNECTED状态。

② RRC连接重建过程（RRC Connection Reestablishment procedure）：以便UE在无线链路失败（Radio Link Failure）后重建无线连接。

③ 切换（handover）：此时UE需要与新的小区建立上行同步。

④ RRC_CONNECTED态下，下行数据到达（此时需要回复ACK/NACK）时，上行处于"不同步"状态。

⑤ RRC_CONNECTED态下，上行数据到达（例如：需要上报测量报告或发送用户数据）时，上行处于"不同步"状态或没有可用的PUCCH资源用于SR传输（此时允许已经处于上行同步状态的UE使用RACH来替代SR的作用）。

⑥ RRC_CONNECTED态下，为了定位UE，需要timing advance。

准确有效地感知相邻节点是实现大规模节点协作的前提条件。在超密集网络中，密集部署使小区边界数量剧增，加之形状的不规则，更易导致切换频繁、复杂。为了满足移动性需求，必须使用新的切换算法；另外，网络动态部署技术也是研究重点。由于用户部署的大量节点的开启和关闭具有突发性和随机性，网络拓扑和干扰具有大范围动态变化的特性；而各小站中较少的服务用户数也容易导致业务的空间和时间分布出现剧烈的动态变化。

2. 自组织网络（Self-Organizing Network，SON）

传统的移动通信网络，主要依靠人工方式完成网络部署及运维，既耗费了大量的人力资源，又增加了运行成本，而且网络优化效果也不理想。在5G网络中，运营商面临着网络的部署、运营及维护方面的挑战，这主要是因为网络中存在各种无线接入技术且网络节点覆盖能力各不相同，它们之间的关系错综复杂。因此，SON的智能化是5G网络必不可少的一项关键技术。

SON技术解决的关键问题主要有以下两点：一是网络部署阶段的自规划和自配置；二是网络维护阶段的自优化和自愈合。自规划的目的是动态进行网络规划并执行，同时满足系统容量扩展、业务监测、优化结果等方面的需求；自配置，即新增网络节点的配置可实现即插即用，具有低成本、安装简易等优点；自优化的目的是减少业务工作量，达到提升网络质量及性能的效果，其方法是通过用户设备（User Equipment，UE）和演进型Node B（Evolved Node B，eNB）测量，在本地eNB或网络管理方面自优化参数；自愈合指系统能够自动检测问题、定位问题和排除故障，大幅减少维护成本并避免对网络质量和用户体验的影响。

3. 内容分发网络（Content Distribution Network，CDN）

在5G网络中，网络流量的爆发式增长会极大影响用户访问互联网的服务质量。如何有效地分发大流量的业务内容、降低用户获取信息的时延，成为网络运营商和内容提供商面临的一大难题。仅仅依靠增加带宽并不能解决问题，它还受到传输中路由阻塞、时延和网站服务器的处理能力等因素的影响，这些问题的出现与用户服务器之间的距离有密切的关系。CDN对5G网络的容量与用户访问具有重要的支撑作用。

CDN是在传统网络中添加新的层次，即智能虚拟网络。CDN系统综合考虑各节点的连接状态、负载情况、用户距离等信息，通过将相关内容分发至靠近用户的CDN代理服务器上使用户就近获取所需的信息，缓解网络拥塞状况，减少响应时间，提高响应速度。在用户侧与源服务器之间构建多个CDN代理服务器，可以降低时延、提高服务质量（Quality of Service，QoS）。当用户对所需内容发送请求时，如果源服务器之前接收到相同内容的请求，则该请求被域名系统（Domain Name System，DNS）重定向到离用户最近的CDN代理服务器上，由该代理服务器发送相应内容给用户。因此，源服务器只需要将内容发给各个代理服务器，便于用户从就近的代理服务器上获取内容，降低网络时延并提高用户体验。随着云计算、移动互联网及动态网络内容技术的推进，CDN技术逐步趋向于专业化、定制化，在内容路由、管理、推送和安全性方面都面临新的挑战。

4. 设备到设备（Device-to-Device，D2D）通信

在5G网络中，网络容量、频谱效率需要进一步提升，更丰富的通信模式和更好的终端用户体验也是5G的演进方向。D2D通信具有提升系统性能、增强用户体验、减轻基站压力、提高频谱利用率的优势。因此，D2D通信是5G网络中的关键技术之一。D2D通信是一种基于蜂窝系统的近距离数据直接传输技术。D2D通信的数据可直接在终端之间传输，不需要通过基站转发，而相关的控制信令（例如，会话的建立、维持、无线资源分配，以及计费、鉴权、识别、移动性管理等）仍由蜂窝网络负责。蜂窝网络引入D2D通

信，可以减轻基站负担，降低端到端传输时延，提升频谱效率，降低终端发射功率。当无线通信基础设施损坏或者在无线网络的覆盖盲区，终端可借助 D2D 通信实现端到端通信甚至接入蜂窝网络。在 5G 网络中，既可以在授权频段部署 D2D 通信，也可以在非授权频段部署 D2D 通信。

5. 机器对机器（Machine to Machine，M2M）通信

M2M 通信作为物联网最常见的应用形式，在智能电网、安全监测、城市信息化、环境监测等领域实现了商业化应用。3GPP 已经针对 M2M 通信网络制定了一些标准，并已立项开始研究 M2M 通信关键技术。M2M 通信的定义主要有广义和狭义两种：从广义上说，M2M 通信主要是指机器与机器、人与机器间，以及移动网络和机器之间的通信，它涵盖了所有实现人、机器、系统之间通信的技术；从狭义上说，M2M 通信仅仅指机器与机器之间的通信。智能化、交互式是 M2M 通信不同于其他应用的典型特征，这一特征下的机器也被赋予了更多的智慧。

6. 信息中心网络（Information Centric Network，ICN）

随着实时音频、高清视频等服务需求的日益激增，基于位置通信的传统 TCP/IP 网络已经无法满足数据流量分发的要求。网络呈现出以信息为中心的发展趋势。ICN 的思想最早是在 1979 年由纳尔逊提出来的，后来被巴卡拉强化。作为一种新型网络体系结构，ICN 的目标是取代现有的 IP 网络。

ICN 所指的信息包括实时媒体流、网页服务、多媒体通信等，而 ICN 就是这些片段信息的总集合。因此，ICN 的主要概念是信息的分发、查找和传递，而不再是维护目标主机的可连通性。不同于传统的以主机地址为中心的 TCP/IP 网络体系结构，ICN 采用的是以信息为中心的网络通信模型，忽略 IP 地址的作用，甚至只是将其作为一种传输标识。全新的网络协议栈能够实现网络层解析信息名称、路由缓存信息数据、多播传递信息等功能，从而较好地解决计算机网络中存在扩展性、实时性、动态性等问题。ICN 的信息传递流程是一种基于发布订阅方式的信息传递流程。首先，当内容提供方会向网络发布自己所拥有的内容时，网络节点就会明白当收到请求时如何响应该请求；其次，当第一个订阅方向网络发送内容请求时，网络节点将请求转发到内容发布方，内容发布方将相应的内容发送给订阅方，带有缓存的节点会将经过的内容缓存，其他订阅方对相同内容发送请求时，邻近缓存的节点直接将相应的内容响应给订阅方；最后，ICN 的通信过程就是请求内容的匹配过程。在传统的 IP 网络中，采用的是“推”传输模式，即服务器在整个传输过程中占主导地位，忽略了用户的地位，从而导致用户端接收过多的垃圾信息。ICN 则正好相反，采用的是“拉”传输模式，整个传输过程由用户的实时信息请求触发，网络通过信息缓存的方式快速响应用户需求。此外，信息安全只与信息自身相关，而与存储容器无关。针对信息的这种特性，ICN 采用不同于传统网络的安全机制。与传统的 IP 网络相比，ICN 具有高效性、高安全性、支持客户端移动等优势。

1.1.5.5 应用领域

1. 工业领域

以5G为代表的新一代信息技术与工业经济深度融合，为工业乃至产业数字化、网络化、智能化发展提供了新的实现途径。5G在工业领域的应用涵盖研发设计、生产制造、运营管理和产品服务4个工业环节，主要包括16类应用场景，分别为AR/VR研发实验协同、AR/VR远程协同设计、远程控制、AR辅助装配、机器视觉、自动导引车（Automated Guided Vehicle，AGV）物流、自动驾驶、超高清视频、设备感知、物料信息采集、环境信息采集、AR产品需求导入、远程售后、产品状态监测、设备预测性维护、AR/VR远程培训。当前，机器视觉、AGV物流、超高清视频等场景已取得规模化复制的效果，实现"机器换人"，大幅降低了人工成本，有效提高产品检测准确率，达到提升生产效率的目的。未来，远程控制、设备预测性维护等场景预计将会产生较高的商业价值。

以钢铁行业为例，5G技术赋能钢铁制造，实现钢铁行业智能化生产、智慧化运营及绿色化发展。在智能化生产方面，5G网络的低时延特性实现远程实时控制机械设备，提高运维效率的同时，促进厂区向无人化转型；借助"5G+AR"眼镜，专家可以在后台对传回的AR图像进行文字、图片等多种形式的标注，实时指导现场运维人员进行操作，从而提高运维效率；"5G +大数据"可对钢铁生产过程的数据进行采集，实现钢铁制造主要工艺参数在线监控、在线自动质量判定，实现生产工艺质量的实时掌控。在智慧化运营方面，"5G + 超高清视频"可实现对钢铁生产流程及人员生产行为的智能监管，及时判断生产环境及人员操作是否存在异常，提高生产安全性。在绿色化发展方面，5G的大连接特性可采集钢铁各生产环节的能源消耗和污染物排放数据，可协助钢铁企业找出问题严重的生产环节，并进行工艺优化和设备升级，降低能耗成本和环保成本，实现清洁低碳的绿色化生产。

5G在工业领域丰富的融合应用场景将为工业体系变革带来极大潜力，使能工业智能化、绿色化发展。"5G + 工业互联网"512工程实施以来，工业行业应用水平不断提升，从生产外围环节逐步延伸至研发设计、生产制造、质量检测、故障运维、物流运输、安全管理等核心环节，在电子设备制造、装备制造、钢铁、采矿、电力5个行业率先发展，培育形成协同研发设计、远程设备操控、设备协同作业、柔性生产制造、现场辅助装配、机器视觉质检、设备故障诊断、厂区智能物流、无人智能巡检、生产现场监测十大典型应用场景，助力工业企业降本提质和安全生产。

2. 车联网与自动驾驶领域

5G车联网可助力汽车、交通应用服务的智能化升级。5G网络的大带宽、低时延等特性可支持实现车载VR视频通话、实景导航等实时业务。借助蜂窝车联网（Cellular Vehicle-to-Everything，C-V2X）的低时延、高可靠和广播传输特性，汽车可实时对外广播自身定位、运行状态等基本安全消息，可广播交通信号灯或电子标志标识等交通管理与指示信息，支持实现路口碰撞预警、红绿灯诱导通行等应用，显著提升车辆行驶安全和出行效率，还可支持实现更高等级、更复杂场景的自动驾驶服务，例如远程遥控驾驶、车辆编队行驶等。

5G网络可支持港口岸桥区的自动远程控制、装卸区的自动码货，以及港区的车辆无人驾驶应用，显著降低AGV控制信号的时延以保障无线通信质量与作业可靠性，使智能理货数据传输系统实现全天候全流程的实时在线监控。

3. 能源领域

在电力领域，能源电力生产包括发电、输电、变电、配电、用电5个环节，5G在电力领域的应用主要面向输电、变电、配电、用电4个环节开展，应用场景主要涵盖了采集监控类业务及实时控制类业务，包括输电线无人机巡检、变电站机器人巡检、电能质量监测、配电自动化、配网差动保护、分布式能源控制、高级计量、精准负荷控制、电力充电桩等。当前，基于5G大带宽特性的移动巡检业务较为成熟，可实现应用复制推广。通过无人机巡检、机器人巡检等新型运维业务的应用，可促进监控、作业、安防向智能化、可视化、高清化升级，大幅提升输电线路与变电站的巡检效率。此外，配网差动保护、配电自动化等控制类业务随着网络安全架构、终端模组等逐渐成熟，控制类业务将会进入高速发展期，实现提升配电环节故障定位精准度和处理效率。

在煤矿领域，5G应用涉及井下生产与安全保障两大部分，应用场景主要包括作业场所视频监控、环境信息采集、设备数据传输、移动巡检、作业设备远程控制等。当前，煤矿利用5G技术实现地面操作中心对井下综采面采煤机、液压支架、掘进机等设备的远程控制，大幅减少了原有线缆维护量及井下作业人员；在井下机房硐室等场景部署5G智能巡检机器人，可实现机房硐室自动巡检，极大提高检修效率；在井下关键场所部署5G超高清摄像头，可实现环境与人员的精准实时管控。煤矿利用5G技术的智能化改造能够有效减少井下作业人员数量，降低井下事故发生率，遏制重特大事故发生，实现煤矿的安全生产。当前取得的实践经验已逐步开始规模化推广。

4. 教育领域

5G在教育领域的应用主要围绕智慧课堂及智慧校园两个方面开展。“5G＋智慧课堂”凭借5G低时延、高速率特性，结合AR、VR等技术，可实现实时传输影像信息，为两地提供全息、互动的教学服务，提升教学体验；5G智能终端可通过5G网络收集教学过程中的全场景数据，结合大数据及人工智能技术，构建学生的学情画像，为教师教学等提供全面、客观的数据分析，提升教学精准度。“5G＋智慧校园”基于超高清视频的安防监控可为校园提供远程巡考、校园人员管理、学生作息管理、门禁管理等应用，解决陌生人进校园、危险探测不及时等安全问题，提高校园管理效率和水平；基于AI图像分析、地理信息系统（Geographic Information System，GIS）等技术，可为学生出行、活动、饮食安全等环节提供全面的安全保障服务，打造安全的学习环境。

2022年2月，工业和信息化部、教育部公布2021年“5G＋智慧教育”应用试点项目入围名单，一批5G与教育教学融合创新的典型应用亮相。据悉，有关部门下一步将及时总结经验、做法及成效，努力推动“5G＋智慧教育”应用从小范围探索走向大规模落地。

5. 医疗领域

5G通过赋能现有智慧医疗服务体系，提升远程医疗、应急救护等服务能力和管理效率，并催生“5G＋远程超声检查”、重症监护等新型应用场景。

“5G＋超高清远程会诊”“5G＋远程影像诊断”“5G＋移动医护”等应用，在现有智慧医疗服务体系上，叠加5G网络能力，能够极大提升远程会诊、医学影像、电子病历等数据传输速度和服务保障能力。

“5G＋应急救护”等应用，在急救人员、救护车、应急指挥中心、医院之间快速构建5G应急救援网络，在救护车接到患者的第一时间，将患者体征数据、病情图像、急症病情记录等以毫秒级速度无损实时传输到医院，帮助院内医生作出正确判断并提前制定抢救方案，实现患者“上车即入院”的愿景。

“5G＋远程手术”“5G＋重症监护”等治疗类应用，由于容错率极低，并涉及医疗质量、患者安全、社会伦理等复杂问题，其技术应用的安全性、可靠性需要进一步研究和验证。

6. 文旅领域

5G在文旅领域的创新应用将助力文化和旅游行业步入数字化转型的“快车道”。“5G＋智慧文旅”应用场景主要包括景区管理、游客服务、文博展览、线上演播等环节。“5G＋智慧景区”可实现景区实时监控、安防巡检和应急救援，同时可提供VR直播观景、沉浸式导览及AI智慧游记等创新体验，大幅提升了景区管理和服务水平，解决了景区同质化发展等痛点；“5G＋智慧文博”可支持文物全息展示、“5G+VR文物修复”、沉浸式教学等应用，赋能文物数字化发展，深刻阐释文物的多元价值，推动人才团队建设；“5G＋云演播”融合4K/8K、AR/VR等技术，实现传统曲目线上线下高清直播，支持多屏多角度沉浸式观赏体验，“5G＋云演播”打破了传统艺术表演方式，让传统演艺产业焕发新生。

7. 智慧城市领域

5G助力智慧城市在安防、巡检、救援等方面提升管理与服务水平。在城市安防监控方面，结合大数据及人工智能技术，“5G＋超高清视频监控”可实现对人脸、行为、特殊物品、汽车等精确识别，形成对潜在危险的预判能力和对紧急事件的快速响应能力；在城市安全巡检方面，5G结合无人机、无人车、机器人等安防巡检终端，可实现城市立体化智能巡检，提高城市日常巡查效率；在城市应急救援方面，5G通信保障车与卫星回传技术可实现救援区域海陆空一体化的5G网络覆盖；“5G+AR/VR”可协助中台应急调度指挥人员直观、及时地了解现场情况，更快速、更科学地制定应急救援方案，提高应急救援效率。公共安全和社区治安成为城市治理的热点领域，以远程巡检应用为代表的环境监测也将成为城市发展的关注重点。未来，城市全域感知和精细管理将成为必然发展趋势，仍需要长期持续探索。

8. 信息消费领域

5G给垂直行业带来变革与创新的同时，也孕育了新兴信息产品和服务，改变了人们的生活方式。在“5G＋云游戏”方面，5G可实现将云端服务器上渲染压缩后的音/视频直接传送至用户终端，解决了云端算力下发与本地计算力不足的问题，解除了游戏优质内容对终端硬件的束缚和依赖，对消费端成本控制和产业链降本增效起到积极的推动作用。在“5G+4K/8K VR直播”方面，5G技术可解决网线组网烦琐、传统无线网络带宽不足、专线开通成本高等问题，可满足大型活动现场终端的连接需求，并带给观众超高清、沉浸式的视听体验；“5G＋多视角视频”可实现向用户同时推送多个独立的视角画面，用户可自行选择观看视角，带来更好的观看体验。在智慧商业综合体领域，“5G+AI智慧导航”“5G+AR数字景观”“5G+VR电竞娱乐空间”“5G+AR/VR全景直播”“5G+AR/VR导购及互动营销”等应用已开始在商圈及购物中心落地应用，并逐步规模化推广。未来随着5G网络的全面覆盖以及网络能力的提升，“5G＋沉浸式云XR”“5G＋数字孪生”等应用场景也将逐步实现，让购物消费更具活力。

9. 金融领域

金融科技相关机构正积极推进5G在金融领域的应用探索，实现应用场景多样化。银行是5G在金融领域落地应用的先行军，5G可为银行机构提供整体性的改造。前台方面，银行机构综合运用5G及多种新技术，实现了智慧网点建设、机器人全程服务客户、远程业务办理等；中后台方面，银行机构通过5G可实现万物互联，从而为数据分析和决策提供辅助。除了银行业，证券、保险和其他金融领域也在积极推动“5G+”发展，5G的远程服务等新交互方式为客户带来全方位的数字体验，线上即可完成证券开户审核、保险查勘定损和理赔，使金融服务不断走向便捷化、多元化，带动了金融行业的创新变革。

1.2 5G在全球的商用发展现状和产业应用

随着5G商用在全球范围内展开，大规模的5G网络建设和增长迅猛的5G用户数量为移动通信行业呈现出欣欣向荣的繁荣景象。

根据移动通信全球行业组织GSMA的统计，截至2023年第三季度末，全球有100个市场的258个运营商使用了5G服务，共部署了481万个5G基站，5G用户规模也超过了14.2亿人，渗透率达到16.6%。

特别是在率先商用5G的国家和地区，5G发展的繁荣景象更加引人注目。2019年6月6日，工业和信息化部向中国移动、中国电信、中国联通、中国广电发放5G商用牌照。中国移动、中国电信、中国联通用3年左右的时间建成319万个5G基站，占到全球5G基站总量的66%。良好的5G网络覆盖也推动中国市场的5G用户数在2023年第三季度达到7.37亿，渗透率接近43%，占据全球5G用户数的一半以上，成为全球规模最大的5G市场。

此外，全球最先商用5G的韩国也在继续领跑，韩国23万个5G基站创造了每万人拥有41.5个5G基站的全球最高纪录。在韩国运营商的大力推动下，韩国市场的5G用户渗透率已经达到50%，同时韩国市场的5G终端占比82%，是全球5G终端渗透率最高的国家，并且全网5G终端的单用户月均数据流量（Dataflow of Usage，DOU）高达29GB，使韩国市场5G终端的流量占比达到全网的80%。

美国5G市场由于在初期选择了毫米波频谱造成网络建设缓慢，很大程度上制约了5G的发展。从2021年开始，随着美国5G主流频段从毫米波转为厘米波和低频，美国主流运营商均积极推进5G基站建设，目前5G网络覆盖率已超过90%。此外，美国已成为全球最大的5G固定无线接入（Fixed Wireless Access，FWA）市场，目前有将近700万5G FWA连接；得益于FWA的高DOU（约500GB/月），T-Mobile公司的5G网络分流比超过70%，成为全球利用率最高的5G网络之一。

追随着5G领先者的脚步，印度5G市场也在发力追赶。在2022年8月完成5G频谱拍卖后，印度Reliance Jio和Bharti Airtel两家运营商启动了5G快速建网，以平均每天建设1200个基站的速度，仅用一年时间就开通了30万个5G基站。由于印度运营商采取了低资费的市场策略，印度5G市场平均每部智能手机的DOU为31GB，为全球最高；随着5G商用加速，预计印度5G市场的DOU将进一步提升，到2029年将达到75GB。

根据GSMA预测，到2026年全球5G连接数将从2023年的15亿增长到30亿，届时5G渗透率将达到30%，并将在2029年超越4G成为占主导地位的移动技术。

1.3 5G无线频谱

1.3.1 概述

1873年，英国科学家詹姆斯·克拉克·麦克斯韦综合前人的研究，创立了完整的电磁波理论。他断定电磁波的存在，推导出电磁波与光具有同样的传播速率。现在所说的无线电一般是电磁波的一个有限频带。按照ITU的规定，这个频带为3kHz～300GHz。随着无线电应用的不断拓展，300～3000GHz也已经被列入无线电的范畴。

电磁频谱如图1-3所示。由于其频谱范围非常宽，为便于研究，可将其划分为9个频段（波段）。

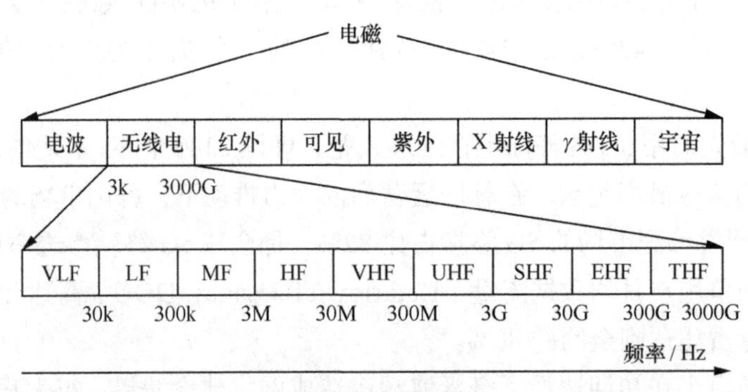

图1-3　电磁频谱

谁是第一个无线电通信的应用者，我们无从知晓，部分观点认为是伽利尔摩·马可尼。1899 年，伽利尔摩·马可尼派发了第一封收费电报，这标志着无线电通信进入实用阶段。100 多年来，无线电技术不断进步，深刻影响和改变着人类的生活。当前，无线电技术的应用日益广泛深入，已经覆盖到通信、广播、电视、交通、航空、航天、气象、渔业、科研等多个行业。无线电发展史对应着人们对电磁波的各个波段逐步研究和运用的历史。

首先投入应用的是长波段，因为长波在地表激起的感生电流小、电波能量损失小，并且能够绕过障碍物。1901 年，伽利尔摩·马可尼用大功率电台和庞大的天线实现了跨大西洋的无线电通信。但长波天线设备庞大且昂贵，通信容量小，这促使人们继续探寻新的通信波段。20 世纪 20 年代，业余无线电爱好者发现短波能传播很远的距离。随后 10 年对电离层的研究表明，短波是借助大气层中的电离层传播的，电离层如同一面镜子，非常适合反射短波。短波电台既经济又轻便，在无线通信和广播中得到大量应用。但是电离层容易受气象条件、太阳活动及人类活动的影响，短波的通信质量和可靠性不高，此外，容量也满足不了日益增长的需要。短波段带宽只有 27MHz，按每个短波电台占 4kHz 频带计算，仅能容纳 6000 多个电台，每个国家只能分得不足 50 个电台。从 20 世纪 40 年代开始，微波技术的应用开始兴起。微波已接近光频，它沿直线传播，能够穿过电离层而不被反射，但是绕射能力差，所以微波需要经中继站或通信卫星将它反射后传播到既定的远方。无线电频谱及其使用见表 1-1。

表 1-1　无线电频谱及其使用

波段（频段）	符号	波长范围	频率范围	主要应用
超长波（甚低频）	VLF	10000 ～ 100000km	3 ～ 30kHz	海岸通信
				海上导航

续表

波段（频段）	符号	波长范围	频率范围	主要应用
长波（低频）	LF	1000 ～ 10000m	30 ～ 300kHz	大气层内中等距离通信
				地下岩层通信
				海上导航
中波（中频）	MF	100 ～ 1000m	300kHz ～ 3MHz	广播
				海上导航
短波（高频）	HF	10 ～ 100m	3 ～ 30MHz	远距离短波通信
				短波广播
超短波（甚高频）	VHF	1 ～ 10m	30 ～ 300MHz	电离层散射通信（30 ～ 60MHz）
				流星余迹通信（30 ～ 100MHz）
				人造电离层通信（30 ～ 144MHz）
				对大气层内、外空间飞行体的通信
				大气层内的电视、雷达、导航、移动通信
分米波（特高频）	UHF	0.1 ～ 1m	300MHz ～ 3GHz	移动通信（700MHz ～ 1GHz）；小容量（8 ～ 12 路）微波接力通信（352 ～ 420MHz）；中容量（120 路）微波接力通信（1.7 ～ 2.4GHz）
厘米波（超高频）	SHF	1 ～ 10cm	3 ～ 30GHz	大容量（2500 路、6000 路）微波接力通信（3.6 ～ 4.2GHz，5.85 ～ 8.5GHz）
				数字通信
				卫星通信
				波导通信
毫米波（极高频）	EHF	1 ～ 10mm	30 ～ 300GHz	穿入大气层时的通信
亚毫米波（至高频）	THF	0.1 ～ 1mm	300 ～ 3000GHz	—

宽带移动通信将独立的、分散的无线电技术应用时代带入移动互联网时代，甚至是万物互联时代。回顾移动通信发展历程可以发现，技术的进步也是频谱使用效率提升的过程。移动通信从 FDMA 到 TDMA、CDMA，再到正交频分多址（Orthogonal Frequency Division Multiple Access，OFDMA）的演进，频谱使用效率越来越高。

另外，技术的发展也加剧了不同业务、不同部门间在无线电频谱使用上的冲突。公众移动通信技术在近几十年里发展迅速，国际移动通信系统的频谱资源不断拓展，对无线电业务的共存格局产生了深远影响，特别是对广播业务、定位业务、卫星业务使用频率形成冲击。

随着5G时代的到来，移动通信系统对无线电频谱日益增长的需求与有限的可用频谱之间的矛盾日益突出。为应对宽带移动通信的迅速发展给频谱资源管理带来的挑战，可以从以下3个方面寻找解决方案。

首先，开发利用更高频段。移动通信最早使用短波技术，近50年来发展到超短波与分米波。随着无线电技术应用的发展，各行业对无线电频谱资源的需求越来越大，使用的频率带宽、信道带宽逐渐增加。如今，微电子技术的进步使高频段频率用于支持通信成为可能。众所周知，GSM网络使用900MHz频段和1800MHz频段，3G网络主要使用1.9GHz频段、2.1GHz频段和2.3GHz频段，4G网络主要使用1800MHz频段和2.6GHz频段。与此同时，Wi-Fi、无线局域网（Wireless Local Area Network，WLAN）等技术作为宽带无线接入的重要方式，是移动通信的重要补充。美国、日本、韩国等国家在规划国际移动通信频率的同时，也规划了部分频率支持Wi-Fi和WLAN技术。我国目前为宽带无线接入应用划分了4个频段，分别是2.4GHz、3.5GHz、5.86GHz、26GHz。

其次，调整现有业务的频谱划分。当前，以公众移动通信网络为代表的宽带移动通信的发展对无线电频谱的需求不断增加。在无线电频谱资源有限的情况下，需要根据实际情况调整原有业务的频谱划分，统筹协调各类无线电业务的频率使用。

最后，积极推动技术进步与应用升级。在规划3G和4G的频率时，对于前一代移动通信和其他较为过时的、频谱使用效率不高的无线电通信技术和网络，应促进其升级换代到频谱使用效率更高的新一代移动通信。5G的频率规划同样遵循这个原则，即在5G网络使用频段内，不仅应包括新开发的频段和其他部门清退出来的频段，还应积极促进技术的更新换代，以提高现有移动通信网络的频谱使用效率。

1.3.2 频谱选择

1.3.2.1 5G频谱需求

如果把移动通信系统的建设看作开发商在“盖房子”，那频谱就是“土地”。随着移动通信技术的飞速发展，尤其是移动互联网业务的迅猛增长，日益增长的频谱需求和有限的频谱资源之间的矛盾成为制约运营商发展的主要因素之一。

ITU是联合国机构中历史最长的国际组织之一，可简称为“国际电联”。ITU主管信息通信技术事务，负责制定全球的电信标准，向发展中国家提供电信援助，促进全球电信发展。ITU的无线电通信组（ITU-R）具体负责分配和管理全球无线电频谱与卫星轨道资源。我国负责频谱规划与管理的是工业和信息化部无线电管理局，负责编制无线电频谱规划，负责无线电频率的划分、分配与指配。

ITU-R在《为IMT-2000和IMT-Advanced的未来发展估计的频谱带宽需求》（*ITU-R M.2078: Estimated Spectrum Bandwidth Requirements for the Future Development of IMT-2000 and IMT-Advanced*）建议书中指出，多媒体业务量的增长远比语音迅速，并将日益占据主导地位，这将导致从以电路交换为主到以分组传输为主的根本性改变。这种改变将使用户具备更强的接收多媒体业务（包括电子邮件、文件传输、消息和分配业务）的能力。多媒体业务可以是对称的或不对称的，可以是实时的或非实时的，但是都将占用更大的带宽，导致出现更高的数据速率需求，也必然会带来更高的频谱需求。

1. 3G的频谱需求计算

3G在商用之前，ITU已经充分认识到频谱资源对快速发展的移动通信业务的重要性。1999年，ITU-R发布的《IMT-2000地面部分频谱需求的计算方法》（*ITU-R M.1390：Methodology for the Calculation of IMT-2000 Terrestrial Spectrum Requirements*）提出了3G地面频谱需求的计算方法，该计算方法充分考虑了环境、市场、业务、3G系统技术能力的影响，同时考虑了电路域业务与分组域业务的需求。

根据该计算方法，频谱总需求可表示为：

$$F_{\text{Terrestrial}} = \beta\sum\alpha_{\text{es}}F_{\text{es}} = \beta\sum\alpha_{\text{es}}T_{\text{es}}/S_{\text{es}}$$

其中：

$F_{\text{Terrestrial}}$——陆地业务频谱总需求（单位为MHz）。

T_{es}——单小区业务量（单位为Mbit/s）。

S_{es}——单小区系统能力（单位为Mbit/s/MHz）。

α_{es}——加权因子。

β——调整因子。

在以上公式中，变量的下标“e”与“s”分别表示环境（Environment）与业务（Service）因素的影响。

① 环境因素。ITU-R M.1390方法考虑了两类环境：一类是地理环境，另一类是移动性环境。它们的组合形成表1-2中的12个环境因素。

表1-2　环境因素

因素	室内	步行	车速
密集城区（CBD）			
城区			
郊区			
农村			

② 市场与业务因素。市场与业务因素考虑业务类型、人口密度、人口渗透率、用户话务模型等影响。对于3G（IMT-2000），可能的业务选项包括以下内容。

- 语音。
- 简单消息。

- 电路域数据。
- 中速率多媒体业务。
- 高速率多媒体业务。
- 高速率交互式多媒体业务。

③ 系统能力。主要考虑3G系统单小区的业务承载能力。

④ 计算案例。在ITU-R M.1390附录示例中，可计算出考虑了3个环境场景（密集城区—室内，城区—步行，城区—车速）的案例，2010年的频谱总需求为530.3MHz。

2. 3G后的频谱需求计算

（1）国际上的预测

2003年，ITU-R采纳了《IMT-2000和超IMT-2000系统未来发展的框架和总体目标》（*ITU-R M.1645: Framework and Overall Objectives of the Future Development of IMT-2000 and Systems beyond IMT-2000*）建议书。该建议书认为，对无线通信需求增长给予的特殊考虑将实现更高的数据速率，以满足用户需求。

为了实现与IMT-2000和IMT-Advanced的未来发展有关的目标，需要更多的额外的频谱带宽。同时，随着移动与固定通信的融合、多网络环境的出现，以及不同接入系统间无缝互联互通的出现，使用ITU-R M.1390简单方式不再适用。考虑到市场需求和网络部署情况，为了估算频率需求，必须开发和应用新模型，并需要考虑电信服务在空间和时间上的关联。IMT-2000和IMT-Advanced未来发展的频谱计算方法应具有灵活性，且技术中立并被普遍适用。

为此，《IMT系统地面部分无线电方面的问题》（*Wireless issues in the ground part of the IMT system*）引入了无线电接入技术组（Radio Access Techniques Groups，RATG）的概念，RATG的划分如下。

- 第1组（RATG 1）：IMT之前的系统、IMT-2000及其增强版。这组包含蜂窝移动系统、IMT-2000系统，以及它们的加强型。
- 第2组（RATG 2）：例如，ITU-R M.1645建议书所描述的IMT-Advanced（例如，新的无线接入和新的游牧/本地无线接入），但不包括已在其他RATG中描述的系统。
- 第3组（RATG 3）：现有的无线电LAN及其增强型系统。
- 第4组（RATG 4）：数字移动广播系统及其增强型系统。

《国际移动通信地面部分的频谱需求的计算方法》（*ITU-R M.1768: Methodology for Calculation of Spectrum Requirements for the Terrestrial Component of International Mobile Telecommunications*）提出用于计算IMT系统未来发展频谱需求的方法，考虑了实际网络实施以调整频谱需求，采用频谱效率值将容量需求转换成频谱需求，并计算了IMT系统未来发展的总频谱需求。ITU-R M.1768方法适应了市场研究中涉及的各种服务的复杂组合，考虑了业务量随时间变化及随区域变化的特性，采用RATG方式，以技术中立的方法来处理正在研究的和已有的系统，所考虑的4组RATG涵盖了所有相关的无线电接入技术。对分配给 RATG 1 和 RATG 2 的业务量，ITU-R M.1768 对分组交换和电路交换业务采用不同的数学算法，将来自市场研究的业务量数值转换成容量需求。

根据 ITU-R M.1768 建议书，频谱需求计算流程如图 1-4 所示。

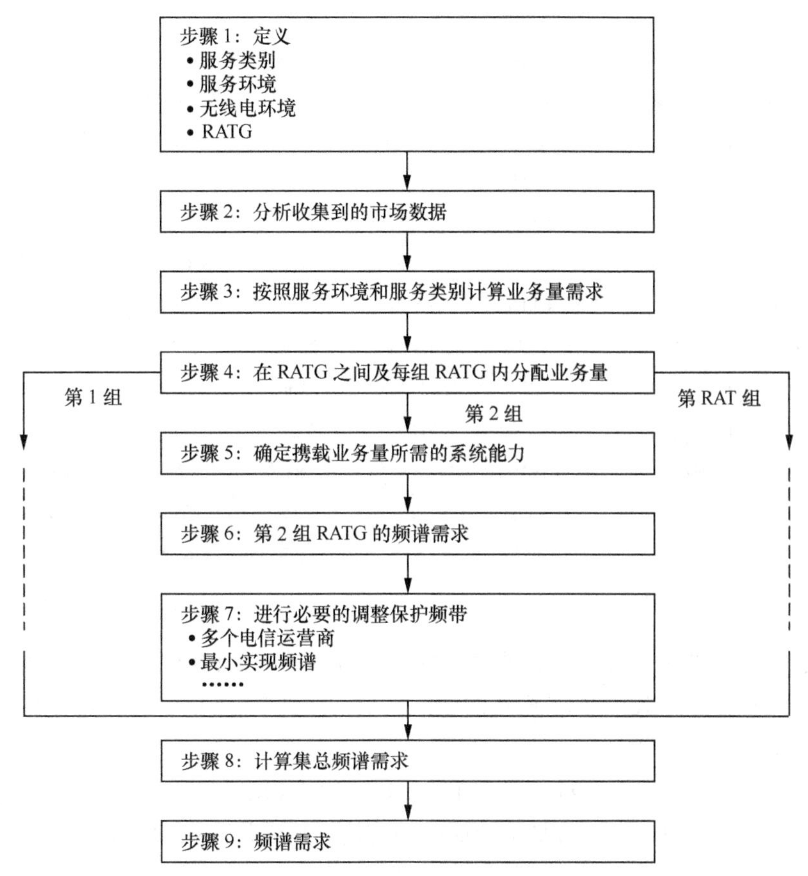

图1-4　频谱需求计算流程

对 2020 年 RATG 1 和 RATG 2 二者预计的总的频谱需求，经计算为 1280MHz ～ 1720MHz（包括已经使用或已经计划用于 RATG 1 的频谱），详见表 1-3。

表 1-3　对 RATG 1 和 RATG 2 二者预计的频谱需求

市场设置	RATG 1 的频谱需求 /MHz			RATG 2 的频谱需求 /MHz			总的频谱需求 /MHz		
	2010 年	2015 年	2020 年	2010 年	2015 年	2020 年	2010 年	2015 年	2020 年
较高市场设置	840	880	880	0	420	840	840	1300	1720
较低市场设置	760	800	800	0	500	480	760	1300	1280

（2）国内的预测

2012 年，工业和信息化部电信研究院对我国未来的频谱需求做了预测，认为 2015 年中国陆地移动通信频谱总需求为 991MHz，缺口为 444MHz（当时我国已规划的 IMT 可用频谱为 547MHz），详见表 1-4。

表 1-4　中国公众移动通信业务频率需求情况

指标	2010 年	2011 年	2012 年	2013 年	2014 年	2015 年
数据业务增长率	100%	217%	455%	938%	1911%	3854%
站址密度增长率	100%	113%	126%	139%	152%	165%
单站业务增长率	100%	192%	361%	675%	1257%	2336%
平均频率效率 /（bit · s^{-1}/Hz）	0.625	0.78	0.88	1.05	1.13	1.3
绝对增长率	100%	125%	141%	168%	181%	208%
单站业务流量调整	100%	154%	256%	402%	695%	1123%
数据业务用频 /MHz	81	124	208	326	563	910
数据业务用频占比	50%	61%	72%	80%	87%	92%
语音业务用频 /MHz	81	81	81	81	81	81
语音业务用频占比	50%	39%	28%	20%	13%	8%
合计 /MHz	162	205	289	407	644	991
缺口 /MHz	—	—	—	—	97	444

2013 年，工业和信息化部电信研究院在《到 2020 年中国 IMT 服务的频谱需求》报告中全面评估了到 2020 年我国 IMT 服务的频谱需求，即到 2020 年，我国 IMT 的频谱需求为 1864MHz，缺口为 1177MHz。

2014 年，另一份研究报告对我国 2015—2020 年的公众陆地移动通信系统进行了预测，具体情况见表 1-5。此时，我国规划给地面移动通信的频谱共计 687MHz，到 2020 年预计缺口在 803 ～ 1123MHz，需要世界无线电通信大会（WRC）划分新的频段来解决。

表 1-5　我国频率需求预测结果

指标	2015 年	2020 年
需求预测 /MHz	570 ～ 690	1490 ～ 1810
已规划的频谱 /MHz	687	687
额外需求 /MHz	—	803 ～ 1123

1.3.2.2　现有频谱分配

1. 全球的频谱规划

每三年举行一次的世界无线电通信大会是 ITU-R 的最高级别会议，负责审议并在必要时修订《无线电规则》,《无线电规则》是指导无线电频谱、对地静止卫星和非对地静止卫星轨道使用的国际条约。与未来移动通信有关的频谱规划都是在该会议上做出的，因此世界无线电通信大会是国际频谱管理进程的核心会议，同时也是各国开展移动通信频谱规划的出发点。

近年来，世界无线电通信大会的主要会议如下。

① 1995 年 10 月 23 日～ 11 月 17 日，瑞士日内瓦（WRC-95）。

② 1997 年 10 月 27 日～ 11 月 21 日，瑞士日内瓦（WRC-97）。

③ 2000 年 5 月 8 日～ 6 月 2 日，土耳其伊斯坦布尔（WRC-2000）。

④ 2003 年 6 月 9 日～ 7 月 4 日，瑞士日内瓦（WRC-03）。

⑤ 2007 年 10 月 22 日～ 11 月 16 日，瑞士日内瓦（WRC-07）。

⑥ 2012 年 1 月 23 日～ 2 月 17 日，瑞士日内瓦（WRC-12）。

⑦ 2015 年 11 月 2 日～ 11 月 27 日，瑞士日内瓦（WRC-15）。

在 WRC-07 上，全球各个国家通过区域性组织或国家提案的方式表达了对未来移动通信有关频谱规划的相关看法，以及对不同候选频段的态度，经过讨论与协商，最终确定将 450 ～ 470MHz、790 ～ 806MHz、2300 ～ 2400MHz 共 136MHz 频率用于 IMT。另外，部分国家可以指定 698MHz 以上的 UHF 频段——3400 ～ 3600MHz 频段用于 IMT。

截至 WRC-07，WRC 已为 IMT 规划了总计 1085MHz 的频谱资源，见表 1-6。

表 1-6　截至 WRC-07，WRC 已为 IMT 规划的频谱

	频段 /MHz	带宽 /MHz
IMT 全球统一频段	450 ～ 470	20
	790 ～ 960	170
	1710 ～ 2025	315
	2110 ～ 2200	90
	2300 ～ 2400	100
	2500 ～ 2690	190
	3400 ～ 3600	200
合计		1085

2. 我国的频谱规划与分配

根据 ITU 有关地面移动蜂窝通信系统的频率规划、技术标准和我国的无线电频率规划，我国先后划分了 687MHz 频谱给地面公众移动通信系统。我国已规划的地面公众移动通信系统频段见表 1-7。

表 1-7　我国已规划的地面公众移动通信系统频段

双工方式		下限 /MHz	上限 /MHz	带宽 /MHz	合计 /MHz
FDD	上行	889	915	26	162
	下行	934	960	26	
	上行	1710	1755	45	
	下行	1805	1850	45	
	上行	825	835	10	
	下行	870	880	10	
TDD	非对称	1880	1920	40	155
	非对称	2010	2025	15	
	非对称室内	2300	2400	100	
FDD	上行	1920	1980	60	120
	下行	2110	2170	60	
	上行	1755	1785	30	60
	下行	1850	1880	30	
TDD	非对称	2500	2690	190	190
总计					687

在已规划的频谱中，实际分配给运营商在用的频段带宽为517MHz，其他频段尚未分配使用。使用中的地面公众移动通信系统频段见表1-8。

表 1-8　使用中的地面公众移动通信系统频段

频段 /MHz	带宽 /MHz	使用运营商	系统制式	备注
825 ～ 835/870 ～ 880	20	中国电信	CDMA	—
889 ～ 909/934 ～ 954	40	中国移动	GSM	—
909 ～ 915/954 ～ 960	12	中国联通	GSM	—
1710 ～ 1735/1805 ～ 1830	50	中国移动	GSM	—
1735 ～ 1755/1830 ～ 1850	40	中国联通	GSM	—
1755 ～ 1765/1850 ～ 1860	20	中国联通	LTE FDD	—
1765 ～ 1780/1860 ～ 1875	30	中国电信	LTE FDD	—
1880 ～ 1900	20	中国移动	TD-LTE	—
1900 ～ 1920	20	—	PHS	待退网
1920 ～ 1935/2110 ～ 2125	30	中国电信	—	—
1940 ～ 1955/2130 ～ 2145	30	中国联通	WCDMA	—
2010 ～ 2025	15	中国移动	TD-SCDMA	—
2300 ～ 2320	20	中国联通	TD-LTE	室内

续表

频段 /MHz	带宽 /MHz	使用运营商	系统制式	备注
2320 ～ 2370	50	中国移动	TD-LTE	室内
2370 ～ 2390	20	中国电信	TD-LTE	室内
2555 ～ 2575	20	中国联通	TD-LTE	—
2575 ～ 2635	60	中国移动	TD-LTE	—
2635 ～ 2655	20	中国电信	TD-LTE	—
合计	517	—	—	—

1.3.3　5G频谱分配

1.3.3.1　ITU 频谱分配

自 2012 年以来，ITU 启动了 5G 愿景、未来技术趋势、频谱规划等方面的前期研究工作。2015 年，ITU 发布了 5G 愿景建议书，提出了 IMT-2020 系统的目标、性能、应用和技术发展趋势、频谱资源配置、总体研究框架、时间计划，以及后续的研究方向。

在系统性能方面，5G 系统将具备 10 ～ 20Gbit/s 的峰值速率、100Mbit/s ～ 1Gbit/s 的用户体验速率、每平方千米 100 万的连接数密度、1ms 的空口时延、支持 500km/h 的移动性、每平方米 10Mbit/s 的流量密度等关键能力指标，相对 4G 提升了 3 ～ 5 倍的频谱效率和百倍的能效。

为满足上述愿景，5G 频率涵盖高、中、低频段，即统筹考虑全频段。高频段一般指 6GHz 以上频段，连续大带宽虽然可以满足热点区域极高的用户体验速率和系统容量需求，但是其覆盖能力较弱，难以实现全网覆盖，因此需要与 6GHz 以下的中、低频段联合组网，以高频和低频相互补充的方式来解决网络连续覆盖的需求。

全球 5G 频率规划工作主要在 ITU 等国际标准化组织的框架下开展，相关工作的进展如下。

对 5G 高频段而言，为满足国际移动通信系统在高频段的频率需求，世界无线电通信大会在 WRC-19 研究周期内新设立议题，在 6GHz 以上频段为 IMT 系统寻找可用的频率，研究的频率范围为 24.25 ～ 86GHz，其中既包括 24.25 ～ 27.5GHz、37 ～ 40.5GHz、42.5 ～ 43.5GHz、45.5 ～ 47GHz、47.2 ～ 50.2GHz、50.4 ～ 52.6GHz、66 ～ 76GHz 和 81 ～ 86GHz 共 8 个已主动划分给移动通信业务的频段，还涵盖了 31.8 ～ 33.4GHz、40.5 ～ 42.5GHz 和 47 ～ 47.2GHz 这 3 个尚未划分给移动业务使用的频段。

对 5G 中、低频段而言，2015 年无线电通信全会（RA-15）批准将“IMT-2020”作为 5G 的正式名称。至此，IMT-2020 将与已有的 IMT-2000（3G）、IMT-A（4G）组成新的 IMT

系列。这标志着 ITU《无线电规则》中现有的标注给 IMT 系统使用的频段均可作为 5G 系统的中、低频段。同时，WRC-15 通过相关决议，以全球、区域或部分国家脚注的形式新增了部分频段，供有意部署 IMT 系统的主管部门使用。5G 系统中、低频候选频率及相关脚注见表 1-9。

表 1-9　5G 系统中、低频候选频率及相关脚注

频段 /MHz	相关脚注
450 ～ 470	5.286AA
698 ～ 960	5.313A、5.317A
1710 ～ 2025	5.384A、5.388
2110 ～ 2200	5.388
2300 ～ 2400	5.384A
2500 ～ 2690	5.384A
3400 ～ 3600	5.430A、5.422A、5.432B、5.433A
WRC–15 相关频段（470 ～ 698、142 ～ 1518、3300 ～ 3400、3600 ～ 3700、4800 ～ 4900）	待形成新的脚注

1.3.3.2　国外 5G 频谱分配

对世界上的主要国家和地区而言，其重点关注和规划的频段与 ITU 的标准频段基本相符；此外，各国也可以根据自身的频率划分和使用现状，将部分 ITU 尚未考虑的频段纳入 5G 的频率范围。美国联邦通信委员会（FCC）通过了将 24GHz 以上的频谱规划用于无线宽带业务的法令，包括 27.5 ～ 28.35GHz、37 ～ 38.6GHz 和 38.6 ～ 40GHz 频段共计 3.85GHz 带宽的授权频率，以及 64 ～ 71GHz 共计 7GHz 带宽的免授权频率。2016 年 9 月，欧盟委员会正式发布了 5G 行动计划（*5G for Europe: An Action Plan*），表示将于 2016 年年底前为 5G 测试提供临时频率，测试频率由 1GHz 以下、1 ～ 6GHz 和 6GHz 以上的频段共同组成；并于 2017 年年底前确定 6GHz 以下的 5G 频率规划和毫米波的频率划分，以支持高、低频融合的 5G 网络部署。欧盟将为 5G 重点考虑 700MHz、3.4 ～ 3.8GHz、24.25 ～ 27.5GHz、31.8 ～ 33.4GHz、40.5 ～ 43.5GHz 等频段；2016 年 11 月，在征求意见的基础上，经过 3 个月的研究和协商，欧盟委员会无线电频谱政策组（RSPG）正式发布 5G 频谱战略，明确将 24.25 ～ 27.5GHz、3.4 ～ 3.8GHz、700MHz 频段作为欧洲 5G 初期部署的高、中、低优先频段。在亚洲地区，韩国于 2018 年平昌冬奥会期间在 26.5 ～ 29.5GHz 频段部署 5G 试验网络；日本总务省发布了 5G 频谱策略，计划在东京奥运会之前实现 5G 网络的正式商用，重点考虑规划 3.6 ～ 4.2GHz、4.4 ～ 4.9GHz、27.5 ～ 29.5GHz 等频段。

1.3.3.3　国内 5G 频谱分配

2016 年 11 月，我国在第二届全球 5G 大会上陈述了 5G 频率规划思路，涵盖高、中、

低频段所有潜在的频率资源。具体而言，2016 年年初我国批复将 3400 ～ 3600MHz 频段用于 5G 技术试验，并依托《中华人民共和国无线电频率划分规定》修订工作积极协调将 3300 ～ 3400MHz、4400 ～ 4500MHz、4800 ～ 4990MHz 频段用于 IMT 系统，并在 2017 年 6 月就 3300 ～ 3600MHz、4800 ～ 5000MHz 频段的频率规划公开征求意见，同时梳理了高频段现有系统，并开展了初步兼容性分析工作，于 2017 年 6 月就 24.75 ～ 27.5GHz、37 ～ 42.5GHz 或其他毫米波频段的频率规划公开征求意见。

2017 年 11 月，《工业和信息化部关于第五代移动通信系统使用 3300 ～ 3600MHz 和 4800 ～ 5000MHz 频段相关事宜的通知》提出“规划 3300 ～ 3600MHz 和 4800 ～ 5000MHz 频段作为 5G 系统的工作频段，其中，3300 ～ 3400MHz 频段原则上限室内使用”。此次发布的中频段 5G 系统频率使用规划能够兼顾系统覆盖和大容量的基本需求，是我国 5G 系统先期部署的主要频段。

2018 年 12 月 10 日，工业和信息化部向中国电信、中国移动、中国联通发放了 5G 系统中、低频段试验频率使用许可。其中，中国电信和中国联通获得 3500MHz 频段试验频率使用许可，中国移动获得 2600MHz 和 4900MHz 频段试验频率使用许可。

2019 年 6 月 6 日，中国电信获得 3400 ～ 3500MHz 共 100MHz 5G 频率资源，中国联通获得 3500 ～ 3600MHz 共 100MHz 5G 频率资源，中国移动获得 2515 ～ 2675MHz 共 160MHz 5G 频率资源和 4800 ～ 4900MHz 共 100MHz 5G 频率资源，中国广电获得 4900 ～ 4960MHz 共 60MHz 5G 频率资源。其中，连续频段的许可使中国电信、中国联通共建共享成为可能。另外，2020 年 2 月 10 日，工业和信息化部宣布分别向中国电信、中国联通、中国广电颁发无线电频率使用许可证，同意 3 家企业共同使用 3300 ～ 3400MHz 频段频率，用于全国 5G 室内覆盖。中国广电作为我国第四家开始实质部署 5G 网络的基础电信运营企业，室外覆盖采用了与中国移动相同的频段，在室内与中国电信、中国联通共建共享，有望以最低成本完成 5G 建设。

Chapter Two

第2章 5G基本原理

2.1 概述

与4G网络相比，5G网络的架构将向更加扁平化的方向发展，控制和转发将进一步分离，网络可以根据业务的需求灵活动态组网，进一步提升网络的整体效率。5G网络具有以下主要特征。

1. 网络性能更优质

5G网络可以提供超高接入速率、超低时延、超高可靠性的用户体验，以满足超高流量密度、超高连接数密度、超高移动性的接入需求，同时为网络带来超过百倍的能效提升，大幅降低了比特成本，提高了频谱效率。

2. 网络功能更灵活

5G网络以用户体验为中心，能够支持多样的移动互联网和物联网业务需求。在接入网方面，5G可支持基站的即插即用和自组织组网，从而实现易部署、易维护的轻量化接入网拓扑；在核心网方面，网络功能在演进分组核心网（Evolved Packet Core，EPC）的基础上进一步简化与重构，可以提供高效、灵活的网络控制与转发功能。

3. 网络运营更智能

5G网络将全面提升智能感知和决策能力，通过对地理位置、用户行为、终端状态、网络上下文等各种特性的实时感知和分析制定决策方案，以实现数据驱动的精细化网络功能部署、资源动态伸缩和自动化运营。

4. 网络生态更友好

5G以更友好、更开放的网络面向新产业生态。通过开放网络能力，5G向第三方提供灵活的业务部署环境，实现与第三方应用的友好互动。5G网络能够提供按需定制服务和网络创新环境，从而不断地提升网络服务的价值。

2.2 搭建网络架构面临的挑战

2.2.1 极致性能指标带来全面挑战

首先，为了满足移动互联网用户对4K/8K高清视频、VR/AR等业务的体验需求，5G系统在设计之初就提出了随时随地提供100Mbit/s～1Gbit/s的体验速率要求，甚至在500km/h的高速移动过程中也要具备基本服务能力和必要的业务连续性。

其次，为了支持移动互联网设备大带宽接入要求，5G系统需要满足每平方千米每秒数十太比特的流量密度；为了满足物联网场景设备低功耗、大连接的接入要求，5G系统需要满足每平方千米百万台设备的连接密度要求，而现有网络流量中心汇聚和单一控制机制在高吞吐量和大连接场景下容易导致流量过载和信令拥塞。

最后，为了支持自动驾驶、工业控制等低时延、高可靠性能要求的业务，5G系统还需要在保障高可靠性的前提下满足端到端毫秒级的时延要求。

2.2.2 网络与业务融合触发全新机遇

丰富的5G应用场景对网络功能要求各异：从突发事件到周期事件的网络资源分配；从自动驾驶到低速移动终端的移动性管理；从工业控制到抄表业务的时延要求等。面对众多的业务场景，5G提出的网络与业务相融合，按需服务，为信息产业的各环节提供新的发展机遇。

基于5G网络“最后一公里”的位置优势，网络业务提供商能够提供更加具有差异性的用户体验。

基于5G网络“端到端全覆盖”的基础设施优势，以垂直行业为代表的物联网业务需求方可以获得更强大且更灵活的业务部署环境。依托强大的网管系统，垂直行业能够获得更丰富的对网内终端和设备的监控与管理手段，全面掌控业务的运行状况；利用功能高度可定制化和资源动态可调度的5G基础设施能力，业务需求方可以快速地构建数据安全隔离、资源弹性伸缩的专用信息服务平台，进一步降低开发门槛。

对于运营商，5G网络有助于进一步开源节流。在开源方面，5G网络突破了当前封闭固化的网络服务框架，全面开放基础设施、组网转发和控制逻辑等网络能力，构建综合化信息服务使能平台，为运营商引入新的服务增长点；在节流方面，按需提供的网络功能和基础设施资源有助于更好地节能增效，降低单位流量的建设与运营成本。

2.3 新一代网络架构

2.3.1 5G网络架构需求

2.3.1.1 5G 网络的设计原则

为了应对未来客户业务需求和场景对网络提出的新挑战，满足网络优质、灵活、智能和友好的发展趋势，5G 网络将通过新型基础设施平台和网络架构两个方面的技术创新及协同发展，最终实现网络变革。

新型基础设施平台通常是基于局域专用硬件实现的，5G 网络将通过引入互联网和虚拟化技术，设计基于通用硬件实现的新型基础设施平台，解决现有基础设施平台成本高、资源配置能力不强和业务上线周期长等问题。

在网络架构方面，5G 网络基于控制转发分离、控制功能重构等技术设计网络架构，提高接入网在面向复杂场景下的整体接入性能。简化核心网结构，提供灵活高效的控制转发功能，支持智能化运营和开放网络能力，提升全网的整体服务水平。

2.3.1.2 新型基础设施平台

搭建5G新型基础设施平台的基础是网络功能虚拟化（Network Functions Virtualization，NFV）和软件定义网络（Software Defined Network，SDN）技术。

NFV 使网元功能与物理实体解耦，通过采用通用硬件取代专用硬件，可以方便快速地把网元功能部署在网络中的任意位置，同时通过对通用硬件资源实现按需分配和动态延伸，以达到最优资源利用率的目的。

SDN 技术能够实现控制功能和转发功能的分离。控制功能的抽离和聚合有利于通过网络控制平面从全局视角来感知和调度网络资源，从而实现网络连接的可编程。

NFV 和 SDN 技术在移动网络的引入与发展将推动 5G 网络架构的革新，借鉴控制转发分离技术对网络功能分组，使网络的逻辑功能更加聚合，逻辑功能平面更加清晰。网络功能可以按需编排，运营商可以根据不同场景和业务特征的要求灵活组合功能模块，按需制定网络资源和业务逻辑，增强网络弹性和自适应性。

2.3.1.3 网络架构

为了满足未来的业务与运营需求，运营商需要进一步增强 5G 接入网与核心网的功能。接入网和核心网的逻辑功能界面将更加清晰，部署方式将更加灵活。

5G 接入网是一个可以满足多场景、以用户为中心的多层异构网络。结合宏基站和微站，统一容纳多种空口接入技术，可以有效提升小区边缘协同处理的效率，提高无线和回传资源的利用率，从而使 5G 无线接入网由孤立地接入“盲”管道转向支持多制式 / 多样式接入点、分布式和集中式、自回传和自组织的复杂网络拓扑转变，并且使其具备无线资源管理智能化管控和共享能力。

5G 核心网需要支持有低时延、大容量和高速率要求的各种业务，能够更高效地实现对差异化业务需求的按需编排功能。核心网转发平面可进一步简化下沉，同时将业务存储和计算能力从网络中心下移到网络边缘，以支持高流量和低时延的业务需求，以及灵活均衡的流量负载调度功能。

5G 网络架构包含接入、控制和转发 3 个功能平面。控制平面主要负责全局控制策略的生成，接入平面和转发平面主要负责执行策略。

1. 接入平面功能特性

为满足 5G 多样化的无线接入场景和高性能指标要求，接入平面需要增强基站协同和灵活的资源调度与共享能力。通过综合利用分布式和集中式组网机制，5G 网络能够实现不同层次和动态灵活的接入控制，有效解决小区间干扰，提升移动性管理能力。接入平面通过用户和业务的感知与处理技术，按需定义接入网拓扑和协议栈，提供定制化部署和服务，保证业务性能。接入平面可以支持无线网状网络、动态自组织网、统一多无线接入技术（Radio Access Technology，RAT）融合等新型组网技术。

2. 控制平面功能特性

控制平面功能包括控制逻辑、按需编排和网络能力开放。

在控制逻辑方面，通过对网元控制功能的抽离与重构，5G 网络将集中分散的控制功能形成独立的接入统一控制、移动性管理和连接管理等功能模块，模块间可根据业务需求进行灵活组合，适配不同场景和网络环境的信令控制要求。

控制平面需要发挥虚拟化平台的能力，实现网络按需编排的功能。网络分片技术按需构建专用和隔离的服务网络，以提升网络的灵活性和可伸缩性。

在网络控制平面引入能力开放层，通过应用程序接口（Application Program Interface，API）对网络功能进行高效抽象，屏蔽底层网络的技术细节，友好开放第三方应用运营商的基础设施、管理能力和增值业务等网络能力。

3. 转发平面功能特性

转发平面将网关中的会话和控制功能分离，网关位置下沉，实现分布式部署。在控制平面的集中调度下，转发平面通过灵活的网关锚点、移动边缘内容与计算等技术实现端到端海量业务数据流高容量、低时延和均负载的传输，提升网内分组数据的承载效率与用户的业务体验。

2.3.2　网络架构设计

5G 网络架构设计主要包括系统设计和组网设计两个部分，设计时需要考虑以下内容。

系统设计应重点考虑逻辑功能的实现及不同功能之间的信息交互过程，构建功能平面划分更合理的、统一的端到端网络逻辑架构。

组网设计应聚焦设备平台和网络部署的实现方案，以充分发挥基于SDN/NFV技术在组网灵活性和安全性方面的潜力。

2.3.2.1 5G 系统设计

5G 网络逻辑视图一般采用“三朵云”架构，具体由接入平面、控制平面和转发平面组成。5G 网络逻辑视图示意如图 2-1 所示。

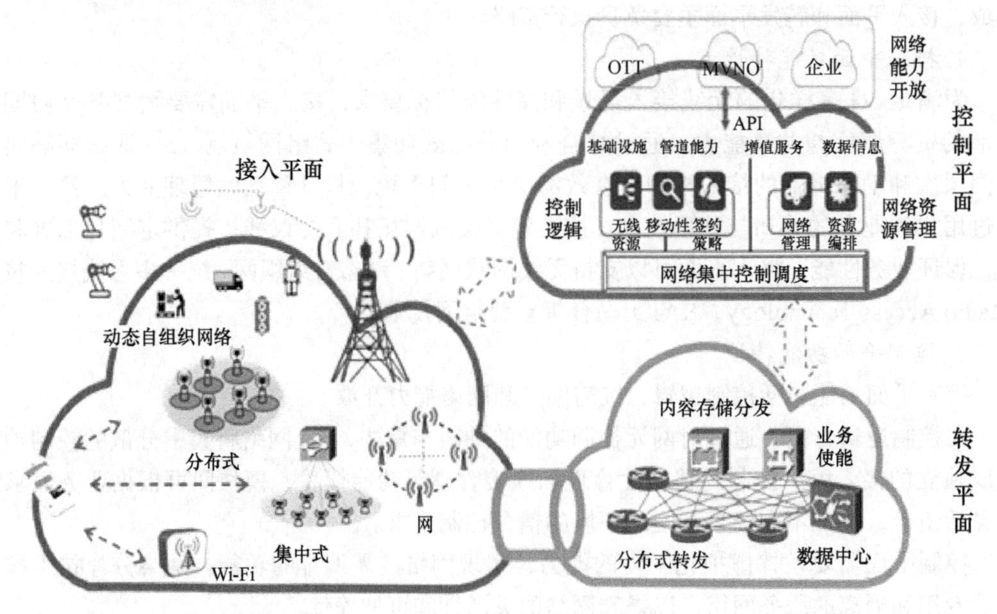

注：1. MVNO（Mobile Virtual Network Operator，移动虚拟网络运营商）。

图2-1 5G网络逻辑视图示意

其中，接入平面引入多点协作、多连接机制和多制式融合技术，构建更灵活的接入网拓扑；控制平面基于可重构的集中的网络控制功能，提供按需接入、移动性和会话管理，支持精细化资源管控和全面能力开放；转发平面具备分布式的数据转发和处理功能，提供动态的锚点设置和更丰富的业务链处理能力。

在整体逻辑架构的基础上，5G 网络采用模块化的功能设计模式和“功能组件”组合构建满足不同场景需求的专用逻辑网络。

5G 网络以控制功能为核心，以网络接入和转发功能为基础资源，向上提供管理编排和网络开放服务，形成三层网络功能视图，具体介绍如下。

① **管理编排层**。该层由用户数据、管理编排和能力开放 3 个部分组成。用户数据部分存储用户签约、业务策略、网络状态等信息；管理编排部分基于网络功能虚拟化技术，实现

网络功能的按需编排和网络切片的按需组建；能力开放部分提供对网络信息的统一收集和封装，并通过 API 开放给第三方。

② **网络控制层**。该层实现网络控制功能重构及模块化。主要功能模块包括无线资源集中分配、多接入统一管控、移动性管理、会话管理、安全管理和流量疏导等。

③ **网络资源层**。该层包括接入侧功能和网络侧功能。接入侧包括集中单元（Centralized Unit，CU）和分布单元（Distributed Unit，DU）两级功能单元：CU 主要提供接入侧业务的汇聚功能；DU 主要为终端提供数据接入点，包含射频和部分信号处理功能。网络侧重点实现数据转发、流量优化和内容服务等功能。

2.3.2.2　5G 组网设计

5G 基础设施平台更多地选择由基于通用硬件架构的数据中心构成支持 5G 网络的高性能转发要求和电信级的管理要求，并以网络切片为实例，实现移动通信网络的定制化部署。

在引入 SDN/NFV 技术之后，5G 硬件平台支持虚拟化资源的动态配置和高效调度。在广域网层面，NFV 编排器可实现跨数据中心的功能部署和资源调度，SDN 控制器负责不同层级数据中心之间的广域互联。城域网以下可部署单个数据中心，中心内部使用统一的 NFV 基础设施，实现软硬件解耦，利用 SDN 控制器可实现数据中心内部的资源调度。

SDN/NFV 技术在接入网平台的应用是业界探索的重要方向。利用平台虚拟化技术可以实现在同一基站平台上同时承载多个不同类型的无线接入方案，并能完成接入网逻辑实体的实时动态的功能迁移和资源伸缩。利用 NFV 技术可以实现无线接入网（Radio Access Network，RAN）内部各功能实体的动态无缝连接，便于配置客户所需的接入网边缘业务模式。另外，针对 RAN 侧加速器资源配置和虚拟化平台间高速大带宽信息交互能力的特殊要求，虚拟化管理与编排技术需要进行相应的扩展。

SDN/NFV 技术融合将提升 5G 进一步组网的能力。NFV 技术实现底层物理资源到虚拟化资源的映射，构建虚拟机（Virtual Machine，VM），加载网络逻辑功能，即虚拟化网络功能（Virtual Network Function，VNF）；虚拟化系统实现对虚拟化基础设施平台的统一管理和资源的动态重配置；SDN 技术则实现虚拟机间的逻辑连接，构建承载信令和数据流的通路，最终实现接入网和核心网功能单元的动态连接，配置端到端的业务链，实现灵活组网。

借助模块化的功能设计和高效的 SDN/NFV 平台，在 5G 组网的实践中，上述组网功能元素部署位置不需要与实际地理位置严格绑定，而是要根据每个运营商的网络规划、业务需求、流量优化、用户体验和传输成本等因素综合考虑，灵活整合不同层级的功能，实现多数据中心和跨地理区域的功能部署。

1. 异构网络架构

随着智能终端的普及，丰富的业务驱动着移动宽带（Mobile Broadband，MBB）蓬勃发展，网络流量呈爆发式增长。同时，MBB 对数据吞吐率也提出了更高的要求。因此，满足热点区域的容量和数据传输速率需求将是未来 MBB 网络发展的关键。

通过对现有宏基站扩容，例如，采用提升频谱效率的特性，增加载波频率、扇区分裂等技术及手段，可以进一步提升网络容量。在站点可获得的区域，可以通过对已有宏基站进行补点，从而加密站点布局，进一步提升用户体验。在宏基站无法扩容时，还可以采用小基站提升网络容量。因此，为了满足未来容量增长的需求，改变网络结构，构建多频段、多制式和多形态分层立体的异构网络（Heterogeneous Network，HetNet）将成为网络发展的必经之路。

在部署HetNet之前，运营商首先需要识别出话务热点区域：对于大面积的高话务区域，可以通过提高宏基站载波频率或采用宏基站小区分裂等方式来解决容量需求；对于小面积的高话务热点，可以采用部署小基站等方式解决容量需求。当前，宏基站网络扩容技术已经基本成熟，而HetNet主要面临的是小基站引入后带来的新问题。

通常情况下，小基站的引入将为已有网络的关键绩效指标（Key Performance Indicator，KPI）带来一定影响，但可以通过合适的宏微协同方案在提升网络容量和用户体验的基础上最大限度地降低对已有网络KPI的影响。当网络中话务热点较多时，需要部署大量的小基站吸收网络话务。同时，灵活的站点回传、集成供电、天馈一体化站点等方案可以降低对小基站的要求和部署成本。当部署海量的小基站后，HetNet中宏基站和小基站单元需要统一的运维管理，易部署、易维护的特性将进一步降低网络的运维成本。

（1）精准发现热点

为了保证小基站能有效地分流宏蜂窝小区的话务，运营商必须保证小基站能够部署在热点区域，同时通过采集现网用户设备的话务信息、位置信息和栅格地图信息，来获取现网话务的分布地图。

考虑到小基站的覆盖范围，建议话务分布地图的精度达到50m以上，以便获取网络的热点位置，从而确定需要部署小基站的地点。当部署完小基站后，通过对比分析部署小基站前后的话务分布地图来评估部署小基站的效果，并在此基础上给出下一步优化小基站的建议。

（2）一体化小基站

随着环保及大众防辐射意识的增强，基站的建设站址越来越难以获取。据分析，运营商未来将更多地考虑采用路灯杆、挂墙等多种方式部署基站，安装简单、站点简洁，这将成为大规模部署小基站的基本要求。

根据部署场景的要求，小基站有集成传输、供电、防雷等功能，也可以将集成传输、供电和防雷功能拉远，单独部署小基站。小基站的外观可采用方形、球形等多种形态，方便与周围环境融合。

（3）灵活的基站回传

部署小基站时，传输是最具有挑战性的。其原因在于部署小基站灵活，大多数小基站站点尚不具备传输条件，传输解决方案需要具备灵活性强、低成本、易部署和高QoS等特点。

小基站“最后一公里”的解决方案包括有线回传和无线回传。当站点具备有线回传的条件时，应优先选择有线回传。有线回传主要采用光纤、以太网线、双绞线和电缆。

光纤是基站传输的主流工具，建议优先选择光纤。可以直接选择点对点（Point-to-Point，P2P）光纤到站，也可以采用 PON 实现光纤到站，同时在站点部署 ONU。

无线回传部署虽然灵活，但是可靠性比有线回传差。无线回传解决方案主要包括微波、蜂窝网络和 Wi-Fi 等。常规频段微波（6～42GHz）适用于大多数场景下的无线回传，V-Band（60GHz）和 E-Band（80GHz）是高频段微波，具有大容量、频谱费用低和适合密集部署的特点，在短距离、大带宽的小基站部署场景下有较好的成本优势。在有 2.6G/3.5G TDD 频谱、非视距（Non-Line-of-Sight，NLOS）、一点到多点（Point-to-Multipoint，P2MP）的情况下，可考虑采用 LTE 回传方式，也可采用 Sub-6GHz 频段微波实现非视距回传。在以数据业务为主的低成本部署场景中可采用 Wi-Fi 回传。

（4）SON 特性

为了满足 MBB 的需要，小基站的数量将会超过宏基站的数量。易部署、易运维等自组织网络（Self-Organizing Network，SON）特性是降低未来海量小基站端到端成本的关键。

首先，小基站能够自动感知周围的无线环境，自动完成频点、扰码、邻区和功率等无线参数的规划和配置。其次，与宏基站相比，小基站更容易开站，只需要安装人员在现场打开电源即可，不需要做任何配置工作。最后，小基站能够自动感知周围无线环境的变化。例如，在周边增加新基站时，会自动进行网络优化，自动调整扰码、邻区、功率和切换等参数，确保实现网络的 KPI。

（5）宏微协同

运营商可以通过 HetNet 来逐渐提升网络的容量，满足用户对 MBB 流量不断提升的需求。当话务热点只是一些零星的区域时，通过增加少量小基站，即可满足用户的容量需求。这种情况下，宏基站和小基站可以采用同频部署。为了控制同频部署下宏基站与小基站之间的干扰，需要在宏基站和小基站之间采用协同方案。在 Cloud BB 架构下，宏基站与小基站通过紧密的协同可以进一步提升 HetNet 的容量和用户体验。当话务热点增多时，需要在宏基站覆盖的范围内部署更多的小基站，以便获得更大的网络容量。

（6）有源天线系统（Active Antenna System，AAS）

MIMO 作为无线网络提升频谱效率及单站点容量的关键技术，已经在网络中规模商用。MIMO 存在多种方式，基站收发多通道化、天线阵列化是基本要求，特别是高阶多输入多输出（Higher-Order Multiple-Input Multiple-Output，HO-MIMO）系统根据空口信道情况自适应选择收发模式和天线端口。

对于小基站来说，不同的MIMO技术带来的容量增长潜力非常可观。小基站的无线环境客观上能更加有效地发挥MIMO技术的容量潜力，结合小基站的站点体积诉求，运营商对AAS小基站产品的商用需求更加迫切。

AAS小基站为未来的SON提供了硬件支撑。结合SON功能后，小基站可以根据网络状况进行自适应覆盖调整，进一步提升运维效率，降低运维成本，使小基站高效分流。

（7）下一代室内解决方案

据预测，由于70%～80%的MBB业务流量发生在室内，运营商需要重点解决室内容量问题，对于小型热点区域，运营商可以采用小基站室外覆盖室内、室内直接部署Pico等方案；对于大型建筑物的室内覆盖场景，运营商通常采用分布式天线系统（Distributed Antenna System，DAS）。DAS可以提供比较全面的覆盖及KPI，但DAS的部署很困难，容量增长能力有限，未来的关键技术能力（如MIMO等）演进受限。同时，室内无法管控DAS，因为定位比较困难，降低了用户满意度，并增加了总拥有成本（Total Cost Ownership，TCO）。

随着室内热点容量的不断增长，下一代室内解决方案可能在分布式基站的基础上通过引入射频拉远单元降低部署难度。同时，通过软件配置射频拉远单元，可以实现容量的灵活扩容。更重要的是，下一代室内解决方案全程可管可控，在集中维护中心就可以实现对所有射频拉远单元的故障定位和修复。

综上所述，MBB对未来蜂窝网络在容量和用户体验上提出了前所未有的要求，HetNet是满足这些要求的必由之路。其采用高精度的话务分布地图，能够将小基站精准部署在话务热点上，是保证小基站分流宏基站容量的前提；通过合适的宏微协同方案，在提升网络容量和用户体验的基础上，最大限度地降低对已有网络KPI的影响；一体化小基站集成了灵活的站点回传、供电、天馈和防雷等方案，能够最大限度地降低对小基站站点的要求和部署成本；室内是未来MBB业务发生的重点区域，下一代室内解决方案在部署灵活性、容量平滑演进、远端故障定位及修复上有明显的优势。

2. C-RAN架构

随着网络规模的扩大、业务的增长，无线接入网建设正面临着新的挑战，即网络建设及扩容速度跟不上数据业务的增长速度，造成网络质量下降，影响了用户的使用感受；站址密度增大，天线林立，基站选址越来越困难；话务“潮汐”效应明显，无线资源得不到充分利用。为了满足不断增长的无线宽带业务需求，不断增加基站数量，大量的基站建设导致了较高的能耗。原有的无线接入网已经无法解决上述问题，因此需要引入新的无线接入网架构以适应新的环境。

在这种背景下，2010年4月23日，中国移动通信研究院提出了面向绿色演进的新型无线接入网架构C-RAN，阐述了对集中式基带处理网络架构技术发展的愿景。包含有以下4个目标：一是降低能源消耗，减少资本支出和运营支出；二是提高频谱效率，增加用户带宽；三是开放平台，支持多标准和平滑演进；四是更好地支持移动互联网服务。

C-RAN 直接从网络结构入手，以基带集中处理方式共享处理资源，减少能源消耗，提高基础设施利用率。随着研究的深入，C-RAN 的概念不断地被充实并被赋予新的内涵。

（1）C-RAN 的技术概念

C-RAN 的架构主要包括 3 个组成部分：由射频拉远单元（Remote Radio Unit，RRU）和天线组成的分布式无线网络；由大带宽、低时延的光传输网络连接射频拉远单元；由高性能通用处理器和实时虚拟技术组成的集中式基带池。C-RAN 的架构如图 2-2 所示。

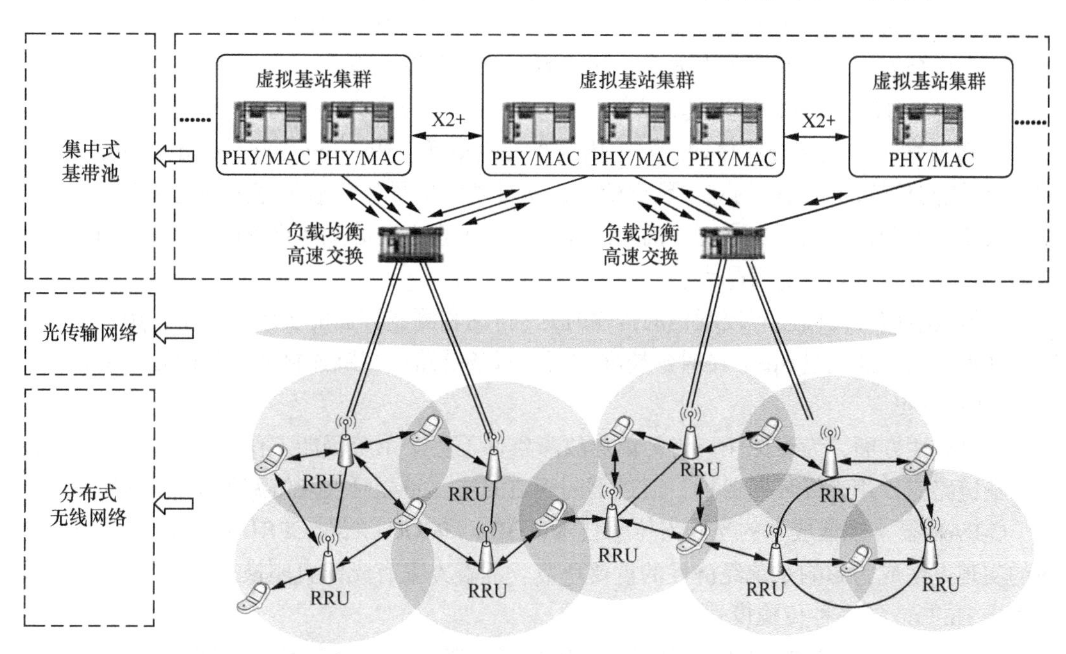

图2-2　C-RAN的架构

分布式的射频拉远单元提供了一个高容量、广覆盖的无线网络。由于这些单元灵巧、轻便，便于安装和维护，可以降低系统资本支出（Capital Expenditure，CAPEX）和企业的经营支出（Operating Expense，OPEX），因此可以大范围、高密度地使用。大带宽、低时延的光传输网络需要将所有的基带处理单元和射频拉远单元连接起来。

基带池由通用高性能处理器构成，通过实时虚拟技术连接在一起，集成异常强大的处理能力来满足每个虚拟基站所需的处理性能需求。集中式的基带处理大幅减少了基站站址中机房的需求，并使资源聚合和大范围协作式无线收发技术成为可能。

（2）C-RAN 中“C”的四重含义

C-RAN 中的“C”有四重含义，即基于集中化处理（Centralized Processing）、协作式无线电（Collaborative Radio）和实时云计算架构（Real-time Cloud Infrastructure）的绿色无线

接入网架构（Clean System）。

这 4 个“C”非常形象、具体地介绍了 C-RAN 的特点。通过有效地减少基站的数量，降低耗电量，减少占用机房的空间，采用虚拟化、集中化和协作化的技术，实现资源的有效共享。通过一系列技术的提升，降低成本，包括网络的管理维护、网络运营的灵活性等，确保整个服务网络持续、高效地运营。在基站的层面，主要采用集中化和虚拟化的技术，把基站集中起来构建一个更大的基站资源企业，同时采用虚拟化集群，以实现多个基站群之间资源的共享和调度，有效减少了机房设备，节省了资源，提升了资源利用率。当前，高速的数据业务发展是一个必然的趋势，并且可以用传输网保障带宽的需求。采用无线电技术在网络中多个射频单元通过协作方式，同时为多个终端提供服务。

（3）C-RAN 的关键技术及其特点

① **低成本的光网络传输技术。**在室内基带处理单元（Building Base band Unite，BBU）和 RRU 之间传输的是高速的基带数字信号，基带数字信号的传输带宽主要是由无线系统带宽、天线配置和信号采样速率决定的。除此之外，工程上还必须考虑 RRU 的级联问题，级联的级数越多，传输带宽就越大。

基带数字信号传输还有较严格的传输时延、抖动和测量方面的要求。通常，用户平面的数据往返时间不能超过 5μs。在时延校准方面，每条链路或多跳连接的往返时延测量精度应满足 ±16.276ns。

在可靠性方面，为确保任一光纤单点故障条件下整个系统仍能工作，BBU 与 RRU 之间的传输链路应采用光纤环网保护，通过不同管道的主、备光纤实现链路的实时备份。

C-RAN 要实现低成本的光网络传输技术，BBU 和 RRU 之间 CPRI/Ir/OBRI 的高速光模块的实现方案成为影响系统经济性的重要环节。部署方案有光纤直驱模式、WDM 传输模式和基于 UniPon 等多种传输模式。

② **基带池互联技术。**集中化基带池互联技术需要建立一个高容量、低时延的交换矩阵上。如何实现交换矩阵中各 BBU 间的互联是基带池互联技术需要解决的首要问题，另外，还应控制实现技术的成本。目前，一种思路是采用分布式的光网络，将 BBU 合并成一个较大的基带池。基带池互联技术还需要开发专用的系统协议支持多个 BBU 资源间高速率、低时延的调度和互通，实现业务负载的动态均衡。

③ **协作式无线信号处理技术。**该技术可以有效抑制蜂窝系统的小区间干扰，提高系统的频谱效率。目前，多点协作技术在学术界已有较为广泛的研究。多点协作算法需要在系统增益、回传链路的容量需求和调度复杂度之间做平衡。

主要考虑联合接收 / 发送及协作式调度 / 协作式波束赋形两种方式。要实现协作式无线信号处理技术的实际应用，需要知道如何实现高效的联合处理机制。具体方法包括：下行链路信道状态信息的反馈机制；多小区用户配对和联合调度；多小区协作式无线资源和功率分配算法。

④ **基站虚拟化技术。**基站虚拟化技术的基础是高性能、低功耗的计算平台和软件无线电技术。从网络的视角来看，基站不再是一个个独立的物理实体，而是基带池中某一段或几段抽象的处理资源。网络根据实际的业务负载，可动态地将基带池的某一部分资源分配给对应的小区。

计算平台在实现方面主要有两种思路：DSP 方案和通用处理器（General Purpose Processor，GPP）方案。

基站虚拟化的最终目标是形成实时数据信号处理的基带云。一个或多个基带云中的处理资源由一个统一的虚拟操作系统调度和分配。基带云智能识别无线信号的类型并分配相应的处理资源，最终实现全网硬件资源的虚拟化管理。

⑤ **分布式业务网络。**分布式业务网络（Distributed Service Network，DSN）的设想来自互联网。目前，已经存在的 CDN 通过在网络边缘存储内容，能够减少不必要的重复内容传送，以控制网络的整体流量和时延。C-RAN 将分布式服务网络技术与云化的 RAN 架构相结合，将无线侧产生的大量移动互联网流量移出核心网，以最优方案在 RAN 中实现经济有效的内容传送，达到为核心网和传输网智能减负的目的。

分布式业务网络需要网络能够智能识别边缘业务中的目标应用和业务类别，并根据业务的优先级区别处理。

2.3.3　网络扁平化

移动通信最初的网络结构只是为语音业务设计的。在这个时期，运营商 70% 的业务收入都源于语音业务。随着通信技术的不断更新和社会的不断进步，传统简单的语音业务已不能满足人们的需求。特别是近几年，互联网在全世界范围内迅速普及，各类新业务和新应用层出不穷。未来，互联网业务将延续其蓬勃发展的趋势，无论是在有线通信网络还是在移动通信网络，互联网数据业务都已经成为网络所承载流量的主要部分。

因此，未来的网络架构应充分考虑互联网业务的特点。互联网业务具有广播的特点，大部分内容都存储在互联网中的各个大型服务器上，用户通过网络访问这些服务器，根据需求选取相应的内容。当大量用户访问内容相同的庞大数据时，现有移动通信网络架构下的核心网、基站回传链路等汇聚节点已经成为流量的瓶颈。为了解决这个问题，需要改变传统移动通信的网络架构，内容和交换应该向网络边缘转移，采用分布式的流量分配机制可使信息更靠近用户，这样有利于减小汇聚节点的流量压力，消除网络流量的瓶颈。

结合网络架构的改变和设备功能形态的发展，移动通信网络将由“众多功能强大的基站”和“一个大型服务器”组成。其中，基站的功能是负责用户的接入和通信，基站设备具备两个特征：一是小型化，可以安装在各种场景中，与周围环境更好地融合；二是功能强大，集信息交换、通信安全、用户和计费管理等功能于一体。服务器负责协调所有基站的配置，网络架构将进一步扁平化，一是去除传统的汇聚节点，无线基站直接接入高速互联网分组交换的骨干网络；二是相互连接，所有的基站将通过 IP 地址实现相互的寻址和连接通信。

2.3.4 网格化组网

网格化组网的思路是根据工业区、商业区、高价值小区和住宅区等功能将城市划分为若干个网格。规划网络时，每一个网格内至少建设 1 ～ 2 个汇聚机房，基站设备采用分布式组网方式将网格内新增的 BBU 集中放置于汇聚机房组成的基带池，基带资源互联互通成高容量、低时延、灵活拓扑和低成本的互联架构。用光纤拉远的方式将 RRU 建设于本网格内需要覆盖的位置。

网格化组网的系统架构主要由 RRU 与天线组成的分布式无线网络、具备大带宽和低时延的光传输网络连接远端 RRU、近端集中放置的 BBU 三大部分组成。与传统的建设模式相比，网格化组网的优势主要体现在以下 4 个方面。

① **降低运营商资本支出和经营支出**。网格化组网将基地资源集中放置于汇聚机房，站址只保留天面，可以有效减少站址机房建设和租赁带来的成本压力。

② **降低网络能耗**。网格化组网可以极大地减少机房的数量，相关配套设备也将随之减少，特别是空调的减少对网络节能降耗的作用明显。

③ **负载均衡和干扰协调**。无线网络可以根据网格内无线业务负载的变化进行自适应均衡处理，同时能对网格内的无线资源进行联合调度和干扰协调，从而提高无线的利用率和网络性能指标。

④ **缩短基站的建设工期**。网格化组网方式灵活，可有效解决基站选址的难题，从而缩短建设工期，实现快速运营。

2.3.5 自组织网络

为了减少人为干预及降低运营成本，在 4G 标准化阶段，运营商提出了 SON。它在 5G 中实现了大规模应用。运营商理想中的网络能够实现自配置、自优化、自愈合、自规划，可以在没有技术专家协助的情况下快速安装基站和快速配置基站运行所需的参数、快速且自动地发现邻区，并在网络出现故障后自动实现重配置，自动优化空口上的无线参数等。

利用 SON 技术，网络可以实现以下 4 个功能。

① **自配置**。新基站可以自动整合到网络中，自动建立与核心网之间、相邻基站之间的连接及自动配置。

② **自优化**。在 UE 和 eNB 测量的协助下，在本地 eNB 层面和网络管理层面自动调整优化网络。

③ **自愈合**。可实现自动检测、定位和去除故障。

④ **自规划**。在容量扩展、业务检测和优化结果的触发下，可实现动态地重新进行并执行网络规划。

在 4G 网络中确定的 SON 标准，并在 5G 大规模应用包括以下 5 个。

① **eNB 自启动**。按照相关标准，一个新 eNB 在进入网络时可以自动建立 eNB 和网元管理之间的 IP 连接，可以自动下载软件、自动下载无线参数和传输配置相关数据。它也可以支持 X2 和 S1 接口的自动建立。在完成建立后，eNB 可以自检工作状态并向网管中心报告相应的检查结果。

② **自动邻区关系（Automatic Neighbor Relation，ANR）管理**。它可以实现 LTE 小区间和 LTE 小区与 2G/3G 小区间的邻区关系的自动建立，帮助运营商减少对传统手动邻区配置的依赖。

③ **物理小区标识（Physical Cell Identifier，PCI）自配置与自优化**。PCI 自动分配可以采用集中式方案，由网管中心根据站址分布、小区物理参数和地域特征参数进行统一计算，一旦网元自启动，可直接将可用的 PCI 分配到小区。PCI 的冲突和混淆可以在网络运行中由 UE 上报，通过邻区 X2 接口报告发现冲突或通过其他方式获取。一旦出现混淆，网元上报给网管中心，由网管中心集中安排 PCI 优化的计算和配置。

④ **自优化**。自优化主要包括移动性负载均衡（Mobility Load Balancing，MLB）、随机接入信道（Random Access Channel，RACH）优化和移动鲁棒性优化（Mobility Robustness Optimization，MRO）功能。通过自优化，每个基站可以根据当前的负载和性能统计情况调整参数、优化系统性能。基站的自优化需要在操作维护管理（Operation Administration and Maintenance，OAM）的控制下进行。基于对网络性能测量及数据收集，OAM 可以在必要时启动或终止网络自优化操作；同时，基站对参数的调整也必须在 OAM 允许的取值范围内进行。

⑤ **自治愈**。自治愈是指 OAM 持续监测通信网络，一旦发现可以自动解决的故障，即启动对相关必要信息的收集，例如，错误数据、告警、跟踪数据、性能测量和测试结果等，并进行故障分析，根据分析结果触发恢复动作。自治愈功能同时监测恢复动作的执行结果，并根据执行结果进行下一步操作。如有必要，可以撤销恢复动作。目前，4G 规范了两种自治愈触发场景：一是由于软 / 硬件异常告警触发的自治愈；二是小区退服触发的自治愈。相应地，一些可用的自动恢复方法有：根据告警信息定位故障，采用软件复位或切换到备份硬件等；调整相邻小区的覆盖，补偿退服小区的网络覆盖等。

2.3.6 无线Mesh网络

无线 Mesh 网络由路由器（Routers）和客户端（Clients）组成。其中，路由器构成骨干网络，负责为客户端提供多跳的无线连接，因此也称“多跳（Multi-Hop）网络”。它是一种与传统无线网络完全不同的新型无线网络技术，主要应用在5G网络连续广域覆盖和超密集组网场景。无线 Mesh 网络示意如图 2-3 所示。

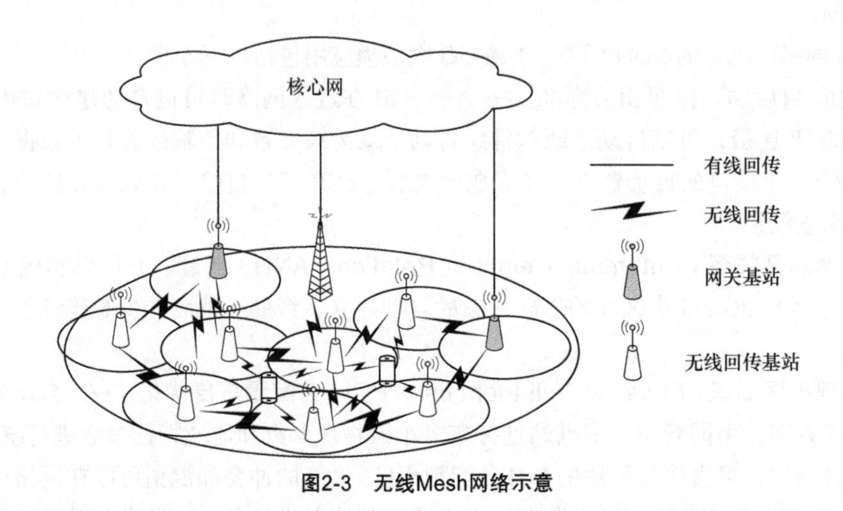

图2-3 无线Mesh网络示意

无线 Mesh 网络能够构建快速、高效的基站间无线传输网络，提高基站间的协调能力和效率，降低基站间进行数据传输与信令交互的时延，提供更加动态、灵活的回传选择，进一步支持多场景下的基站即插即用，实现易部署、易维护、用户体验轻松愉快和一致的轻型网络。

5G 网络中的无线 Mesh 技术包括以下 4 个方面的内容。

① 无线 Mesh 网络中无线回传链路与无线接入链路的联合设计与联合优化，例如，基于容量和能效的接入与回传资源协调性优化等。

② 无线 Mesh 网络回传网络拓扑管理与路径优化。

③ 无线 Mesh 网络回传网络资源管理。

④ 无线 Mesh 网络协议架构与接口研究，包括控制面与用户面。

2.3.7 按需组网

多样化的业务场景为 5G 网络提出了多样化的性能要求和功能要求。5G 核心网应具备面向业务场景的适配能力，同时能够针对每种 5G 业务场景，提供恰到好处的网络控制功能和性能保证，从而实现按需组网的目标。

网络切片是利用虚拟化技术，将网络物理基础设施资源根据场景需求虚拟化为多个相互独立的平行的虚拟网络切片，是按需组网的一种实现方式。每个网络切片按照业务场景的需要和话务模型进行网络功能的定制剪裁和相应网络资源的编排管理。一个网络切片可以被看作一个实例化的5G核心网架构，在一个网络切片内，运营商可以进一步灵活地分割虚拟资源，并根据需求创建子网络。

网络编排功能实现了对网络切片的创建、管理和撤销，运营商应首先根据业务场景的需求生成网络切片模板，网络切片模板包括该业务场景所需的网络功能模块、各网络功能模块之间的接口及这些功能模块所需的网络资源。然后，网络编排功能根据该切片模板申请网络资源，并在申请到的资源上实例化地创建虚拟网络功能模块和接口。按需组网结构如图 2-4 所示。

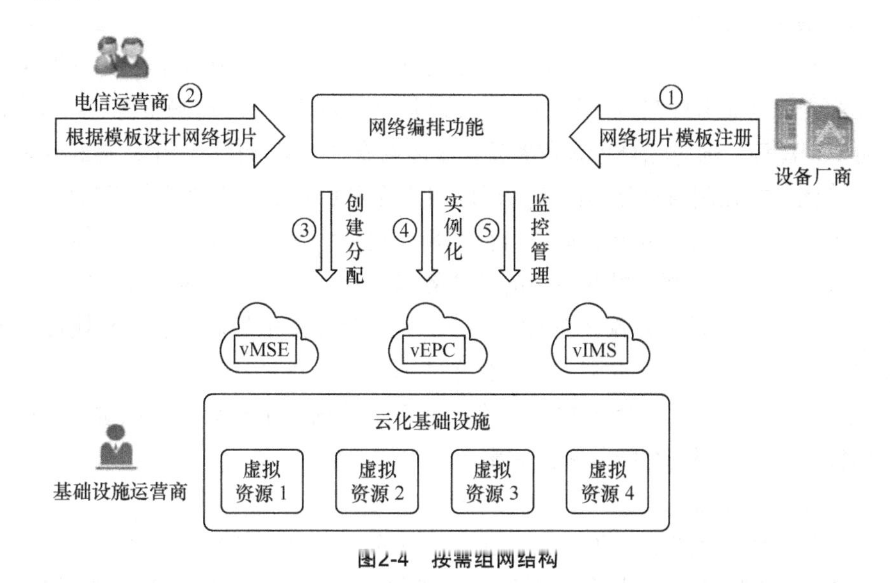

图2-4　按需组网结构

网络编排功能模块能够对形成的网络切片进行监控管理，能够根据实际的业务量动态调整上述网络资源的分配情况，并在网络切片的生命周期到期后将其撤销。网络切片划分和网络资源分配不合理的问题可以通过大数据驱动的网络优化来解决，有利于实现自动化运维、及时响应业务和网络的变化、保障用户体验，并提高网络资源的利用率。

按需组网技术具有以下 3 个优点。

① 根据业务场景需求对所需的网络功能进行定制剪裁和灵活组网，实现业务流程和数据路由的最优化。

② 根据业务模型对网络资源进行动态分配和调整，以提高网络资源的利用率。

③ 隔离不同业务场景所需的网络资源，提供网络资源保障，增强整体网络的健壮性和可靠性。

需要注意的是，基于网络切片技术所实现的按需组网，改变了传统的网络规划、部署和运营维护模式，对网络发展规划和网络运维提出了新的要求。

2.4 无线资源调度与共享

无线资源调度与共享技术是通过在5G无线接入网中采用分簇化集中控制与管理、无线网络资源虚拟化和频谱共享技术，实现对无线资源的高效控制和分配，从而满足各种典型应用场景和业务指标要求。

1. 分簇化集中控制与管理

基于控制与承载相分离的思想，通过分簇化集中控制与管理功能模块，可以实现多小区联合的无线资源动态分配与智能管理。无线资源包括频谱资源、时域资源、码域资源、空域资源、功率资源等。通过综合考虑业务特征、终端属性、网络状况、用户喜好等多个方面的因素，分簇化集中控制与管理功能将实现以用户为中心的无线资源动态调配与智能管理，形成跨多小区的数据自适应分流和动态负荷均衡，进而大幅提升无线网络整体资源的利用率，有效解决系统干扰问题，提升系统的总体容量。在实际部署网络的过程中，依据无线网络拓扑的实际情况和无线资源管理的实际需求，分簇化集中控制与管理模块可以灵活地部署在不同无线网络的物理节点中。对于分布式基站部署场景，每个基站都有完整的用户面处理功能，基站可以根据站间传输条件进行灵活、精细的用户级协同传输，实现协作式的多点传输技术，有效提高系统的频谱效率。

2. 无线网络资源虚拟化

通过对无线资源、无线接入网平台资源和传输资源的灵活共享与切片，构建适应不同应用场景需求的虚拟无线接入网络，进而满足差异化运营需求，提升业务部署的灵活性，提高无线网络资源的利用率，降低网络建设和运维成本。不同的虚拟无线接入网络之间保持高度严格的资源隔离，可以采用不同的无线软件算法。

3. 频谱共享技术

在各种无线接入技术共存的情况下，根据不同的应用场景、业务负荷、用户体验、共存环境等，动态使用不同无线接入技术的频谱资源，达到不同系统的最优动态频谱配置和管理，从而实现更高的频谱效率和干扰的自适应控制。控制节点可以独立地控制或基于数据库提供的信息来控制频谱资源的共享与灵活调度，基于不同的网络架构实现同一个系统或不同系统间的频谱共享，进行多优先级的动态频谱分配与管理、干扰协调等。

2.5 机器类型通信

2.5.1 应用场景

机器类型通信（Machine Type Communication，MTC）区别于人对人（Human to Human，H2H）的通信方式，是指没有人参与的一种通信方式。这种通信方式的应用范围非常广泛，例如，智能自动抄表、照明管理、交通管理、设备监测、环境监测、智能家居、安全防护、智能建筑、移动 POS 机、移动售货机、车队管理、车辆信息通信、货物管理等，是在没有人干预的情况下进行的自动通信。

2.5.2 关键技术

随着 M2M 终端与业务的广泛应用，移动通信网络中连接的终端数量会大幅提升。海量M2M终端的接入会引起接入网或核心网过载和拥塞，不仅会影响普通移动用户的通信质量，还会造成用户接入网络困难甚至无法接入。解决海量 M2M 终端接入的问题是 M2M 技术应用的关键。目前，业界对于 M2M 的重点研究内容主要包括以下 7 个方面。

1. 分层调制技术

MTC 业务类型众多，不同类型业务的 QoS 要求也有很大的差异，可以考虑将 MTC 信息分为基本信息和增强信息两类。当信道环境比较恶劣时，接收机可以获得基本信息以满足基本的通信需求；而当信道环境比较好时，接收机则可以获得基本信息和增强信息，在提高频谱效率的同时，为用户提供更好的服务体验。

2. 小数据包编码技术

小数据包编码技术研究适用于小数据包特点的编码技术方案。

3. 网络接入和拥塞控制技术

大量的 M2M 终端随机接入时会对网络产生巨大的冲击，使网络资源无法满足需求。因此，如何优化目前的网络，使其能够适应 M2M 各种应用场景是 M2M 需要解决的关键问题之一。目前的解决方案主要包括接入控制方案、资源划分方案、随机接入回退（Backoff）方案、特定时隙接入方案等。另外，还有针对核心网拥塞的无线侧解决方案。

4. 频谱自适应技术

在异构网络的环境下，各种不同频段的无线接入技术汇聚在一起，终端会拥有多个频段。同样，MTC 应用的广泛性和类型的多样性决定了它会有应用于各种不同类型的频谱资源，而终端通过频谱自适应技术可以充分利用有限的频谱资源。

5. 多址技术

在移动通信系统中，M2M 终端业务一般具有小数据包业务的特性，而基于 CDMA 的技术在支持海量 M2M 终端方面相比 OFDM 具有天然的优势。

6. 异步通信技术

M2M 终端对能耗非常敏感，再考虑到 M2M 业务包通常都比较小，具有突发性强的特点。因此，像 H2H 终端那样，要求 M2M 终端总是与网络保持同步通信是不合适的。

7. 高效调度技术

为了减少系统开销，提高调度的灵活性，应针对适应 M2M 终端业务的自主传输技术、多帧 / 跨帧调度技术等开展相关研究。

2.6 终端直通技术

2.6.1 应用场景

终端直通（Device-to-Device，D2D）技术是指邻近的终端可以在近距离范围内通过直连链路传输数据的方式而非中心节点（即基站）转发。D2D 技术本身的短距离通信特点和直接通信方式使其具有以下优势。

① 可以实现较高的数据传输速率、较低的时延和较低的功耗。

② 利用网络中广泛分布的用户终端，以及 D2D 通信链路距离短的特点，可以实现频谱资源的有效利用，获得资源空分复用增益。

③ D2D 能够适应如无线 P2P 等业务的本地数据共享需求，提供具有灵活适应能力的数据服务。

④ D2D 能够利用网络中数量庞大且分布广泛的通信终端拓展网络的覆盖范围。

因此，在 5G 系统中，D2D 具有传统的蜂窝通信不可比拟的优势，在实现大幅的无线数据流量增长、功耗降低、实时性、可靠性增强等方面起到不可忽视的作用。

D2D 技术是在系统控制下，运行终端之间通过复用小区资源直接进行通信的一种技术，这种技术不需要基站转接就可以直接实现数据交换并提供服务。D2D 可以有效减轻蜂窝网络的负担，减少移动终端的电池功耗，增加比特速率，提高网络基础设施的鲁棒性。

2.6.1.1 D2D 在实际应用过程中的问题

1. 链路建立问题

在蜂窝通信融合 D2D 通信系统时，首先需要解决链路建立问题。传统的 D2D 链路具有较大的时延，并且 D2D 信道探测是盲目的，而系统缺乏终端的位置信息，成功建立的概率较低，导致信令开销和无线资源的浪费较多。

2. 资源调度问题

何时启用D2D通信模式、D2D通信如何与蜂窝通信共享资源、是采用正交方式还是复用方式、是复用系统的上行资源还是复用系统的下行资源，这些问题都增加了D2D辅助通信系统资源调度的复杂性和对小区用户的干扰情况，会直接影响用户体验。

3. 干扰抑制问题

为了解决多小区D2D通信的干扰抑制问题，在合理分配资源前需要对全局信道状态信息（Channel Status Information，CSI）有一个准确的了解。目前的基站协作技术虽然可以实现这个功能，但是在精确度、能耗等方面还存在问题。因此，如何解决这些问题，从而更好地支持D2D、达到绿色通信的目的是研究难点。

4. 实时性和可靠性问题

在D2D通信过程中，如何根据用户需求和服务类型实现实时性和可靠性也是应用的难点。

对D2D进行扩展，即多用户间协同通信（Multiple Users Cooperative Communication，MUCC），是可以通过其他终端转发终端和基站之间的通信的通信方式。每个终端都可以为多个其他终端转发数据，同时也可以被多个其他终端支持。D2D可以在不更改现有网络部署的前提下提高频谱效率和小区的覆盖水平。

D2D技术的应用难点主要体现在以下3个方面。

① 安全性。发送给某个终端的数据需要通过其他终端转发，涉及是否会泄露用户数据的问题。

② 计费问题。经过某个终端转发的数据流量如何进行清晰地计费，也是影响MUCC技术应用的一个重要问题。

③ 多种通信方式支持。MUCC应当支持多种通信方式，以实现其在不同场景的应用，例如，LTE、D2D、Wi-Fi直连、蓝牙等。

2.6.1.2 5G网络中可采用的D2D主要应用场景

结合目前无线通信技术的发展趋势，5G网络中可以考虑采用D2D的主要应用场景包括以下4个方面。

1. 本地业务

本地业务一般可以理解为用户面的业务数据不经过网络侧（如核心网）而直接在本地传输。

本地业务的一个典型应用案例是社交应用，基于邻近特性的社交应用可看作D2D基础应用场景之一。例如，用户通过D2D的发现功能寻找邻近区域内感兴趣的用户；通过D2D通信功能可以进行邻近用户之间的数据传输，例如内容分享、互动游戏等。

本地业务的另一个基础应用场景是本地数据传输。本地数据传输利用D2D的邻近特性和数据直通特性，在节省频谱资源的同时扩展移动通信的应用场景，为运营商带来新的业务增长点。例如，基于邻近特性的本地广告服务可以精确定位目标用户，使广告效益最大化；进入商场或位于商户附近的用户即可接收到商户发送的商品广告、打折促销等信息；电影院可以向位于其附近的用户推送影院排片计划、新片预告等信息。

本地业务的另一个典型应用是蜂窝网络流量卸载。在高清视频等媒体业务日益普及的情况下，其大流量特性也给运营商核心网和频谱资源带来了巨大的压力。基于D2D技术的本地媒体业务利用D2D通信的本地特性，可以节省运营商的核心网及频谱资源。

例如，在热点区域，运营商或内容提供商可以部署媒体服务器，热门的媒体业务可存储在媒体服务器中，而媒体服务器则以D2D模式向有业务需求的用户提供媒体业务；用户还可以借助D2D从邻近的已获得媒体业务的用户终端处获得该媒体内容，从而缓解运营商蜂窝网络的下行传输压力。另外，近距离用户之间的蜂窝通信也可以切换到D2D通信模式，以实现对蜂窝网络流量的卸载。

2. 应急通信

当发生极端自然灾害时，传统的通信网络基础设施往往也会受损，甚至发生网络拥塞或瘫痪，从而给救援工作带来很大的困难。D2D的引入有可能解决这个问题。如果通信网络基础设施被破坏，终端之间仍然能够采用D2D连接，从而建立无线通信网络，即基于多跳D2D组建Ad-Hoc网络，保证终端之间无线通信的畅通，为灾难救援提供保障。另外，受地形、建筑物等多种因素的影响，无线通信网络往往会存在盲点。通过一跳或多跳D2D，位于覆盖盲区的用户可以连接到位于网络覆盖范围内的用户终端，借助该用户终端连接到无线通信网络。

3. 物联网增强

移动通信的发展目标之一是建立一个包括各种类型终端的、广泛互联互通的网络，这也是在蜂窝通信框架内发展物联网的出发点之一。业界预计2030年在全球范围内会存在大约85亿个蜂窝接入终端。这一预测是基于对未来全球蜂窝物联网发展的预期。具体来说，预计到2030年，全球蜂窝物联网连接数将达到85亿个，其中约有10亿个连接是成熟的5G连接。

针对物联网增强的D2D通信的典型应用场景之一是车联网中的车辆对车辆（Vehicle-to-Vehicle，V2V）通信。例如，在高速行车时，车辆的变道、减速等操作可以通过D2D通信的方式发出预警，车辆周围的其他车辆基于接收到的预警对驾驶员发出警告，甚至在紧急情况下对车辆进行自主操控，以缩短行车中面临紧急状况时驾驶员的反应时间，降低交通事故的发生率。另外，通过D2D通信，车辆可以更准确地发现和识别其附近的特定车辆。例如，经过路口时具有潜在危险的车辆、具有特定性质需要特别关注的车辆（例如，载有危险品的车辆或载有学生的校车）等。

D2D基于其终端直通及在通信时延、邻近发现等方面的特性，在车辆安全等领域的应用具有明显优势。

在万物互联的5G网络中，由于存在大量的物联网通信终端，网络的接入负荷成为严峻的问题之一，基于D2D的网络接入有望解决这个问题。例如，在海量终端需要接入网络的场景中，大量低成本终端不是直接接入基站，而是通过D2D方式接入邻近的特殊终端，通过该特殊终端建立与蜂窝网络的连接。如果多个特殊终端在空间上具有一定的隔离度，则用于低成本终端接入的无线资源可以在多个特殊终端间重用，不但能缓解基站的接入压力，还能够提高频谱效率。与微小区（Small Cell）架构相比，这种基于D2D的接入方式具有更高的灵活性和更低的成本。

例如，在智能家居应用中，可以由一台智能终端充当特殊终端；具有无线通信能力的家居设施等均以D2D的方式接入该智能终端，而该智能终端则以传统蜂窝通信的方式接入基站。基于蜂窝网络的D2D通信的实现能够为智能家居行业的产业化发展带来实质性突破。

4. 其他场景

5G网络中的D2D应用还包括多用户MIMO增强、协作中继、虚拟MIMO等潜在场景。例如，在传统多用户MIMO技术中，基站基于终端各自的信道反馈，确定预编码权值，消除多用户之间的干扰。引入D2D后，配对的多用户之间可以直接交互信道状态信息，使终端能够向基站反馈联合的信道状态信息，提高多用户MIMO的性能。

另外，D2D应用可协助解决新的无线通信场景的问题。例如，在室内定位领域，当终端位于室内时，终端通常无法获得卫星信号，因此传统的基于卫星定位的方式将无法工作。基于D2D的室内定位可以通过预部署的已知位置信息的终端，或者位于室外的普通已定位终端确定待定位终端的位置，通过较低的成本实现5G网络中对室内定位的支持。

2.6.2　关键技术

针对前文描述的应用场景，涉及接入侧的5G网络D2D技术的潜在需求主要包括以下5个方面。

1. D2D发现技术

D2D发现技术能够实现邻近D2D终端的检测及识别。对于多跳D2D网络，需要与路由技术综合考虑；同时考虑满足5G特定场景的需求，例如，超密集网络中的高效发现技术、车联网场景中的超低时延需求等。

2. D2D同步技术

在一些特定场景中，例如，覆盖外场景或多跳D2D网络，在对保持系统的同步特性方面带来较大的挑战。

3. 无线资源管理

未来的D2D可能会包括广播、组播、单播等通信模式，以及多跳、中继等应用场景，因此，调度及无线资源管理问题相较于传统蜂窝网络会有较大的不同，也会更复杂。

4. 功率控制和干扰协调

相较于传统的点对点（P2P）技术，基于蜂窝网络的D2D通信的主要优势在于干扰可控。不过，蜂窝网络中的D2D技术势必会给蜂窝通信带来干扰。在5G网络的D2D中，多跳、非授权LTE频段（LTE-U）的应用、高频通信等特性，对于功率控制及干扰协调问题的研究较为关键。

5. 通信模式切换

通信模式切换包含D2D模式与蜂窝模式的切换、基于蜂窝网络D2D与其他P2P（例如WLAN）通信模式的切换、授权频谱D2D通信与LTE-U D2D通信的切换等方式。先进的模式切换能够最大限度地增强无线通信系统的性能。

2.7 云网络

2.7.1 SDN

2.7.1.1 SDN技术产生的背景

互联网经过多年的高速发展，已经从最初满足“尽力而为”的网络逐步发展为能够提供包含文本、语音、视频等多媒体业务的融合网络，其应用领域也逐步向社会生活的各个方面渗透，深刻改变着人们的生产方式和生活方式。然而，随着互联网业务的蓬勃发展，基于IP的网络架构越来越无法满足高效、灵活的业务承载需求，网络发展面临一系列问题。

1. 管理运维复杂

由于IP技术缺乏管理运维方面的设计，网络在部署全局业务策略时需要逐一配置每台设备。随着网络规模的扩大和新业务的引入，这种管理模式很难实现对业务的高效管理和对故障的快速排除。

2. 网络创新困难

由于IP网络采用“垂直集成”的模式，控制平面和数据平面深度耦合，在分布式网络控制机制下，想要引入任何一个新技术都要严重依赖现网设备，并且需要多个设备同步更新，这导致新技术的部署周期较长（通常需要3～5年），严重制约了网络的演进发展。

3. 设备日益复杂

由于IP分组技术采用“打补丁式”的演进策略，随着设备支持的功能和业务越来越多，其复杂度显著增加。

为摆脱上述网络困境，业界一直在探索技术方案来提升网络的灵活性，其要义是打破网络的封闭架构，增强网络的灵活配置和可编程能力。经过多年的技术发展，软件定义网络（Software Defined Network，SDN）技术应运而生。

2.7.1.2　SDN 技术的意义和价值

SDN 是由美国斯坦福大学 Clean State 研究组于 2009 年提出的一种新型的网络创新架构，其核心技术 OpenFlow 通过将网络设备控制面与数据面分离开，实现网络流量的灵活控制，并通过开放和可编程接口实现“软件定义”。SDN 整体架构如图 2-5 所示。

从网络架构层次上看，典型的 SDN 网络架构包括转发层（基础设施层）、控制层和应用层，该架构会对网络产生以下 3 个方面的影响。

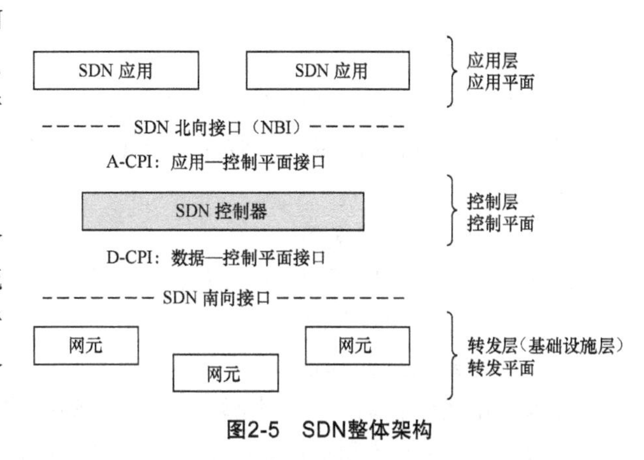

图2-5　SDN整体架构

1. 降低设备的复杂度

转发和控制相分离，使网络设备转发平面的能力要求趋于简化和统一，硬件组件趋于通用化，而且便于不同厂商设备互通，有利于降低设备的复杂度和硬件成本。

2. 提高网络利用率

集中的控制平面可以实现海量网络设备的集中管理，使网络运维人员能够基于完整的网络全局视图实施网络规划，优化网络资源，提高网络利用率，降低运维成本。

3. 加速网络创新

一方面，SDN 通过控制平面可以方便地对网络设备实施各种策略，提高网络的灵活性；另一方面，SDN 提供开放的北向接口，允许上层应用直接访问所需的网络资源和服务，使网络可以满足上层应用的需求，提供更灵活的网络服务，加速网络创新。

2.7.1.3　SDN 技术对网络架构的变革

SDN 技术是继 MPLS 技术之后在网络技术领域的一次重大技术变革，从根本上对网络的架构产生冲击，具体体现在以下 3 个方面。

1. SDN 将打破原有的网络层次

基于集中式控制，SDN 将提供跨域、跨层的网络实时控制，打破原有的网络分层、分域的部署限制。网络层次的打破将进一步影响设备形态的融合和重新组合。

2. SDN 将改变现有网络的功能分布

随着诸多网络功能的虚拟化，在 SDN 控制器的调度下，网络业务功能点的部署将更加灵活。同时，在云计算等信息技术的支持下，复杂网络功能的集中部署也会进一步简化承载网络的功能分布。

3. SDN 分层解耦为未来网络的开放可编程提供了更大的想象空间

5G、物联网、虚拟网络运营商等新技术、新业务、新运营模式的兴起，对网络的可编程和可扩展能力提出了更高的要求。SDN 技术发展需要从管理运营、控制选路、编址转发等多个层次上提供用户可定义和可编程的能力，实现完整意义的网络虚拟化。

2.7.1.4 SDN 技术带来网络发展的新机遇

SDN 技术倡导的转发与控制分离、控制集中、开放可编程的核心理念为网络发展带来了新的机遇。

1. 提高网络资源利用率

SDN 技术独立出一个相对统一的网络控制平面，可以更有效地基于全局网络视图进行网络规划，实施控制和管理，并通过软件编程实现策略部署的自动化，有效降低了网络的运维成本。

2. 促进云计算业务发展

SDN 技术有助于实现网络虚拟化，从而满足云计算业务对网络虚拟化的需求，对外提供“计算 + 存储 + 网络”的综合服务。

3. 提升端到端业务体验

SDN 集中控制和统一的策略部署能力使端到端的业务保障成为可能。结合 SDN 的网络开放能力，网络可与上层应用更好地协同，增强网络的业务承载能力。

4. 降低网元设备的复杂度

SDN 技术降低了对转发平面网元设备的能力要求，设备硬件更趋于通用化和简单化。

引入 SDN 技术之后，可以高效利用移动通信网的网络带宽，提升业务编排和网络服务虚拟化能力，具体体现在以下 3 个方面。

① 移动网。GGSN、PGW 等网管功能的硬件接口标准化，控制功能软件化，通过硬件与软件的灵活组合实现业务编排能力。

② 承载网。提升带宽利用率，可全局调度流量；提供给用户按需的虚拟网络，构建端到端的虚拟网络。

③ 传输网。构建大带宽利用率的动态传输网络，即时提供带宽，网络参数自适应流量大小和传输距离。

2.7.2 NFV

2.7.2.1 NFV 的发展

运营商网络通常采用大量的专用硬件设备，同时这些设备的类型还在不断增加。为不断提供新增的网络服务，运营商还必须增加新的专有硬件设备，并且为这些设备提供必需的存放空间和电力供应。但随着能源成本的增加、资本投入的增长、专有硬件设备的集成、操作复杂性的增加和专业设计水平的欠缺，这种业务的建设模式越来越困难。

另外，专有的硬件设备存在生命周期限制的问题，需要不断地经历“规划—设计开发—整合—部署”的过程。而在这个漫长的过程中，专有的硬件设备并不会为整个业务带来收益。更为严重的是，随着技术和服务创新需求的增长，硬件设备的可使用生命周期越来越短，影响了新的电信网络业务的运营收益，也限制了在一个越来越依靠网络连通世界的新业务格局下的技术创新。

NFV 可用以应对和解决上述这些问题。NFV 采用虚拟化技术，将传统的电信设备与硬件解耦合，可基于通用计算、存储、网络设备实现电信网络功能，提升管理和维护效率，增强系统的灵活性。

NFV 利用 IT 虚拟化技术，将现有的各类网络设备功能整合到标准的工业 IT 设备。例如，高密度服务器、交换机（以上设备可以放于数据中心）、网络节点及最终用户处。这使得传统网络传输功能可以运行在不同的 IT 工业标准服务器硬件上，并且使之可迁移，按需分布在不同位置，而不需要安装新设备。

2.7.2.2　NFV 的特点

NFV 技术强调功能而非架构，通过高度重用商用云网络（控制面、数据面、管理面的分离）以支持不同的网络功能需求。NFV 技术可以有效提升业务支撑能力，缩短网络建设周期。其主要特点表现在以下 3 个方面。

1. 业务发展

① 新业务、新服务能够快速加载。网元功能演变为软实体，新业务加载、版本更新可自动完成。

② 提供虚拟网络租赁等新业务。可将网元功能提供给第三方，并且可以根据需要动态调整容量大小。

2. 网络建设

① 缩短网络建设、扩容时间。网元功能与硬件解耦，可以统一建设资源池，根据需要分配资源，快速加载业务软件。

② 采用通用硬件，降低建设成本。以具有较高系统可靠性的通用硬件来降低硬件的可靠性要求，可与 IT 业务共享硬件设备。同时，由于多种业务共享相同的硬件设备，可扩大集中采购规模。

3. 网络维护

① 促进集中化。多种业务共享虚拟资源，便于集中部署；同时，集中化能够进一步发挥虚拟化的资源共享、快速部署、动态调整优势。

② 可专业化运维。资源池可采用 IDC 管理模式，大幅提升管理效率；虚拟网元管理人员更专注于业务管理，可实现专业化管理。

NFV 的主要应用如下。

（1）通过 NFV 构建低成本的移动网络

NFV 驱动核心网和增长智能（Growth Intelligence，GI）业务的演进：通过硬件平台的通用化和软件实现功能，利用规模效应降低 CAPEX；通过智能管道管理功能实现快速的网元部署和更新、容量的按需调整，降低 OPEX。

（2）通过虚拟化优化系统结构

在部分虚拟化应用中，通过改造原有系统结构发挥虚拟化的优势：在基站虚拟化中，可将基站拆分为 RRU 和 BBU 两个部分，BBU 采用虚拟化技术；在家庭环境虚拟化中，可将传统 RGW、STB 通过虚拟化部署到网络中，仅在家庭中保留解码和浏览器功能。

对于网络功能虚拟化，目前有很多技术上的障碍需要面对和解决，具体描述如下。

① 要使虚拟网络设备具备高性能，以及在不同的硬件供应商和不同虚拟层之间具备移植迁移的能力。

② 实现与原有网管平台定制硬件设备的共存，同时能够有一个有效升级至全虚拟化网络平台的办法，并且使运营商的 OSS/BSS 业务系统在虚拟化平台中继续使用。OSS/BSS 的开发将迁移到一种与网络功能虚拟化配合的在线开发模式上，这正是 SDN 技术可以发挥作用的地方。

③ 管理和组织大量的虚拟化网络设备，要确保整体的安全性，避免被攻击或配置错误等。

④ 只有所有的功能都实现自动化，网络功能虚拟化才能做到可扩展。

⑤ 确保具有合适的软硬件故障恢复级别。

⑥ 有能力从各类不同的供应商中选择服务器、虚拟层、虚拟设备并将其整合。这样不会带来过多的整合成本，也不会依赖单一供应商。

NFV 与 SDN 是高度互补的，并不完全相互依赖。NFV 可以在没有 SDN 的情况下独立实施。不过，这两个概念和方案可以配合使用，并能够获得潜在的叠加增值效应。NFV 的目标可以仅依赖当前数据中心的技术来实现，而不需要应用 SDN 的概念机制。但是通过 SDN 模式实现的设备控制面与数据面的分离，能够提高网络虚拟化的实现性能，便于兼容现存的系统，并且有利于系统的操作和维护。

NFV 可以通过提供允许 SDN 软件运行的基础设施来支持 SDN。另外，NFV 还可以与 SDN 一样，通过使用通用的商用服务器和交换机来实现。

2.7.3 网络能力开放

网络能力开放的目的在于实现面向第三方应用服务提供商提供所需的网络能力，其基础在于移动网络中各个网元所能提供的网络能力，包括用户位置信息、网元负载信息、网络状态信息、运营商组网资源等，而运营商需要将上述信息根据具体的需求适配后提供给第三方使用。网络能力开放平台架构如图 2-6 所示。

网络能力开放平台架构分为以下 3 个层次。

① **应用层**。第三方平台和服务器位于最高层，是能力开放的需求方，利用能力层提供的 API 明确所需的网络信息，调度管道资源，申请增值业务，构建专用的网络切片。

② **能力层**。能力层位于资源层与应用层之间，向上与应用层互通，向下与资源层连接，其功能主要包括对资源层网络信息的汇聚和分析，进行网络能力的封装和按需组合编排，并生成相应的开放 API。

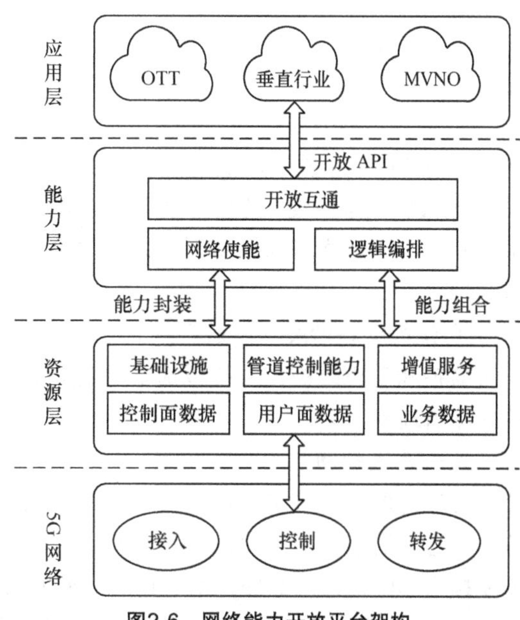

图2-6　网络能力开放平台架构

能力层是5G网络能力开放的核心，通过服务总线的方式汇聚来自各个实体或虚拟网元的网络能力信息，并通过网络使能单元对上述网络能力信息进行编排，进行大数据分析、用户画像等处理，最终封装成 API，供应用层调用，能力层功能包含以下 3 个方面。

- 网络使能能力：通过能力封装和适配，实现第三方应用的需求与网络能力映射，对外开放资源层的控制面数据、用户面数据和业务数据、增值服务能力、管道控制能力和基础设施（计算、存储、路由、物理设备等）。
- 逻辑编排能力：根据第三方的能力开放业务需求，编排第三方应用所需的新增网络功能、网元功能组件，以及小型化的专用网络信息包含所需的计算、存储及网络资源信息。
- 开放互通能力：导入第三方的需求和业务信息，向第三方提供开放的网络能力，实现和第三方应用的交互。

③ **资源层**。实现网络能力开放架构与 5G 网络的交互，完成对底层网络资源的抽象定义，整合上层信息感知需求，设定网络内部的监控设备位置，上报数据类型和事件门限等策略，将上层制定的能力调用逻辑映射为对网络资源按需编排的控制信令。

2.7.4　网络切片

网络切片是网络功能虚拟化应用于 5G 阶段的关键特征。一个网络切片将构成一个端到端的逻辑网络，按照切片需求方的需求灵活地提供一种或多种网络服务。

1. 切片管理功能

切片管理功能可有机串联商务运营、虚拟化资源平台和网管系统，为不同切片需求方提供安全隔离、高度自控的专用逻辑网络。切片管理功能包含以下 3 个阶段。

① **商务设计阶段**。切片需求方利用切片管理功能的模板和编排工具，设定切片的相关参数，包括网络拓扑、功能组件、交互协议、性能指标、硬件要求等。

② **实例编排阶段**。切片管理功能将切片描述文件发送到NFV MANO，实现切片的实例化，并通过切片之间的接口下发网元功能配置，发起连通性测试，最终完成切片向运行状态的迁移。

③ **运行管理阶段**。在运行状态下，切片所有者可以通过切片管理功能对己方切片进行实时监控和动态维护，主要包括资源的动态伸缩，切片功能的增加、删除和更新，以及告警故障梳理等。

2. 切片选择功能

切片选择功能可实现用户终端与网络切片间的接入映射。切片选择功能综合考虑业务签约信息、功能特性等多种因素，为用户终端提供合适的切片接入选择。用户终端可以根据需要接入不同切片。此外，用户还可以同时接入多个切片，形成以下两种切片架构实体。

① **独立架构**。不同切片在逻辑资源和逻辑功能上完全隔离，只在物理资源上共享，每个切片包含完整的控制面和用户面功能。

② **共享架构**。在多个切片间共享部分的网络功能。考虑到终端实现的复杂度，可以共享移动性管理等终端粒度的控制面功能，而业务粒度的控制和转发功能则为各切片的独立功能实现特定的服务。

2.7.5 移动边缘计算

移动边缘计算（Mobile Edge Computing，MEC）改变了 4G 系统中网络与业务分离的状态，将业务平台下沉到网络边缘，为移动用户就近提供业务计算和数据缓存能力，实现网络从接入管道向信息化服务使能平台的关键跨越，是 5G 的代表性能力之一。MEC 的核心功能主要包括以下 3 个方面。

① **应用和内容进管道**。MEC 可与网关功能联合部署，构建灵活分布的服务体系，特别是针对本地化、低时延和大带宽要求的业务。例如，移动办公、车联网、4K/8K 视频等，为其提供优化后的服务运行环境。

② **动态业务链功能**。MEC 功能并不局限于简单的就近缓存和业务服务器下沉，而是随着计算节点与转发节点的融合，在控制面功能的集中调度下实现动态业务链。

③ **控制平面辅助功能**。MEC 可以和移动性管理、会话管理等控制功能结合，进一步优化服务能力。例如，随着用户移动的过程实现应用服务器的迁移和业务链路径重选；获

取网络负荷、服务等级协定（Service Level Agreement，SLA）、用户等级等参数对本地服务进行灵活的优化控制等。

移动边缘计算功能的部署方式非常灵活，既可以选择集中部署，与用户面设备耦合，提供增强型网关功能，又可以分布式部署在不同位置，通过集中调度实现服务能力。移动边缘计算示意如图 2-7 所示。

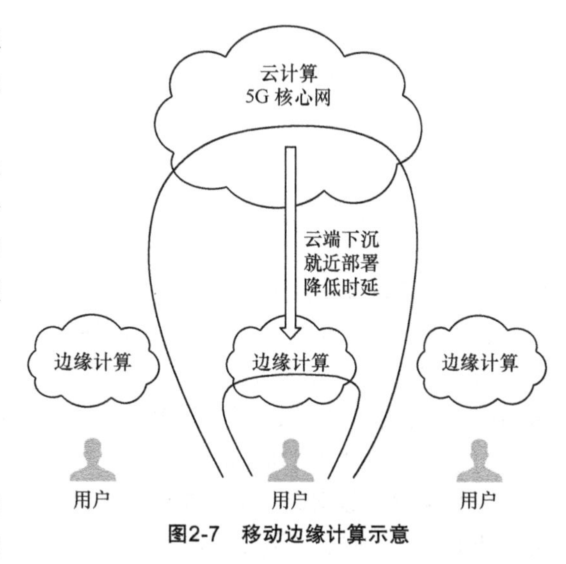

图2-7　移动边缘计算示意

2.7.6　按需定制的移动网络

5G 网络的服务对象是海量类型丰富的终端和应用，其报文结构、会话类型、移动规律和安全性需求不尽相同。因此，需要针对不同应用场景的服务需求引入不同的功能设计。

2.7.6.1　按需会话管理

按需会话管理是指 5G 网络可以根据不同的终端属性进行针对性的会话管理，例如用户类别和业务特征、灵活的配置连接类型、锚点位置和业务连续性能力等参数。

用户可以根据业务特征选择连接类型。例如，选择支持互联网业务的 IP 连接，利用信令面通道实现无连接的物联网小数据传输，或者是特定业务定制 Non-IP 的专用会话类型。

用户可以根据传输要求选择会话锚点的位置和设置转发路径。对于移动性和业务连续性要求较高的业务，网络可以选择网络中心位置的锚点和隧道机制；对于实时性要求较高的交互类业务，则可以选择锚点下沉、就近转发；对于转发路径动态性较强的业务，则可以引入 SDN 机制实现连接的灵活编程。

2.7.6.2　按需移动性管理

网络侧移动性管理包括在激活状态维护会话的连接性，在空闲状态保证用户的可达性。通过对激活和空闲两种状态下移动性功能的分级和组合，可根据终端的移动模型和其所用业务的特征，有针对性地为终端提供相应的移动性管理机制。

此外，网络还可以按照条件变化，动态调整终端的移动性管理等级。例如，对一些垂直行业应用，在特定工作区域内可以为终端提供较高的移动性等级，保证业务的连续性和快速寻呼响应。在离开该区域后，网络动态地将终端的移动性要求调到低水平，进而提高节能效率。

2.7.6.3　按需安全功能

5G 为不同行业提供差异化业务，需要提供满足各项差异化安全要求的完整方案。例如，5G 安全要为移动互联网场景提供高效、统一兼容的移动性安全管理机制；5G 安全要为 IoT 场景提供更加灵活、开放的认证架构和认证方式，支持新的终端身份管理能力；5G 安全要为网络基础设施提供安全保障，为虚拟化组网、多租户多切片共享等新型网络环境提供安全隔离和防护功能。

2.7.6.4 控制面按需重构

控制面重构重新定义了控制面网络功能，实现网络功能模块化，降低网络功能交互的复杂性，实现自动化的发现和连接。通过网络功能的按需配置和定制，满足业务的多样化需求。控制面按需重构具有以下 4 个特征。

① **接口中立**。网络功能之间的接口和信息应尽量重用，通过相同的接口消息向其他网络功能调用者提供服务，将多个耦合接口转变为单一接口，从而减少接口数量。网络功能之间的通信应该和网络功能的部署位置无关。

② **融合网络数据库**。用户签约数据、网络配置数据、运营商策略等需要集中存储，便于网络功能组件之间实现数据实时共享。网络功能可采用统一接口访问融合网络数据库，减少信令交互。

③ **控制面交互功能**。该功能负责实现与外部网元或功能间的信息交互。收到外部信令后，该功能模块查找对应的网络功能，并将信令导向这组网络功能的入口。处理完成后，结果将通过交互功能单元回传到外部网元和功能。

④ **网络组件集中管理**。负责网络功能部署后的网络功能注册、网络功能发现、网络功能转台检测等。

2.7.7 多接入融合

5G 网络是多种无线接入技术融合共存的网络，如何协同使用各种无线接入技术提升网络整体运营效率和用户体验，是 RAT 融合需要解决的问题。多 RAT 之间可以通过集中的无线网络控制功能实现融合，或者 RAT 之间存在接口实现分布式协同。统一的 RAT 融合技术包括以下 4 个方面的内容。

① **智能接入控制与管理**。依据网络状态、无线环境、终端能力，结合智能业务感知及时将不同的业务映射到最合适的接入技术上，提升用户体验和网络效率。

② **多 RAT 无线资源管理**。依据业务类型、网络负荷、干扰水平等因素，对多网络的无线资源进行联合管理和优化，实现多技术间的干扰协调，以及无线资源的共享和分配。

③ **协议与信令优化**。增强接入网接口能力，构造更灵活的网络接口关系，支撑动态的网络功能分布。

④ **多制式多连接技术**。终端可同时接入多个不同制式的网络节点，实现多流并行传输，提高吞吐量，提升用户体验，实现业务在不同接入技术网络间的动态分流和汇聚。

2.8 超密集组网

超密集组网是满足移动数据流量需求的主要技术手段。超密集组网通过更加“密集化”的无线基础设施部署，可以获得更高的频率复用效率，从而在局部热点区域实现百倍量级的系统容量提升。超密集组网的典型应用场景包括办公室、密集住宅、密集街区、校园、大型集会、体育场、地铁、公寓等。

随着小区部署密度的增加，超密集组网将面临许多新的挑战，例如，干扰、移动性、站址、传输资源、部署成本等。为了满足典型应用场景的需求，实现易部署、易维护、用户体验轻快的轻型网络，接入和回传联合设计、干扰管理和抑制策略、小区虚拟化技术是超密集组网的重要研究方向。密集组网关键技术示意如图 2-8 所示。

图2-8　密集组网关键技术示意

2.8.1 接入和回传联合设计

接入和回传联合设计包括混合分层回传、多跳多路径的回传、自回传技术、灵活回传技术等。

混合分层回传是指在网络架构中标示不同基站分层，宏基站及其他享有有线回传资源的小基站属于一级回传层。二级回传层的小基站以一跳形式与一级回传层基站连接，三级及以下回传层的小基站与上一级回传层以一跳形式连接，以两跳或多跳形式与一级同传层基站连接，将有线回传和无线回传相结合，提供一种轻快、即插即用的超密集小区组形式。

多跳多路径的回传是指无线回传小基站与相邻小基站之间进行多跳路径的优化选择、多路径建立和多路径承载管理、动态路径选择、回传和接入链路的联合干扰管理和资源协调，可为系统容量带来较明显的增益。

自回传技术是指回传链路和接入链路使用相同的无线传输技术，共用同一频带，通过时分或频分方式复用资源。自回传技术包括两个方面的内容：一是接入链路和回传链路的联合优化；二是回传链路的链路增强。在接入链路和回传链路的联合优化方面，可以通过接入链路和同传链路之间自适应地调整资源分配提高资源的使用效率。在回传链路的链路增强方面，可以利用广播信道特性加上多址接入信道（Broadcast Channel plus Multiple Access Channel，BC plus MAC）特性机制，在不同空间使用空分子信道发送和接收不同的数据流，增加空域自由度，提升回传链路的链路容量；通过将多个中继节点或者终端协同形成一个虚拟 MIMO 网络进行数据收发，获得更高阶的自由度，并且可协作抑制小区间干扰，从而进一步提升链路容量。

灵活回传技术是提升超密集网络回传能力的高效经济的解决方案，通过灵活地利用系统中任意可用的网络资源，调整网络拓扑和回传策略，匹配网络资源和业务负载，分配回传和接入链路网络资源来提升端到端的传输效率，从而以较低的部署和运营成本满足网络端到端业务的质量要求。

2.8.2 干扰管理和抑制策略

超密集组网能够有效提升系统容量，但随着小基站等密集部署，覆盖范围的重叠，带来了严重的干扰问题。当前，干扰管理和抑制策略主要包括自适应小基站小区分簇、基于集中控制的多小区和干扰协作传输，以及基于分簇的多小区频率资源协调技术。

自适应小基站小区分簇通过调整每个子帧、每个小基站小区的开关状态，并动态形成小基站小区分簇，关闭没有用户连接或者不需要提供额外容量的小基站小区，从而降低对邻近小基站小区的干扰。

基于集中控制的多小区和干扰协作传输，通过合理选择周围小区进行联合协作传输，终端对来自多个小区的信号进行相干合并避免干扰，对系统的频谱效率有明显的提升。

基于分簇的多小区频率资源协调技术，按照整体干扰性能最优的原则对密集小基站进行频率资源的划分，相同频率的小基站为一簇，簇间为异频，可较好地提升边缘用户的体验。

2.8.3 小区虚拟化技术

小区虚拟化技术包括以用户为中心的虚拟化技术、虚拟层技术和软扇区技术。虚拟层技术示意如图 2-9 所示，软扇区技术示意如图 2-10 所示。

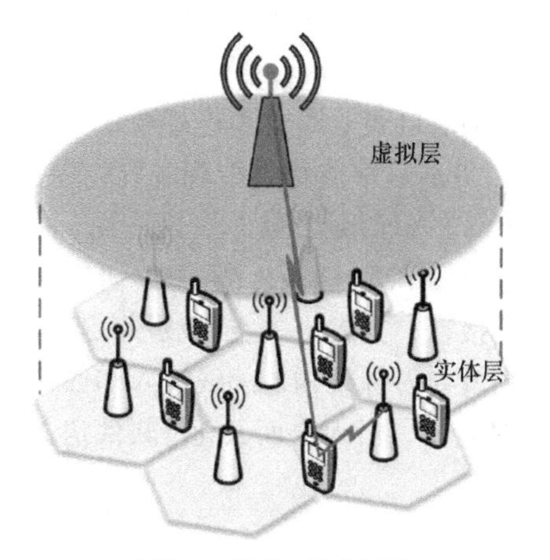

图2-9　虚拟层技术示意

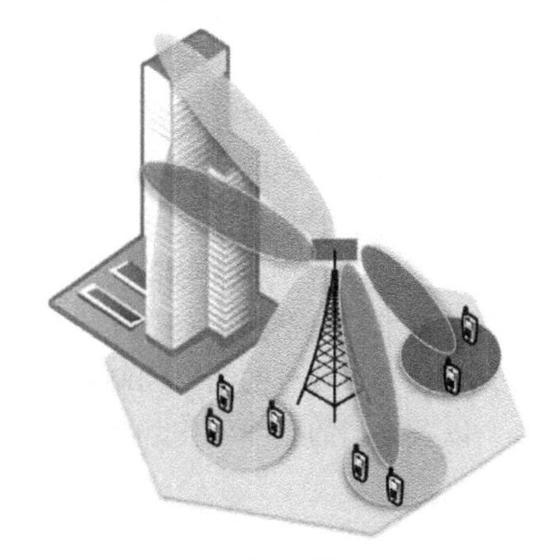

图2-10　软扇区技术示意

以用户为中心的小区虚拟化技术是指打破小区的边界限制，提供无边界的无线接入，围绕用户建立覆盖、提供服务，虚拟小区随着用户的移动快速更新，并保证虚拟小区与终端之间始终有较好的链路质量。在超密集部署区域内，无论用户如何移动，均可获得一致的高 QoS/ 体验质量（Quality of Experience，QoE）。虚拟层技术由密集部署的小基站构建虚拟层和实体层网络。其中，虚拟层承载广播、寻呼等控制信令，负责移动性管理；实体层承载数据传输，用户在同一虚拟层内移动时不会发生小区重选或切换，从而实现用户的轻快体验。软扇区技术由集中式设备通过波束赋形手段形成多个软扇区，可以降低大量站址、设备、传输带来的成本，同时可以提供虚拟软扇区和物理小区间统一的管理优化平台，降低运营商维护的复杂度，是一种易部署、易维护的轻型解决方案。

2.9　低时延、高可靠通信

“低时延、高可靠”是移动通信的关键性能指标。从传统的蜂窝网络、Wi-Fi 网络到高速铁路通信、工业实时通信、智能电网，对于低时延和高可靠性传输的要求都是显而易见的。

5G 是面向以物为主的通信，包括车联网、物联网、新型智能终端、智慧城市等，这些应用对 5G 网络的设计和性能要求，以及对 H2H 通信有很大的不同。例如，M2M 的消息交换要求非常低的数据速率，对时延不敏感。而在工业自动化应用场景中，低时延和高可靠的特性却是最关键的要素。

不同的物联网应用场景对网络的性能要求也有所不同，时延要求从1ms到数秒不等，每个小区在线连接数量从数百到数百万不等，占空比从0到数天不等，而信令占比也从低于1%到100%不等。

目前，产业链中的企业将这些多样的需求总结为吞吐量、时延和连接数3类。应对这些不同的需求，5G网络设计面临的现实挑战包括：更高速率支持虚拟现实等应用、无线网络达到光纤固网的水平并支持移动云服务、小于1ms的低时延支持车联网应用、海量连接永久在线、提供网络效率并大幅降低网络能耗等。为了应对这些挑战，5G研究推进组总结了几个潜在技术，包括复杂密集天线阵列、多址接入、更先进的空口波形、超级基带计算能力等，并且要求现有的编码调制方式、基站基带与射频架构、无线接入和回传的统一节点设计，以及终端的无线架构都必须实现较大的突破，引入全面云化、软件定义的无线接入架构。

2.10 5G网络安全

2.10.1 5G安全架构面临的挑战及需求

2.10.1.1 新的业务场景

5G网络不仅可用于人与人之间的通信，还可用于人与物，以及物与物之间的通信。目前，5G业务大致可分为三大业务场景：eMBB、mMTC和uRLLC。5G网络需要针对这三大业务场景的不同安全需求提供差异化安全保护机制。

eMBB聚焦对带宽有极高需求的业务，例如，高清视频、VR、AR等，满足人们对于数字化生活的需求。eMBB的广泛应用场景将带来不同的安全需求，同一个应用场景中不同业务的安全需求也有所不同。例如，VR/AR等个人业务可能只要求对关键信息的传输进行加密，而行业应用可能要求对所有环境信息的传输进行加密。5G网络可以通过扩展LTE安全机制来满足eMBB应用场景对安全的需求。

mMTC覆盖对于连接密度要求较高的应用场景，例如，智慧城市、智能农业等能满足人们对于数字化社会的需求。mMTC应用场景中存在多种多样的物联网设备，例如，处于恶劣环境中的物联网设备、计算能力较低且电池寿命较长的物联网设备等。面对物联网繁杂的应用种类和成百上千亿的连接，5G网络需要考虑其安全需求的多样性。如果采用单用户认证方案，那么成本较高，而且容易出现信令风暴问题。因此，在5G网络中，需要降低物联网设备在认证和身份管理方面的成本，支撑物联网设备的低成本和高效率海量部署（例如，采用群组认证等）。针对计算能力低、电池寿命长的物联网设备，5G网络可通过一些安全保护措施（例如，轻量级的安全算法、简单高效的安全协议等）来保证能源利用的高效性。

uRLLC 聚焦对时延极其敏感的业务，例如，自动驾驶、辅助驾驶、远程控制等，满足人们对于数字化工业的需求。低时延和高可靠性是 uRLLC 业务的基本要求，例如，车联网业务在通信中如果受到安全威胁，则可能威胁驾驶员的生命安全，因此，要求高级别的安全保护措施且不能额外增加通信时延。5G 超低时延的实现需要在端到端传输的各个环节进行一系列机制优化。从安全角度来看，降低时延需要优化业务接入过程身份认证的时延、数据传输安全保护带来的时延、终端移动过程由于安全上下文切换带来的时延，以及数据在网络节点中加解密处理带来的时延。

面对多种应用场景和业务需求，5G 网络需要一个统一的、灵活的、可伸缩的 5G 网络安全架构来满足不同应用的不同安全级别的安全需求，即 5G 网络需要一个统一的认证框架，用以支持多种应用场景的网络接入认证；同时 5G 网络应支持伸缩性需求。例如，当网络横向扩展时，需要及时启动安全功能实例来满足增加的安全需求；当网络收敛时，需要及时终止部分安全功能实例来达到节能的目的。另外，5G 网络应支持按需进行用户面数据保护。例如，根据三大业务类型或者根据具体业务的安全需求部署相应的安全保护机制。此类安全保护机制的选择包括加密终结点的不同、加密算法的不同、密钥长度的不同等。

2.10.1.2　新技术和新特征

为提高系统的灵活性和效率，并降低成本，5G 网络架构引入新的技术，例如，SDN 和 NFV 等。

5G 网络通过引入虚拟化技术实现了软件与硬件的解耦，通过 NFV 技术的部署使部分功能网元以虚拟功能网元的形式部署在云化基础设施上，网络功能由软件实现，不再依赖专有的通信硬件平台。5G 网络的虚拟化特点，改变了传统网络中功能网元的保护在很大程度上依赖对物理设备的安全隔离的现状，所以原来人们认为安全的物理环境，现在已经变得不再安全，实现虚拟化平台可管可控的安全性要求成为 5G 安全的一个重要组成部分。例如，安全认证功能也可能放到物理环境安全当中，因此，5G 安全包含 5G 基础设施的安全，从而保障 5G 业务在 NFV 环境下能够安全运行。另外，5G 网络通过引入 SDN 技术提高了 5G 网络中的数据传输效率，实现了更好的资源配置，但同时也带来了新的安全需求，即需要考虑在 5G 环境下，虚拟 SDN 控制网元和转发节点的安全隔离和管理等。

为了更好地支持上述三大业务场景，5G 网络将建立网络切片，为不同业务提供差异化的安全服务，根据业务需求针对切片定制其安全保护机制，实现针对客户的安全分级服务，同时网络切片也对安全提出了新挑战，例如，切片之间的安全隔离、虚拟网络的安全部署和安全管理。

面向低时延业务场景，5G 核心网控制功能需要部署在接入网边缘或者与基站融合部署。数据网关和业务使能设备可以根据业务需求在全网中灵活部署，以减少对回传网络的压力，降低时延和提高用户体验速率。随着核心网功能下沉到接入网，5G 网络提供的安全保障能力也将随之下沉。

5G 网络的能力开放功能可以部署在网络控制功能上，以便网络服务和管理功能向第三方开放。在 5G 网络中，能力开放不仅体现在整个网络能力的开放上，还体现在网络内部网元之间的能力开放上。与 4G 网络的点对点流程定义不同，5G 网络的各个网元都提供了服务的开放，不同网元之间可通过 API 调用其开放的能力。因此，5G 网络安全需要核心网与外部第三方网元，以及核心网内部网元之间支持更高、更灵活的安全能力，实现业务的签约和发布。

2.10.1.3 多种接入方式和多种设备形态

由于应用场景的多元化，5G 网络需要支持多种接入技术，例如，WLAN、4G、固定网络、5G 新无线接入技术，而不同的接入技术有不同的安全需求和接入认证机制。另外，一个用户可能持有多个终端，而一个终端可能同时支持多种接入方式，当同一个终端在不同接入方式之间切换时，或用户使用不同终端开展同一个业务时，要求终端能够快速认证以保持业务的延续性，从而获得更好的用户体验。因此，5G 网络需要构建一个统一的认证框架来融合不同的接入认证方式，并优化现有的安全认证协议，以提高终端在异构网络间进行切换时的安全认证效率，同时还能确保同一业务在更换终端或更换接入方式时连续的业务安全保护。在 5G 应用场景中，有些终端设备能力强，可能配有用户识别模块（SIM card）/全球用户识别卡（Universal Subscriber Identity Module，USIM），并且具有一定的计算和存储能力，有些终端设备没有配备 SIM/USIM，其身份标识可能是 IP 地址、MAC 地址、数字证书等；而有些能力低的终端设备甚至没有特定的硬件来安全存储身份标识及认证凭证，因此，5G 网络需要构建一个融合的、统一的身份管理系统，并支持不同的认证方式、不同的身份标识及认证凭证。

2.10.1.4 新的商业模式

5G 网络不仅要满足人们对超高流量密度、超高连接数密度、超高移动性的需求，还要为垂直行业提供通信服务。5G 时代出现了全新的网络模式与通信服务模式，终端和网络设备的概念也发生了变化，各类新型终端设备的出现产生了多种具有不同态势的安全需求。在大连接物联网场景中，大量无人管理的机器与无线传感器接入 5G 网络，由成千上万个独立终端组成的诸多小网络同时连接至 5G 网络。面对这种情况，现有的移动通信系统的简单的可信模式无法满足 5G 支撑的各类新兴的商业模式，需要对可信模式进行变革，以应对相关领域的扩展型需求。为了确保 5G 网络能够支撑各类新兴商业模式的需求，并确保足够的安全性，需要对安全架构进行全新设计。

同时，5G 网络是能力开放的网络，可以向第三方或者垂直行业开放网络安全能力，例如认证和授权能力。第三方或者垂直行业与运营商建立了信任关系，当用户允许接入 5G 网络时，也同时允许接入第三方业务。5G网络的能力开放有利于构建以运营商为核心的开放业务生态，增强用户黏性，拓展新的业务收入来源。对于第三方业务来说，可以借助被广泛使用的运营商的数字身份来推广业务，快速吸引用户。

2.10.1.5 更高的隐私保护需求

5G网络中业务和场景的多样性及网络的开放性，使用户的隐私信息从封闭的平台转移到开放的平台上，接触状态从线下变成线上，信息泄露的风险也有所增加。例如，在智能医疗系统中，患者的病历、处方、治疗方案等隐私性信息在采集、存储和传输过程中存在被泄露、被篡改的风险。而在智能交通系统中，车辆的位置、行驶轨迹等隐私信息也存在被暴露和被非法跟踪使用的风险，因此，5G网络有更高的用户隐私保护需求。5G网络是一个异构网络，使用了多种接入技术，而各种接入技术对隐私数据的保护程度不同。同时，5G网络中的用户隐私数据可能会穿越各种接入网络及不同厂商提供的网络功能实体，从而导致用户隐私数据散布在网络的各个角落，而数据挖掘技术还能够让第三方从散布的隐私数据中分析出更多的用户隐私信息。因此，在5G网络中，必须全面考虑数据在各种接入技术及不同运营网络中穿越时所面临的隐私暴露风险，并制定周全的隐私保护策略，包括用户的各种身份、位置、接入的服务等。

4G网络已经暴露了泄露用户身份标识的漏洞。因此，在5G网络中，需要对4G网络的机制进行优化和补充，通过强化安全机制对用户身份标识进行隐私保护，杜绝出现泄露用户身份标识的情况，同时解决已有的4G网络漏洞。另外，由于5G接入网包括4G接入网，用户身份标识的保护需要兼容4G的认证信令，防御攻击者将用户引导至4G接入方式，从而执行针对隐私数据的降维攻击。同时，攻击者也可能会利用UE位置信息或者空口数据包的连续性等特点进行UE追踪的攻击，因此，5G隐私保护也需要应对此类位置信息隐私的安全威胁。

2.10.2 5G安全总体目标

垂直行业与移动网络的深度融合为5G带来了多种应用场景，包括海量资源受限的物联网设备同时接入、无人值守的物联网终端、车联网与自动驾驶、云端机器人、多种接入技术并存等。另外，信息技术与通信技术的深度融合带来了网络架构的变革，使网络能够灵活地支撑多种应用场景。5G网络的多种应用场景会涉及不同类型的终端设备、多种接入方式和接入凭证、多种时延要求、隐私保护要求等。5G安全应保护多种应用场景下的通信安全及5G网络架构的安全。在多种应用场景中，5G安全应满足以下3个方面的要求。

① 提供统一的认证框架，支持多种接入方式和接入凭证，从而保证所有终端设备安全地接入网络。

② 提供按需的安全保护，满足多种应用场景中终端设备的生命周期要求、业务的时延要求。

③ 提供隐私保护，满足用户隐私保护及相关法律法规的要求。

5G 网络架构中的重要特征包括 NFV/SDN、切片，以及能力开放。在 5G 网络架构中，5G 安全应满足以下 3 个方面的要求。

① NFV/SDN 引入移动网络的安全，包括虚拟机相关的安全、软件安全、数据安全、SDN 控制器安全等。

② 切片安全包括切片安全的隔离、切片的安全管理、UE 接入切片的安全、切片之间通信的安全等。

③ 能力开放的安全既能保证安全地提供开放的网络能力给第三方，也能够保证将网络的安全能力开放给第三方使用。

2.10.3 5G安全架构

随着网络技术的演进，网络安全架构也处在持续的变化中。2G 的安全架构是单向认证，即只有网络对用户认证，而没有用户对网络认证；3G 的安全架构则是网络和用户的双向认证，相较于 2G 的空口加密能力，3G 空口的信令还增加了完整性保护；4G 的安全架构虽然仍采取双向认证，但是 4G 使用独立的密钥保护不同层面（接入层、非接入层）的多条数据流和信令流，核心网也是使用网络域安全进行保护。

因为 5G 网络具有高速率、低时延、处理海量终端的要求，所以 5G 安全架构向保护节点、密钥架构优化等方面演进。

2.10.3.1 保护节点

在 5G 时代，用户对数据传输的要求更高，不仅对上下行数据传输速率提出较高的要求，而且对时延提出了用户“无感知”的较高要求。而在传统的 2G、3G、4G 网络中，用户设备与基站之间提供了空口的安全保护机制，移动时会频繁地更新密钥。而频繁地切换基站与更新密钥会带来较大的时延，并导致用户的实际传输速率无法得到进一步提高。在 5G 网络中，可以考虑从数据保护节点进行改进，即将加解密的网络侧节点由基站设备向核心网设备延伸，利用核心网设备在会话过程中较少变动的特性，实现降低切换频率的目标，进而提升传输速率。在这种方式下，空口加密将转变为用户终端与核心网设备间的加密，原本用于空口加密的控制信令也将随之演进为用户终端与核心网设备间的控制信令。

此外，5G 时代融合各种通信网络，2G、3G、4G、WLAN 等网络均拥有各自独立的安全保护体系，提供加密保护的节点也有所不同。例如，2G、3G、4G 采用用户终端与基站间的空口保护，而 WLAN 则多数采用终端到核心网的接入网元公用数据网（Public Data

Network，PDN）网关或者边界网元ePDG之间的安全保护。因此，终端必须不断地根据网络形态选择对应的保护节点，这给终端在各种网络间的漫游带来了极大的不便，为此可以考虑在核心网中设立相应的安全边界节点，采用统一的认证机制来解决这个问题。

2.10.3.2 密钥架构优化

4G网络架构的扁平化导致密钥架构从原来使用单一密钥提供保护变为使用独立密钥，对非接入层和接入层分别保护，因此，保护信令和数据面的密钥个数也从原来的2个变为5个，密钥推演变得相对复杂，多个密钥的推演计算会带来一定的计算开销和时延。在5G场景下，需要对4G的密钥架构进行优化，使5G的密钥架构具备轻量化的特点，满足5G对低成本和低时延的要求。

另外，在5G网络中，可能会存在计算和处理能力差别很大的设备，例如大量的物联网设备。这些设备的成本低，计算能力和处理能力不强，无法支持现在通用的密码算法和安全机制。除了上述的密钥架构，5G还需要开发轻量级的密钥算法，使5G场景下，海量的低成本、低处理能力设备的计算、存储能力能够得到大幅提高。此时，我们就可以大范围地使用证书更便捷地生产多样化的密钥，从而保护具有高处理能力设备之间的通信。

2.10.4 5G安全关键技术

2.10.4.1 5G中的大数据安全

5G的高速率、大带宽特性促使移动网络的数据量剧增，也使大数据技术在移动网络中变得更加重要。大数据技术可以实现对移动网络中海量数据的分析，进而实现流量的精细化运营，精确感知安全态势。例如，5G网络中的网络集中控制器具有全网的流量视图，通过使用大数据技术分析网络中流量最多的时间段和业务类型，可以对网络流量的精细化管理给出准确的对策。另外，对于移动网络中的攻击事件，也可以利用大数据技术进行分析，描绘攻击视图有利于提前感知未知的安全攻击。

在大数据技术为移动网络带来诸多好处和便利的同时，也需要关注和解决大数据的安全问题。随着人们对个人隐私信息保护越来越重视，个人隐私信息保护成为首要考虑的重要问题。大量事实已经表明，如果无法妥善处理大数据，将会对用户的个人隐私信息造成极大的侵害。另外，针对大数据的安全问题，还需要进一步研究数据挖掘中的匿名保护、数据溯源、安全传输、安全存储、安全删除等技术。

2.10.4.2 5G中云化、虚拟化、软件定义网络带来的安全问题

基于5G系统对低成本和高效率的需求，云化、虚拟化、软件定义网络等技术被引入5G网络，原来的私有、封闭、高成本的网络设备和网络形态变成标准、开放、低成本的网络设备和网络形态。同时，标准化和开放化的网络形态使攻击者更容易发起攻击，并且云化、

虚拟化、软件定义网络的集中化部署会导致一旦网络受到安全威胁，其传播速度会非常快，波及范围会非常广。因此，云化、虚拟化、软件定义网络的安全变得更加重要，其存在的安全问题主要包括以下 3 个方面。

① 引入虚拟化技术，需要重点考虑和解决虚拟化相关的问题，例如，虚拟资源的隔离、虚拟网络的安全域划分，以及边界防护等。

② 云化、虚拟化网络后，传统物理设备之间的通信变成虚拟机之间的通信，需要考虑能否使用虚拟机之间的安全通信来优化传统物理设备之间的安全通信。

③ 引入 SDN 架构后，5G 网络中设备的控制面与转发面分离，5G 网络架构中出现了应用层、控制层，以及转发层。需要重点考虑各层的安全、各层之间连接所对应的安全、控制器本身的安全等。

2.10.4.3 移动智能终端的安全问题

5G 时代，用户业务丰富多彩，对业务的需求也更加多元，移动智能终端的处理能力、计算能力得到极大的提高。与此同时，非法入侵者运用 5G 网络的大数据等技术手段，能够发起对移动智能终端的攻击，在此情况下，移动智能终端的安全在 5G 场景下变得更加重要。

保证移动智能终端的安全，除了采用常规的安装软件进行病毒查杀，还需要打造硬件级别的安全环境，保护用户的个人隐私信息（例如，加密关键数据的密钥）、敏感操作（例如，输入银行密码），并且能够从可信根启动，建立关键应用程序的可信链，保证智能终端的安全可信。

5G 网络的发展过程需要在满足未来新业务和新场景需求的同时，充分考虑与 4G 网络演进路径的兼容。网络架构和平台技术的发展会表现为局部变化到全网变革的分步骤发展态势，通信技术与信息技术的融合也将从核心网到无线接入网逐步延伸，最终形成网络架构的整体改变。

2.10.5 5G网络新的安全能力

2.10.5.1 统一的认证框架

5G 支持多种接入技术，由于目前不同的接入网络使用不同的接入认证技术，同时为了更好地支持物联网设备接入 5G 网络，3GPP 允许垂直行业的设备和网络使用其特有的接入技术。为了使用户可以在不同接入网之间无缝切换，5G 网络将采用一种统一的认证框架，灵活并高效地支持各种应用场景下的双向身份鉴权，进而建立统一的密钥体系。

可扩展认证协议（Extensible Authentication Protocol，EAP）认证框架是能够满足 5G 统一认证需求的备选方案之一。它是一个能封装各种认证协议的统一框架，认证框架本身并不提供安全功能，认证框架期望取得的安全目标由所封装的认证协议来实现。它支持多种认证协议，例如，预共享密钥（Pre-Share Key，PSK）、传输层安全（Transport Layer Security，TLS）、鉴权和密钥协商（Authentication and Key Agreement，AKA）等。

在3GPP目前所定义的5G网络架构中，认证服务器功能、认证凭证库和处理功能（AUSF/ARPF）网元可完成传统EAP认证框架下的认证服务器功能，接入认证管理功能（Authentication Management Function，AMF）网元可完成接入控制和移动性管理功能。5G统一认证框架示意如图2-11所示。

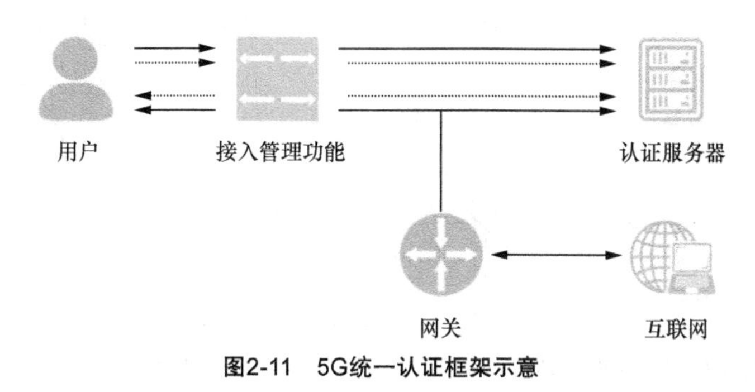

图2-11 5G统一认证框架示意

在5G统一认证框架里，各种接入方式均可在EAP认证框架下接入5G核心网：用户通过WLAN接入时，可使用EAP-AKA认证；有线接入时，可采用IEEE 802.1x认证；5G新空口接入时，可使用EAP-AKA认证。不同的接入网使用在逻辑功能上统一的AMF和鉴权服务功能（Authentication Server Function，AUSF）/ARPF提供的认证服务，基于此，用户在不同接入网间进行无缝切换成为可能。

5G网络的安全架构明显有别于以前移动网络的安全架构。5G统一认证框架的引入不仅能降低运营商的投资和运营成本，也为5G网络提供新业务时对用户的认证打下了坚实的基础。

2.10.5.2 多层次的切片安全

切片安全机制主要包含3个方面的内容：UE和切片间安全、切片内NF与切片外NF间安全、切片内NF间安全。切片安全机制如图2-12所示。

1. UE和切片间安全

UE和切片间安全通过接入控制策略来应对访问类风险，由AMF对UE进行鉴权，从而保证接入网络的UE是合法的。另外，可以通过分组数据单元（Packet Data Unit，PDU）会话机制来防止UE的未授权访问。具体方式是：AMF通过UE的网络切片选择辅助信息（NSSAI）为UE选择正确的切片；当UE访问不同切片内的业务时，会建立不同的PDU会话，不同的网络切片不能共享PDU会话；同时，建立PDU会话的信令流程可以增加鉴权和加密过程。UE 的每个切片的 PDU 会话都可以根据切片策略采用不同的安全机制。

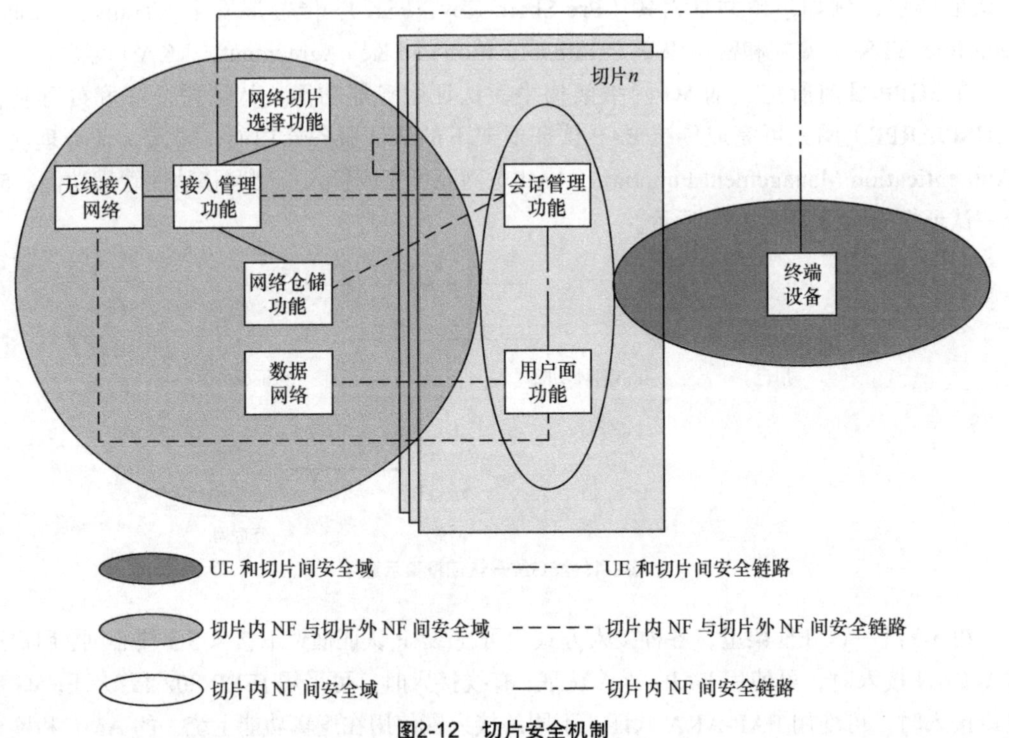

图2-12 切片安全机制

当外部数据网络需要对 UE 进行第三方认证时，可以由切片内的会话管理功能（Session Management Function，SMF）作为 EAP 认证器，为 UE 进行第三方认证。

2. 切片内 NF 与切片外 NF 间安全

由于安全风险等级不同，所以切片内 NF 与切片外 NF 间安全可以分为以下 3 种情况。

（1）切片内 NF 与切片公用 NF 间的安全

公用 NF 可以访问多个切片内的 NF，因此，切片内的 NF 需要安全机制控制来自公用 NF 的访问，防止公用 NF 非法访问某个切片内的 NF，以及防止非法的外部 NF 访问某个切片内的 NF。

网管平台可通过白名单机制对各个 NF 进行授权，包括每个 NF 可以被哪些 NF 访问，每个 NF 可以访问哪些 NF。

切片内的 SMF 需要向网络存储功能（Network Repository Function，NRF）注册，当 AMF 为 UE 选择切片时，询问 NRF，发现各个切片的 SMF 在 AMF 和 SMF 通信前，可以先进行相互认证，实现切片内 NF（例如，SMF）与切片外公共 NF（例如，AMF）之间的相互通信。

同时，可以对 AMF 或 NRF 进行频率监控或者部署防火墙，防止 DoS/DDoS 攻击，以及恶意用户将切片公有 NF 的资源耗尽，进而影响切片的正常运行。例如，在 AMF 进行频率监控，如果监测到同一 UE 向同一 NRF 发消息的频率过高，则强制该 UE 下线，并限制其再次上线，进行接入控制，防止 UE 的 DoS 攻击，或者对 NRF 进行频率监控。如果发现大量 UE 同时上线，向同一 NRF 发消息的频率过高，则将这些 UE 强制下线，并限制其再次上线，进行接入控制，防止大范围的 DDoS 攻击。

（2）切片内 NF 与外网设备间安全

在切片内 NF 与外网设备间部署虚拟防火墙或物理防火墙，保护切片内网与外网的安全。如果在切片内部署防火墙，则可以使用虚拟防火墙，不同的切片按需编排；如果在切片外部署防火墙，则可以使用物理防火墙，一个防火墙可以保障多个切片的安全。

（3）不同切片间 NF 的隔离

不同的切片要尽可能地保证隔离，各个切片内的 NF 之间也需要进行安全隔离。例如，在具体部署时，可以通过 VLAN/VxLAN 划分切片，基于 NFV 的隔离实现切片的物理隔离和控制，保证每个切片都能获得相对独立的物理资源，一个切片异常后不会影响其他切片。

3. 切片内 NF 间安全

在通信前，切片内的NF之间可以先进行认证，保证对方NF是可信的NF，然后通过建立安全隧道来保证通信安全，例如，IP 安全协议（IPSec）。

2.10.5.3　差异化安全保护

不同的业务有不同的安全需求，例如，远程医疗需要高可靠性安全保护，而部分物联网业务需要轻量级的安全解决方案来进行安全保护。5G 网络支持多种业务并行发展，以满足个人用户、行业客户的多样性需求。从网络架构来看，基于原生云化架构的端到端切片可以满足多样性需求。同样，5G 安全设计也需要支持业务多样性的差异化安全需求，即用户面的保护需求。

用户面的按需保护本质上是根据不同的业务对于安全保护的不同需求，部署不同的用户面保护机制。用户面的按需保护主要有以下 2 种策略。

① 用户面数据保护的终结点。终结点可以为（无线）接入网或核心网，即 UE 到接入网之间的用户面数据保护，或者 UE 至核心网的用户面数据保护。

② 业务数据的加密和完整性保护方式。例如，不同的安全保护算法、密钥长度、密钥更新周期等。

通过与业务交互，5G 系统可获取不同业务的安全需求，并根据业务、网络、终端的安全需求和安全能力，运营商可以按需制定不同业务的差异化数据保护策略。

基于业务的差异化用户面安全保护机制如图 2-13 所示。

根据应用与服务侧的业务安全需求，确定相应切片的安全保护机制，并部署相关切片的用户面安全防护。例如，考虑到 mMTC 应用场景中设备的轻量级特征，此切片内数据可以根据mMTC业务的需求部署轻量级的用户面安全保护机制。另外，切片内还包含UE至核心网的会话传输模式。因此，基于不同的会话进行用户面数据保护，可以增加安全保护的灵活度。对于同一个用户终端，不同的业务有不同的会话数据传输，5G网络也可以对不同的会话数据传输进行差异化的安全保护。

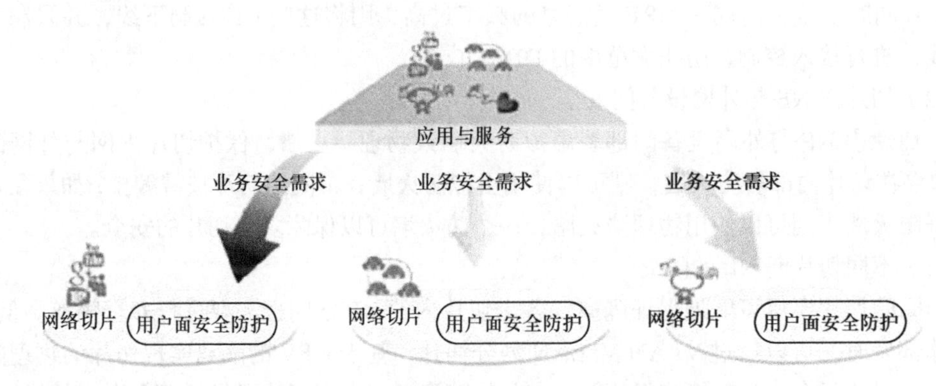

图2-13　基于业务的差异化用户面安全保护机制

2.10.5.4　开放的安全能力

5G网络安全能力可以通过API开放给第三方业务，使第三方业务提供商能够便捷地使用移动网络的安全能力，从而让第三方业务提供商有更多的时间和精力专注于具体应用业务逻辑的开发，进而快速、灵活地部署各种新业务，以满足用户不断变化的需求。同时，运营商通过API开放5G网络安全能力，让运营商的网络安全能力深入渗透第三方业务的生态环境中，进而增强用户黏性，拓展运营商的业务。

开放的5G网络安全能力主要包括基于网络接入认证向第三方业务提供商提供业务层的访问认证，即如果业务层与网络层互信，用户在通过网络接入认证后可以直接访问第三方业务，简化用户访问业务认证的同时也提高了业务访问效率；基于终端智能卡的安全能力，拓展业务层的认证维度，增强业务认证的安全性。

2.10.5.5　灵活多样的安全凭证管理

5G网络需要支持多种接入技术（例如，WLAN、4G、固定网络、5G新无线接入技术），以及支持不同的终端设备，所以5G网络安全需要支持多种安全凭证的管理，包括对称安全凭证管理和非对称安全凭证管理。例如，部分设备能力强，支持SIM/USIM安全机制；部分设备能力较弱，仅支持轻量级的安全功能。因此，面对不同的情况，需要存在多种安全凭证管理。例如，对称安全凭证管理和非对称安全凭证管理。

1. 对称安全凭证管理

对称安全凭证管理机制便于运营商对于用户的集中化管理。例如，基于SIM/USIM的数字身份管理，是一种典型的对称安全凭证管理，其认证机制已经得到业务提供者和用户的广泛信赖。

2. 非对称安全凭证管理

采用非对称安全凭证管理可以实现物联网场景下的身份管理和接入认证，缩短认证链条，实现快速安全接入，降低认证开销；同时缓解核心网压力，规避信令风暴及认证节点高度集中带来的风险。

面向物联网成百上千亿个设备的连接，基于 SIM/USIM 的单用户认证方案成本高昂，为了降低物联网设备在认证和身份管理方面的成本，可以采用非对称安全凭证管理机制。

非对称安全凭证管理主要包括两类分支：证书机制和基于身份的密码学（Identity-Based Cryptography，IBC）机制。其中，证书机制是应用较为成熟的非对称安全凭证管理机制，已经广泛应用于金融和认证中心（Certificate Authority，CA）等业务；而在 IBC 机制中，设备 ID 可以被当作公钥，在认证时不需要发送证书，具有传输效率高的优势。IBC 所对应的身份管理与网络应用 ID 易于关联，可以灵活制定或修改身份管理策略。

非对称密钥体制具有“去中心化”特点，不需要在网络侧保存所有终端设备的密钥，并且不需要部署永久在线的集中式身份管理节点。

网络认证节点可以采用“去中心化”的部署方式，例如，下移至网络边缘，终端和网络的认证不需要访问网络中心的用户身份数据库。“去中心化”安全管理部署方式示意如图 2-14 所示。

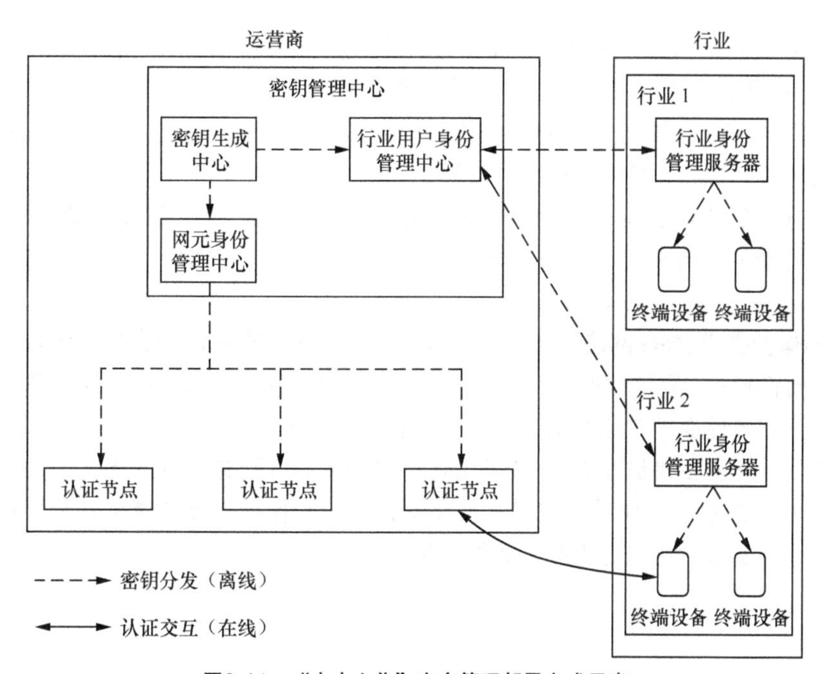

图2-14　“去中心化”安全管理部署方式示意

2.10.5.6 按需的用户隐私保护

5G网络涉及多种网络接入类型并兼容垂直行业应用，用户隐私信息在多种网络、服务、应用及网络设备中存储使用，因此，5G网络需要支持安全、灵活、按需的隐私保护机制。

1. 隐私保护类型

5G网络对用户隐私信息的保护可以分为身份标识保护、位置信息保护和服务信息保护3类。

① 身份标识保护。用户身份是用户隐私信息的重要组成部分，5G网络使用加密技术、匿名化技术等，为临时身份标识、永久身份标识、设备身份标识、网络切片标识等身份标识提供保护。

② 位置信息保护。5G网络中，海量的用户设备及其应用会产生大量与用户位置相关的信息。例如，定位信息、轨迹信息等。5G网络使用加密技术提供对位置信息的保护。

③ 服务信息保护。相比4G网络，5G网络中的服务更加多样化，用户对使用服务产生的信息保护需求增强，用户服务信息主要包括用户使用的服务类型、服务内容等。5G网络使用机密性、完整性等保护技术对服务信息提供保护。

2. 隐私保护能力

在服务和网络应用中，不同的用户隐私类型保护需求不同。因此，需要网络提供灵活的隐私保护能力。

① 提供差异化隐私保护能力。5G网络能够针对不同的应用、不同的服务，灵活设定隐私的保护范围和保护强度，提供差异化隐私保护能力。

② 提供用户偏好保护能力。5G网络能够根据用户需求，为用户提供设置隐私保护偏好的能力，同时具备隐私保护的可配置、可视化能力。

③ 提供用户行为保护能力。5G网络中业务和场景的多样性，以及网络的开放性，使用户隐私信息可能从封闭平台转移到开放平台，因此，需要对与用户行为相关的数据分析提供保护，防止用户隐私信息被不法分子挖掘和窃取。

④ 隐私保护技术。5G网络可以提供多样化技术对用户隐私进行保护。例如，使用基于密码学的机密性保护、完整性保护、匿名化技术等对用户身份进行保护，使用基于密码学的机密性保护、完整性保护对位置信息、服务信息进行保护。

为提供差异化隐私保护能力，5G网络通过安全策略可配置和可视化技术，以及可配置的隐私保护偏好技术，实现对用户隐私信息保护范围和保护强度的灵活选择；采用大数据分析保护技术，实现对用户行为相关数据的保护。

Chapter Three

第3章 5G信令流程

3.1 5G NR 架构

3.1.1 5G NR总体架构

5G 网络架构如图 3-1 所示。

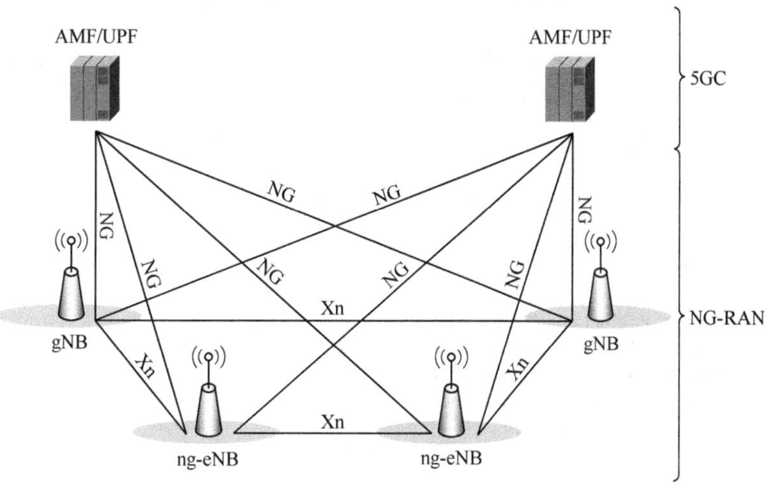

图3-1 5G网络架构

下一代无线接入网络（Next Generation Radio Access Network，NG-RAN），在非独立组网架构中，不仅包括 5G 基站（gNB），还包括升级的 eLTE 4G 基站（ng-eNB）。也就是说，gNB 和 ng-eNB 合起来就是 NG-RAN。

gNB：gNB 是 5G 基站的名称，其中，g 代表 generation；NB 代表 Node B，向 UE 提供 NR 用户面及控制面协议终端的节点，并且经由 NG 接口连接到 5GC。

ng-eNB：全称是 next generation eNode B。在 Option 4 系列非独立组网（Non Stand Alone，

NSA）架构下，4G基站必须升级支持eLTE，和5G核心网对接，这种升级后的4G基站称作ng-eNB，向UE提供E-UTRA用户面及控制面协议终端的节点，并且经由NG接口连接到5GC。

基站之间通过Xn接口连接，基站与5GC通过NG接口连接。其中，与AMF接入移动管理网关连接采用NG-C接口，与UDF用户面网关连接采用NG-U接口。

3.1.2 网元节点功能

5G网络节点如图3-2所示。

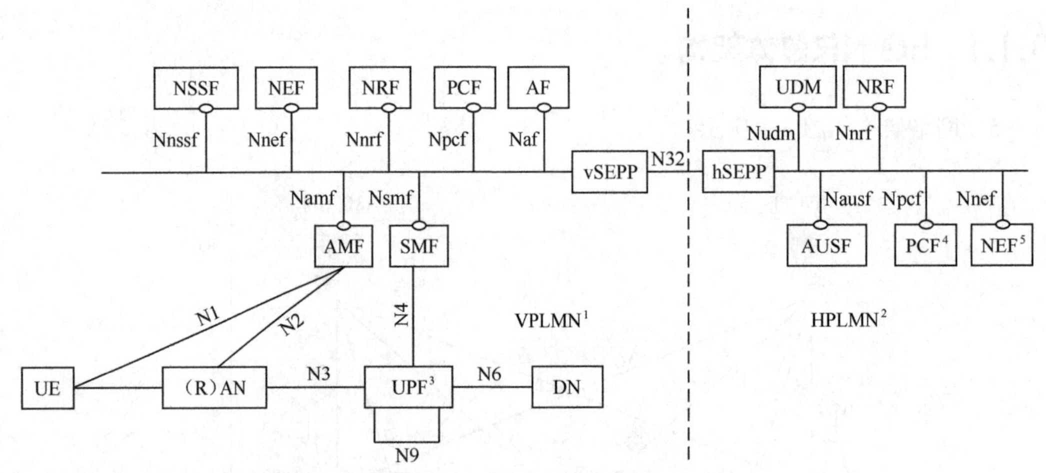

注：1. VPLMN（Virtual Public Land Mobile Network，虚拟公共陆上移动网）。
2. HPLMN（Home Public Land Mobile Network，归属地公众陆地移动通信网）。
3. UPF（User Plane Function，用户面功能）。
4. PCF（Policy Control Function，策略控制功能）。
5. NEF（Network Exposure Function，网络开放功能）。

图3-2 5G网络节点

1. gNB与ngNB的主要功能

gNB与ngNB的主要功能包括无线承载控制、无线接入控制、连接移动性控制、上下行链路资源动态分配（调度）等，具体功能如下所述。

① IP头压缩、数据加密和完整性保护。

② AMF选择功能。

③ 用户面信息向UPF路由。

④ 控制面信息向AMF路由。

⑤ 连接建立及释放。

⑥ 寻呼信息的调度和传输。

⑦ 系统广播信息的调度和传输。

⑧ 移动和调度的测量和测量报告配置。

⑨ 上行传输等级标记。

⑩ 会话管理。

⑪ 支持网络切片。

⑫ QoS 管理与数据无线承载映射。

⑬ 支持处于 RRC_INACTIVE 状态的 UE。

⑭ NAS 消息分发功能。

⑮ 无线接入网共享。

⑯ 双连接。

⑰ NR 和 E-UTRA 的互通。

2. 接入和移动管理功能

AMF 相当于移动管理实体（Mobility Management Entity，MME）的 CM 和 MM 子层。AMF 网关的主要功能如下所述。

① NAS 非接入信令终止。

② NAS 非接入信令安全保护。

③ AS 接入信令安全控制。

④ 用于 3GPP 接入网间移动的网间节点信令。

⑤ 空闲模式 UE 位置信息（包括控制和执行寻呼重传）。

⑥ 位置区管理。

⑦ 支持系统内和系统间的移动性。

⑧ 接入鉴权。

⑨ 漫游接入鉴权。

⑩ 移动性管理（订阅和强制）。

⑪ 支持网络切片。

⑫ SMF 选择。

3. 用户面功能

UPF 相当于服务网关（Serving GateWay，SGW）+PDN 网关（PDN GateWay，PGW）的网关，数据从 UPF 到外部网络。UPF 用户面网关的主要功能如下所述。

① 系统内 / 系统外移动性的锚点（当适用时）。

② 与数据网络互通的外部 PDU 会话点。

③ 数据包路由和转发。

④ 数据包检查和部分用户面执行策略规则。

⑤ 传输使用报告。

⑥ 支持路由到数据网络时的上行链路分类。

⑦ 多个 PDU 会话的分支点。

⑧ 用户面 QoS 处理，例如，包过滤、滤通、上行 / 下行速率保障。

⑨ 上行流量验证（SDF 到 QoS 流映射）。

⑩ 下行包缓冲和下行数据通知控制。

4. 会话管理功能

SMF 相当于 PGW+ 策略与计费规则功能单元（Policy and Charging Rules Function，PCRF）的一部分，承担 IP 地址分配，会话承载管理、计费等（没有网关功能）。SMF 的主要功能如下所述。

① 会话管理。

② UE IP 地址分配和管理。

③ 选择和控制用户面功能。

④ 在 UPF 配置正确的传输路由。

⑤ 控制部分执行策略和 QoS。

⑥ 下行数据通知。

5. 政策控制功能

PCF 的主要功能是提供统一的接入策略。访问 UDR 中与签约信息相关的数据，用于策略决策。

6. 网络曝光功能

NEF 的主要功能是提供安全方法，将 3GPP 网络功能暴露给第三方应用，例如，边缘计算等。

7. NRF

NRF 相当于 NF 功能仓库，支持 NF 发现，提供 NF 实例、类型、支持等服务。

8. 统一数据管理（Unified Data Management，UDM）

UDM 的功能是产生 AKA 过程需要的数据，签约数据管理，用户鉴权处理、短消息管理。相当于归属用户服务器（Home Subscriber Server，HSS）的一部分功能，访问统一数据仓库功能（Unified Data Repository，UDR）来获取这些数据。

9. 支持鉴权服务功能

AUSF 的主要功能有终端鉴权、提供关键材料、保护控制信息列表交互服务。

10. 非 3GPP 互通功能（Non-3GPP InterWorking Function，N3IWF）

N3IWF 包括 IPSec 隧道建立和维护，UE 和 AMF 间的 NAS 信令中继，以及用户面数据中继（3GPP 和非 3GPP 间的中继层）。

11. 应用功能（Application Function，AF）

AF 与 3GPP 和核心网相互作用，提供一些应用影响路由、策略控制、接入 NE 等功能。

12. UDR

UDR 的功能是存储和获取签约数据、策略数据，以及用来暴露给外部的结构化数据。

13. 非结构化数据存储功能（Unstructured Data Storage Function，UDSF）

UDSF 一般和 UDR 分布在一起。

14. 短消息功能（SMS Function，SMSF）

SMSF 的主要功能是校验、监控及截取短消息等。

15. 网络切片选择功能（Network Slice Selection Function，NSSF）

NSSF 为 UE 选择网络切片实例，决定允许的 NSSA 和 AM 集合。

16. 5G 设备识别寄存器（5G−Equipment Identity Register，5G−EIR）

5G-EIR 负责检查永久设备标识符（Permanent Equipment Identifier，PEI）的状态。

3.1.3 5G架构部署方式

蜂窝移动通信系统主要包含 RAN 和核心网（Core Network，CN）两个部分。其中，RAN 主要由基站组成，为用户提供无线接入功能；CN 主要为用户提供互联网接入服务和相应的管理功能等。在 4G LTE 系统中，基站和核心网分别被称为演进型 Node B（Evolved Node B，eNB）和 EPC。在 5G 系统中，基站被称作 gNB，无线接入网称为新的无线接入网（New Radio，NR），核心网称为下一代核心网（Next Generation Core，NGC）。

以 LTE 网络为基础，5G 共有以下 8 种部署方式。

3.1.3.1 Option 1：LTE 继承

目前，LTE 的部署方式是由 LTE 的核心网和基站组成的，5G 的部署就是以此为基础。Option 1 的组网方式如图 3-3 所示。

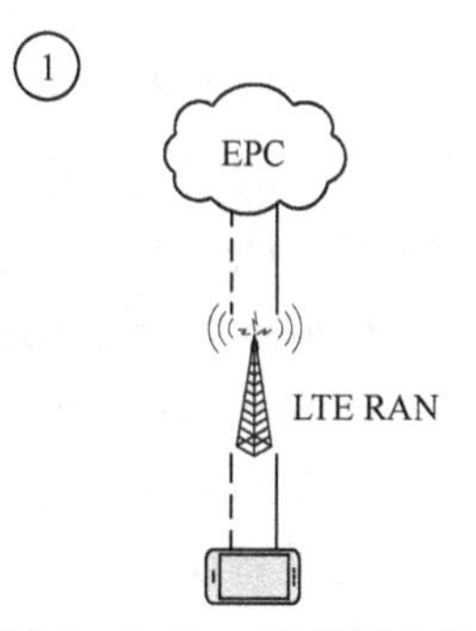

图3-3 Option 1的组网方式

3.1.3.2 Option 2：纯 5G 网络

5G 网络部署最终想要完全由 gNB 和 NGC 组成。要想在 LTE 系统（Option 1）的基础上演进到 Option 2，需要完全替代 LTE 系统的基站和核心网，同时还要保证覆盖和移动性管理等，部署耗资巨大，很难一步完成。Option 2 的组网方式如图 3-4 所示。

3.1.3.3 Option 3：EPC + eNB（主），gNB

先演进无线接入网，保持 LTE 系统核心网不动，即 eNB 和 gNB 都连接至 EPC。先演进无线接入网可以有效降低初期的部署成本。

Option 3 包含 3 种模式，即 Option 3、Option 3a 和 Option 3x。

Option 3：所有的控制面信令都经由 eNB 转发，eNB 将数据分流至 gNB。

Option 3a：所有的控制面信令都经由 eNB 转发，EPC 将数据分流至 gNB。

Option 3x：所有的控制面信令都经由 eNB 转发，gNB 将数据分流至 eNB。

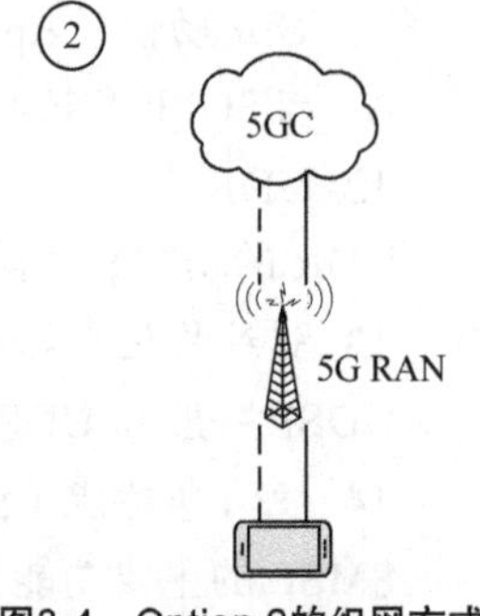

图3-4 Option 2的组网方式

此场景以 eNB 为主基站，所有的控制面信令都经由 eNB 转发。LTE eNB 与 NR gNB 采用双链接的形式为用户提供高数据速率服务。此方案可以部署在热点区域，增加系统容量的吞吐率。Option 3 的组网方式如图 3-5 所示。

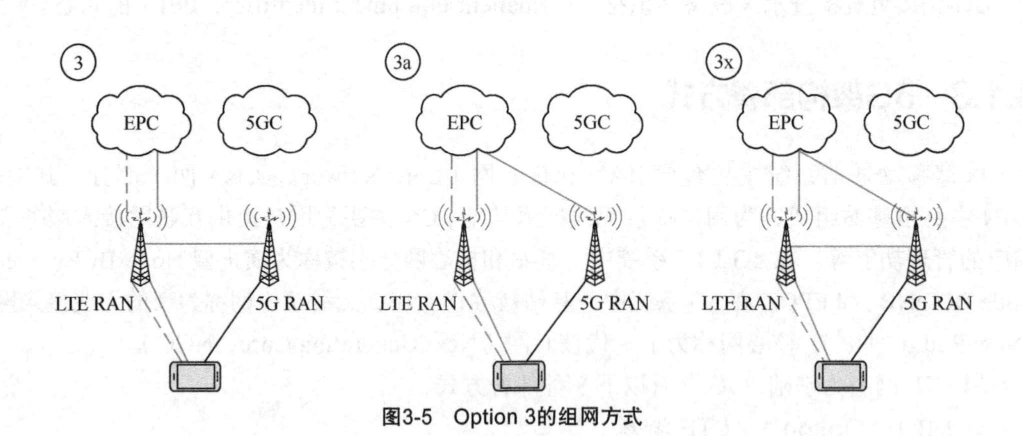

图3-5 Option 3的组网方式

3.1.3.4 Option 4：NGC + eNB，gNB(主)

Option 4 虽然同时引入了 NGC 和 gNB，但是 gNB 并没有直接替代 eNB，而是采取“兼容并举”的方式部署。在此场景中，核心网采用 5G 的 NGC，eNB 和 gNB 都连接至 NGC。类似地，Option 4 也包含 Option 4 和 Option 4a 两种模式。

Option 4：所有的控制面信令都经由 gNB 转发，gNB 将数据分流给 eNB。

Option 4a：所有的控制面信令都经由 gNB 转发，NGC 将数据分流至 eNB。

与 Option 3 不同，此场景以 gNB 为主基站。LTE eNB 与 NR gNB 采用双链接的形式为用户提供高数据速率服务。LTE 网络可以保证广覆盖，而 5G 系统部署在热点区域来提高系统容量和吞吐率。Option 4 的组网方式如图 3-6 所示。

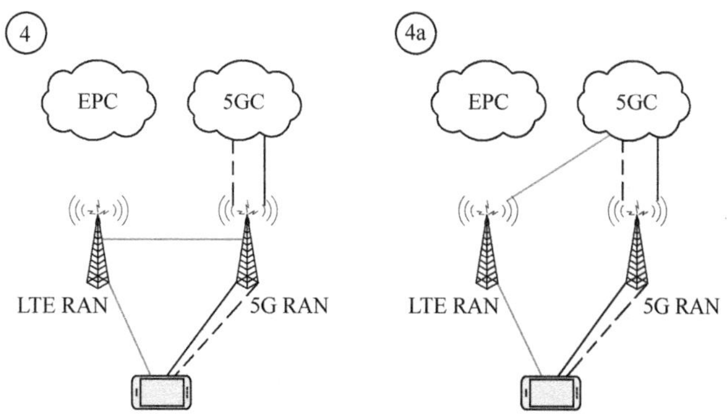

图3-6　Option 4的组网方式

3.1.3.5　Option 5：NGC+eNB

LTE 系统的 eNB 连接至 5G 核心网（NGC），这个“混搭模式”是指先部署 5G 核心网（NGC），并在 NGC 中实现 LTE EPC 的功能，之后再逐步部署 5G 无线接入网。Option 5 的组网方式如图 3-7 所示。

3.1.3.6　Option 6：EPC+gNB

5G gNB 连接至 4G LTE EPC，这个“混搭模式”是指虽然先部署 5G 无线接入网，但暂时采用了 4G LTE EPC。此场景会限制 5G 系统的部分功能，例如，网络切片等。Option 6 的组网方式如图 3-8 所示。

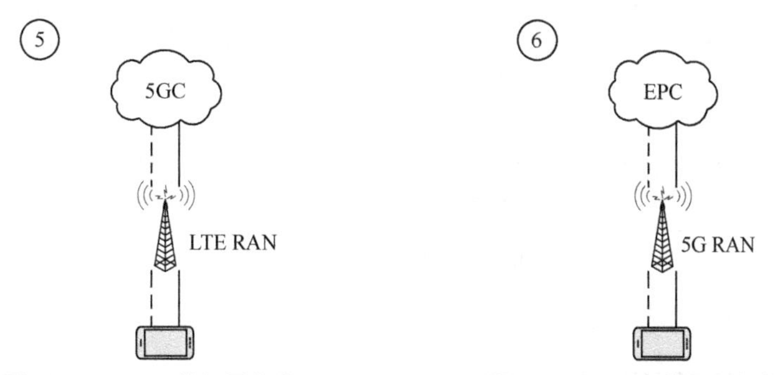

图3-7　Option 5的组网方式　　图3-8　Option 6的组网方式

3.1.3.7　Option 7：NGC + eNB(主)，gNB

虽然同时部署 5G RAN 和 NGC，但 Option 7 以 LTE eNB 为主基站。所有的控制面信令都经由 eNB 转发，LTE eNB 与 NR gNB 采用双链接的形式为用户提供高数据速率服务。此场景包含 3 种模式：Option 7、Option 7a 和 Option 7x。

Option 7：所有的控制面信令都经由 eNB 转发，eNB 将数据分流给 gNB。

Option 7a：所有的控制面信令都经由 eNB 转发，NGC 将数据分流至 gNB。

Option 7x：所有的控制面信令都经由 eNB 转发，gNB 可将数据分流至 eNB。Option 7 的组网方式如图 3-9 所示。

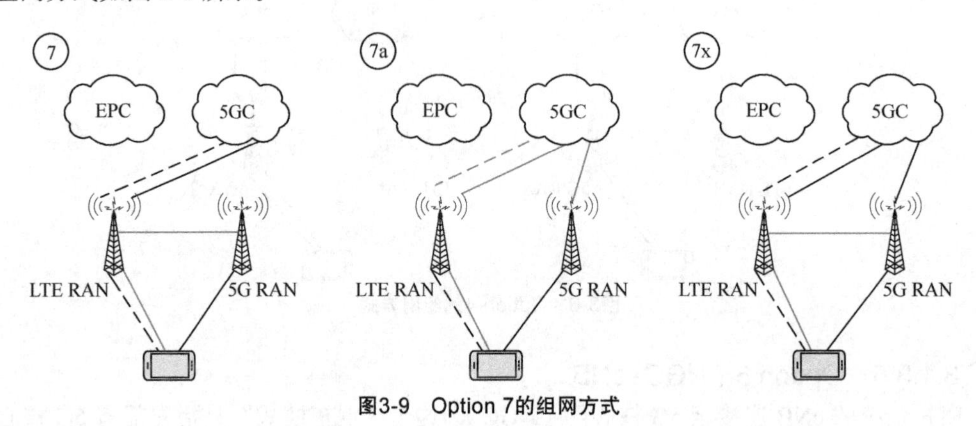

图3-9　Option 7的组网方式

3.1.3.8　Option 8

Option 8 和 Option 8a 使用的是 4G 核心网，即运用 5G 基站将控制面命令和用户面数据传输至 4G 核心网，因为需要对 4G 核心网进行升级改造，所以成本更高、改造更加复杂。Option 8 的组网方式如图 3-10 所示。

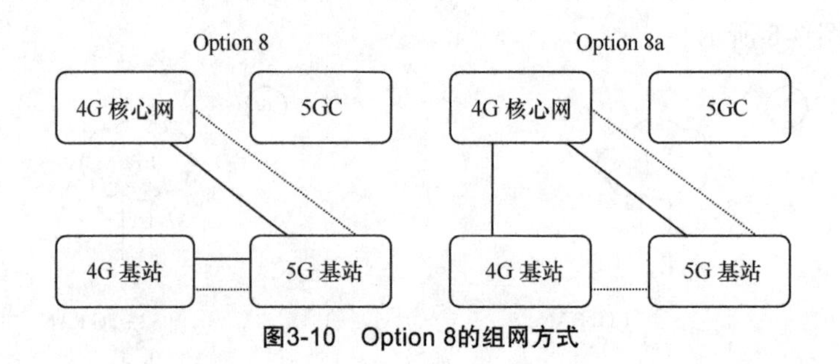

图3-10　Option 8的组网方式

3.1.4　5G架构演进方案

运营商的LTE网络部署早期较为广泛，要想从LTE系统升级至5G系统并同时保证良好的覆盖和移动性切换非常困难。5G 网络部署初期为了加快网络部署同时降低部署成本，各个运营商根据自身网络的特点，制订相应的演进计划。

演进计划都是从 Option 1（LTE RAN + EPC）开始，最终目标是 5G 的全覆盖（Option 2）。

各家运营商的演进计划各不相同，以中国移动向 3GPP 提交的方案为例进行介绍。

Option 1：LTE/EPC → Option 2 + Option 5 → Option 4/4a → Option 2。

Option 2：LTE/EPC → Option 2 + Option 5 → Option 2。

Option 3：LTE/EPC → Option 3/3a/3x → Option 4/4a → Option 2。

Option 4：LTE/EPC → Option 7/7a → Option 2。

Option 5：LTE/EPC → Option 3/3a/3x → Option 1 + Option 2 + Option 7/7a → Option 2 + Option 5。

上述演进计划的基本思路是以 LTE/EPC 为基础，逐步引入 5G RAN 和 5G NGC。部署初期以双链接为主，LTE 用于保证覆盖和切换，热点地区架构 5G 基站，提高系统的容量和吞吐率，最后再逐步演进，进入全面 5G 时代。

目前，国内三大运营商采用的是 Option 2 架构，SA 独立组网。

3.2 5G NR 基本信令流程

3.2.1 5G NR终端状态说明

1. RRC_IDLE

公共陆地移动网（Public Land Mobile Network，PLMN）选择监听系统消息重选应用协商的非连续接收（Discontinuous Reception，DRX）机制配置监听寻呼消息（5GC 发起的），位置区由核心网来管理。

2. RRC_INACTIVE

监听系统消息重选应用协商的 DRX 配置监听寻呼消息（RAN 发起的），跟踪区（RAN）由 NG-RAN 管理，5GC-NG-RAN 仍然与 UE 建立承载；NG-RAN 和 UE 保留上下文信息；NG-RAN 知道 UE 属于哪个 RAN。

3. RRC 连接

5GC-NG-RAN 仍然与 UE 建立承载（both C/U-planes）；NG-RAN 和 UE 保留上下文信息；NG-RAN 知道 UE 属于哪个 RAN；对特定 UE 建立传输；移动性管理由网络侧决定。

3.2.2 4G/5G信令过程差别综述

1. UE/gNB/AMF 状态管理

注册状态：4G/5G 都一样，包含注册态和去注册态连接状态 NAS，4G 为演进型移动管理空闲态和演进型移动管理连接态，5G 为演进型移动管理空闲态和演进型移动管理连接态。连接状态 AS 层，4G 为空闲态和连接态，5G 为空闲态、连接态和非激活态。

2. 开机注册

4G 连接过程，5G 注册。

RRC 连接建立、重配置、释放、修改，4G 和 5G 相同。

3. 业务发起

空闲态（IDLE 态）发起：4G 服务请求。5G 服务请求连接状态发起新业务：4G E-RAB 建立或者修改。5G PDU 会话建立或者修改。

4. 切换

4G/5G 基本切换除了由于核心网网元变化引入的差别，大致流程相同。双连接情况下的移动性，由于其采用了双连接方式，切换方式更加复杂，产生了伴随切换的双连接激活状态和去激活状态。

5. 双连接

4G/5G 双连接信令过程与 4G 基本相同。其差别在于，消息信元上的 4G/5G 双连接由于增加 5GC，以及增加了 Option 4 和 Option 7 的典型双连接，整体上更加复杂。

6. 位置更新

4G、TAU 5G、Registration Update AN RAN Notification Area Up（用于 RRC 非活动态，周期性地更新定时器小于注册更新过程定时器）。

7. 寻呼

4G：MME 发起（广播更新发起寻呼用于读广播，不算作真正寻呼）。

5G：gNB 和 AMF 发起寻呼，用于 RRC INACTIVE 态和 DLE 态的 UE。

8. 短消息 Over Nas

和 4G 一样，5G 核心网提供了 SMSF 作为短消息的总功能接口。

3.2.3 注册管理流程

注册管理用于用户设备 / 用户和网络之间进行注册和去注册，在网络建立用户上下文。一个 UE/ 用户想要获取网络提供的业务必须先向网络注册。注册流程又可分为以下 3 步。

① 初始注册。

② 移动更新注册：UE 一旦移动到新的 TA 小区，这个新 TA 小区已经不属于 UE 的注册区域了，那么就要触发移动性更新注册。

③ 周期性注册：如果周期注册定时器超时，就会触发周期性注册，这种注册类似于心跳机制，是让网络知道终端在服务区仍处于开机状态。

注册流程如图 3-11 所示。3GPP-RAN 接入时的基本注册流程（TS23.502）如下所述。

① 终端发起注册流程（可以是初始注册、周期性注册，或移动更新注册），不同的注册类型和场景下 Register Request 携带的参数会有所不同，具体请参考 TS23.502 相关协议。

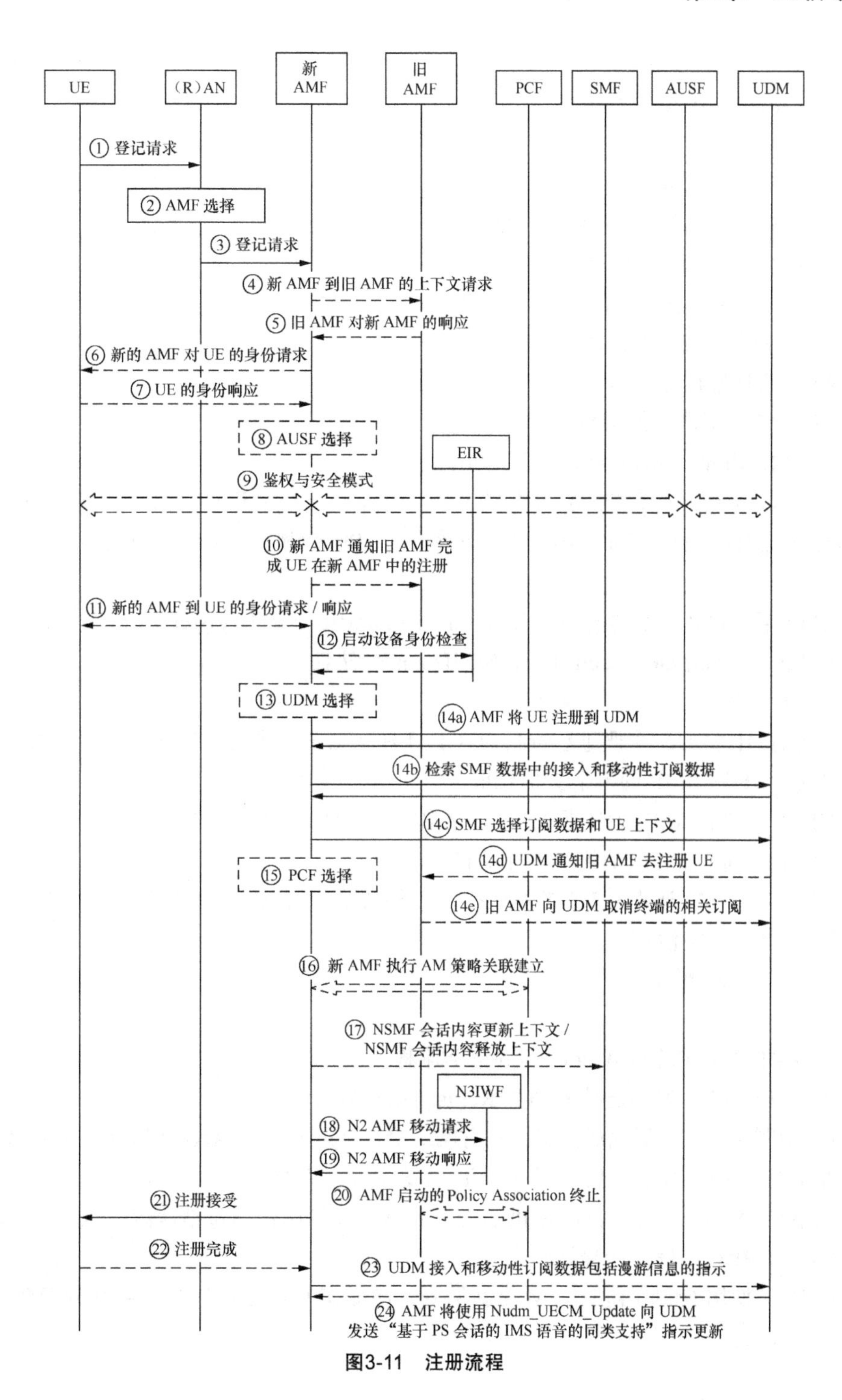
UE
(R)AN
新
AMF
旧
AMF
PCF
SMF
AUSF
UDM
① 登记请求
② AMF 选择
③ 登记请求
④ 新 AMF 到旧 AMF 的上下文请求
⑤ 旧 AMF 对新 AMF 的响应
⑥ 新的 AMF 对 UE 的身份请求
⑦ UE 的身份响应
⑧ AUSF 选择
EIR
⑨ 鉴权与安全模式
⑩ 新 AMF 通知旧 AMF 完成 UE 在新 AMF 中的注册
⑪ 新的 AMF 到 UE 的身份请求 / 响应
⑫ 启动设备身份检查
⑬ UDM 选择
14a AMF 将 UE 注册到 UDM
14b 检索 SMF 数据中的接入和移动性订阅数据
14c SMF 选择订阅数据和 UE 上下文
14d UDM 通知旧 AMF 去注册 UE
⑮ PCF 选择
14e 旧 AMF 向 UDM 取消终端的相关订阅
⑯ 新 AMF 执行 AM 策略关联建立
⑰ NSMF 会话内容更新上下文 / NSMF 会话内容释放上下文
N3IWF
⑱ N2 AMF 移动请求
⑲ N2 AMF 移动响应
⑳ AMF 启动的 Policy Association 终止
㉑ 注册接受
㉒ 注册完成
㉓ UDM 接入和移动性订阅数据包括漫游信息的指示
㉔ AMF 将使用 Nudm_UECM_Update 向 UDM 发送“基于 PS 会话的 IMS 语音的同类支持”指示更新

图3-11 注册流程

② 接入网（也就是 gNB、ng-eNB）根据 UE 携带的参数，选择合适的 AMF；接入网具体如何选择 AMF，请参考 TS23.501。

③ 接入网→ AMF，通过N2消息将NAS的Registration Request 消息发送给AMF；如果接入层（Access Stratum，AS）和 AMF 当前存在 UE 的信令连接，则 N2 消息为“UPLINK NAS TRANSPORT”消息，否则为“INITIAL UE MESSAGE”。如果注册类型为周期性注册，那么步骤④～步骤⑳可以被忽略。

④～⑤ 新 AMF 向旧 AMF 获取 UE 的上下文信息。

⑥～⑦ AMF 向 UE 获取 ID 信息。

⑧ AMF 选择鉴权服务器。

⑨ UE 与核心网之间的鉴权过程。

⑩ 新 AMF 通知旧 AMF 终端的注册结果。

⑪ ID 获取流程：如果 UE 没有提供 PEI，而且也无法从旧的 AMF 中获取 PEI，那么 AMF 就会触发 ID 流程来获取 PEI，PEI 应该进行加密传输，需要注意的是，无鉴权的紧急注册除外。

⑫ AMF 请求设备识别寄存器（Equipment Identification Register，EIR）检查移动设备识别码（Mobile Equipment Identifier，MEID）的合法性。

⑬ UDM 选择。

⑭a～⑭c AMF 将 UE 注册到 UDM；从 UDM 获取 UE 的接入和移动性订阅数据、SMF 选择订阅数据、UE 在 SMF 的上下文信息等。

⑭d UDM 通知旧 AMF 去注册 UE，旧 AMF 删除 UE 上下文等信息。

⑭e 旧 AMF 向 UDM 取消终端的相关订阅。

⑮～⑯ 如果 AMF 还没有 UE 的有效接入和移动策略信息，那么选择合适的 PCF 去获取 UE 的接入和移动策略信息。

⑰ PDU Session 更新。

⑱～⑲ 通知 N3IWF。

⑳ 旧 AMF 触发 Policy Association 终结流程。

㉑ 新 AMF 向 UE 发注册接收消息 Registration Accept。

㉒ UE 给网络回复注册完成消息，只有网络给在 Registration Accept 消息分配了 5G-GUTI 或者网络分片订阅发生改变时，才需要 UE 回复注册完成消息。

㉓ 如果 UDM 在⑭b中向 AMF 提供的接入和移动性订阅数据包括漫游信息，则该流程指示 UDM 对 UE 接收该信息的确认。

㉔ AMF 将使用 Nudm 到 UECM 更新信令，向 UDM 发送基于“PS 会话的 IMS 语音的同类支持”指示。

3.2.4　随机接入信令流程

超密集异构网络是 5G 技术的重要组成部分，其主要目的是缩小小区半径，增加低功率节点数量，以支持 1000 倍流量增长的需求。这种技术采用了多种不同的无线接入技术和网络节点，使网络更加灵活和高效。同时，超密集异构网络还通过增加小区数量和扩大覆盖范围来提高网络容量和覆盖率，为用户提供更好的服务。随机接入示意如图 3-12 所示。

3.2.4.1　基于竞争随机接入

竞争随机接入信令如图 3-13 所示。

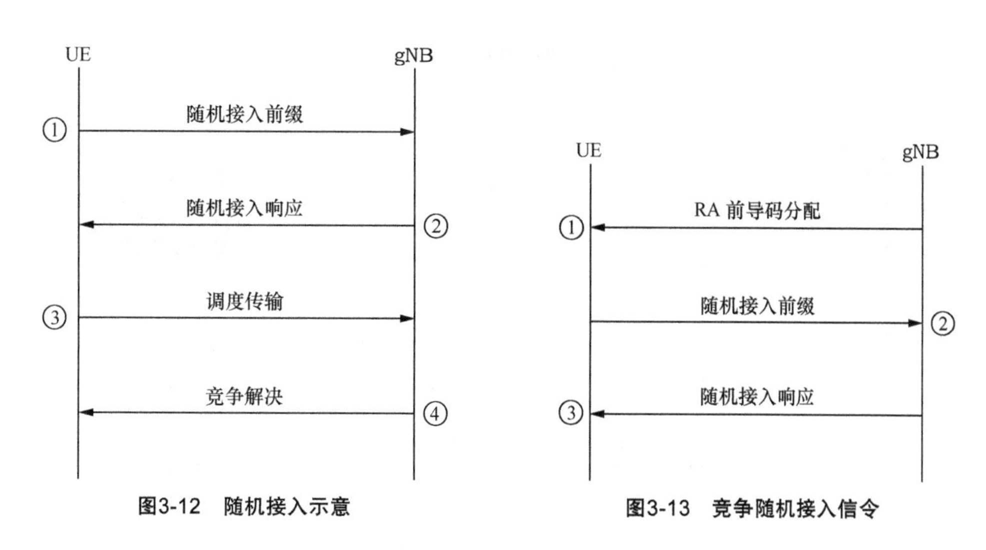

图3-12　随机接入示意

图3-13　竞争随机接入信令

3.2.4.2　非竞争随机接入

1. RRC 连接到非活动的 RRC

非竞争随机接入信令如图 3-14 所示。

gNB-CU 从连接模式确定 UE 进入 RRC 非活动模式。

① gNB-CU 向 UE 生成 RRC 连接释放消息。RRC 消息被封装在 F1 AP 中，通过 UE 上下文释放指令到 gNB-DU 中。

② gNB-DU 将 RRC 连接释放消息转发给 UE。

③ gNB-DU 使用 FI AP 中的 UE 上下文释放响应指令进行响应。

RRC 连接到非活动的 RRC 如图 3-15 所示。

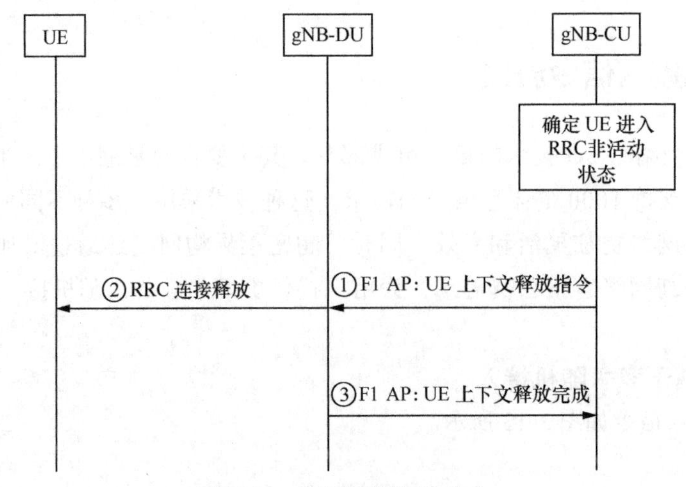

图3-14 非竞争随机接入信令

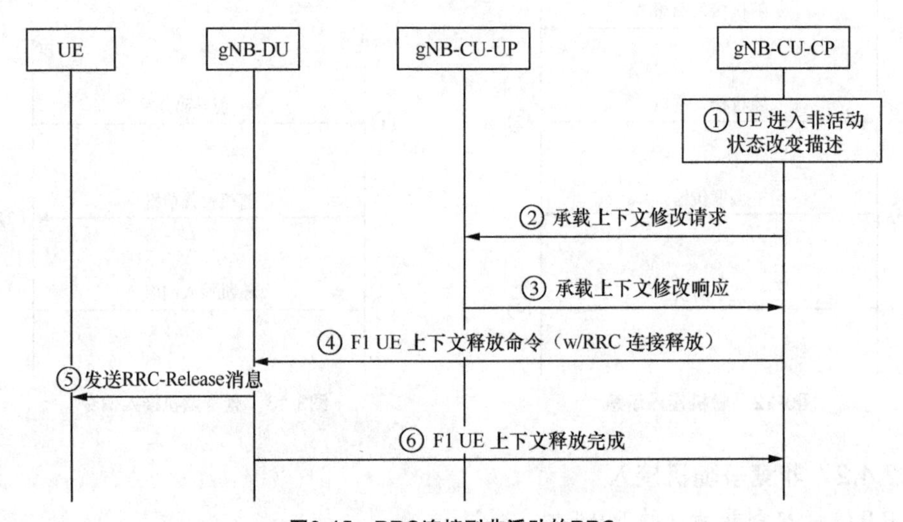

图3-15 RRC连接到非活动的RRC

① gNB-CU-CP确定UE应该进入RRC非活动状态。

② gNB-CU-CP发送E1承载上下文修改请求，包含gNB-CU-UP挂起标识，这表明UE正在进入RCC INACTIVE状态，gNB-CU-CP保持F1 UL TEDs。

③ gNB-CU-UP发送E1承载上下文修改响应，包括tePDCP UL和D状态，这些状态可能需要用于数据量报告。gNB-CU-UP保持承载上下文、UE相关的逻辑E1连接、NG-U相关资源，例如，NG-U DL TEID5、F1 UL TEDs。

④ gNB-CU-CP将F1 UE上下文释放命令发送到为UE服务的gNB-DU，并将RRC释

放消息发送到 UE。

⑤ gNB-DU 向 UE 发送 RRC-Release 消息。

⑥ gNB-DU 将 F1 UE 上下文释放完成消息发送给 gNB-CU-CP。

2. RRC 非激活态到其他状态信令

RRC 非激活态到其他状态信令 1 如图 3-16 所示。

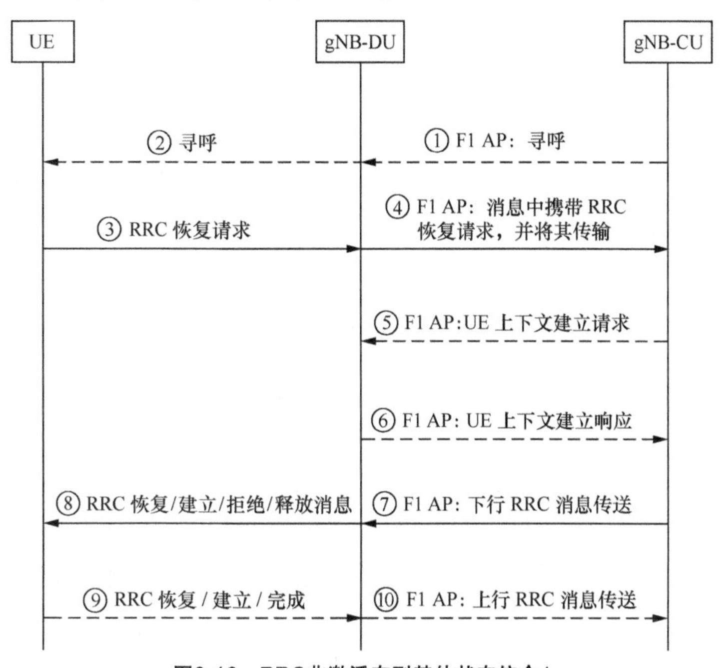

图3-16　RRC非激活态到其他状态信令1

① 如果从 5GC 接收到数据，则 gNB-CU 向 gNB-DU 发送 F1 AP 寻呼消息。

② gNB-DU 向 UE 发送寻呼消息，注意步骤①和步骤②仅在 DL 数据到达时存在。

③ UE 在基于 RAN-based 寻呼、UL 数据到达或 RNA 更新时发送 RRC 恢复请求。

④ gNB-DU 在一个 Non-UE 关联的 F1 AP INITIAL UL RRC MESSAGE TRANSFER 消息中携带 RRC 恢复请求，并将其传输到 gNB-CU。

⑤ 对于非活动到活动的 UE 转换（不包括仅由于信令交换而导致的转换），gNB-CU 分配 gNB-CU UE F1 APID，并向 gNB-DU 发送 F1 AP：UE 上下文建立请求消息，其中可能包括要设置的 SRB ID 和 DRB ID。

⑥ gNB-DU 使用 F1 AP：UE 上下文建立响应消息进行响应，其中包含 gNB-DU 提供的 SRB 和 DRBs 的 RRC/MAC/PHYI 配置。

⑦ gNB-CU 向 UE 生成 RRC 恢复 / 建立 / 拒绝 / 释放消息。RRC 消息与 SRB0 一起封装在 F1 AP DL RRC MESSAGE TRANSFER 消息中。

⑧ gNB-DU 根据 SRB0 将 RRC 消息转发到 UE、SRB0 或 SRB1。

⑨ UE 向 gNB-DU 发送 RRC 恢复 / 建立 / 完成信息。

⑩ gNB-DU 将 RRC 封装在 F1 AP UL RRC MESSAGE TRANSFER 消息中，并发送到 gNB-CU。

RRC 非激活态到其他状态信令 2 如图 3-17 所示。

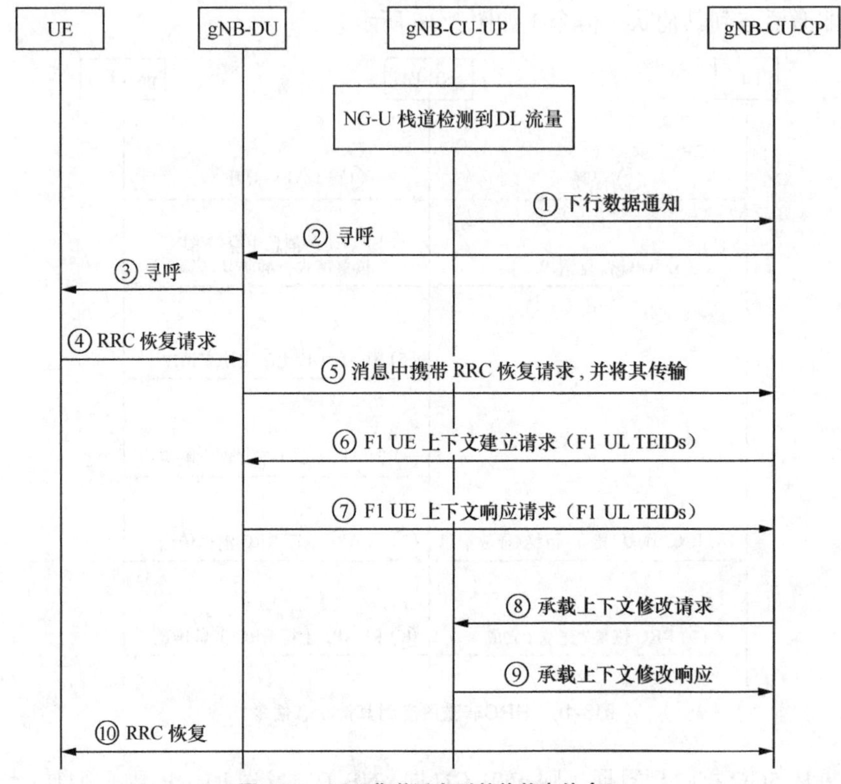

图3-17　RRC非激活态到其他状态信令2

gNB-CU-UP 接收 NG-U 接口上的 DL 数据。

① gNB-CU-UP 向 gNB-CU-CP 发送 E1 DL 数据到达通知消息。

② gNB-CU-CP 启动 F1 寻呼流程。

③ gNB-DU 向 UE 发送寻呼消息。

需要注意的是，只有在 DL 数据到达时才需要进行步骤①～步骤③。

④ UE 在 RAN 寻呼或数据到达时，发送 RRC Resume Request。

⑤ gNB-DU 将 INITIAL UL RRC Message Transfer 消息发送到 gNB-CU-CP。

⑥ gNB-CU-CP 发送 F1 UE 上下文建立请求消息，包括存储的 F1 UL TEIDs，在 gNB-DU 中创建 UE 上下文。

⑦ gNB-DU 使用 F1 UE 上下文建立响应消息进行响应，包括为 DRB 分配 F1 DL TEIDs。

⑧ gNB-CU-CP 发送 E1 承载上下文修改请求，带有 RRC 恢复指示，表示 UE 从 RRC 不活动状态恢复。gNB-CU-CP 还包括步骤⑦中从 gNB-DU 接收到的 F1 DL TEIDs。

⑨ gNB-CU-UP 响应 E1 承载上下文修改请求。

⑩ gNB-CU-CP 和 UE 通过 gNB-DU 完成 RRC 恢复。

需要注意的是，可以同时执行步骤⑧⑨⑩。

3. RRC 连接重配置

RRC 连接重配置如图 3-18 所示。

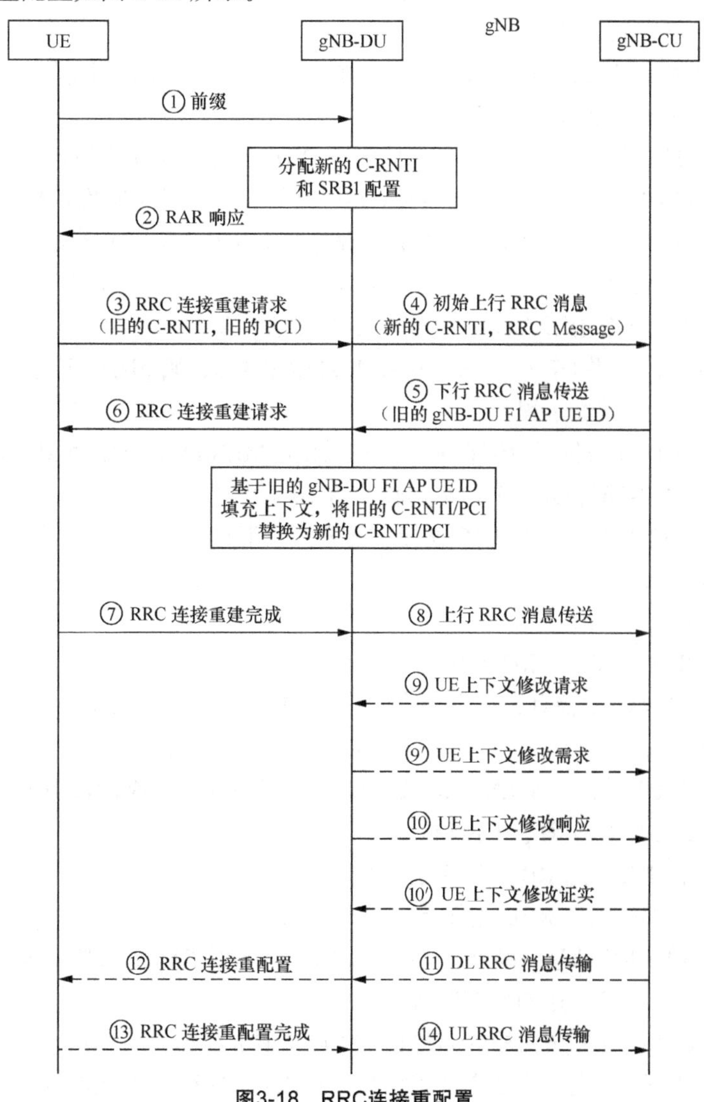

图3-18　RRC连接重配置

① UE 向 gNB-DU 发送序言。

② gNB-DU 分配新的 C-RNTI 并以 RAR 响应 UE。

③ UE 向 gNB-DU 发送 RRC 连接重建请求消息，gNB-DU 包含旧的 C-RNTI 和旧的 PCI。

④ gNB-DU 含有 RRC 消息，并且如果允许 UE，则在 F1 AP INITIAL UL RRC MESSAGE TRANSFER 消息中包含对应的底层配置并传输到 gNB-CU 中。The INITAIL UL RRC MESSAGE TRANSFER 消息应该包含 C-RNTI。

⑤ gNB-CU 将包括 RRC 连接重建消息和旧的 gNB-DU F1 AP UE ID 到 F1 AP DL RRC MESSAGE TRANSFER 消息，并将其传输到 gNB-DU。

⑥ gNB-DU 根据旧的 gNB-DU F1 AP UE ID 检索 UE 上下文，用新的 C-RNTI 替换旧的 C-RNTI，并向 UE 发送 RRC 连接重建消息。

⑦～⑧ UE 应用新的配置并向 gNB-DU 发送 RRC 连接重建完成消息。gNB-DU 将 RRC 消息封装在 F1 AP UL RRC MESSAGE TRANSFER 消息中，并将其发送到 gNB-CU。

⑨～⑩ gNB-CU 通过发送 UE 上下文修改请求触发 UE 上下文修改过程，其中可能包括要修改的 DRBs 和释放列表。带有 UE 上下文修改的 gNB-CU 响应确认消息列表触发 UE 上下文修改过程。带有 UE 上下文修改的 gNB-CU 响应确认消息。

需要注意的是，如果 UE 接入的不是原来的 gNB-DU，则 gNB-CU 应该触发这个新的 gNB-DU 的 UE 上下文建立过程。

⑪～⑫ gNB-CU 发送包括封装在 F1 AP DL RRC MESSAGE TRANSFER 消息中的再连接重配置消息到 gNB-DU，gNB-DU 将其转发给 UE。

⑬～⑭ UE 向 gNB-DU 发送 RRC 连接重配置完成消息，gNB-DU 将其转发给 gNB-CU。

4. UE 初始接入

UE 初始接入如图 3-19 所示。

① UE 向 gNB-DU 发送 RRC 连接建立请求消息。

② gNB-DU 包含 RRC 消息，如果允许 UE，则在 F1 AP 初始 UL RRC 消息传输消息和传输到 gNB-CU 中对应的低层配置。初始 UL RRC 消息传输消息包括 gNB-DU 分配的 CRNT。

③ gNB-CU 为 UE 分配一个 gNB-CU UE F1 AP，并向 UE 生成 RRC 连接设置消息。RRC 消息封装在 F1 AP DL RRC 消息中传输。

④ gNB-DU 向 UE 发送 RRC 连接建立消息。

⑤ UE 向 gNB-DU 发送 RRC 连接建立完成消息。

⑥ gNB-DU 将 RRC 消息封装在 F1 AP UL RRC 消息中传输，并将其发送给 gNB-CU。

⑦ gNB-CU 向 AMF 发送初始 UE 消息。

⑧ AMF 向 gNB-CU 发送初始的 UE 上下文建立请求消息。

⑨ gNB-CU 发送 UE 上下文建立请求消息，用以在 gNB-DU 中建立 UE 上下文。在此消息中，它还可以封装 RRC 安全模式命令消息。

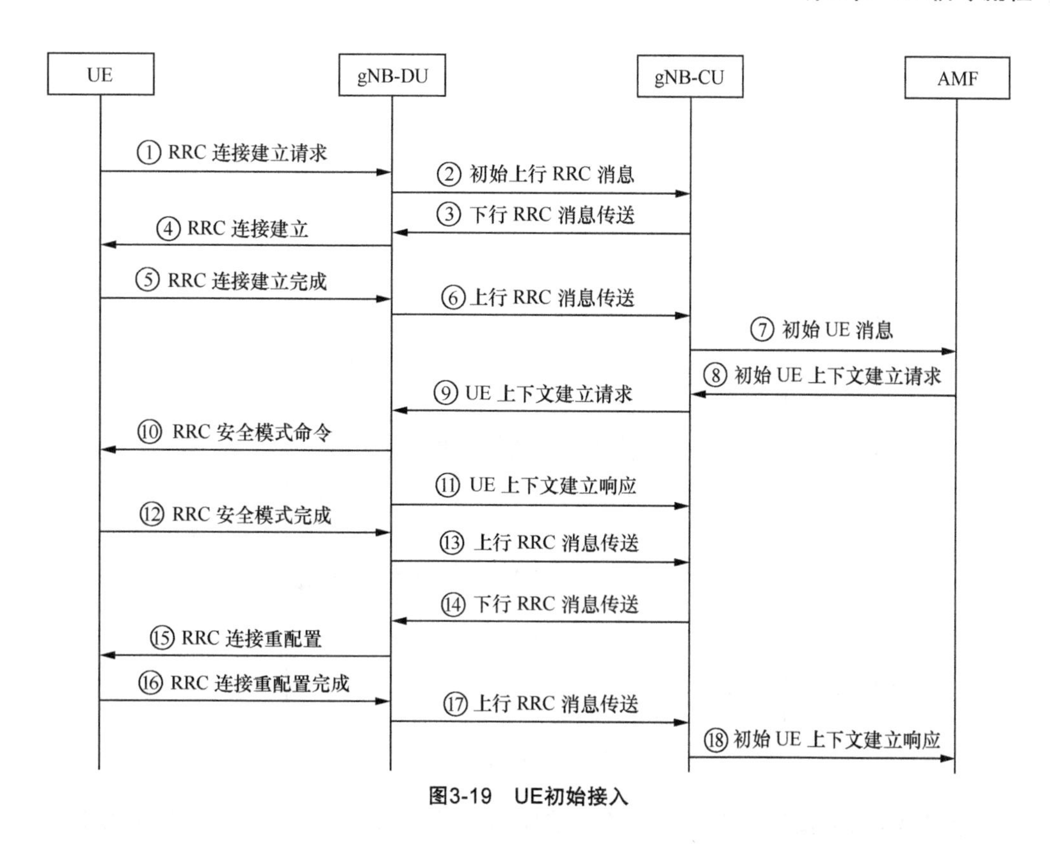

图3-19　UE初始接入

⑩ gNB-DU 向 UE 发送 RRC 安全模式命令消息。

⑪ gNB-DU 将 UE 上下文设置响应消息发送给 gNB-CU。

⑫ UE 以 RRC 安全模式完全响应消息。

⑬ gNB-DU 将 RRC 消息封装在 F1 AP UL RRC 消息中传输，并将其发送给 gNB-CU。

⑭ gNB-CU 生成 RRC 连接重配置消息，并将其封装在 F1 AP DL RRC 消息中传输。

⑮ gNB-DU 向 UE 发送 RRC 连接重配置消息。

⑯ UE 向 gNB-DU 发送 RRC 连接重配置完成消息。

⑰ gNB-DU 将 RRC 消息封装在 F1 AP UL RRC 消息中传输，并将其发送到 gNB-CU。

⑱ gNB-CU 向 AMF 发送初始 UE 上下文设置响应消息。

5. F1−U 承载上下文建立

F1-U 承载上下文建立信令 1 如图 3-20 所示。

在 gNB-CU-CP 中触发承载上下文建立流程（例如，在 MeNB 的 SgNB 添加请求之后）。

① gNB-CU-CP 发送一个承载上下文建立请求消息，这些消息中包含用于 S1-U 或 NG 的 UL TNL 地址信息；如果需要，则将用于 X2-U 或 Xn-U 的上下行 TNL 地址信息，用在 gNB-CU-UP 中设置承载的上下文。对于 NG-RAN，gNB-CU-CP 决定 FOW-DRB 的映射，

并将生成的 SDAP 和 PDCP 配置发送到 gNB-CU-UP。

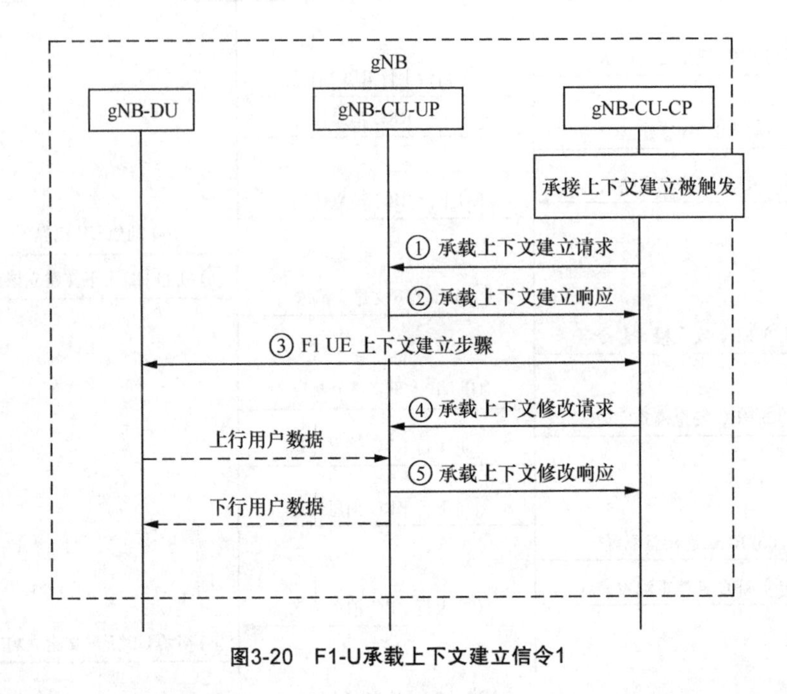

图3-20　F1-U承载上下文建立信令1

② gNB-CU-UP 使用承载上下文建立响应消息进行响应，这些消息中包含用于 F1 的 ULTN 地址信息，用于 S1-U 或 NG-U 的 DLTM 地址信息，如果需要，用于 X2-U 或 Xn-U 的 DL 或 UL TNL 地址信息。

③ 执行 F1 UE 上下文建立流程，在 gNB-DU 中建立一个或多个承载流程。

④ gNB-CU-CP 发送一个承载上下文修改请求消息，其中包含 F1-U 和 PDCP 状态的 DL TNL 地址信息。

⑤ gNB-CU-UP 使用承载上下文修改响应消息进行响应。

F1-U 承载上下文建立信令 2 如图 3-21 所示。

承载上下文释放，例如，在 MeNB 发出 SgNB 释放请求之后，在 gNB-CU-CP 中触发。

① gNB-CU-CP 向 gNB-CU-UP 发送一个承载上下文修改请求消息。

② gNB-CU-UP 响应带有承载上下文修改响应，其中包含 PDCP UL/DL 状态。

③ 执行 F1 UE 上下文修改程序以停止 UE 的数据传输。何时停止 UE 调度取决于 gNB-DU 的实现情况。需要注意的是，只有当承载的 PDCP 状态需要保留时，才执行步骤①～③，例如，对于承载类型的更改。

④ gNB-CU-CP 可以从 ENDC 操作中的 MeNB 接收 UE 上下文释放消息（双连接情况下）。

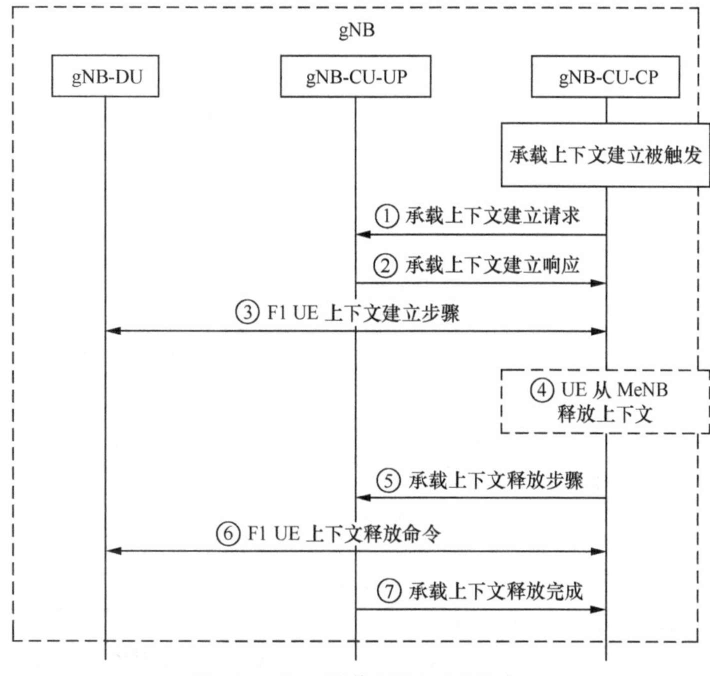

图3-21　F1-U承载上下文建立信令2

⑤ gNB-CU-CP 向 gNB-CU-UP 下发承载上下文释放命令。

⑥ 执行 F1 UE 上下文释放过程以释放 gNB-DU 中的 UE 上下文。

⑦ gNB-CU-UP 向 gNB-CU-CP 发送承载释放完成消息。

6. gNB−DU 间移动性信令流程

gNB-DU 间移动性信令流程如图 3-22 所示。

① UE 向源 gNB-DU 发送测量报告消息。

② 源 gNB-DU 向 gNB-CU 发送上行 RRC 传输消息，以传递接收到的测量报告。

③ gNB-CU 向目标 gNB-DU 发送 UE 上下文建立请求消息，以创建 UE 上文并建立一个或多个承载程序。

④ 目标 gNB-DU 使用 UE 上下文建立响应消息响应 gNB-CU。

⑤ gNB-CU 向源 gNB-DU 发送 UE 上下文修改请求消息，其中包含生成的 RRC 连接重配置消息，并指示停止 UE 数据传输。

⑥ 源 gNB-DU 将接收到的 RRC 连接重配置消息转发给 UE。

⑦ 源 gNB-DU 使用 UE 上下文修改响应消息响应 gNB-CU。

⑧ 目标 gNB-DU 对目标执行随机接入过程，目标 gNB-DU 发送下行数据发送状态帧通知 gNB-CU。下行链路包（可能包括源 gNB-DU 中未成功传输的 PDCP PDU）gNB-CU 发送

到目标 gNB-DU。

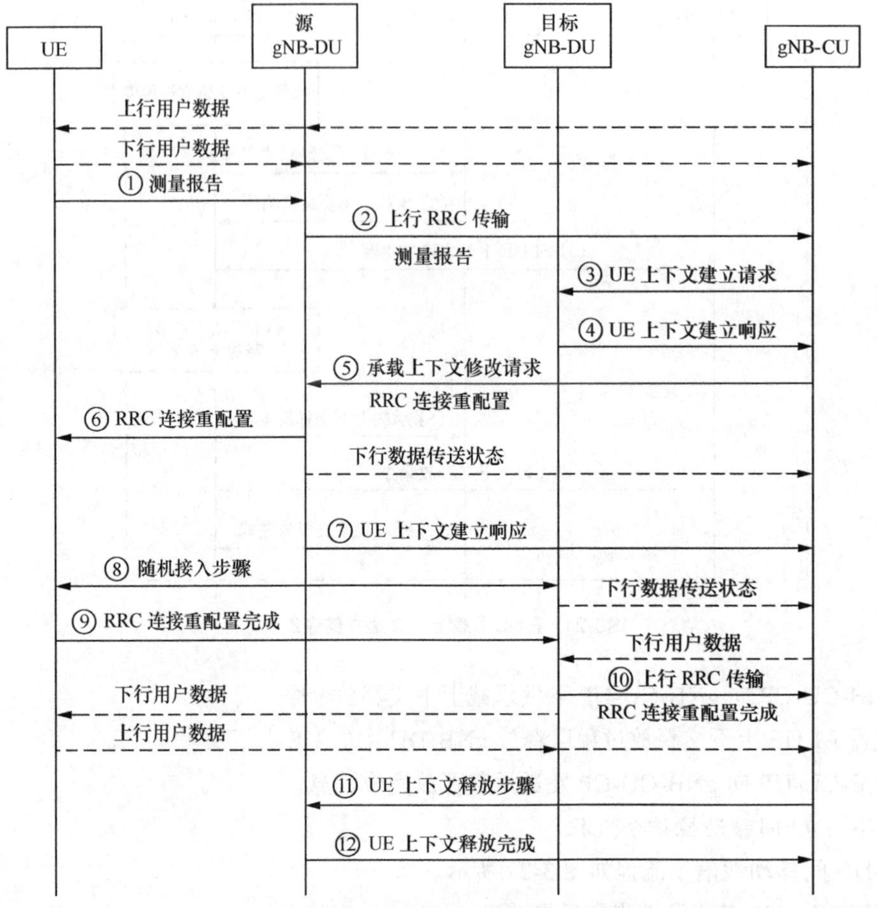

图3-22　gNB-DU间移动性信令流程

⑨ UE 发送 RRC 连接重配置完成消息响应目标 gNB-DU。

⑩ 目标 gNB-DU 向 gNB-CU 发送上行 RRC 传输消息，以传递接收到的 RRC Connection Reconfiguration Complete 消息。下行数据包被发送到 UE 上行数据包，从 UE 发送通过目标 gNB-DU 转发到 gNB-CU。

⑪ gNB-CU 向源 gNB-DU 发送 UE 上下文释放命令消息。

⑫ 源 gNB-DU 释放 UE 上下文，并且用 UE 上下文释放完成消息响应 gNB-CU。

7. gNB-CU-UP 变更信令

gNB-CU-UP 变更信令如图 3-23 所示。

① 基于 UE 的测量报告，在 gNB-CU-CP 中，gNB-CU-UP 的变更被触发。

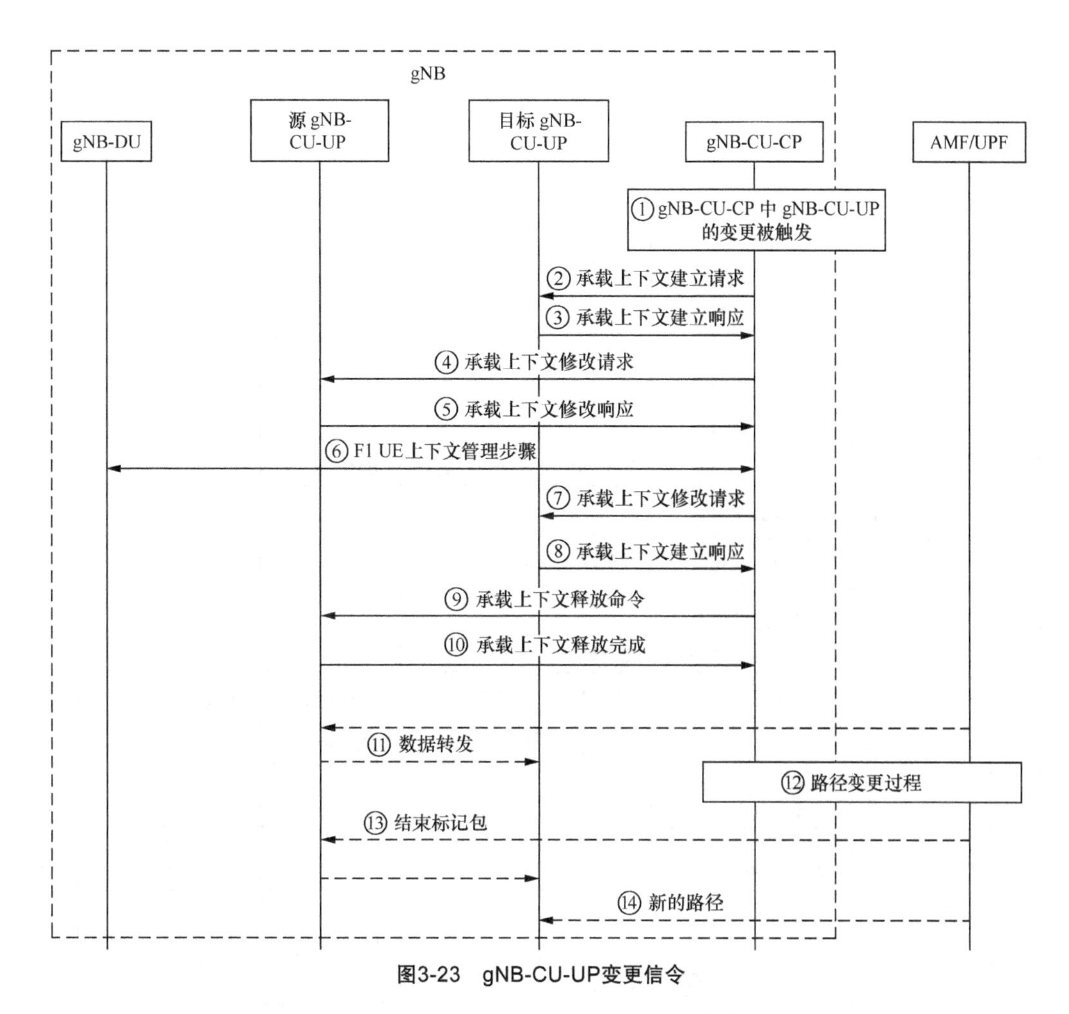

图3-23　gNB-CU-UP变更信令

②～③ 承载上下文建立过程（参考 Bearer context setup over F1-U）。

④～⑤ 执行承载上下文修改过程（gNB-CU-CP 发起），使 gNB-CU-CP 能够检索 PDCP UL/DL 状态，并为承载交换数据转发信息。

⑥ 对于 gNB-DU 中的一个或多个承载，执行 F1 UE 上下文修改过程，以更改 F1-U 的 UL TNL 地址信息。

⑦～⑧ 执行承载上下文修改过程（参考 Bearer context setup over F1-U）。

⑨～⑩ 承载上下文释放过程（gNB-CU-CP 发起，参考 Bearer context release over F1-U）。

⑪ 数据转发可以从源 gNB-CU-UP 执行到目标 gNB-CU-UP。

⑫～⑭ 通过路径变更过程将 DL TNL 地址信息更新到核心网中。

8. 涉及 gNB 用户面变更的 gNB 间切换

涉及 gNB 用户面变更的 gNB 间切换如图 3-24 所示。

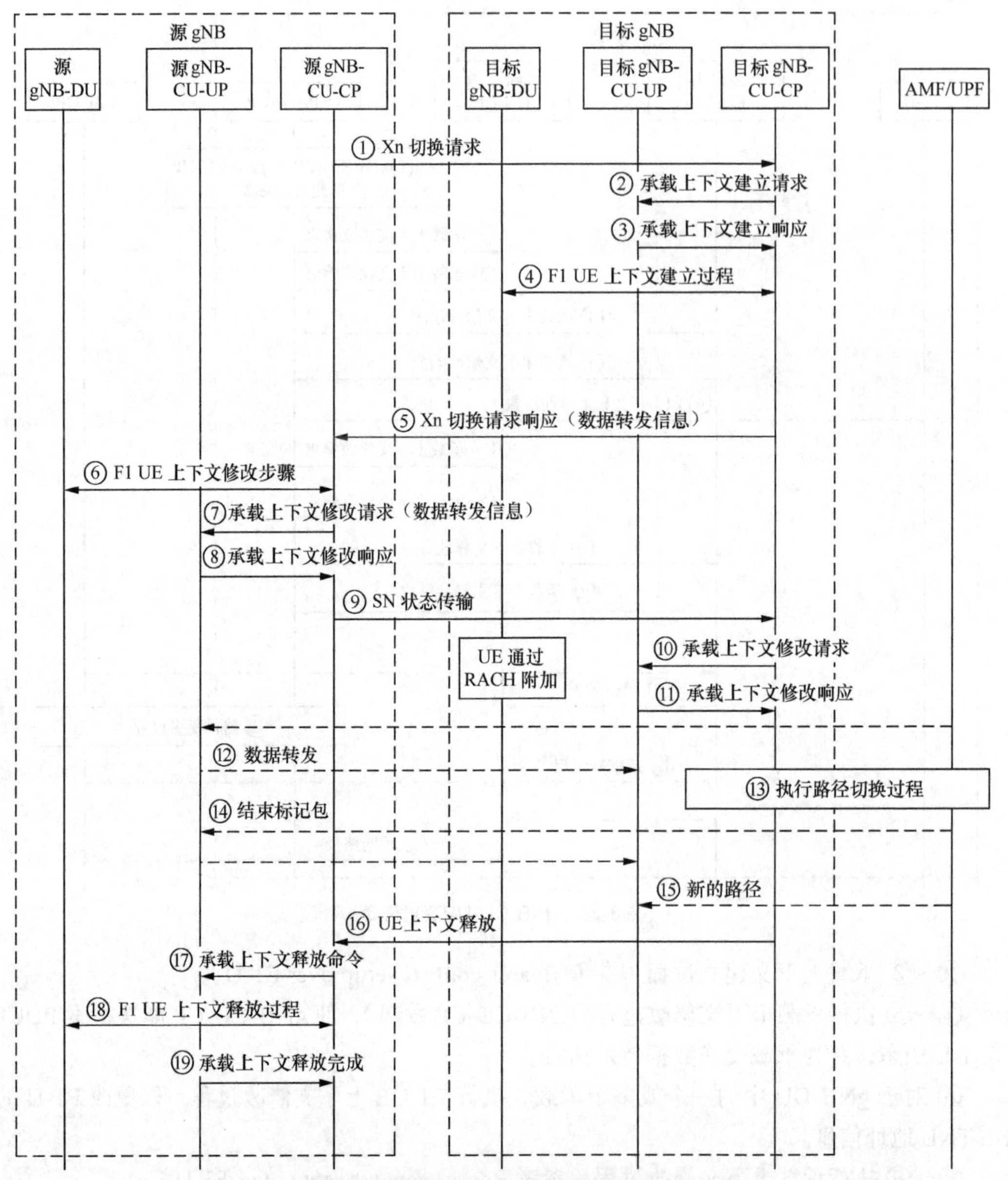

图3-24　涉及gNB用户面变更的gNB间切换

① 源 gNB-CU-CP 向目标 gNB-CU-CP 发送 Xn 切换请求消息。

②～④ 承载上下文建立过程（参考 Bearer context setup over F1-U）。

⑤ 目标 gNB-CU-CP 用 Xn 切换请求确认消息响应源 gNB-CU-CP。

⑥ 执行 F1 UE 上下文修改过程，停止在 gNB-DU 上的 UL 数据传输，并将切换命令发

送给 UE。

⑦～⑧ 执行承载上下文修改过程，由 gNB-CU-CP 发起，使 gNB-CU-CP 能够检索 PDCP UL/DL 状态，并为承载交换数据转发信息。

⑨ 源 gNB-CU-CP 向目标 gNB-CU-CP 发送一个 SN 状态传输消息。

⑩～⑪ 执行承载上下文修改过程（参考 Bearer context setup over F1-U）。

⑫ 数据转发从源 gNB-CU-UP 执行到目标 gNB-CU-UP。

⑬～⑮ 通过路径变更过程，将 DL TNL 地址信息更新到核心网。

⑯ 目标 gNB-CU-CP 向源 gNB-CU-CP 发送 UE 上下文释放消息。

⑰～⑲ 执行 F1 UE 上下文释放过程，以释放源 gNB-DU 中的 UE 上下文。

9. 服务请求

服务请求信令如图 3-25 所示。

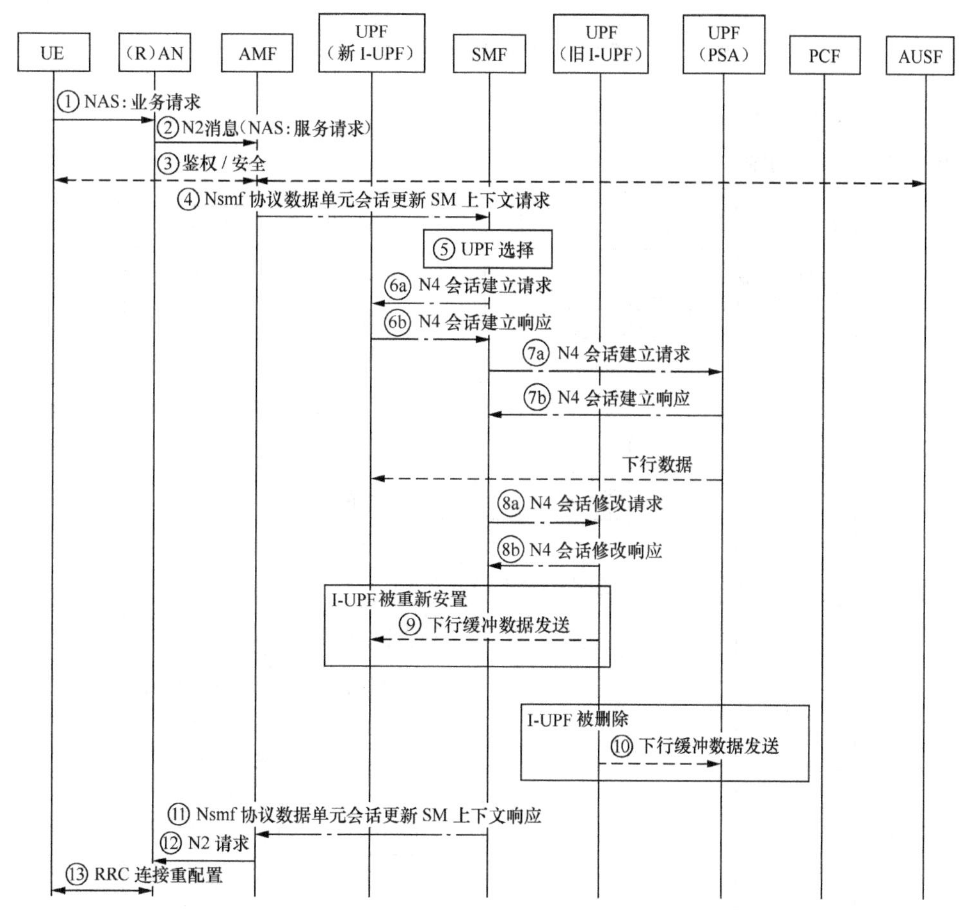

图3-25　服务请求信令

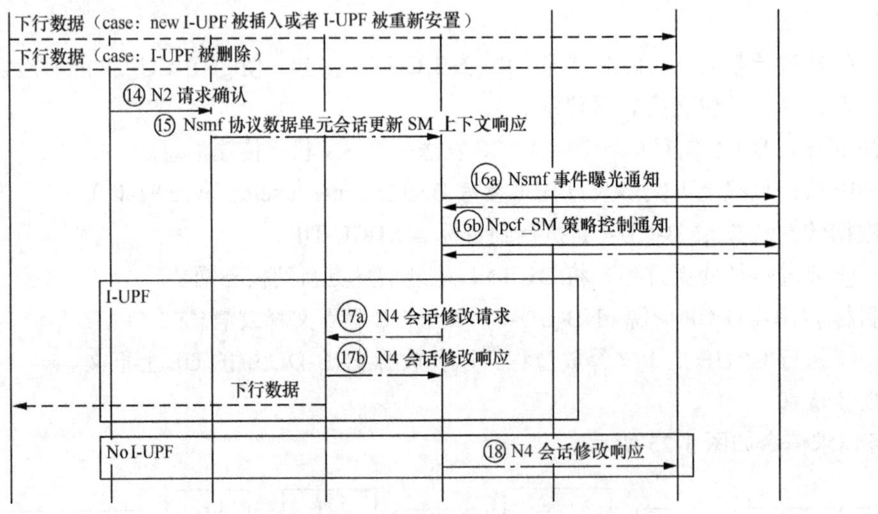

图3-25 服务请求信令（续）

10. PDU 会话建立

PDU 会话建立如图 3-26 所示。

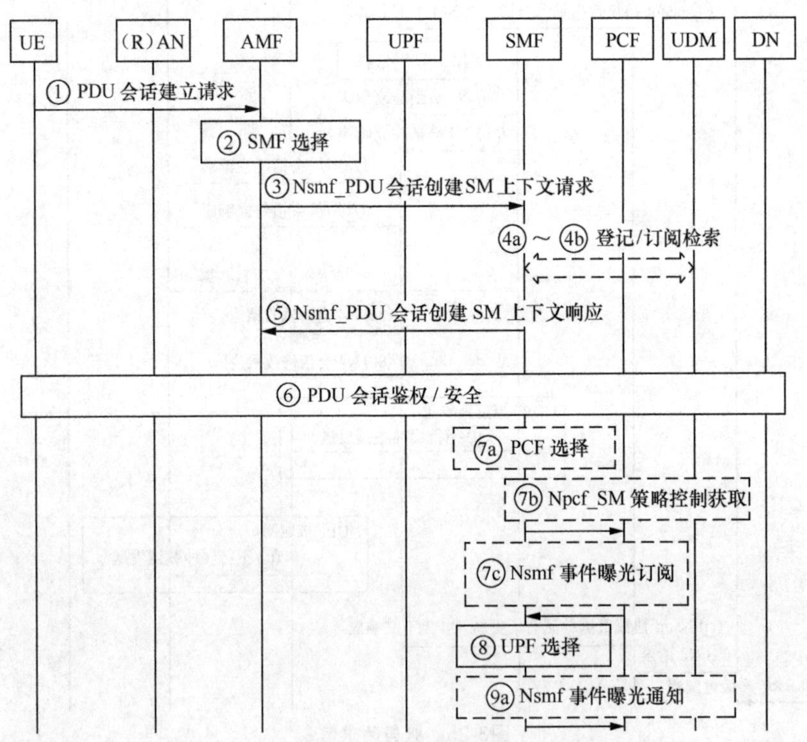

图3-26 PDU会话建立

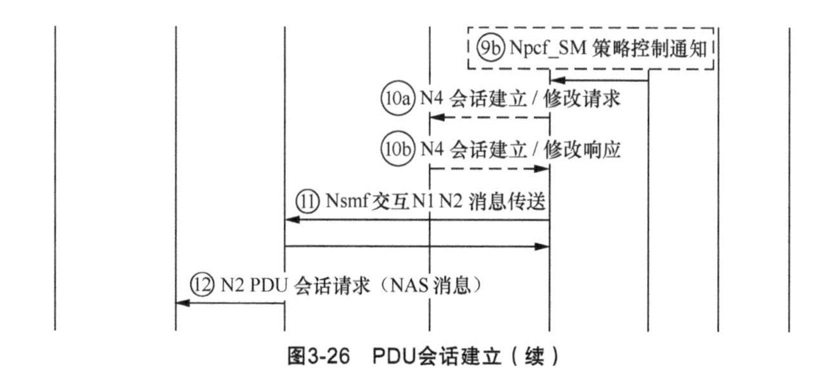

图3-26　PDU会话建立（续）

3.2.5　AMF/UPE内的切换

AMF/UPE 内的切换如图 3-27 所示。

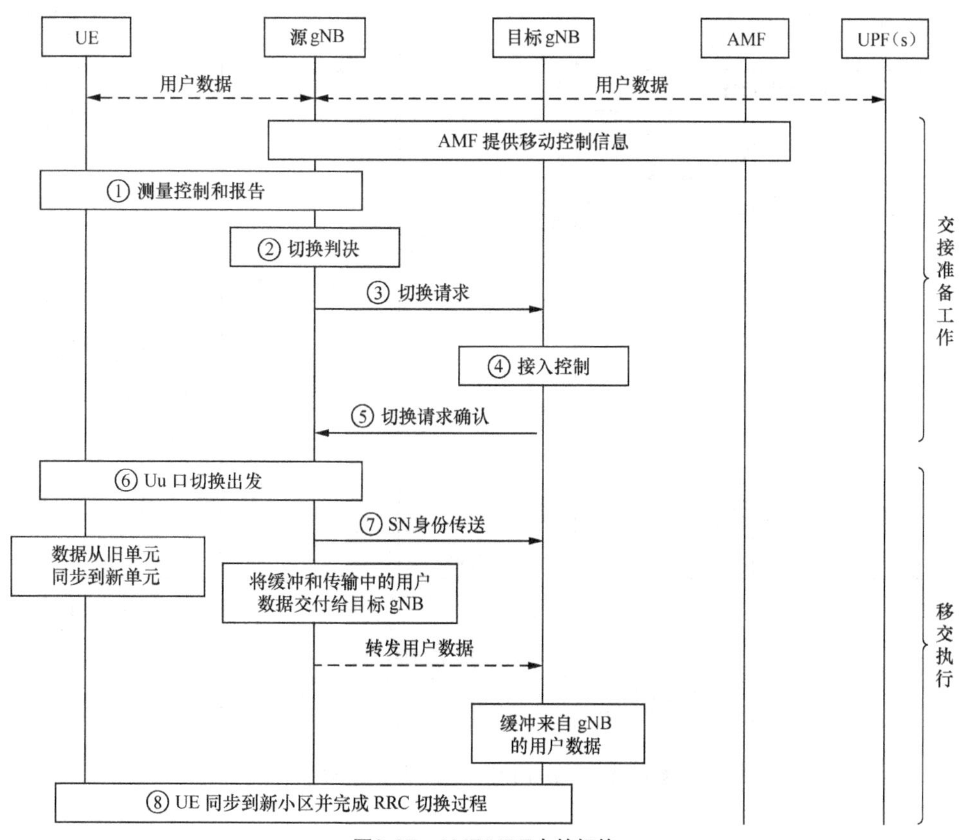

图3-27　AMF/UPE内的切换

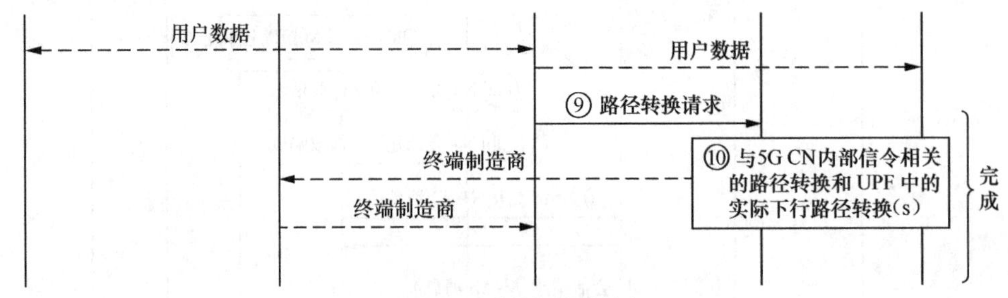

图3-27　AMF/UPE内的切换（续）

3.2.6　基于Xn切换（AMF/UDF未变）

基于 Xn 切换（AMF/UDF 未变）如图 3-28 所示。

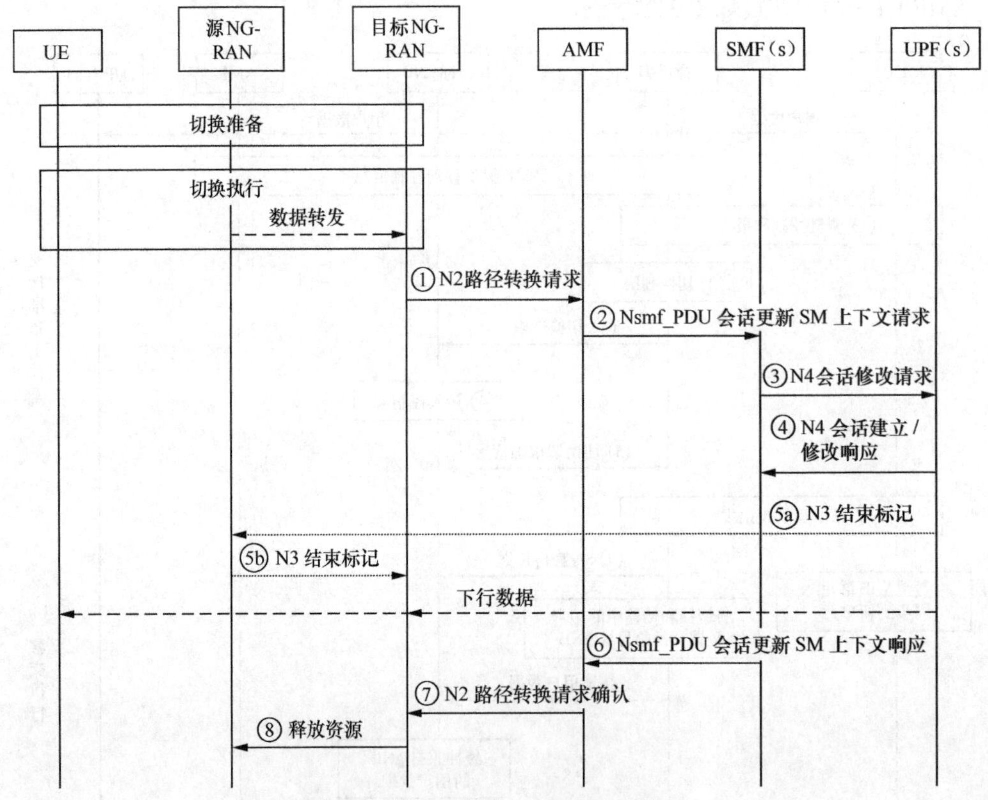

图3-28　基于Xn切换（AMF/UDF未变）

3.2.7 RAN更新过程

RAN 更新过程如图 3-29 所示。

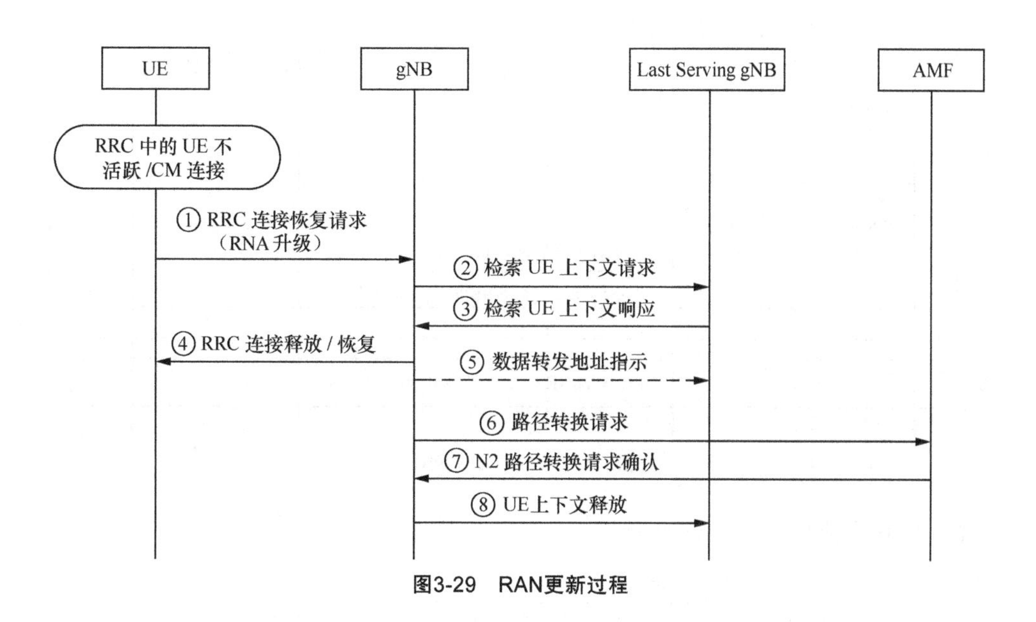

图3-29　RAN更新过程

3.2.8 VoNR信令流程

VoNR 信令流程如图 3-30 所示。

① RRC 连接建立。

② 默认承载建立（5QI=8/9）。

③ IMS 信令面 SIP 默认承载建立（5QI=5）。

④ IMS 用户面语音专用承载建立（5QI=1）; UE 通话时同时存在 3 个 QoS Flow，数据业务（5QI 为 8 或 9），语音业务（5QI1、5QI5），语音的 5QI1 和 5QI5 分别映射到独立的 DRB 承载，即 UE 通话过程中在空口通常存在 3 个 DRB 承载。

⑤ 语音通话开始。

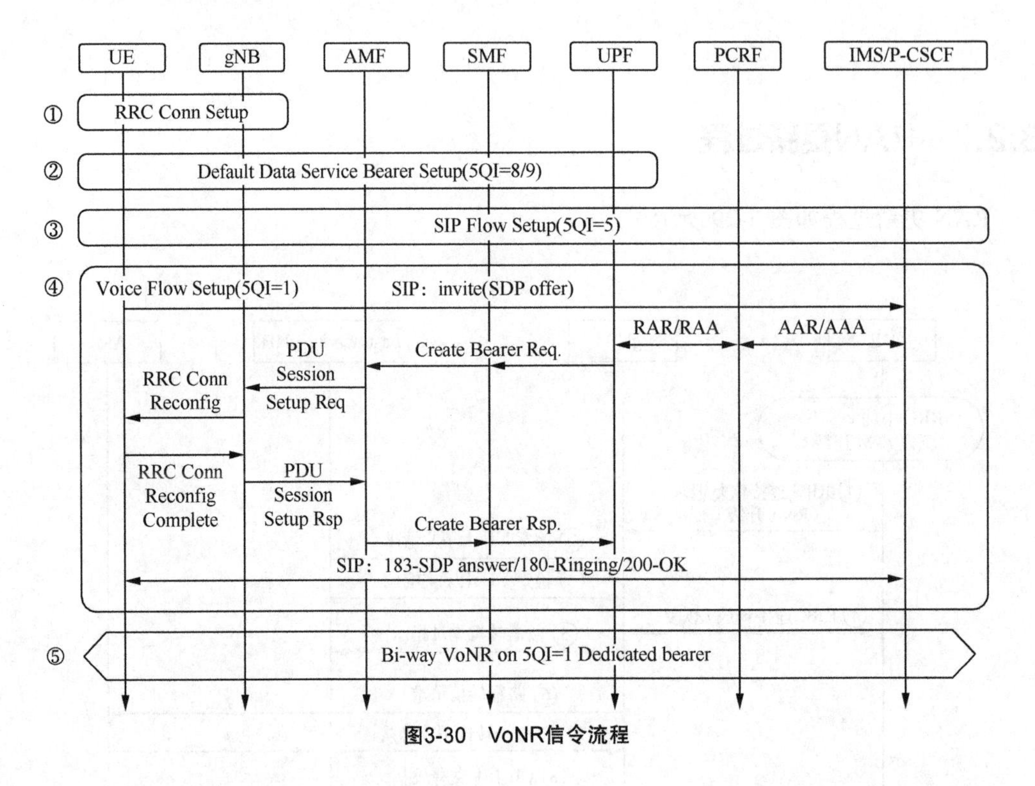

图3-30　VoNR信令流程

SIP 主叫信令流程如图 3-31 所示。

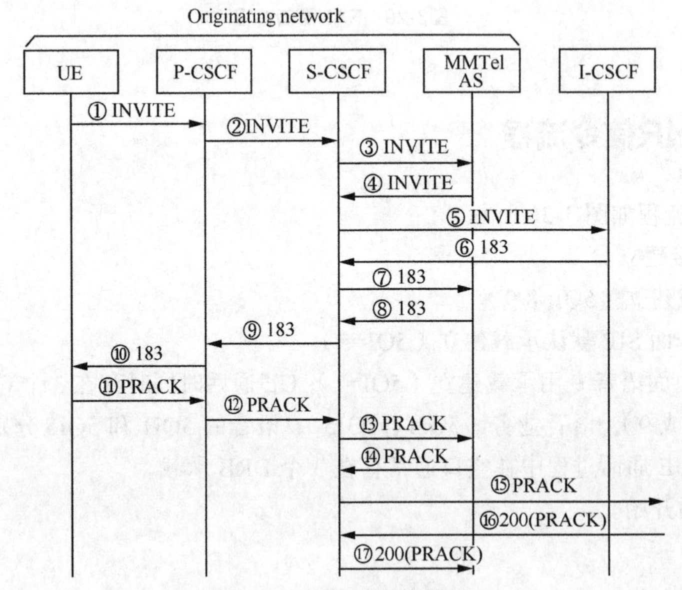

图3-31　SIP主叫信令流程

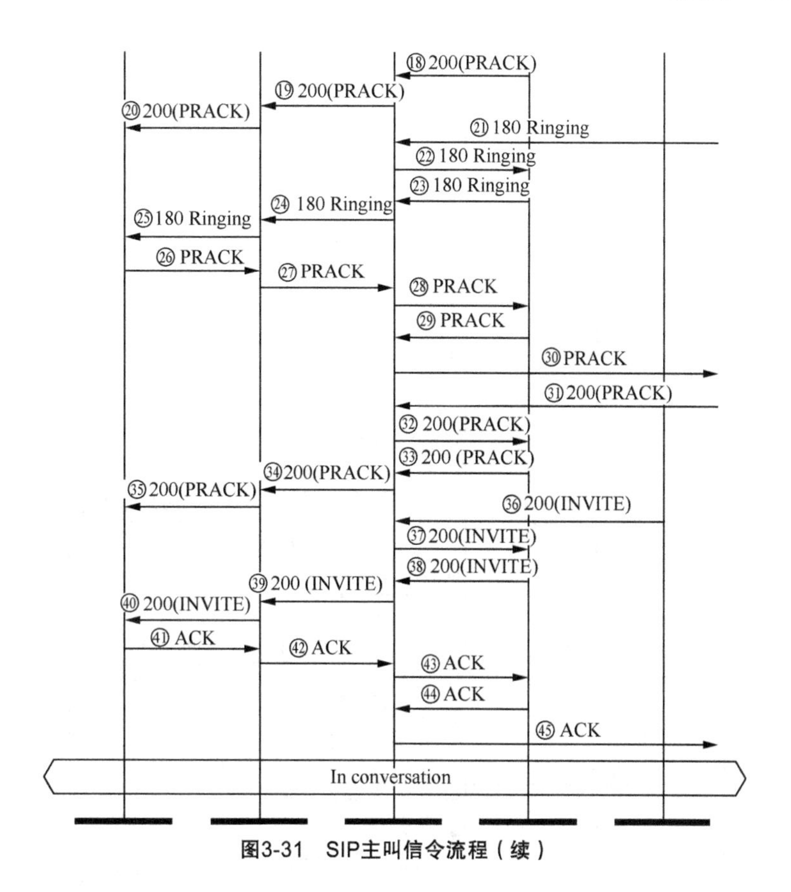

图3-31 SIP主叫信令流程（续）

SIP 被叫信令流程如图 3-32 所示。

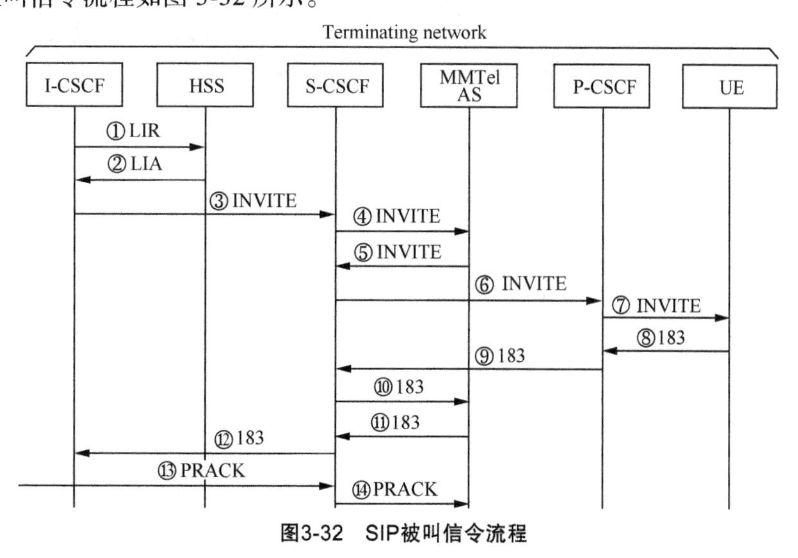

图3-32 SIP被叫信令流程

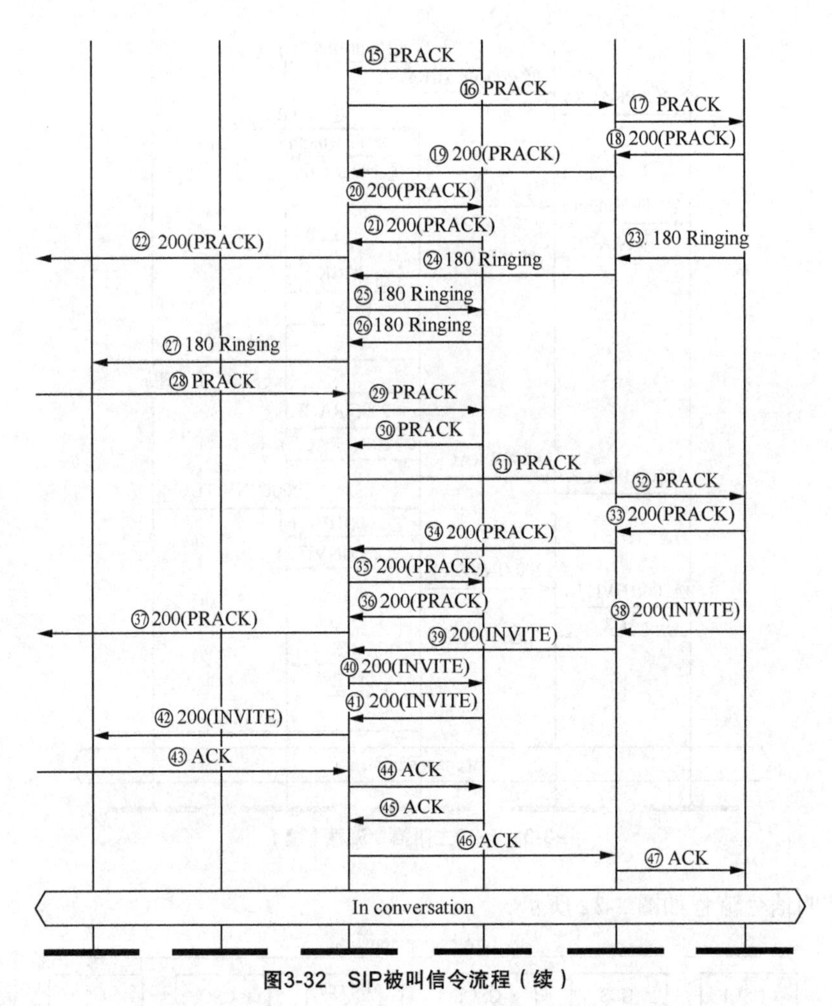

图3-32 SIP被叫信令流程（续）

第4章 Chapter Four 5G关键技术

4.1 NR新空口技术

NR空口协议层的总体设计基于LTE，进行了增强和优化。用户面在PDCP层上新增SDAP层，优化了PDCP层和RLC层的功能，以降低时延并增强可靠性。控制面RRC层新增RRC_INACTIVE态，有利于终端节电，降低了控制面时延。在物理层，NR优化了参考信号设计，采用更灵活的波形和帧结构参数，降低了空口开销，有利于前向兼容并适配多种不同应用场景的需求。LTE业务信道采用Turbo码，控制信道采用卷积码。NR则在业务信道采用可并行解码的LDPC码，控制信道主要采用Polar码。NR采用的信道编码理论性能更优，具有更低的时延、更高的吞吐量等特点。

与LTE上行仅采用DFT-S-OFDM波形不同，NR上行同时采用了CP-OFDM波形和DFT-S-OFDM两种波形，可根据信道状态进行自适应转换。CP-OFDM波形是一种多载波传输技术，在调度上更加灵活，在高信噪比环境下链路性能较好，更适用于小区中心用户。类似于LTE，NR空口支持时频正交多址接入。相比LTE采用了相对固定的空口参数，NR设计了一套灵活的空口参数集，通过不同的参数配置，可适配不同应用场景的需求。不同的子载波间隔可实现长度不同的slot/mini-slot，一个slot/mini-slot中的OFDM符号包括上行、下行和灵活符号，可半静态或动态配置。NR取消了LTE空口中的小区级参考信号CRS，保留了UE级的参考信号DMRS、CSI-RS和SRS，并针对高频场景中的相位噪声，引入参考信号PTRS。NR主要的参考信号仅在连接态或有调度时传输，降低了基站的能耗和组网干扰，其结构更适合在Massive MIMO系统多天线端口发送。

3GPP认为，NR的空口设计十分灵活，考虑设备实现和组网的复杂度，在实际部署中应根据应用场景特性和频率资源情况，从空口协议中找到一个简洁可行的技术方案。

4.2 非正交多址接入技术

非正交多址接入（Non-Orthogonal Multiple Access，NOMA）技术通过功率复用或特征

码本设计，允许不同用户占用相同的频谱、时间、空间等资源，在理论上相较于正交多址接入（Orthogonal Multiple Access，OMA）技术可以取得明显的性能增益。NOMA 不同于传统的正交传输，在发送端采用非正交发送，主动引入干扰信息，在接收端通过串行干扰删除技术实现正确解调。与正交传输相比，接收机的复杂度有所提升，可以获得更高的频谱效率。非正交传输的原理是利用复杂的接收机设计来换取更高的频谱效率，随着芯片处理能力的增强，将使非正交传输技术在实际系统中的应用成为可能。

目前，主流的 NOMA 技术方案包括基于功率分配的 NOMA（Power Division based NOMA，PD-NOMA）、基于稀疏扩频的非正交多址接入（Pattern Division Multiple Access，PDMA）、稀疏码多址接入（Sparse Code Multiple Access，SCMA）、基于非稀疏扩频的多用户共享多址接入（Multiple User Sharing Access，MUSA）、基于交织器的交织分割多址接入（Interleaving Division Multiple Access，IDMA）、基于扰码的资源扩展多址接入（Resource Spread Multiple Access，RSMA）等。尽管不同的方案具有不同的特性和设计原理，但由于资源的非正交分配，NOMA 比传统的 OMA 具有更高的过载率，从而在不影响用户体验的前提下增加了网络的总体吞吐量，满足 5G 的海量连接和高频谱效率的需求。

尽管 NOMA 比 OMA 有明显的性能增益，但是多用户通过扩频等方式进行信号叠加传输，导致用户间存在严重的多址干扰，多用户检测的复杂度急剧增加。因此，最大似然估计（Maximum Likelihood Estimation，MLE）检测性能的低复杂度接收机的实现是 NOMA 实用化的前提。

从 2G、3G 到 4G，多用户复用技术主要包括时域、频域、码域，而 NOMA 在 OFDM 的基础上增加了一个维度——功率域。新增功率域的目的是利用每个用户不同的路径损耗来实现多用户复用。3G/4G 与 FRA 多址方式的比较见表 4-1。

NOMA 中的关键技术有串行干扰删除、功率复用等。

表 4-1 3G/4G 与 FRA 多址方式的比较

	3G	3.9/4G	FRA
用户复用信号	非正交 CDMA	正交	非正交 SIC（NOMA）
信号波形	单载波	OFDM（or DFT-s-OFDM）	OFDM（or DFT-s-OFDM）
链路自适应	快速功控	AMC[1]	自适应和功率分配
图像	F 非正交辅助功率控制	F 用户间正交	F 叠加与权力分配

注：1. AMC（Adaptive MIMO Switching，自适应 MIMO 切换）。

4.2.1　串行干扰删除

在发送端，类似于CDMA系统，引入干扰信息可以获得更高的频谱效率，但是同样也会遇到多址干扰（Multiple Access Interference，MAI）的问题。关于消除多址干扰的问题，在研究3G系统的过程中已经取得了很多成果，串行干扰消除（Successive Interference Cancellation，SIC）也是其中之一。采用NOMA方案的接收端中SIC算法示意如图4-1所示。

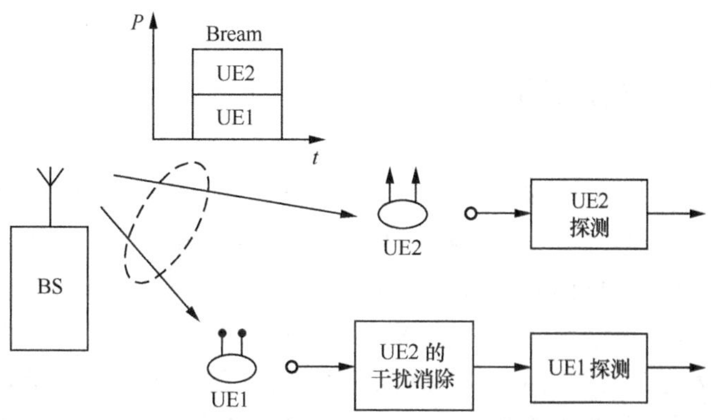

图4-1　采用NOMA方案的接收端中SIC算法示意

NOMA在接收端采用SIC技术检测接收信号，SIC处理性能的优劣直接影响接收机的性能。SIC技术的基本思路是逐阶消除干扰接收的多个用户的叠加信号。在接收信号中，按照SNR大小对信号进行排序，先对SNR最大的用户进行判决，重构得到对应的信号后，将该用户信号当作干扰从接收信号中减去，再对SNR第二大的用户进行判决，循环执行上述操作，直到完成所有用户的信号检测。

4.2.2　功率复用

SIC在接收端消除MAI，需要在接收信号中对用户进行判断来对消除干扰的用户进行排序，而判断的依据就是用户信号功率的大小。基站在发送端会给不同的用户分配不同的信号功率来获取系统最大的性能增益，达到区分用户的目的，这就是功率复用技术。不同于其他的多址方案，NOMA首次采用了功率复用技术。功率复用技术在其他几种传统的多址方案中没有被充分利用，其不同于简单的功率控制，而是由基站遵循相关的算法来分配功率。在发送端，通过对不同的用户分配不同的发射功率，从而提高系统的吞吐率。另外，NOMA在功率域叠加多个用户，在接收端，SIC接收机可以根据不同的功率区分不同的用户，也可以通过例如Turbo码和LDPC码的信道编码来区分不同的用户。这样，NOMA能够充分利用功率域，而功率域在4G系统中是没有被充分利用的。与OFDM相比，NOMA

具有更好的性能增益。

NOMA 可以利用不同路径损耗的差异对多路发射信号进行叠加，从而提高信号增益。它能够让同一小区覆盖范围内的所有移动通信设备获得最大的可接入带宽，可以解决大规模连接带来的网络挑战。

NOMA 的另一个优点是，无须知道每个信道的信道状态信息（Channel State Information，CSI）就能够在高速移动的场景下获得更好的性能，并组建更好的移动节点回程链路。

4.3 滤波组多载波技术

在 OFDM 系统中，各个子载波在时域相互正交，它们的频谱相互重叠，因此具有较高的频谱利用率，一般被应用在无线系统的数据传输中，并且，无线信道的多径效应产生符号间的干扰（Inter Symbol Interference，ISI）。为了消除 ISI，可以在符号间插入保护间隔。插入保护间隔的一般方法是符号间置零，即发送第一个符号后停留一段时间（不发送任何信息），再发送第二个符号。在 OFDM 系统中，这种方法虽然减弱或消除了符号间干扰，但破坏了子载波间的正交性，导致子载波之间的干扰，即信道干扰（Inter Channel Interference，ICI）。因此，这种方法在 OFDM 系统中不能被采用。在 OFDM 系统中，为了既可以消除 ISI，又可以消除 ICI，通常保护间隔是由循环前缀（Cycle Prefix，CP）充当的。CP 是系统开销，不传输有效数据，从而降低了频谱效率。

而滤波器组多载波（Filter Bank Multi-Carrier，FBMC）利用一组不交叠的子载波实现多载波传输，FBMC 对于频偏引起的载波间干扰非常小，不需要 CP，较大地提高了频率效率。OFDMA 和 FBMC 的框架示意如图 4-2 所示。OFDM 和 FBMC 的波形对比如图 4-3 所示。

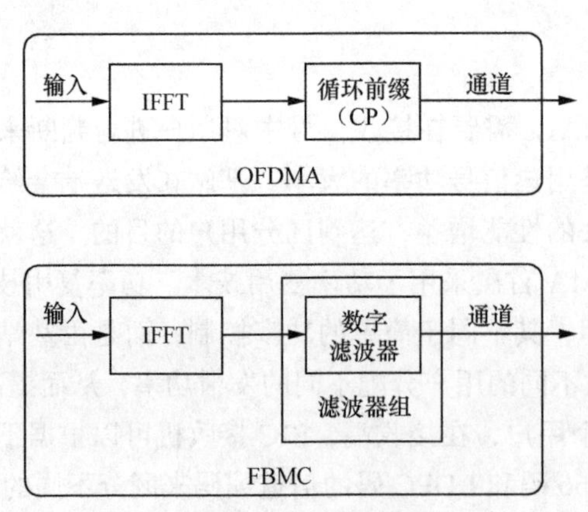

图4-2 OFDMA和FBMC的框架示意

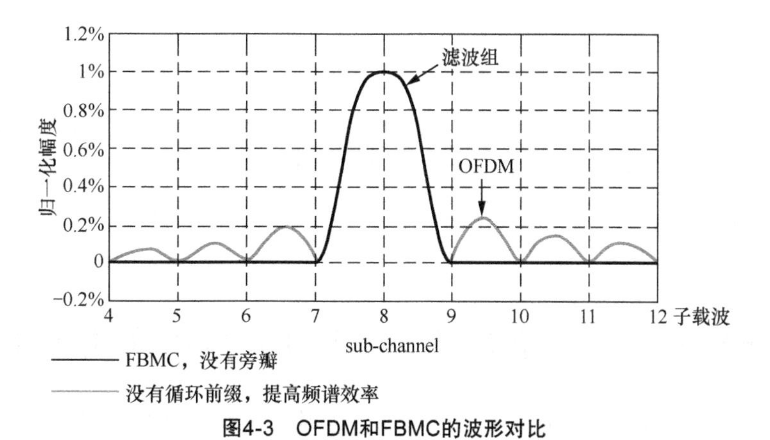

图4-3　OFDM和FBMC的波形对比

4.4 毫米波

毫米波即频率在 30 ～ 300GHz，波长在 1 ～ 10mm 的电磁波。由于有足够的可用带宽、较高的天线增益，毫米波技术可以支持超高的传输速率。根据 3GPP 协议规定，5G 网络主要使用两段频率：FR1 频段和 FR2 频段。FR1 频段的频率范围是 450MHz ～ 6GHz，又被称为 Sub-6GHz 频段；FR2 频段的频率范围是 24.25 ～ 52.6GHz，被称为毫米波。毫米波具备网络速率更高、传播更精准、受干扰可能性小的优势。

毫米波通信的特点如下。

① 极宽的带宽。毫米波频率范围覆盖广，可用的频谱带宽远大于低频段，开发空间广阔，通常载波带宽可达 400 ～ 800MHz，带宽最高达 273.5GHz，毫米波具有丰富的频谱资源的核心优势。

② 更快的速率。毫米波带宽最高达273.5GHz，无线传输速率可达10Gbit/s，满足5G应用对超大容量、高速、低时延的传输需求，能够大幅提高网络连接数，容纳更多用户数目，提升用户体验。

③ 更小的元器件。毫米波具备波长短、天线尺寸小的特点，相比于 Sub-6G 设备，毫米波设备更容易小型化，能够实现大规模阵列的小型化、轻量化。

④ 更窄的波束。毫米波频段能够提供的超大带宽保证更高的测时分辨粒度，且毫米波波长小，波束窄，依赖多天线波束赋形技术来减少路径损耗，具有方向性好、角度和空间分辨率较高等优势，更适合高精度室内定位。

5G 应用规模落地，成为数字经济换挡提速的新动力。新业务应用驱动无线网络能力从 Gbit/s 向 10Gbit/s 迁移，毫米波在拥堵的网络环境中能提供与中频段近乎同等质量的用户体验，能够在网络高负载情况下提供极致容量和超快速度，是应对系统容量、极致体验等挑战最经济高效的解决方案。而随着超大规模阵列天线（Extremely Large Antenna Array，ELAA）等技术的成熟，在降低成本的同时，毫米波连续覆盖将成为可能。毫米波技术在5G-A时代将突破关键瓶颈，从关键技术到产业生态，毫米波已具备商用条件。

高频段（毫米波）在5G时代的多种无线接入技术叠加型移动通信网络中有以下两种应用场景。

4.4.1 毫米波小基站：增强高速环境下移动通信的使用体验

在传统的多种无线接入技术叠加型网络中，宏基站与小基站均在低频段工作，出现了需要频繁切换的问题，用户体验差。为解决这个关键问题，在未来的叠加型网络中，宏基站将工作于低频段并作为移动通信的控制平面，毫米波小基站将工作于高频段并作为移动通信的用户数据平面。毫米波应用于小基站示意如图4-4所示。

图4-4　毫米波应用于小基站示意

4.4.2 基于毫米波的移动通信回程

毫米波应用于移动通信回程示意如图4-5所示，在采用毫米波信道作为移动通信的回程后，叠加型网络的组网将具有很大的灵活性，可以随时随地根据数据流量的增长需求部署新的小基站，并可以在空闲时段或轻流量时段灵活、实时地关闭某些小基站，从而达到节能降耗的效果。

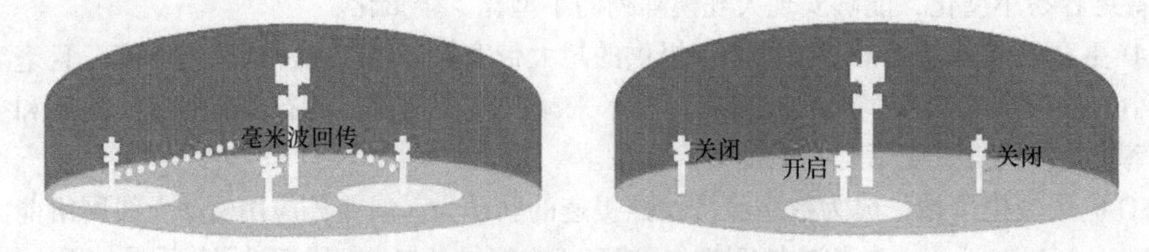

图4-5　毫米波应用于移动通信回程示意

4.5 大规模 MIMO 技术

MIMO 技术已经广泛应用于 Wi-Fi、LTE 等。从理论上看，天线越多，频谱效率和传输可靠性就越高。

具体而言，当前 LTE 基站的多天线只在水平方向排列，只能形成水平方向的波束，并且当天线数目较多时，水平排列会使天线总尺寸过大，从而导致安装困难。而 5G 的天线设计大幅提升了系统的空间自由度。而大规模天线系统（Large Scale Antenna System，LSAS）技术，同时在水平和垂直方向放置天线，增加了垂直方向的波束维度，并提高了不同用户间的隔离。5G 天线与 4G 天线对比如图 4-6 所示。同时，引入有源天线技术还将更好地提升天线的性能，降低天线耦合造成的能耗损失，使 LSAS 技术的商用成为可能。

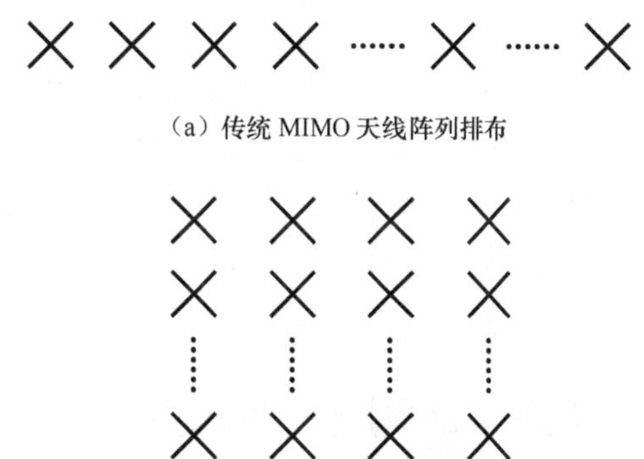
(a) 传统 MIMO 天线阵列排布

(b) 5G 中基于 Massive MIMO 的天线阵列排布

图4-6　5G天线与4G天线对比

LSAS 可以动态地调整水平方向和垂直方向的波束，因此可以形成针对用户的特定波束，并利用不同的波束方向区分用户。基于 3D 波束成形技术的用户区分如图 4-7 所示。基于 LSAS 的 3D 波束成形技术，可以提供更细的空域粒度，提高单用户 MIMO 和多用户 MIMO 的性能。同时，LSAS 技术的使用为提升系统容量带来了新的思路。例如，可以通过半静态地调整垂直方向波束，在垂直方向上通过垂直小区分裂（Cell Split）区分不同的小区，实现更大的资源复用。基于 LSAS 的小区分裂技术如图 4-8 所示。

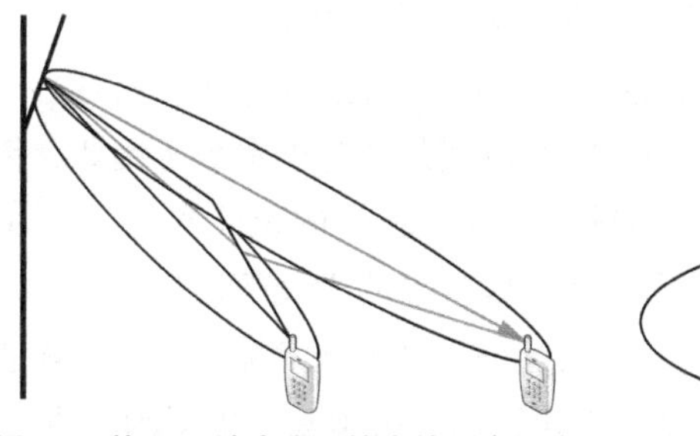
图4-7　基于3D波束成形技术的用户区分

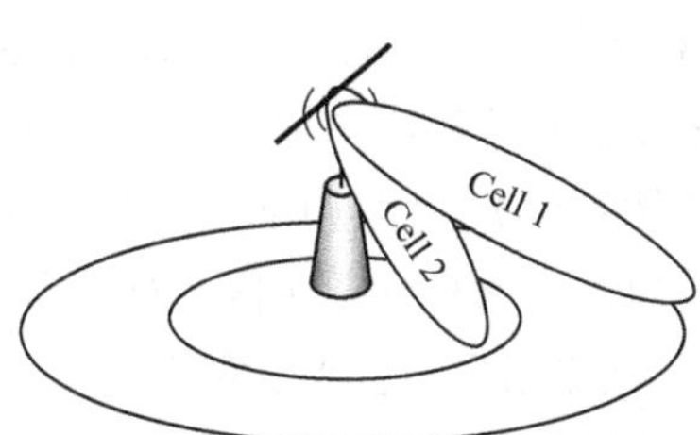

图4-8　基于LSAS的小区分裂技术

3D-MIMO 技术在原有的 MIMO 基础上增加了垂直维度，使波束在空间上三维赋形，避免了相互之间的干扰。配合大规模 MIMO，可实现多方向波束赋形。

5G基站天线数及端口数大幅增长，可支持配置上百根天线和数十个天线端口的大规模天线阵列，并通过多用户MIMO技术，支持更多用户进行空间复用传输，将5G系统的频谱效率提升几倍，用于在用户密集的高容量场景中提升用户体验。大规模多天线系统还可以控制每一个天线通道的发射（或接收）信号的相位和幅度，从而产生具有指向性的波束，以增强波束方向的信号，补偿无线传播损耗，获得赋形增益。赋形增益可用于提升小区覆盖，例如，广域覆盖、深度覆盖、高楼覆盖等。

大规模天线阵列还可用于毫米波频段，通过波束赋形、波束扫描、波束切换等技术补偿毫米波频段带来的额外传播损耗，使毫米波频段基站能够用于室外蜂窝移动通信。大规模天线还需要采用数模混合架构来减少毫米波射频器件的数量，降低大规模天线的器件成本。

大规模天线在提升性能的同时，设备成本、体积和重量比传统的无源天线有明显的增加。大规模天线模块化后易于安装、部署、维护，预期能够降低运营成本，并且易于组成不同天线形态，用于不同的应用场景。目前，3GPP在5G NR标准化中已经完成了针对模块化形态的大规模天线码本设计，并将继续推动技术产业化。

4.6 认知无线电技术

认知无线电（Cognitive Radio，CR）的概念起源于1999年约瑟夫·米托拉博士的奠基性工作。其核心思想是CR具有学习能力，能与周围的环境交互信息，以感知和利用在该空间的可用频谱，并限制和减少冲突的发生。它可以通过学习、理解等方式，自适应地调整内部的通信机理，实时改变特定的无线操作参数（例如，功率、载波调制和编码等），适应外部无线环境，自主寻找和使用空闲频谱。同时，它能帮助用户选择最合适的服务进行无线传输，甚至能够根据现有的或者即将获得的无线资源时延主动发起传送。

CR又被称为智能无线电，以灵活、智能、可重配置为显著特征，通过感知外界环境，并使用人工智能技术从环境中学习，有目的地实时改变某些操作参数（例如，传输功率、载波频率、调制技术等），使其内部状态适应接收到的无线信号的统计变化，从而高效利用在任何时间、任何地点的高可靠通信及对异构网络环境有限的无线频谱资源。

在CR中，次级用户动态地搜索频谱空穴进行通信，这种技术被称为动态频谱接入。在主用户占用某个授权频段时，次级用户必须从该频段退出，去搜索其他空闲频段，以完成次级用户的通信。

CR技术最大的特点就是能够动态地选择无线信道。在不产生干扰的前提下，手机通过不断地感知频率，选择并使用可用的无线频谱。

4.7 超密度异构网络

立体分层网络（HetNet）是指在宏蜂窝网络层中布放大量微蜂窝（MicroCell）、微微蜂窝（PicoCell）、毫微微蜂窝（FemtoCell）等接入点，满足数据容量的增长要求。

为应对未来持续增长的数据业务需求，采用密集异构网络部署成为应对当前无线通信发展面临挑战的一种方案。面对更加密集的中小区部署，小区的覆盖范围变得更小，终端在网络中移动时会频繁切换，传统的异构网络切换策略也不再适用。为了解决这种问题，3GPP提出用户面与控制面分离的方案。同时，在密集小区部署中，可能无法保证所有的小区都有有线部署的回程线路。即使有连接，回程线路的时延和容量会与宏基站之间的回程线路相差很多。但是，随着小区密度的增加，整个网络拓扑变得更复杂，不可避免地带来了严重的干扰问题。基站间干扰会对异构网络的整体性能造成影响，因此，需要进行有效的干扰管理，协调抑制小区间的干扰，从而提高异构网络的性能，特别是小区边缘用户的性能。

小区范围的缩小带来的好处是频谱在空间上的重用，并降低每个BS下用户的数目，减少对资源的竞争。但是网络并不是越密越好，若密度大，则会面临以下问题。

① 站点密度提高后，BS的负载变小，BS的功率也会降低。

② UE和BS间的关联会存在困难，特别是当面对多个RAT时。

③ 移动性管理会是一个挑战，特别是当UE穿过HetNet时。

④ 安装、维护、回程线路的成本会更高。

密集小区技术增加了网络的灵活性，可以针对用户的临时性需求和季节性需求快速部署新的小区。在这个技术背景下，网络架构将形成“宏蜂窝 + 长期微蜂窝 + 临时微蜂窝”的网络架构。超密集网络组网的网络架构如图4-9所示。这个结构将大幅降低网络性能对于网络前期规划的依赖，为5G时代实现更加灵活自适应的网络提供保障。

到了5G时代，更多的物—物连接接入网络，HetNet的密度将大幅增加。与此同时，小区密度的增加也会带来网络容量和无线资源利用率的大幅提升。仿真表明，当宏小区用户数为200时，只需将微蜂窝的渗透率提高到20%，就可能带来理论上1000倍的小区容量提升，超密集组网技术带来的系统容量提升如图4-10所示。同时，这一性能的提升会随着用户

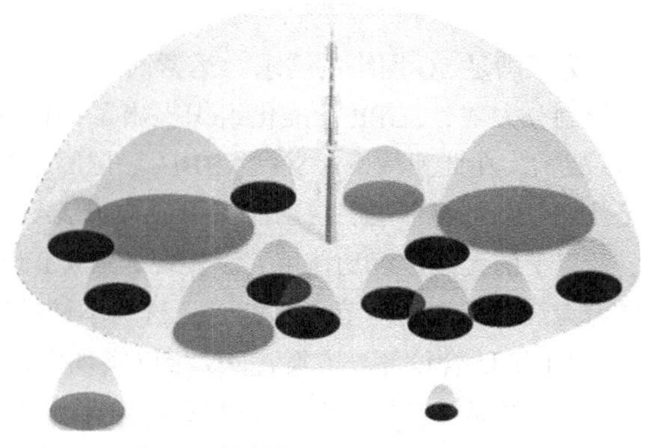

图4-9　超密集网络组网的网络架构

数量的增加而更加明显。考虑到5G主要的服务区域是城市中心等人员密度较大的区域，因此，这个技术将给5G的发展带来巨大的潜力。当然，密集小区带来的小区间干扰也将成为5G面临的重要技术难题。目前，在这个领域的研究中，除了传统的基于时域、频域、功率域的干扰协调机制，3GPP R11提出了进一步增强的小区干扰协调（enhanced Inter-Cell Interference Coordination，eICIC）技术，包括特定参考信号（Cell-specific Reference Signal，CRS）抵消技术、网络侧的小区检测和干扰消除技术等。上述eICIC技术均在不同的自由度上通过调度使相互干扰的信号互相正交，从而消除干扰。此外，还有一些新技术也为干扰管理提供了新的手段，例如，认知技术、干扰消除技术、干扰对齐技术等。随着相关技术难题被解决，在5G中，密集网络技术得到更加广泛的应用。

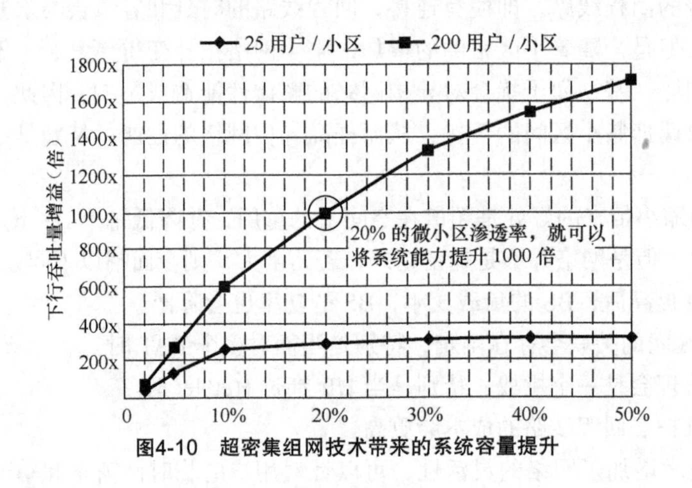

图4-10　超密集组网技术带来的系统容量提升

4.8 无线网 CU/DU 网络架构

为了满足5G网络的需求，运营商、主设备厂商等提出多种无线网络架构。按照协议功能划分方式，3GPP标准化组织提出了面向5G的无线接入网功能重构方案，引入CU/DU架构。在此架构下，5G的BBU基带部分被拆成CU和DU两个逻辑网元，而射频单元及部分基带物理层底层功能与天线构成AAU。3GPP确定了CU/DU划分方案，即PDCP层及以上的无线协议功能由CU实现，PDCP以下的无线协议功能由DU实现。CU与DU作为无线侧逻辑功能节点，可以映射到不同的物理设备上，也可以映射到同一物理实体。对于CU/DU合设部署方案，DU难以实现虚拟化，CU虚拟化目前存在成本高、代价大的挑战；分离部署方案适用于mMTC小数据包业务，有助于避免NSA组网双链接下的路由迂回，而SA组网无路由迂回问题，因此初期可采用CU/DU合设部署方案。CU/DU合设部署方案可节省网元，减少规划与运维的复杂度，降低部署成本，降低时延（无须中传），可缩短建设周期。

从长远来看，根据业务应用的需要逐步向 CU/DU/AAU 三层分离的新架构演进。因此要求现阶段的 CU/DU 合设设备采用模块化设计，易于分解，方便未来实现 CU/DU 分离的架构。同时，还需要实现通用化平台的转发能力的提升、与现有网络管理的协同、CU/DU 分离场景下移动性管理标准流程的进一步优化等问题。

设备厂商在 DU 和 AAU 之间的接口存在较大的差异，难以标准化。在部署方案上，目前主要存在通用公共无线电接口（Common Public Radio Interface，CPRI）与 eCPRI 两种方案。当采用传统 CPRI 接口时，前传速率需求基本与 AAU 天线端口数呈线性关系，以 100MHz/64 端口 /64QAM 为例，需要 320Gbit/s，即使考虑 3.2 倍的压缩，速率需求也已经达到 100Gbit/s。当采用 eCPRI 接口时，速率需求基本与 AAU 支持的流数呈线性关系，同条件下速率需求将降到 25Gbit/s 以下，因此 DU 与 AAU 接口首选 eCPRI 方案。

4.9　5G 新通话

5G 新通话（Voice over NR，VoNR）是 5G 网络的主流话音解决方案，是指由 5G NR、5G Core 和 IMS 端到端承载语音业务。NR 只是 5G 网络的无线接入网部分，而 5G 系统（5G System，5GS）包含了 5G NR 和 5G Core，VoNR 又被称为 Vo5G（Voice over 5GS）。5G 新通话解决方案如图 4-11 所示。

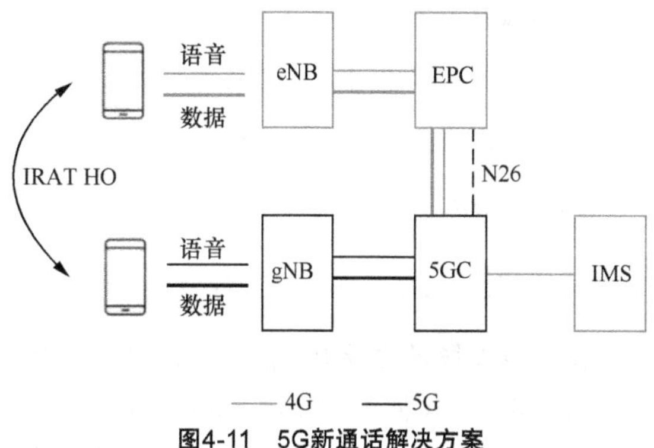

图4-11　5G新通话解决方案

VoNR 是指由 5G 网络端到端承载语音业务。5G 网络提供了更大的带宽、更多的连接数及更低的时延，使 VoNR 不仅可以提供高清音频、高清视频通话，还可以让通话双方进行实时交互，在大幅提升用户体验的同时，还可以在 ToB 场景下实现更多的功能。从用户体验角度看，VoNR 具有语音通话质量好、接续时延低、可边通话边进行 5G 高速上网等优势。

为实现快速推进 5G 新通话业务、提升用户通话体验，可结合终端产业链发展进程，分阶段推广新通话业务，逐步提升新通话用户体验。

基于 VoNR 终端增强可视化服务体验：基于 VoNR 终端提供的视频通话能力，通过网络增强音 / 视频 AI 的处理能力，提升新通话的可视化服务体验。

基于“VoNR+ 终端”打造全新交互服务体验：基于 IMS 数据通道（IMS Data Channel，

IMS DC）能力，全面升级终端和网络，支持云端到用户、用户到用户之间各类型数据实时交互的能力，在音/视频通话基础上，打造全新交互服务体验。

基于成熟的IMS技术和IMS网络，运营商能够为用户提供丰富的多媒体通信业务。面向未来业务发展，IMS网络持续向着架构革新、灵活部署、多场景适配等方向演进，并通过能力开放、深度介入第三方业务，开拓新的行业市场应用。5G新通话业务突破听觉和视觉一维、二维的限制，致力于通过通话入口融合AR/VR、全息等5G应用，增加触觉等交互式和三维沉浸式的新体验。

4.10 高容量通信（载波聚合）

近年来，随着5G用户渗透率的提高，大带宽、大速率业务和场景需求越来越多。例如视频通话业务（VoNR）、云VR、扩展现实（Extended Reality、XR）、媒体高清视频回传、视频直播业务、辅助驾驶等。这些业务对上下行带宽和传输速率等有很高的要求，传统5G网络无法很好地满足需求，迫切需要发展高容量通信，实现万兆下行、千兆大上行的极致体验。大带宽业务需求见表4-2。

表4-2 大带宽业务需求

业务	方向	下行速率/（Mbit/s）	上行速率/（Mbit/s）
VoNR	上下行	10	10
云VR	下行	100～200	20～50
XR	下行	1000（16K）	50
媒体高清回传	上行	—	400～600
辅助驾驶	上行	—	192～576

围绕重点场景质量提升需求，通过载波聚合（Carrier Aggregation，CA）打造标杆、助力品牌价值。CA源于LTE-Advanced系统，引入增加传输带宽的技术，满足单用户峰值速率和系统容量提升的要求。它可以将多个独立的载波聚合在一起，从而增加可用资源，提高数据传输速率。

在5G-A中，CA可以显著提升用户体验速率，3CC基于传统CA技术，通过将两个或两个以上的分量载波聚合起来获得更大带宽。UE配置了载波聚合之后，能够同时与多个小区进行数据收发，深度协同高低频多载波能力，进一步提升用户感知与体验，带来万兆下行、千兆大上行的极致体验，满足用户更高的业务需求。3CC解决方案如图4-12所示。

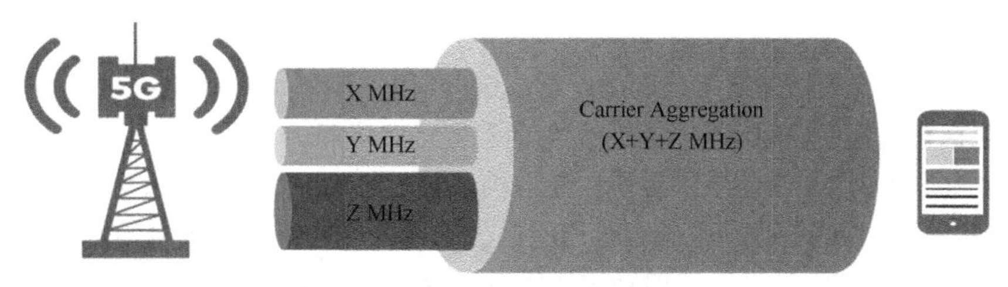

图4-12　3CC解决方案

CA部署场景：基于业务密度和品牌示范，聚焦在密集城区、高铁、机场、交通枢纽、医院、商圈、高校等重点场景，满足用户上下行体验速率提升和测速需求，打造万兆速率体验和品牌形象。

CA部署方案：包括2CC（双载波聚合）和3CC（三载波聚合）。

① 2CC：3.5GHz单载波基站软扩（增加基带资源和载波软件）。

② 3CC：3.5GHz基础上叠加2.1GHz基站，或在2.1GHz基础上叠加3.5GHz基站。

CA的优势如下。

提高吞吐量：CA可以通过整合连续或者非连续的频率，实现可用带宽的叠加，从而增加终端吞吐量，提升速率体验。可满足上下行大带宽典型业务速率需求，围绕重点场景提升质量，带来差异化体验。

提升资源利用率：CA的主辅小区可以实现更加灵活的调度，充分利用各载波空闲资源形成高效分流，保证资源利用率最大化。

提高覆盖率：CA相关控制信息可以通过主载波发送，从而利用主载波的上行覆盖优势，提高小区的整体覆盖率。

4.11 通信与感知融合技术

通信与感知融合技术能够通过无线信号的通信和感知能力，对区域环境、目标物体、事物状态等进行探测而获得相应的感知结果，包括测距、测角、测速、成像、检测、辨别、定位、追踪等功能，从而实现对物理世界的感知探索。

随着大带宽、毫米波、大规模MIMO技术的引入，5G系统已经拥有了感知潜力。5G-A主要基于当前5G网络系统通信叠加感知能力，通过划分专用感知资源、增强现有通信信号、增加感知控制和计算网元、扩展现有网络接口协议来实现网络感知能力，服务于基础的感知应用。通信与感知融合中的感知可理解为一种基于移动通信系统的无线感知技术。通过对目标区域或物体发射无线信号，并对接收的无线信号进行分析得到相应的感知测量数据。还可对其他感知技术（例如摄像头、雷达等）的感知测量数据进行汇聚和分析，联合提供感知服务。

通信与感知融合是未来通信技术的重要演进方向之一，为通信网络提供新的基础能力，应用场景包括智慧低空、智慧交通、智慧生活、智慧网络等。

智慧低空场景借助5G网络，使低空无人机发展迈向全新阶段，无人机能全天候、全空域执行侦察、预警、通信等多种任务。同时，无人机也可广泛应用于航拍、警力、城市管理、农业、地质、气象、电力、抢险救灾等垂直行业。智慧低空场景通过整合通信、感知和智算技术，对无人机提供避障和路径管理，确保低空空域的安全与高效运行，为安全低空提供精准的参考依据。

智慧交通场景通感融合应用包括高精地图构建、道路监管和高铁周界入侵检测。针对高清地图构建，一是利用通信感知融合基站或者多站协同实现对道路环境的感知；二是通过端侧实时环境感知信息的测量反馈，应用高级驾驶辅助系统（Advanced Driving Assistance System，ADAS）提高驾驶的舒适性和安全性。针对道路监管和高铁周界入侵检测应用，利用基站高视角或者多站协同来扩大感知范围，实现全方位、全天候、不间断地感知并将感知信息上传至处理中心。

在智慧生活场景中，典型的通感融合应用包括呼吸监测、入侵检测、手势/姿态识别、健身监测和天气监测。其中天气监测主要基于室外基站感知来测量空气湿度、雨量等天气表征因子。

在智慧网络场景中，典型的通感融合应用包括基站和终端波束管理、信道估计增强、基站和终端节能、基站资源调度与优化。智慧网络场景可借助上行或下行信号的感知信息辅助提升通信系统性能。

4.12 低空通信网络

低空通信网络是低空经济实现信息化、数字化和智能化的基础，低空通信网络是低空经济的基石，低空感知网络与政府规划、地方政策和行业需求相关，是亟须的重要能力储备。低空覆盖重点聚焦300米以下，目前，国内运营商在政策指引下积极布局低空网络建设。一方面利用5G增强技术，强化原有5G高速率、低时延、广连接的三角能力建设一张低空通信网，满足无人机网联控制及视频回传等业务需求。另一方面，通过通信与感知融合技术、智算一体、空地一体三大能力，实现对无人机飞行轨迹的实时精准定位跟踪，对闯入或撤离电子围栏区域的“黑飞”无人机进行主动、有效的防控。

通过空地一体低空通信网络，无人机可以在空中实时采集数据并将数据传输至地面处理中心，由地面强大的算力资源进行分析，同时根据地面的避障指引和飞行路径管理，确保飞行活动的安全性。此外，空地一体低空网络的感知系统可以基于通信与感知融合技术，利用通信感知融合基站或者多站协同实现对特定区域的全天候、不间断地探测低空场景无人机的出现或邻近、跟踪无人机的移动轨迹和移动速度，为无人机飞行提供导航辅助，识别潜在飞行风险和无授权的活动，以实现对非法进入的无人机进行监管，对无人机提供避障和路径管理，确保低空空域的安全与高效运行，为安全低空提供精准参考依据。

4.13 RedCap

3GPP R17定义了RedCap[1]的技术标准，并在2022年6月冻结。在技术特性上，RedCap介于eMBB、LPWA[2]和NB-IoT等之间。RedCap是5G的简配版本，是在5G基础上对部分功能进行“裁剪”后形成的新技术标准。此前，RedCap被称为NR Light或“轻量化5G”。RedCap技术能力如图4-13所示。

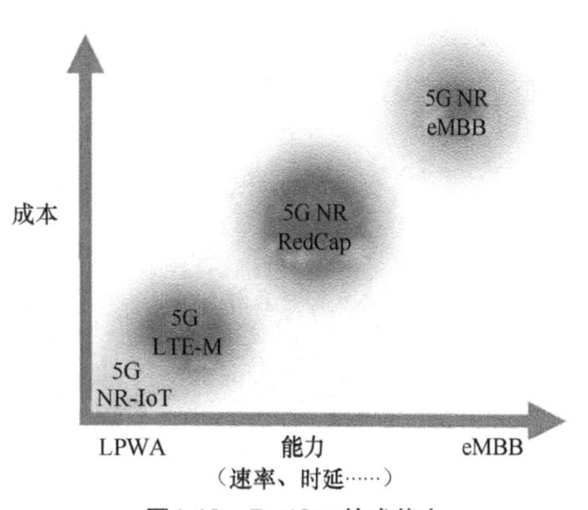

图4-13 RedCap技术能力

RedCap主要针对的是带宽、功耗、成本等需求都基于eMBB和LPWA之间的应用。它的带宽速率低于eMBB，但是远高于LPWA。它的功耗和成本高于LPWA，但是却又远低于eMBB。

1. RedCap技术特点

3GPP R17引入RedCap，目的在于降复杂度、降成本、降功耗，RedCap在复杂度、成本、功耗等方面的精简如图4-14所示。

RedCap技术特点	基本功能描述	成本收益
收窄UE支持带宽	FR1，100 MHz→20 MHz； FR2，800 MHz→100 MHz	降16%～33%
降低UE RX/TX天线数	FR1 FDD Rx2→1 FR1 TDD Rx4→2→1	降 26%～46%
减少MIMO流数	FR1 FDD2→1层， FR1 TDD4→2→1层	降11%～17%
支持HD-FDD	半双工typeA可选	降7%
降低调制方式	256QAM→64QAM， 可选DL 256QAM	降6%
eDRX&RRM测量放松	长服务周期的静态终端的功耗降低	

复杂度下降60%

成本减少2～5倍

功耗下降50%

图4-14 RedCap在复杂度、成本、功耗等方面的精简

1. RedCap（Reduced Capability，降低能力）。
2. LPWA（Low-Power Wide Area Network，低功耗广域网）。

2. RedCap 应用场景

RedCap 聚焦中速物联网高价值应用场景，分别为：工业传感器、视频监控、可穿戴设备。蜂窝物联网总览如图 4-15 所示，从图中可见 RedCap 在物联网中的生态体系和应用场景。

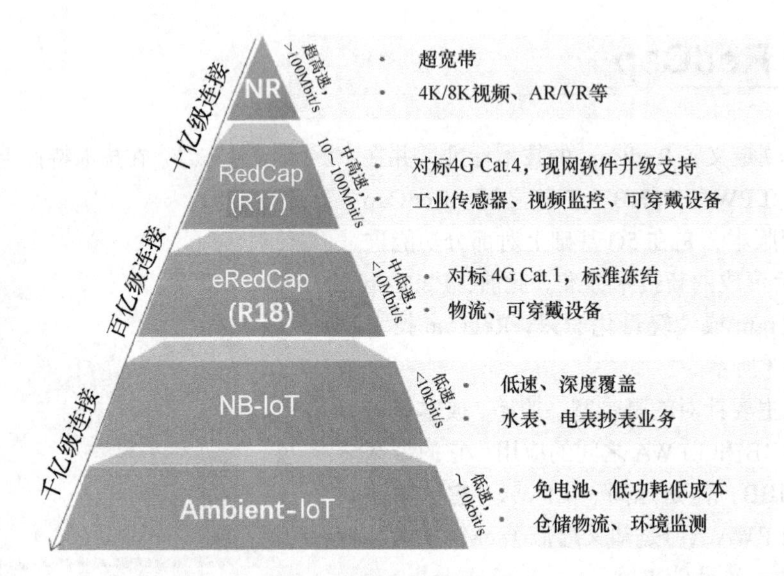

图4-15　蜂窝物联网总览

RedCap 应用场景参数特征见表 4-3。

表 4-3　RedCap 应用场景参数特征

应用场景	时延	可靠性	速率	电池寿命
工业传感器	＜100 毫秒	99.99%	2Mbit/s	几年
视频监控	＜500 毫秒	99%～99.99%	经济型 2～4Mbit/s	—
			高端型 7.5～25Mbit/s	
可穿戴设备	—	—	DL/UL 50/5Mbit/s	1～2 周

① 工业传感器。

网络能力：时延可靠性要求高、速率要求较低、连接数量多。

商用特征：B2B 业务、规模大、价格敏感。

② 视频监控。

网络能力：单用户速率为经济型 2～4Mbit/s、高端型 7.5～25Mbit/s，单小区 10～20 个并发用户，小区上行容量要求高。

商用特征：B2B 业务、规模大、价格敏感。

③ 可穿戴设备。

网络能力：要求城区室外道路连续覆盖，功耗低。

商用特征：个人业务，有一定规模，待机时长要求高，价格较低。

4.14 无源物联网

无源物联网是比 NB-IoT 功耗更低、成本更低的物联网技术，是一项面向低速率物联网连接需求的技术。它的物联网终端节点免电池，成本更低，连接规模更加庞大，将达到数百亿，甚至千亿连接市场。

无源物联网主要应用场景有资产盘存及定位、物流追踪、高压电力监测、工业无线传感、轨道监测、移动可穿戴设备等。

4.15 内生智能

随着 5G 的演进，网络会变得更加复杂。对于复杂的网络，沿用传统的人工干预和决策是不现实的，必须引 AI 技术。推动无线网络与 AI 技术融合，引入 AI 技术构建 5G 网络智能化，提升频谱效率和运营效率，通过 5G 网络智能化适配实现高质量的多样业务，内生智能应运而生。

AI 是 RAN 走向更高效率、更优性能的赋能工具，需要在智能节能、智能体验保障、意图驱动及自治网络方向持续探索和演进。加强生态合作，探寻“AI+5G”的业务创新及价值提升，推进“AI+5G”的产业生态培育，增强云化网络与 AI 的深度融合，提升网络性能，挖潜价值。通过内生智能，对服务趋势和网络资源趋势进行预测，实现对网络和环境的实时感知；基于多服务、多目标自优化，实现智能决策；提升无线智能水平。

第5章

Chapter Five

5G关键算法与参数设置

5.1 小区选择和重选

5.1.1 概述

RRC_IDLE 状态和 RRC_INACTIVE 状态可分为以下 3 个阶段。

① PLMN 选择。

② 小区选择和重选。

③ 位置注册和 RNA 更新。

PLMN 选择、小区选择和重选，以及位置注册的 RRC_IDLE 状态和 RRC_INACTIVE 状态都是相同的。RNA 更新仅适用于 RRC_INACTIVE 状态。当 UE 接通时，NAS 选择 PLMN。对于所选择的 PLMN，可以设置相关联的 RAT。

通过小区选择，UE 搜索所选 PLMN 的合适小区，选择该小区以提供可用服务，并监视其控制信道，该过程被称为小区驻留。若有需要，UE 通过 NAS 注册过程在所选小区的跟踪区域中注册。位置注册成功后，所选择的 PLMN 成为注册的 PLMN。

如果 UE 找到更合适的小区，则根据小区重选标准，UE 重新选择该小区并驻留在该小区。如果新小区不在 UE 注册的跟踪区域列表中，则执行位置更新注册流程。在 RRC_INACTIVE 状态中，如果新小区不属于配置的 RNA，则执行 RNA 更新流程。若有需要，则搜索更高优先级的 PLMN。同时，如果 NAS 已经选择了另一个 PLMN，则应搜索合适的小区。

NAS 可以控制在其中执行小区选择的 RAT，UE 通过指示与所选择的 PLMN 关联的 RAT，以及通过维护禁止注册区域的列表和等效 PLMN 的列表，并基于 RRC_IDLE 或 RRC_INACTIVE 的状态测量和小区选择标准来选择合适的小区。

为了加速小区的选择过程，UE 可以使用多个 RAT 的存储信息。当驻留在小区时，UE 根据小区重选标准定期搜索更好的小区。如果找到更好的小区，则选择该小区。小区的变化可能意味着 RAT 的变化。

如果 UE 离开了注册的 PLMN 的覆盖范围，则自动选择新 PLMN（自动模式），或者由用户给出可用 PLMN 的指示，执行手动选择（手动模式）。

5.1.2 小区选择

5.1.2.1 小区选择过程

通过以下两个过程之一进行小区选择。

1. 初始小区选择

初始小区选择的要点如下。

① UE 根据其能力扫描 NR 频带中的所有 RF 信道，以找到合适的小区。

② 在每个载波频率上，UE 只需要搜索最强的小区即可。

③ 一旦找到合适的小区，应该选择该小区。

2. 利用存储的信息选择小区

利用存储的信息选择小区的要点如下。

① 该过程需要存储载波频率的信息，并且还要利用先前接收的测量控制消息及先前检测的小区信元参数信息。

② 一旦 UE 找到合适的小区，UE 应该选择该小区。

③ 如果没有找到合适的小区，则应该开始将小区选择过程初始化。

5.1.2.2 小区选择标准

满足正常覆盖范围内的小区选择标准 S：

$$Srxlev > 0 \text{ AND } Squal > 0$$

其中：

$$Srxlev = Q_{\text{rxlevmeas}} - (Q_{\text{rxlevmin}} + Q_{\text{rxlevminoffset}}) - P_{\text{compensation}} - O_{\text{offsettemp}}$$

$$Squal = Q_{\text{qualmeas}} - (Q_{\text{qualmin}} + Q_{\text{qualminoffset}}) - O_{\text{offsettemp}}$$

小区选择参数见表 5-1。

表 5-1 小区选择参数

参数	释义
Srxlev	小区选择 RX 电平值（dB）
Squal	小区选择质量值（dB）
$Q_{\text{offsettemp}}$	临时应用指定的小区的偏移量（dB）
$Q_{\text{rxlevmeas}}$	测量的小区 RX 水平值（RSRP）
Q_{qualmeas}	测量的小区质量值（RSRQ）

续表

参数	释义
$Q_{rxlevmin}$	小区中所需的最低 RX 电平（dBm）。如果 UE 支持该小区的 SUL 频率，则 $Q_{rxlevmin}$ 从 SIB1、SIB2 和 SIB4 中的 q-rxlevminul（如果存在）中获得。此外，如果相关小区的 SIB3 和 SIB4 中存在 $Q_{rxlevminoffset}$CellSUL，则将该小区特定偏移量添加到相应的 $Q_{rxlevmin}$ 中以实现相关小区中所需的最小 RX 电平；否则，q-RxLevMin 从 SIB1、SIB2 和 SIB4 中的 q-RxLevMin 获得。此外，如果 $Q_{rxlevminoffset}$Cell 存在于 SIB3 和 SIB4 中，则该单元特定偏移量将添加到相应的 $Q_{rxlevmin}$ 中，以实现相关单元中所需的最小 RX 电平
$Q_{qualmin}$	小区中所需的最低质量等级（dB）
$Q_{rxlevminoffset}$	根据 TS 23.122[9] 的规定，当在 VPLMN 中正常驻留时，定期搜索更高优先级的 PLMN，在 *Srxlev* 评估中考虑信号的 $Q_{rxlevmin}$ 的偏移量
$Q_{qualminoffset}$	根据 TS 23.122[9] 的规定，当在 VPLMN 中正常驻留时，周期性地搜索更高优先级 PLMN，在 *Squal* 评估中考虑信号 $Q_{qualmin}$ 的偏移量
$P_{compensation}$	如果 UE 支持 NR NS PmaxList 中的 additionalPmax，如果存在，则在 SIB1、SIB2 和 SIB4 中：max（PEMAX1–PPOWERCLASS，0）–[min（PEMAX2，PPOWERCLASS）–min（PEMAX1，PPOWERCLASS）]（dB）； 其他：max（PEMAX1–PPOWERCLASS，0）（dB）

5.1.3 小区重选

5.1.3.1 小区重选原则

为了重选而评估非服务小区的 Srxlev 和 Squal，UE 应使用由服务小区提供的参数。UE 使用以下规则来进行重选测量。

如果服务小区满足 Srxlev>SIntraSearchP 和 Squal>SIntraSearchQ，则 UE 可以选择不执行频率内测量。否则，UE 应执行频率内测量。

UE 应对 NR 频率和 RAT 频率使用以下规则，在系统信息中指示并且 UE 具有相应的优先级。

对于具有高于当前 NR 频率的重选优先级的 NR 频率或 RAT 频率，UE 应执行更高优先级的 NR 频率或 RAT 频率的测量。

对于具有与当前 NR 频率的重选优先级相等或更低的重选优先级的 NR 频率，以及具有比当前 NR 频率的重选优先级更低的重选优先级的 RAT 频率，如果服务小区满足 Srxlev>SnonIntraSearchP 和 Squal>SnonIntraSearchQ，则 UE 选择不执行相同、更低优先级的 NR 频率、RAT 频率小区的测量。否则，UE 应执行具有相同或更低优先级的 NR 频率或 RAT 频率小区的测量。

5.1.3.2 NR 频率和 RAT 间小区重选标准

如果 ThreshServingLow*Q* 在系统信息中广播，并且自 UE 驻留在当前服务小区已超时 1s，在下列情况中，将执行对比服务频率更高优先级的 NR 频率或 RAT 间频率小区的小区重选。

在时间间隔 TreselectionRAT 期间，具有较高优先级 NR 或 EUTRAN RAT/ 频率的小区满足 Squal>Thresh*X*，High*Q*。

如果出现以下情况，则应执行对服务频率高于优先级 NR 频率或 RAT 间频率小区的小区重选。在时间间隔 TreselectionRAT 期间，优先级较高的 RAT/ 频率的小区满足 Srxlev>Thresh*X*，High*P*；自 UE 驻留在当前服务小区后已超时 1s。

如果 ThreshServingLow*Q* 在系统信息中广播，并且自 UE 驻留在当前服务小区后已超时 1s，则在以下情况下将执行对比服务频率低的优先级 NR 频率或 RAT 间频率小区的小区重选。服务小区在时间间隔 TreselectionRAT 期间满足 Squal<Thresh 服务，Low*Q*，并且较低优先级 NR 或 E-UTRANRAT/ 频率的小区满足 *Squal>ThreshX*，Low*Q*。

如果出现以下情况，则应执行对服务频率低于优先级 NR 频率或 RAT 间频率小区的小区重选：服务小区在时间间隔 TreselectionRAT 期间满足 Srxlev<Thresh 服务，Low*P* 并且较低优先级 RAT/ 频率的小区满足自 UE 驻留在当前服务小区以来已超时 1s。

如果具有不同优先级的多个小区满足小区重选标准，则对较高优先级 RAT/ 频率的小区重选应优先于较低优先级 RAT/ 频率。

5.1.3.3 频内和同优先频率间小区重选标准

服务小区的小区排序标准 R_s 和相邻小区的 R_n 由下式定义。

$$R_s = Q_{\mathrm{meas,s}} + Q_{\mathrm{hyst}} - O_{\mathrm{offsettemp}}$$

$$R_n = Q_{\mathrm{meas,n}} + Q_{\mathrm{offset}} - O_{\mathrm{offsettemp}}$$

小区重选参数见表 5-2。

表 5-2 小区重选参数

参数	用途
Q_{meas}	用于小区重选的 RSRP 测量
Q_{offset}	对于频率内：如果 $Q_{\mathrm{offset}_{s,n}}$ 有效，等于 $Q_{\mathrm{offset}_{s,n}}$；如果无效，则等于零
	对于频率间：如果 $Q_{\mathrm{offset}_{s,n}}$ 有效，等于 $Q_{\mathrm{offset}_{s,n}}$ 加 $Q_{\mathrm{offsetfrequency}}$，否则，等于 $Q_{\mathrm{offsetfrequency}}$
$Q_{\mathrm{offsettemp}}$	临时应用于指定的单元格的偏移量

UE 应执行满足小区选择标准 S 的所有小区的排名。

通过导出 Q_{meas}，正和 $Q_{\mathrm{meas,\,s}}$ 并使用平均 RSRP 结果计算 *R* 值，应根据上面指定的 *R* 标准对小区进行排序。如果未配置 Range To BestCell，则 UE 应该对被列为最佳小区的小区执行小区重选。如果配置了 Range To BestCell，则 UE 应该对按照 *R* 标准被列为最佳小区并且具有高于阈值的最大波束数（即 absThreshSS-Consolidation）的小区执行小区重选。如果存在多个这样的小区，则 UE 应该对其中排名最高的小区执行小区重选。重新选择的小区成为排名最高的小区。

在所有情况下，仅当以下条件满足时，UE才应重新选择小区。

① 在该时间间隔Treselection RAT期间，新小区比服务小区更好地排名RAT。

② 自UE驻留在当前服务小区以来的时间已超过1s。

5.1.3.4 小区重选参数

小区重选参数在系统信息中广播，具体如下。

$C_{\text{Cell Reselection Priority}}$：指定了NR频率或E-UTRAN频率的绝对优先级。

$Q_{\text{offset, n}}$：指定了两个小区之间的偏移量。

$Q_{\text{offsetfrequency}}$：相同优先级NR频率的特定偏移。

Q_{HYST}：指定了排名标准的滞后值。

Q_{qualmin}：指定了小区中所需的最低质量等级，单位为dB。

Q_{rxlevmin}：指定了小区中所需的最小Rx电平，单位为dBm。

$T_{\text{reselectionRAT}}$：指定了小区重选计时器值。对于每个目标NR频率和除NR之外的每个RAT，定义小区重选定时器的特定值，其在评估NR时或向其他RAT重选时适用（即NR的$T_{\text{reselectionRAT}}$是$T_{\text{reselectionNR}}$，用于EUTRAN$T_{\text{reselectionEUTRA}}$）。注意：$T_{\text{reselectionRAT}}$不在系统信息中广播，而是在UE的重选规则中用于每个RAT。

$T_{\text{reselectionNR}}$：指定NR的小区重选定时器值$T_{\text{reselectionRAT}}$，可以根据NR频率设置参数。

$T_{\text{reselectionEUTRA}}$：指定了E-UTRAN的小区重选定时器值$T_{\text{reselectionRAT}}$，可以根据E-UTRAN频率设置参数。

$T_{\text{hreshX, HighP}}$：指定了UE在重新选择比当前服务频率更高优先级的RAT/频率时使用的Srxlev阈值（以dB为单位），NR和E-UTRAN的每个频率可能具有特定阈值。

$T_{\text{HRESHX, HighQ}}$：指定了UE在重新选择比当前服务频率更高优先级的RAT/频率时使用的Squal阈值（以dB为单位），NR和E-UTRAN的每个频率可能具有特定阈值。

$T_{\text{HRESHX, LowP}}$：指定了UE在重新选择比当前服务频率更低优先级RAT/频率时使用的Srxlev阈值（以dB为单位），NR和E-UTRAN的每个频率可能具有特定阈值。

$T_{\text{HRESHX, LowQ}}$：指定了UE在重新选择比当前服务频率更低优先级RAT/频率时使用的Squal阈值（以dB为单位），NR和E-UTRAN的每个频率可能具有特定阈值。

$T_{\text{hreshServing, LowP}}$：指定了当向较低优先级RAT/频率重选时，UE在服务小区上使用的Srxlev阈值（以dB为单位）。

$T_{\text{hreshServing, LowQ}}$：指定了当向较低优先级RAT/频率重选时UE在服务小区上使用的Squal阈值（以dB为单位）。

$S_{\text{IntraSearchP}}$：指定了频率内测量的Srxlev阈值（以dB为单位）。

$S_{\text{IntraSearchQ}}$：指定了频率内测量的Squal阈值（以dB为单位）。

$S_{nonIntraSearchP}$：指定了 NR 频率间和 RAT 间测量的 Srxlev 阈值（以 dB 为单位）。

$S_{nonIntraSearchQ}$：指定了 NR 频率间和 RAT 间测量的 Squal 阈值（以 dB 为单位）。

5.2 小区接入

5.2.1 双连接技术原理

EUTRA-NR 双连接（EUTRA-NR Dual Connectivity，EN-DC）是具备多 Rx/Tx 能力的 UE 使用两个不同的网络节点（MeNB 和 SgNB）上的不同调度的无线资源。其中，一个提供 EUTRAN 接入，另一个提供 NR 接入；一个调度器位于 MeNB 侧，另一个调度器位于 SgNB 侧。

在 EN-DC 双连接场景中，UE 连接到作为主节点的 eNB 和作为辅节点的 gNB 上，其中，eNB 通过 S1-MME 和 S1-U 接口分别连接到 MME 和 SGW，并同时通过 X2-C 和 X2-U 接口连接到 gNB，gNB 也可以通过 S1-U 接口连接到 SGW。双连接架构如图 5-1 所示。

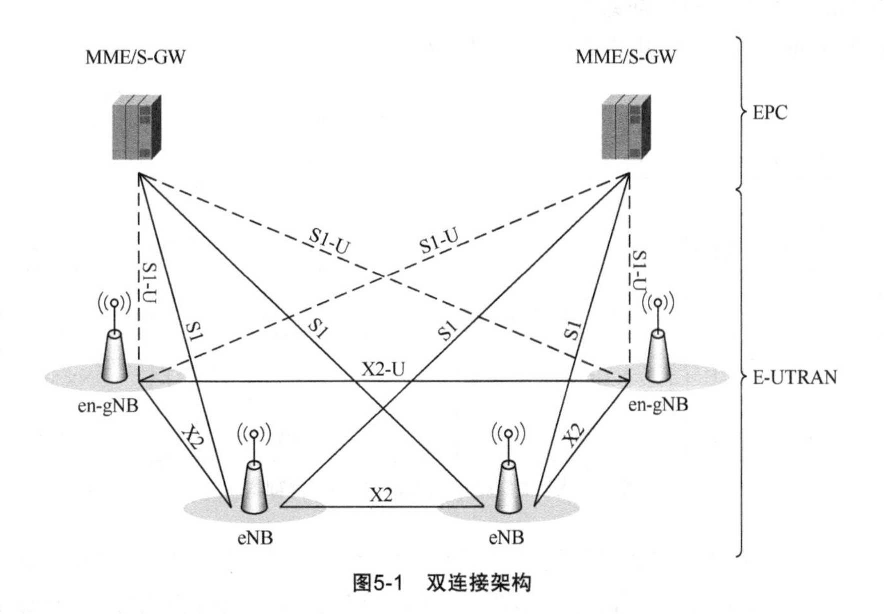

图5-1　双连接架构

5.2.1.1 双连接控制面架构

双连接控制面架构如图 5-2 所示。

① LTE eNB 作为双连接的主节点 MeNB，承载控制面和用户面数据，终端通过 LTE

eNB 接入核心网（EPC），NR gNB 则作为辅节点承载用户面数据。

② UE 和主站、从站分别有各自的 RRC 连接，独立进行各自的无线资源管理（Radio Resource Management，RRM），但是 UE 只有面向主站的 RRC 状态。

③ UE 初始连接建立必须通过 MeNB 主站，SRB1 和 SRB2 在主站建立。

④ UE 可以建立 SRB3，用于和从站 SgNB 直接进行 RRC PDU 传输。

⑤ SgNB 侧空口至少要广播 MIB 系统信息。在 EN-DC 场景（例如，SgNB 添加），SgNB 侧 PSCell 小区的广播系统信息 SIB1 通过专有信令 RRC 连接，重新配置消息提供给 UE，该 RRC 连接重新配置消息通过 MeNB 被透明传送给 UE。

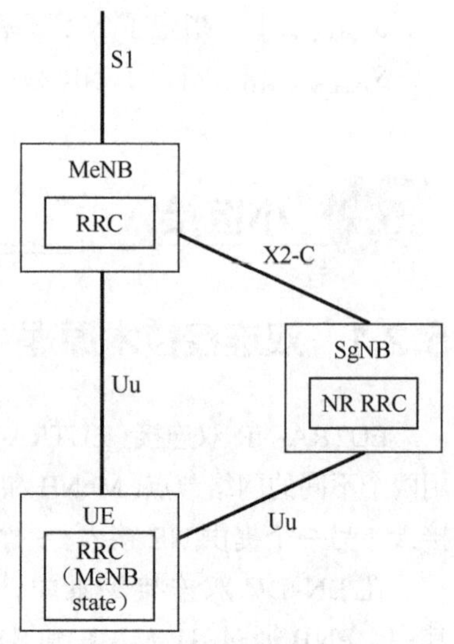

图5-2 双连接控制面架构

5.2.1.2 双连接用户面架构

EN-DC Option 3/3a/3x 用户面架构如图 5-3 所示。

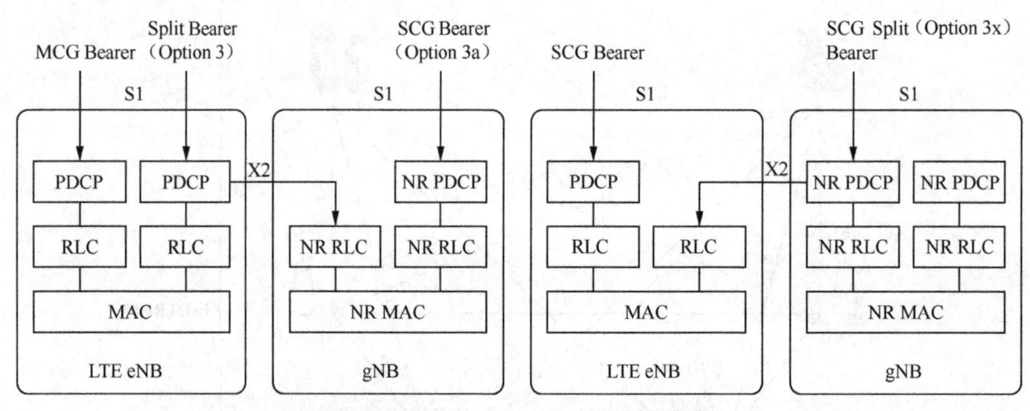

图5-3 EN-DC Option 3/3a/3x用户面架构

用户面在不同的 EN-DC 双连接模式下有不同的用户面部署架构。在 EN-DC 用户面架构中，一条数据承载可以由 LTE eNB 或 gNB 单独服务，也可由 LTE eNB 或 gNB 同时服务。承载类型有主节点分离承载（MCG Split Bearer）、辅节点承载（SCG Bearer）、辅节点分离承载（SCG Split Bearer），分别对应 5G 部署架构 Option 3、Option 3a、Option 3x。

1. Option 3 部署架构（数据承载由 LTE 将数据分流给 NR）

① 同一个承载的用户面数据可在 LTE 和 NR 上同时传输。

② LTE 需要更强的处理能力。

③ LTE 和 NR 之间回传须支持 NR 的传输速率。

2. Option 3a 部署架构（数据承载由 EPC 将数据分流至 NR）

① 同一个承载的用户面数据可在 LTE 或 NR 上传输。

② EPC 须支持与 NR 相连。

③ LTE 和 NR 之间回传无容量要求。

3. Option 3x 部署架构（数据承载由 NR 可将数据分流至 LTE）

① 同一个承载的用户面数据可在 LTE 和 NR 上同时传输。

② EPC 须支持与 NR 相连。

③ LTE 和 NR 之间回传须支持 LTE 的传输速率。

5.2.2　NSA接入流程

5.2.2.1　X2 连接建立流程

1. SgNB 触发 X2 建立连接

SgNB 触发 X2 建立连接流程如图 5-4 所示。

步骤说明：SgNB 向 MeNB 发送 X2 设置请求消息，请求建立 X2 连接，MeNB 接收该消息，回复 X2 设置响应消息。

2. MeNB 触发 X2 建立连接

MeNB 触发 X2 建立连接流程如图 5-5 所示。

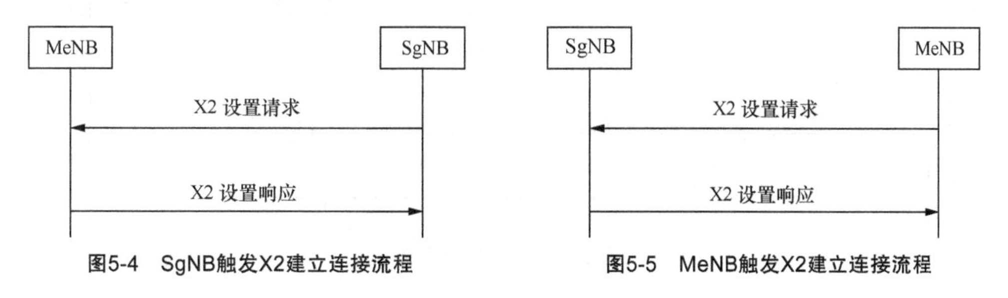

图5-4　SgNB触发X2建立连接流程　　图5-5　MeNB触发X2建立连接流程

步骤说明：MeNB 向 SgNB 发送 X2 设置请求消息，请求建立 X2 连接，SgNB 接收该消息，回复 X2 设置响应消息。

5.2.2.2　SgNB 添加流程

UE 在 LTE 侧（MeNB）完成附着后，会触发基于测量 SgNB 添加过程。SgNB 添加流程如图 5-6 所示。SgNB 添加步骤见表 5-3。

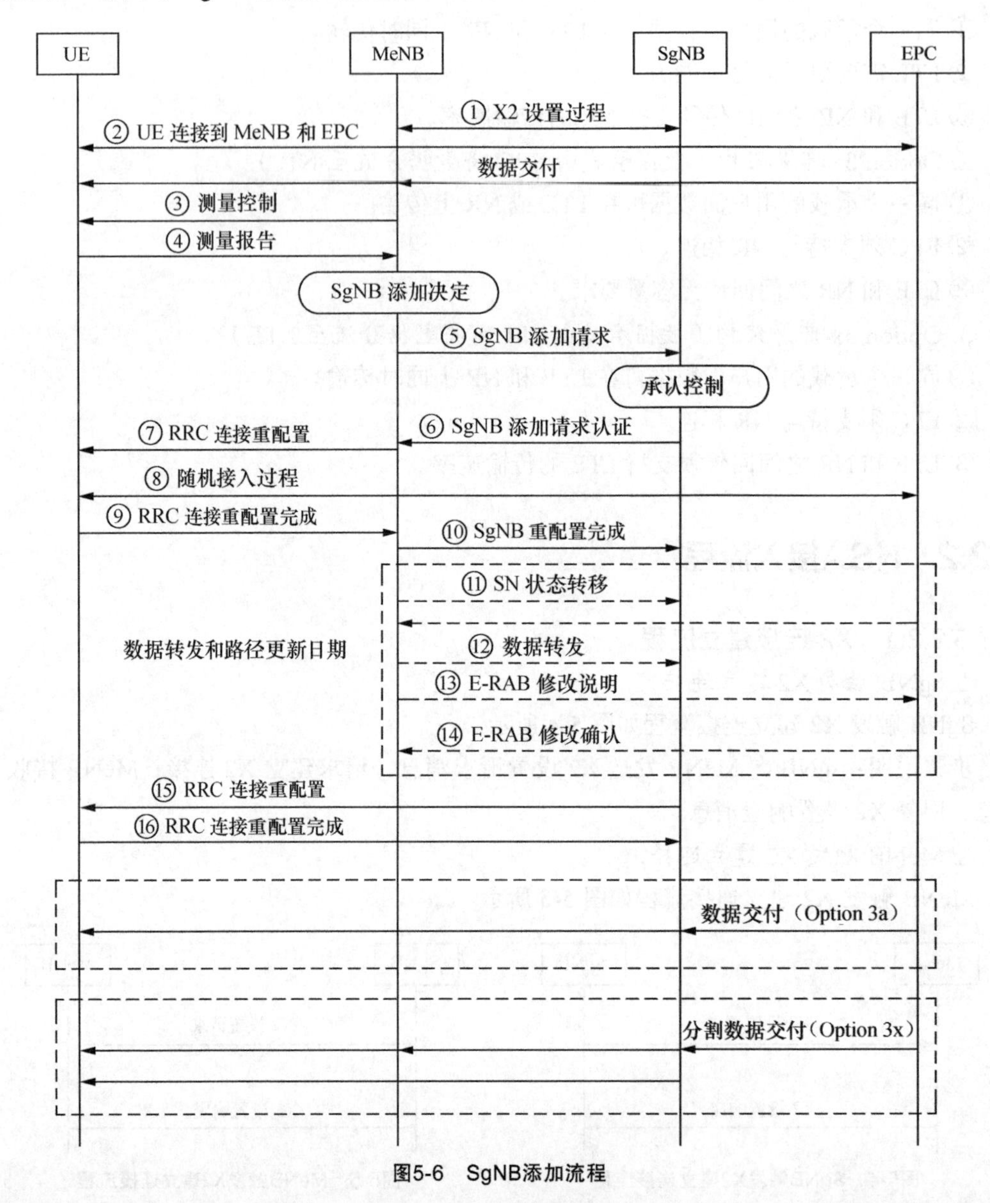

图5-6　SgNB添加流程

表 5-3　SgNB 添加步骤

步骤	流程释义
1	MeNB 和 SgNB 建立 X2 连接
2	UE 附着到主节点 MeNB 网络和核心网 EPC 上，并建立业务承载

续表

步骤	流程释义
3	MeNB 给 UE 下发 NR 测量配置，含 B1 事件门限。B1 事件门限的含义是异系统邻居信号高于一个门限值
4	满足 B1 事件门限，UE 上报 B1 测量报告。MeNB 通过 RRM 判断出应添加 SgNB，向 SN 发送 Sn 添加请求消息。该Sn添加请求消息主要携带E-RABs-ToBeAdded-List信元和MeNBtoSeNBContainer信元。其中，MeNBtoSeNBContainer 信元携带 SCG-ConfigInfo 信元
5	SgNB 接收到 SgNB 添加请求消息后，PsCell 候选小区选择和接纳控制，接纳成功则给 MeNB 回复 SgNB 添加请求认证消息，接纳失败则给 MeNB 回复 SgNB Addition Request Reject 消息
6	MeNB 收到 SgNB 的 SgNB 添加请求认证消息后，下发空口 RRC 连接重配置消息给 UE，携带 SgNB 侧的 SCG 配置
7/8/9	① UE 收到 RRC 连接重配置消息后，完成配置 SCG，并给 MeNB 回复 RRC 连接重配置完成消息；UE 检测 PSCell 的下行信号捕获到系统广播 MIB 信息，解析 RRC 连接重配置消息携带的 ServingCellConfigCommon 信元获取到相关系统广播 SIB1 参数。 说明：在 EN-DC 场景下（例如，SgNB 添加），SgNB 侧 PSCell 小区的广播系统信息 SIB1 的 ServingCellConfigCommon 信元信息通过专有信令重配 RRC 连接，重配置消息提供给 UE，该重配 RRC 连接重配置消息通过 MeNB 透明传送给 UE。 ② UE 竞争或非竞争接入 SgNB 小区
10	MeNB 收到 UE 的 RRC 连接重配置完成消息后，给 SgNB 发送 Sn 连接重配置完成消息，通知 SN 对 UE 的空口重配完成。SgNB 收到该消息后，激活配置，并完成 SgNB 增加过程
11/12	仅在跨 PCE 场景下，MeNB 给 SgNB 回复 SN 状态转移消息，数据反传从 MeNB 到 SgNB，避免在激活双连接过程中引起业务中断。本指导书对应的 NSA 基站 2.00.10 版本不支持跨 PCE 场景
13/14	仅在跨 PCE 的场景下，MeNB 发送 EPC E-RAB Modification Indication 消息，通知 EPC 承载的下行隧道信息发生变更，EPC 接收到之后回复 E-RAB Modification Confirmation 消息
15/16	完成添加 SgNB 流程后，SgNB 侧的 PSCell 小区通过 SRB3 给 UE 下发测量重配消息，携带有 A2 事件门限。A2 事件门限：服务小区信号低于门限值

注：PCE 是软件模块，相当于 5G 的 PDCP，主要起分流的作用。

5.2.2.3　非竞争随机接入流程

非竞争随机接入流程如图 5-7 所示。

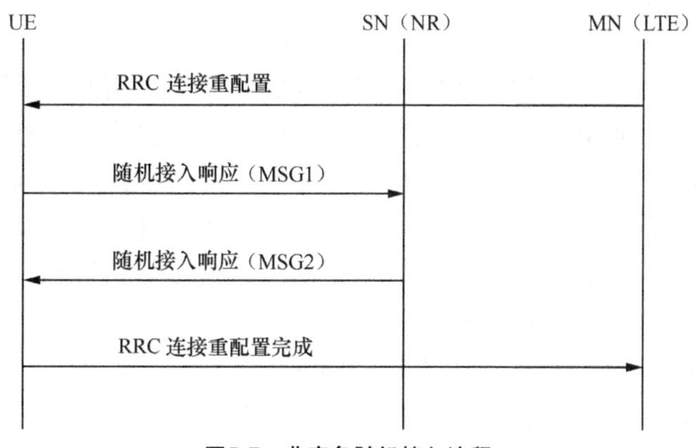

图5-7　非竞争随机接入流程

步骤说明：UE根据gNB的指示，在指定的PRACH上使用指定的Preamble码发送给gNB基站，然后gNB向UE回复随机接入响应。

5.2.3 SA小区接入

5.2.3.1 SA小区接入流程

在SA组网架构下，5G终端开机入网的主要目的是完成UE到5GC的注册，5GC的注册流程不包含任何会话及用户面的建立。UE完成注册后，UE可以自行决定是否发起用户面的会话建立流程。

SA场景下UE入网由以下5个步骤组成，如图5-8所示。

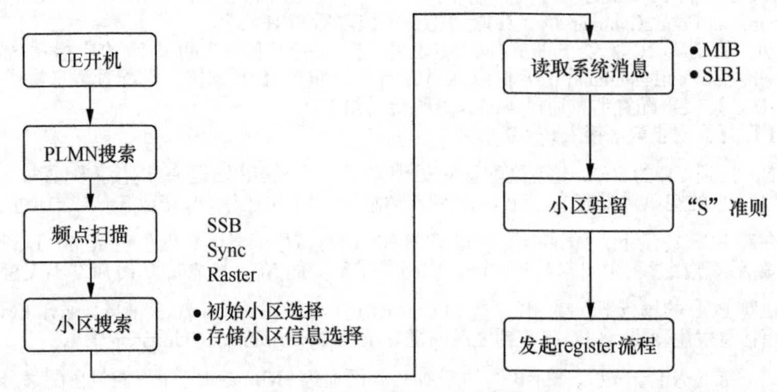

图5-8　SA场景UE入网步骤

当UE开机后，它的首要任务就是要找到无线网络并与无线网络建立连接，需要如下步骤。

① 通过小区搜索，UE和小区取得下行同步（包括时间和频率同步），完成小区搜索后，UE选择信号最佳的小区驻留。在小区搜索期间，UE与小区取得下行同步，解码该小区必要的系统消息后，选择一个合适的PLMN，在该PLMN下选择信号质量最佳的小区驻留。

② UE选择了信号质量最佳的小区驻留后，会在当前小区发起随机接入过程，目的是使UE与小区取得上行同步，获得上行发送时间提前量（Timing Advance，TA），并且在UE建立初始无线链路（即UE从空闲态转换到连接态）时，通过随机接入过程获取用户标识——小区无线网络临时标识（Cell Radio Network Temporary Identifier，C-RNTI）。

③ 建立UE到核心网的信令连接。

④ 完成到5GC的注册（类似于LTE的attach流程）。

⑤ 完成PDU会话建立（类似于LTE的PDN建立流程）。

在SA场景下，UE的整体接入信令流程如图5-9所示。

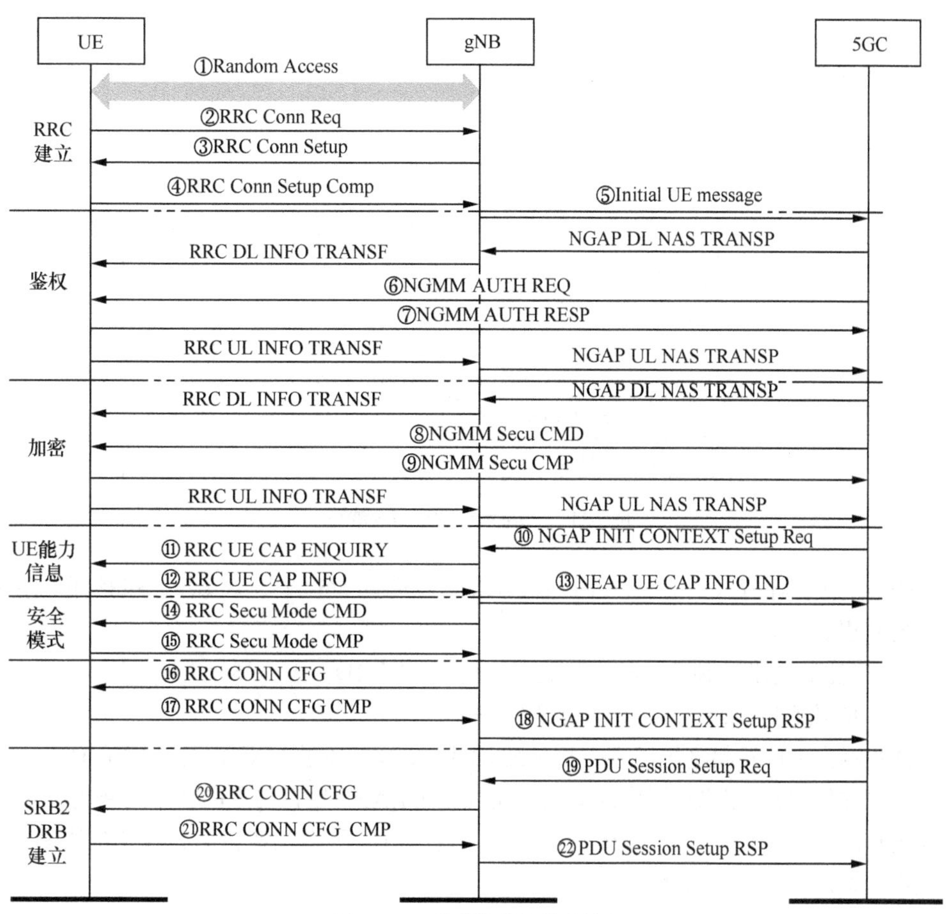

图5-9　UE的整体接入信令流程

RRC 连接建立流程如图 5-10 所示。

① UE 在 PLMN 选择、频点扫描和小区选择后对选择的 gNB 小区发起随机接入。

② UE 向 gNB 发送 RRC 建立请求，携带 UE 标识和建立原因值（例如 MO-Data、Mosignalling 等）。

③ gNB 向 UE 回复 RRC 连接建立，携带上下行初始 BWP、CSI、T310/N310/N311 定时器等。

④ UE 向 gNB 回复建立完成，携带 selected PLMN-Identity、registeredAMF、snssai-list 和 NAS 消息；NAS 消息中会携带注册类型、用户鉴

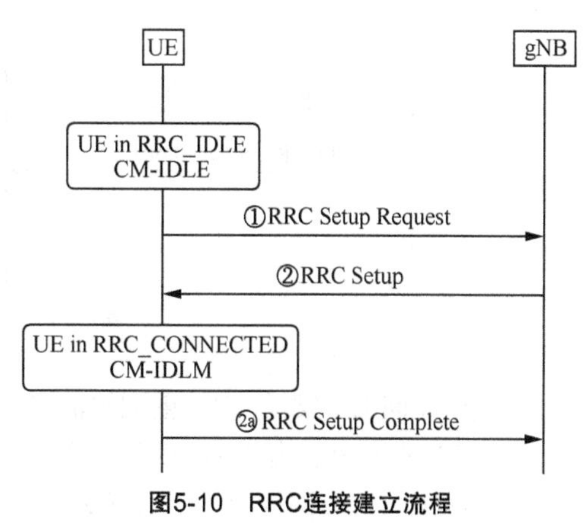

图5-10　RRC连接建立流程

权ID、网络能力，以及切片选择信息等主要参数。

5G鉴权和安全信令流程如图5-11所示。

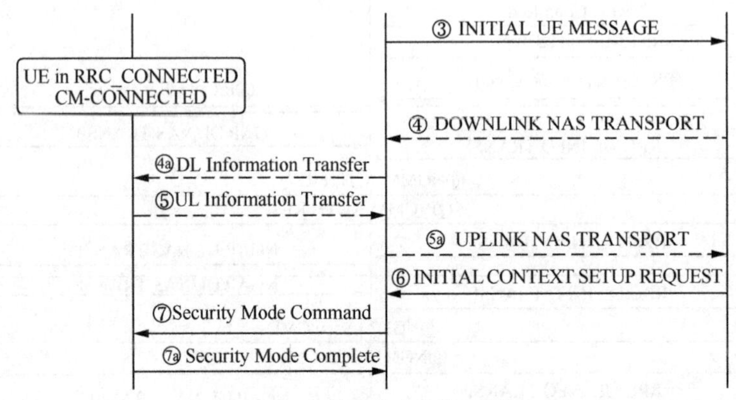

图5-11　5G鉴权和安全信令流程

当UE上报注册请求消息给AMF后，AMF会启动5G的安全流程，包括用户鉴权及NAS安全流程。

① UE将注册请求发到AMF，请求会携带鉴权UE ID。

② gNB向核心网AMF发送初始上下文信息。

③ 核心网向UE发起鉴权请求，将RAND和AUTN通过NAS消息转发给UE。

④ UE根据AUTN完成对网络的鉴权，通过后用RAND鉴权结果向核心网回复鉴权响应。

⑤ 核心网发送加密指示，AMF通过NAS消息向UE下发加密指示，包括加密和完整性保护算法，激活NAS安全流程。

UE通过NAS消息反馈，完成加密和完整性保护算法，向核心网回复加密完成。

上下文建立信令流程如图5-12所示。核心网完成了用户的鉴权和安全模式后，用户上下文建立信令流程。

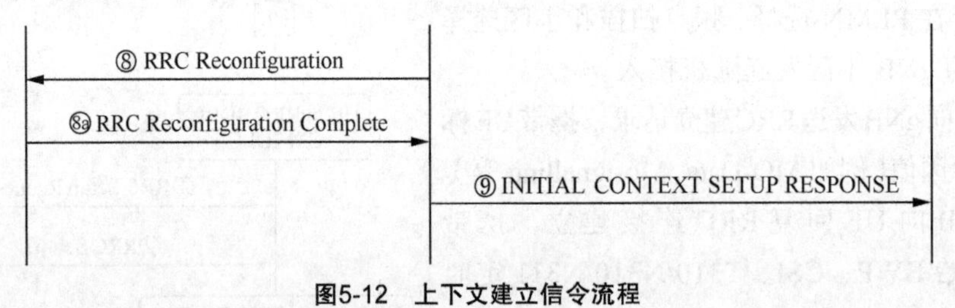

图5-12　上下文建立信令流程

① gNB向UE发送RRC重配置消息，激活BWP1。

② UE向gNB回复RRC重配置完成。

③ gNB向核心网回复UE上下文建立完成响应。

上下文建立请求消息中用于触发无线侧建立 UE 上下文，主要包含如下信息：用户签约的 UE- 聚合最大比特速率、UE 的安全能力、UE 移动性限制参数、注册接受 NAS 消息。

PDU 会话建立信令流程如图 5-13 所示。

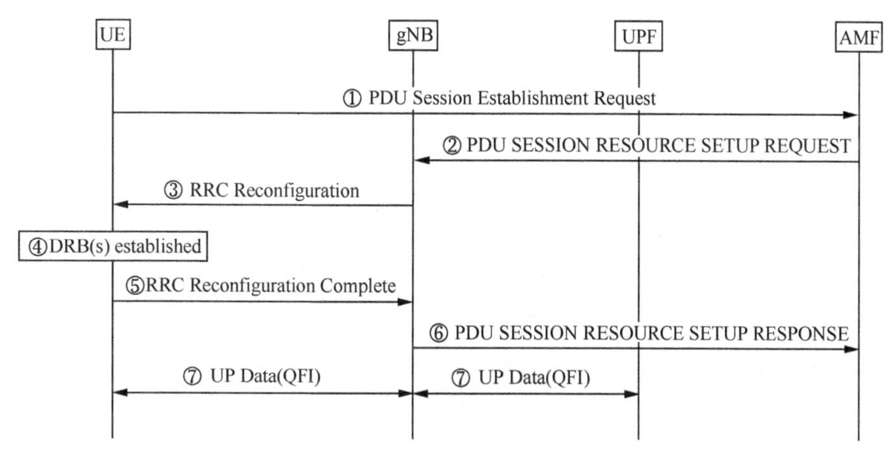

图5-13 PDU会话建立信令流程

UE 完成初始注册流程后，可以自行决定发起 PDU 会话建立流程，同时 5GC 也可以通过 NAS 消息通知 UE 发起 PDU 会话建立信令流程。通过 PDU 会话建立信令流程，UE 和 UPF 之间完成 IP 连接的建立，至少同时建立一条 QoS 流。完成 PDU 会话建立后，UE 就可以根据 DNN 的信息进行相应的业务。

① UE 向 AMF 发起 PDU 会话请求消息。

② AMF 根据 DNN 信息为用户选择 SMF，向 SMF 发起 SM 上下文建立请求。

③ 核心网向 gNB 发送 PDU 承载建立请求，请求 gNB 建立空口 DRB 资源和隧道资源。携带 PDUSessionResourceSetupListSUReq，包括上下行 AMBR、UGW IP、fiveQI 及 E-RAB-ID。

④ gNB 向 UE 下发 RRC 重配置消息，下发 SRB2&DRB 相关信息。

⑤ UE 向 gNB 回复重配置完成。

⑥ gNB 向核心网回复 PDU 承载建立完成，完成空口资源的配置。

5.2.3.2 SA 接入参数核查

SA 接入参数见表 5-4。可参照表 5-4 核查 SA 接入涉及的无线参数。

表 5-4 SA 接入参数

参数名称	参数 MO	参数英文名称	推荐值
定时器 T300	NRDUCellUeTimerConst	T300	5（MS1000）
定时器 T304	NRDUCellUeTimerConst	T304	6（MS2000）

续表

参数名称	参数 MO	参数英文名称	推荐值
功率攀升步长	NRDUCellUlPcConfig	PwrRampingStep	DB2（2dB）
Msg2 中的功率调整值	NRDUCellUlPcConfig	TpcValueInMsg2	DB6（6dB）
Msg3 相对于前导的功率偏置	NRDUCellUlPcConfig	DeltaPreambleMsg3	DB0（0dB）
前导初始接收目标功率	NRDUCellUlPcConfig	PreambleInitRxTargetPwr	–50
上行 PUCCH 外环功控	NRDUCellUlPcConfig	PUCCH_OUTER_LOOP_SW@UlPwrCtrlAlgoSwitch	1
PUCCH 标称 PO 值	NRDUCellUlPcConfig	PoNominalPucch	–52
前导初始接收目标功率	NRDUCellUlPcConfig	PreambleInitRxTargetPwr	–52
PRACH 门限提升比例	NRDUCellPrach	PrachThldIncreaseRate	0
选择 SSB 的 RSRP 门限	NRDUCellPrach	RsrpThldForSsbSelection	36
竞争随机接入前导比例	NRDUCellPrach	CbraPreamblePct	255
前导最大传输次数	NRDUCellPrach	MaxPreambleTransCnt	6
小区半径	NRDUCell	CellRadius	根据站间距进行规划设置
根序列逻辑索引	NRDUCell	LogicalRootSequenceIndex	需要规划

5.2.3.3 SA 接入问题排查思路

SA 接入问题排查思路如图 5-14 所示，SA 接入问题可参照图 5-14 进行排查分析。

1. 终端不发起 RRC 接入

① 检查小区的状态是否正常，确定是否存在硬件、射频类、小区类故障告警。

② 排查小区发射功率是否正常。

③ 接入的小区需要小区能正常建立，是否处于 Barried 状态。

④ 检查小区数据配置是否正常，例如 SSB 频点配置等。

2. 随机接入失败

① 根序列索引需要进行网络规划，避免周边小区接收到 preamble 下发 RAR 消息，对本小区产生下行干扰。

② 检查小区时隙配比和时隙结构配置是否正确。

③ 检查小区半径配置是否合理，如果配置过小会导致中远点用户无法接入，建议根据站间距进行规划设置。

④ 弱覆盖或干扰问题：通过测试终端现场测试或网管干扰监测，判断网络是否存在弱覆盖或干扰问题。

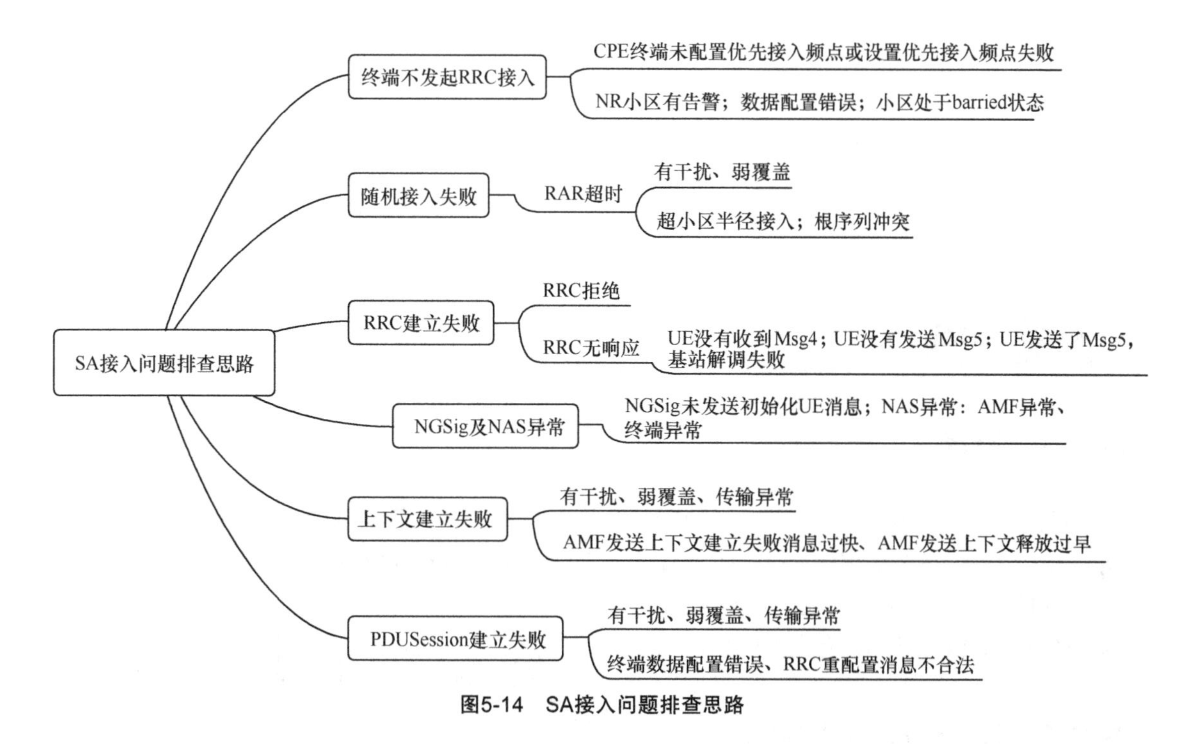

图5-14 SA接入问题排查思路

3. RRC 建立失败

① 排查弱覆盖或干扰问题。

② 检查是否因为 License 不足等导致接入失败。

③ RRC 无响应，可以排查是否因弱覆盖或干扰问题导致空口失步。

4. NGSig 及 NAS 异常问题

① NAS 过程异常，核心网主动释放 UE 或者直接发送 reject 消息。

② 排查基站或配置问题。

③ 排查核心网 AMF 或传输问题。

5. 上下文建立失败

① 无线资源不足会导致建立失败，可进一步排查基站空口资源情况。

② UE 无响应导致上下文建立失败，可进一步排查空口覆盖、干扰或者终端异常情况。

③ 传输问题导致上下文建立失败，可进一步排查传输链路拥塞、丢包、传输参数配置异常等原因。

④ 空口交互超时。

6. PDU 会话建立失败

① 检查 UE 是否发出 PDUSessionEstablishmentRequest 消息，若未发出，需要进一步分析终端。

② 检查 NG 口 AMF 是否发送 PDU Session Resource Setup Request 消息，若没有发送，需联合 AMF 进一步分析。

③ 检查 UU 口 QoS 是否建立成功、NG 口是否有给 AMF 响应 PDU Session Resource Setup Response，若没有响应，则需在基站侧核查原因。

④ PDU Session Resource Setup Response 中若携带失败原因值，则可根据原因值进一步分析。

5.3 切换

5.3.1 概述

目前，5G NR 组网有 SA 和 NSA 两种模式。其中，SA 采用 Option 2 方案，NSA 采用 Option 3x 方案。SA 采用的 Option 2 方案及 NSA 采用的 Option 3x 方案如图 5-15 所示。

SA 的切换原理和 4G 一致，但 NSA 的切换引入了 SN，与 4G 有较大区别。

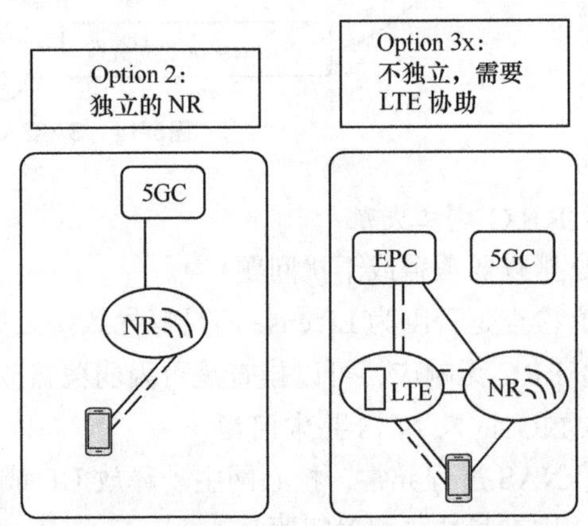

图5-15　SA采用的Option 2方案及NSA采用的Option 3x方案

5.3.2 NR切换原理概述

由于 SA 的切换原理和 4G 一致，在此不再赘述。我们重点介绍 NSA 组网下的切换原理。

NSA 组网移动性管理，主要分为 LTE 系统内移动性和 NR 系统内移动性。NSA 组网移动性管理如图 5-16 所示。

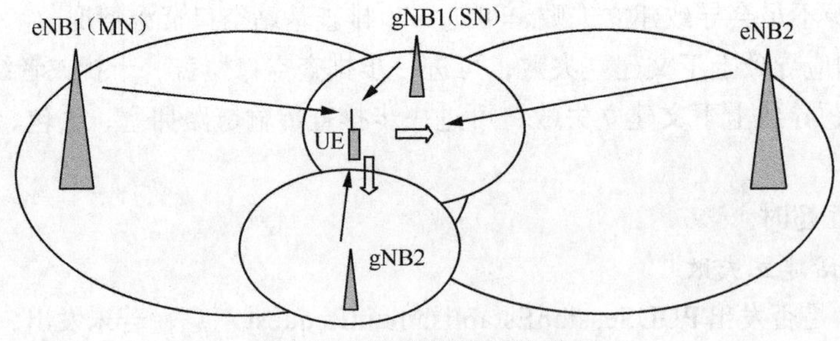

图5-16　NSA组网移动性管理

5.3.2.1　LTE 系统内移动性

该场景下的切换主要是 SN 添加和 SN 释放。

UE 在 eNB1 和 gNB 的覆盖区内已接入 LTE/NR 双连接。UE 向基站 eNB2 移动时触发 MN 切换，从 eNB1 切换到 eNB2。在这种场景下，源 MN 在切换之前会先发起 SN 释放流程，释放 SN，切换成功后再触发 SN 增加流程，将 SN 增加到目标侧 MN。LTE 系统内移动性如图 5-17 所示。

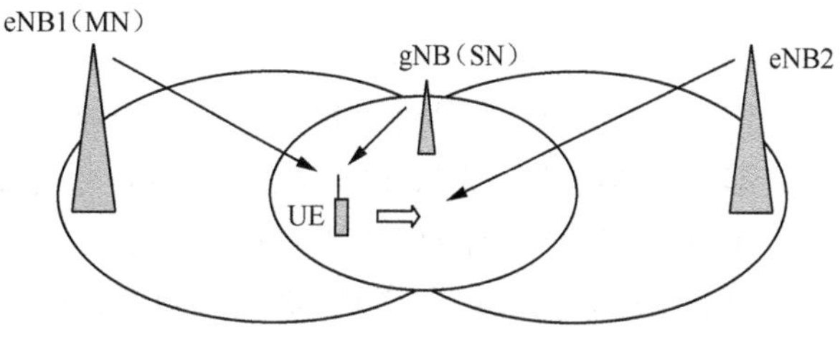

图5-17　LTE系统内移动性

5.3.2.2　NR 系统内移动性

NR只有配备同频邻区才能触发上报A3测量报告，接下来会触发PSCell变更或SN变更流程。如果未配备同频邻区，则会下发A2测量来释放SN。

1. UE 在 NR 服务区内移动

UE在NR服务区内移动时，检测到信号质量更好的邻区，将发生 PSCell 切换。如果切换的目标 PSCell 在本 gNB 内，称为 PSCell 变更，那么目标 PSCell 在另一个 gNB 内时，则称为 SN 变更。PSCell 变更和 SN 变更流程如图 5-18 所示。

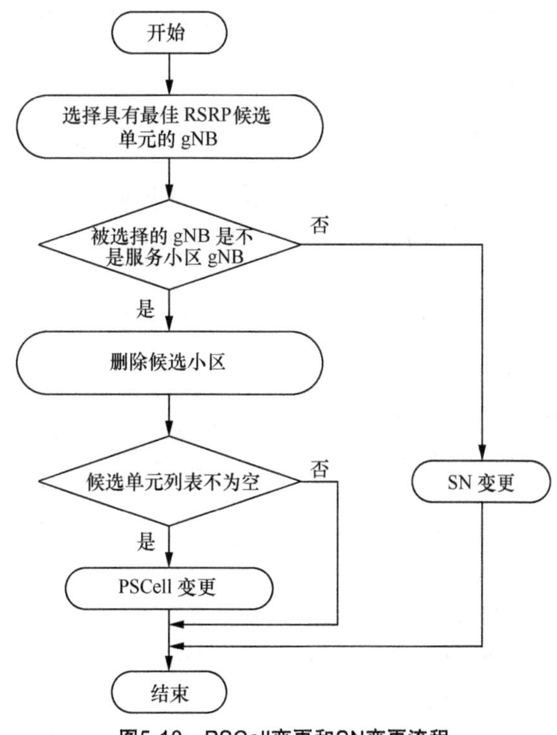

图5-18　PSCell变更和SN变更流程

① 当SN收到UE的A3测量报告之后，选择候选PSCell列表中信号质量最好的PSCell对应的gNB，并将该小区的PSCell按照信号质量排列。

② 判断该gNB是不是服务小区gNB：如果是，则执行PSCell变更；如果不是，则执行SN变更。

③ 判断候选PSCell列表是否存在邻区配置为PSCell开关打开的NR小区：如果存在，则执行PSCell变更流程。

（1）PSCell变更

UE通过双连接接入eNB1和gNB的PSCell 1，UE向PSCell 2覆盖区移动时，达到A3测量门限，触发A3事件测量报告。gNB接收到测量报告后，选择信号质量最好的候选小区，即选中站内的Cell 2，gNB触发PSCell变更过程。

在NR服务区内向gNB2移动时，可能发生SN变更或者PSCell变更。其中，SN进行PSCell变更时，通过自身的SRB3进行UE重配。PSCell变更如图5-19所示。PSCell变更信令流程如图5-20所示。

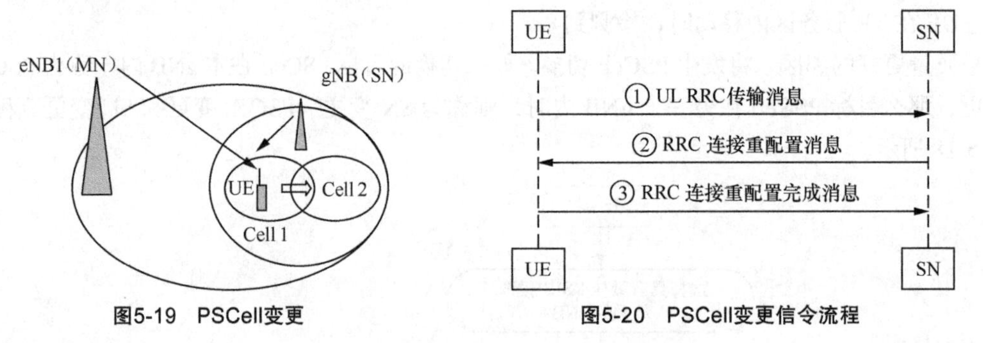

图5-19 PSCell变更　　图5-20 PSCell变更信令流程

① UE通过UL RRC传输消息向源侧SN上报A3测量报告。

② SN根据测量上报结果做出PSCell变更判决，SN建立目标小区资源，然后下发RRC连接重配置消息进行空口重配。

③ UE收到RRC连接重配置消息后，删除源测小区配置，并建立目标小区配置，给SN回复RRC连接重配置完成消息。

④ SN收到RRC连接重配置完成消息后，删除源小区配置，目标小区配置生效。

（2）SN变更

UE已通过双连接接入eNB1和gNB1，在向gNB2移动的过程中，达到A3测量门限，发送A3事件测量报告，gNB1接收到UE的测量报告后，依据信号强度选择测量上报的邻小区列表中信号最好的小区，即gNB2内小区，发起SN变更流程。SN变更如图5-21所示。

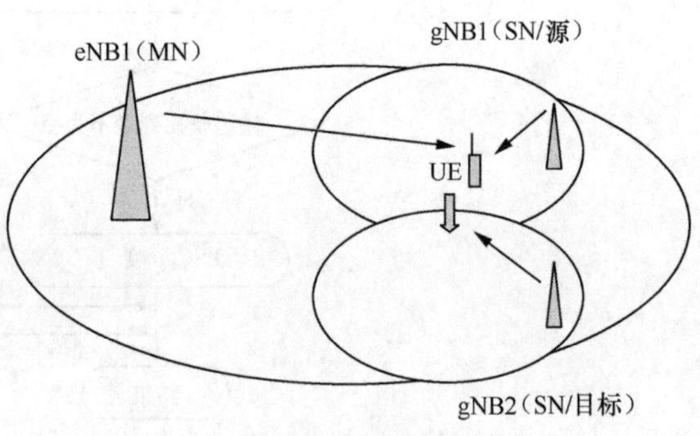

图5-21 SN变更

SN 变更信令流程如图 5-22 所示。

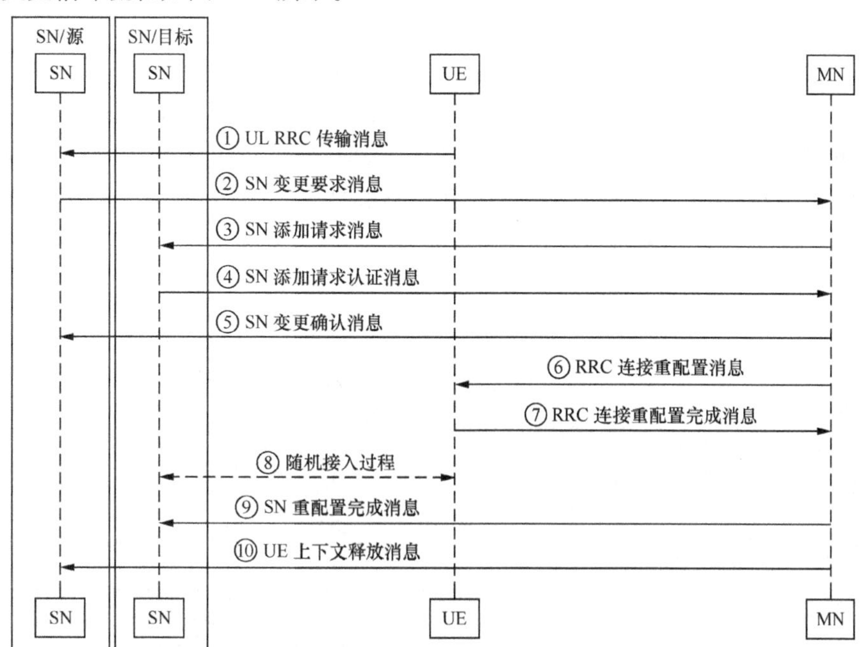

图5-22　SN变更信令流程

① UE 通过 UL RRC 传输消息向源侧 SN 上报 A3 测量报告。

②源侧 SN 根据测量上报结果做出 SN 变更判断，通过 X2 口向 MN 发送 SN 变更要求消息，发起 SN 变更过程。

③ MN 收到源侧 SN 的 SN 变更要求后，向目标侧 SN 发送 SN 添加请求消息，发起 SN 增加过程。

④ 目标侧 SN 完成添加准备后，给 MN 回复 SN 添加请求认证消息。

⑤ MN 收到 SN 添加请求认证后，给源侧 SN 发送 SN 变更确认消息。

⑥ MN 给 UE 下发 RRC 连接重配置消息，进行空口重配。

⑦ UE 收到 RRC 连接重配置消息后，删除源测 SN 配置，建立目标侧 SN 配置，并回复 RRC 连接重配置完成消息。

⑧ UE 在目标侧 SN 进行非竞争性随机接入过程，同步到目标侧 SN。

⑨ MN 给目标侧 SN 发送 SN 重配置完成消息，目标侧 SN 配置生效。

⑩ MN 给源侧 SN 发送 UE 上下文释放消息，释放源侧 SN 资源。

2. UE 移动到 NR 服务区边缘

UE 处于 LTE 和 NR 基站覆盖范围内，已建立 LTE/NR 双连接，UE 向 NR 基站覆盖范围边缘移动，信号变差，到达 A2 测量门限，UE 进行 A2 测量上报，并触发 SN 释放流程，

UE 移动到 NR 服务区边缘切换如图 5-23 所示。

5.3.2.3　NR 切换的测量机制

5G NR 的切换流程同 4G 一样，仍然包括测量、判决和执行 3 个流程。

① 测量：由 RRC 连接重配置消息携带下发；测量 NR 的 SSB、EUTRAN 的 CSI-RS。

② 判决：UE 上报 MR（该 MR 可以是周期性的，也可以是事件性的），基站判断是否满足门限。

③ 执行：基站将 UE 要切换到的目标小区下发给 UE。

终端测量机制如图 5-24 所示。

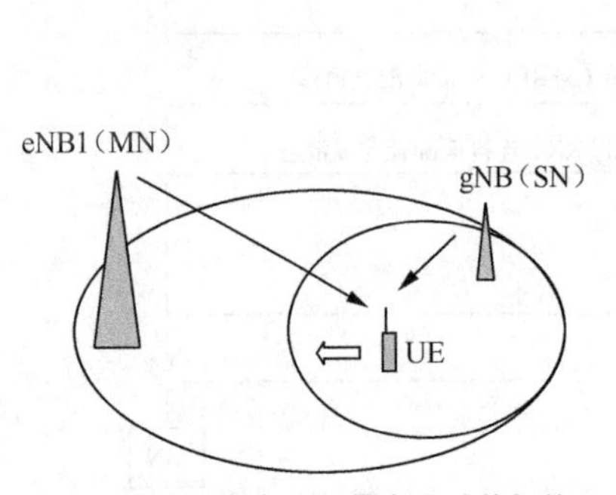

图5-23　UE移动到NR服务区边缘切换

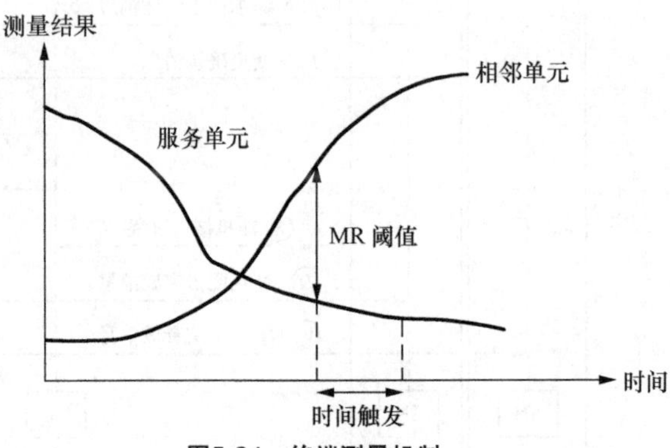

图5-24　终端测量机制

当终端满足（A3 事件）$Mn+Ofn+Ocn-Hys > Ms+Ofs+Ocs+Off$ 且持续时间触发后上报测量报告。

① Mn：邻小区测量值。

② Ofn：邻小区频率偏移。

③ Ocn：邻小区偏置。

④ Hys：迟滞值。

⑤ Ms：服务小区测量值。

⑥ Ofs：服务小区频率偏移。

⑦ Ocs：服务小区偏置。

⑧ Off：偏置值。

5.3.2.4　NR 切换策略

NR 使用的切换事件见表 5-5。

表 5-5　NR 使用的切换事件

事件类型	事件含义
A1	服务小区高于绝对门限
A2	服务小区低于绝对门限

续表

事件类型	事件含义
A3	邻区一服务小区高于相对门限
A4	邻区高于绝对门限
A5	邻区高于绝对门限且服务小区低于绝对门限
A6	载波聚合中，辅载波与本区的 RSRP/RSRQ/SINR 差值比该值实际 dB 值大时，触发 RSRP/RSRQ/SINR 上报
B1	异系统邻区高于绝对门限
B2	本系统服务小区低于绝对门限且异系统邻区高于绝对门限

切换功能对应事件策略建议见表 5-6。

表 5-6　切换功能对应事件策略建议

功能	事件
基于覆盖的同频测量	A3，A5
释放 SN 小区	A2
更改 SN 小区	A3
CA 增加 SCell 测量	A4
CA 删除 SCell 测量	A2
基于覆盖的异频测量	A3，A5
打开用于切换的异频测量	A2
关闭用于切换的异频测量	A1

5.4 PCI 规划

物理小区标识（Physical Cell ID，PCI）是 5G 系统终端区分不同小区的无线信号标识（类似于 LTE 制式下的 PCI），整体规划原则与 4G 类似，建议参考 4G 的 PCI 同步规划。在 5G 网络中，PCI 规划要结合频率和小区之间的关系统一考虑。

5.4.1 PCI规划原则

5.4.1.1 PCI 复用

现实组网不可避免地要复用 PCI，PCI 规划时应当避免发生以下情况。

1. PCI 冲突

假如两个相邻的小区分配相同的 PCI，会导致重叠区域中最多只有一个小区被终端检测到，而初始小区搜索时只能同步到其中一个小区，该小区不一定是最合适的，这种情况被称为冲突。PCI 冲突如图 5-25 所示。

2. PCI 混淆

假如一个小区的两个相邻小区具有相同的 PCI，终端请求切换到 ID 为 A 的小区，但 eNB 不知道哪个为目标小区，那么就称这种情况为 PCI 混淆。PCI 混淆如图 5-26 所示。

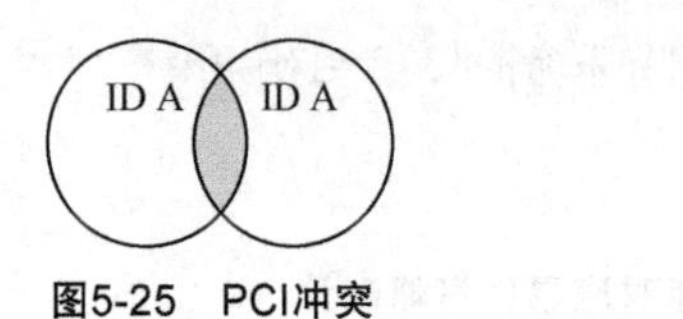

图5-25　PCI冲突

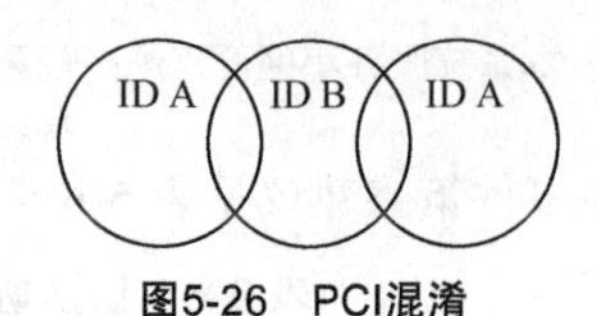

图5-26　PCI混淆

3. PCI 干扰

主小区边界上可能会收到非邻区关系的其他小区信号，虽然这类小区的信号强度小于终端的接入电平，但对终端的接收仍然存在干扰，建议在 PCI 规划时规避。

5.4.1.2　模 4 干扰

5G 中的 SSB 信号包含 PSS、SSS 和 PBCH，目前，各厂商内部均放置在同频域位置，即时域和频域处于同位置。

PSS 和 SSS 采用 PN 序列，解调较强，PBCH 使用 DMRS 用于解调，采用模 4 错开，但 DMRS 和 PBCH 数据本身存在干扰，故模 4 错开无意义。RS 位置与 PCI 模 4 的关系如图 5-27 所示。

5.4.1.3　模 3 干扰

由于部分算法（如 PDSCH 调度—干扰协调）需要基于 PCI 输入，这些算法的输入基于 PCI 模 3，从不改动这些算法输入的角度，PCI 模 3 作为 PCI 规划的建议项，建议遵从。规避与模 3 相同的规划示意如图 5-28 所示。

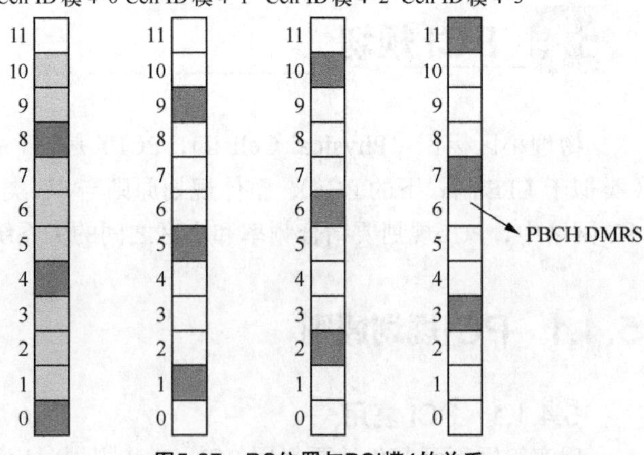

图5-27　RS位置与PCI模4的关系

5.4.1.4　模 30 干扰

PUSCH 的 DMRS 和 SRS 是基于 ZC 序列产生的，将这些序列编成组，记为 Group0 ～ Group29（共 30 组），

不同组代表不同的序列。

在规划时，相邻小区不能使用相同的组，以保证终端上行参考信号的正交性。PCI 模 30 相同的小区间复用距离要足够远，以防出现共覆盖区的情况。实际情况是模 30 相等的扇区组（基站）至少间隔 1 个基站。

避免邻区 PCI 模 30 相同的规划示意如图 5-29 所示。

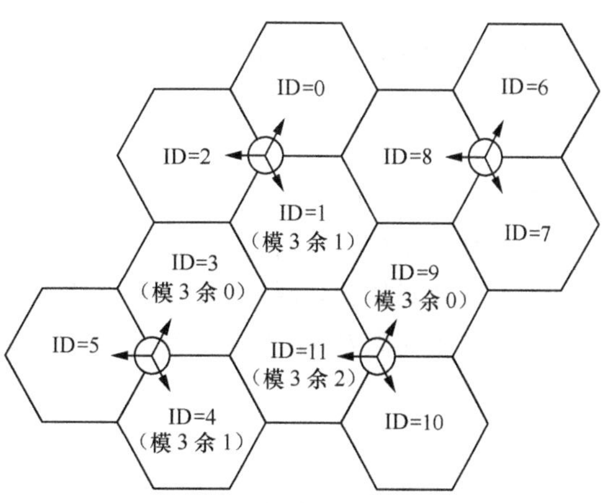

图5-28 规避与模3相同的规划示意

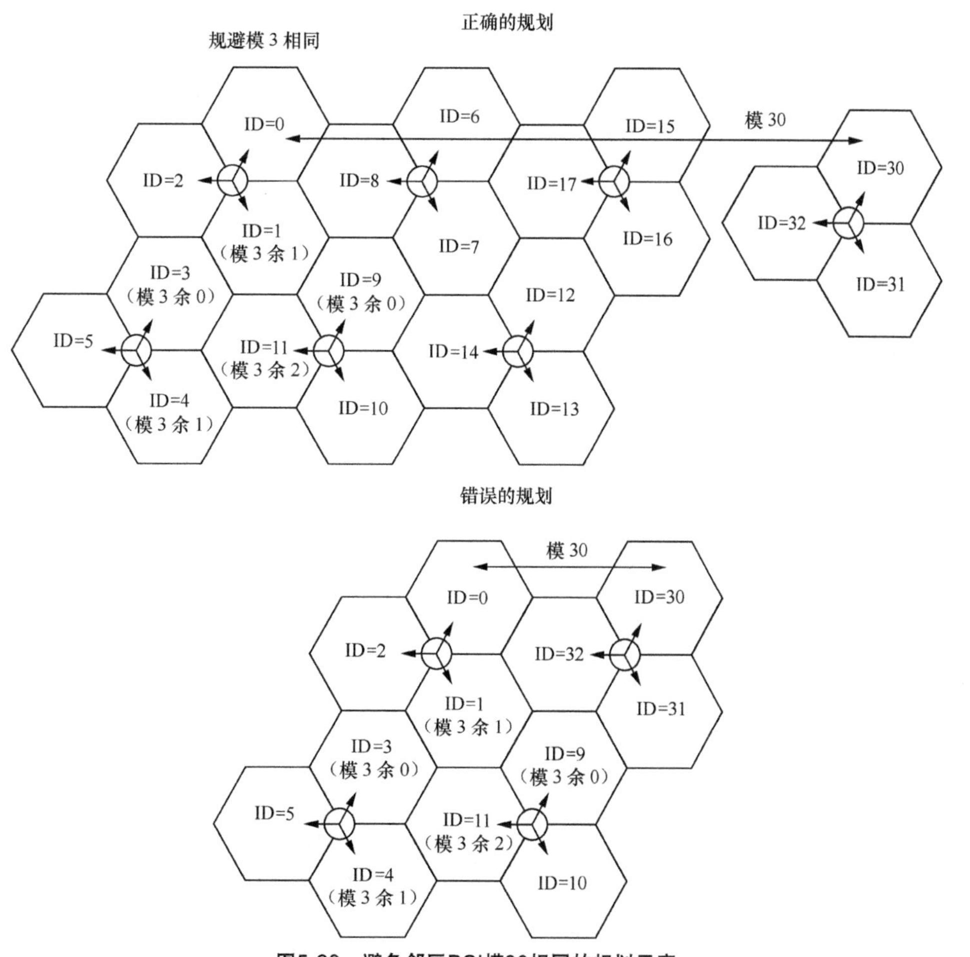

图5-29 避免邻区PCI模30相同的规划示意

5.4.2 PCI分组方案

$$PCI=(3\times NID1)+NID2$$

① *NID*1：物理层小区识别组，范围为 0 ～ 335，定义 SSS 序列。

② *NID*2：在组内的识别，范围为 0 ～ 2，定义 PSS 序列。

③ *PCI* 规划延续 L 网的规划原则，将 0 ～ 1008 个 *PCI* 分为 336 组，组号为 0 ～ 335，即 *NID*1；每组 3 个 *PCI*，即 *NID*2；每组的 *PCI* 为 *NID*1 × 3+0、*NID*1 × 3+1 和 *NID*2 × 3+2。

第6章 Chapter Six

5G网络优化方法与流程

6.1 网络优化项目的准备和启动

6.1.1 收集运营商的优化目标

项目启动后，首先可通过项目启动会的方式收集项目的优化目标。其主要优化目标如下所述：测试评估，收集测试评估所需的测试范围、测试方式、测试内容等；单站验证优化；射频优化；参数优化；KPI优化，并对现阶段的KPI数据做好相关备份，便于项目完成时进行效果对比；特殊场景优化，特殊场景包括高铁、地铁、高速公路、楼宇等；专题优化。

6.1.2 收集网络基本数据

网络优化的前提是充分了解网络运行的性能状况，针对存在的问题进行分析，从而找出解决办法。用于网络优化的数据主要包括话务统计数据、测试数据、告警信息、参数配置信息等。

1. 收集话务统计数据

话务统计数据从统计学的角度反映了整个网络的运行质量。一般情况下，运营商将KPI作为评估网络性能的主要依据。话务统计数据里包含详细的统计指标和计数点，这些指标有的是以整网范围为基准进行统计的，有的则是以每个扇区为基准进行统计的，可以根据具体需要提取这些数据。

2. 收集测试数据

收集测试数据是指利用测试设备选取一定的路径进行抽样测试并提取数据的过程。测试数据可以反映网络的运行质量，测试数据越多，反映的信息越全面。相比于话务统计分析数据，测试数据能够更加具体地反映网络中存在的问题。在后面的章节中，我们会详细阐述测试数据的相关知识。

3. 收集告警信息

告警是设备使用或网络运行中的异常状况或疑似异常状况的集中体现。在网络优化期间，我们应该持续关注并查看告警信息，以及时发现问题，避免发生网络事故。

4. 收集参数配置信息

系统配置数据和无线参数与网络的运行性能相关，网络优化的重要手段是调整系统配置数据和无线参数。在检查话务统计数据、测试数据、告警信息之后，如果存在网络问题，应该及时从配置数据和无线参数这两个方面分析原因。

6.1.3 区域划分和网络优化项目的组织架构

网络优化项目组织架构如图 6-1 所示。

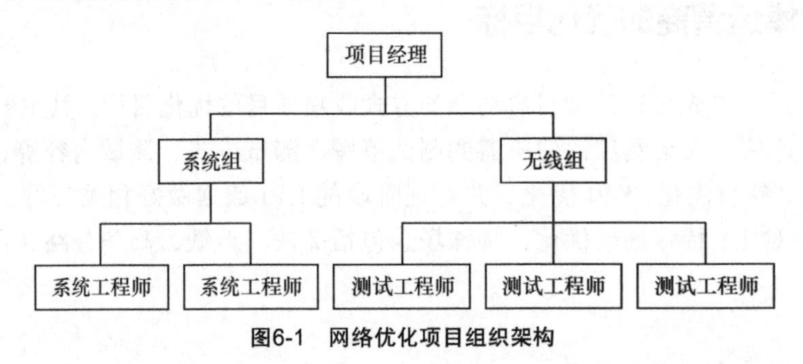

图6-1 网络优化项目组织架构

网络优化项目组织架构中不同职位的工作职责如下所述。

① 项目经理：负责制订项目计划、安排项目进度、调动项目内部资源、指导技术等；负责审核方案、交流技术、培训等工作，掌握全面的无线网络理论知识并具有丰富的无线网络测试调整优化经验，具备较强的沟通协调和组织能力，是项目现场的第一技术责任人。

② 系统组：负责收集和分析各种 KPI 报表、处理 TOPN 问题小区、收集和分析信令数据、分析调整配置参数、确定优化方案、撰写相关分析报告、优化专题专项等。

③ 无线组：负责采集、整理和分析 CQT 测试数据、DT 测试数据、信令数据、各类报表数据等，分析测试数据，处理和分析用户报告和投诉，实施 RF 优化调整并进行效果验证，撰写相关报告等。

6.1.4 网络优化工具和软件准备

常见的测试终端包括 OPPO 5G Reno、vivo 5G 测试终端、华为先行者 CPE、中兴 5G 测试终端等。常见的测试软件有爱立信 Accuver、鼎利 Pioneer、华为 Probe 等。5G 网络测试工具及软件配套见表 6-1。

表 6-1 5G 网络测试工具及软件配套

设备及软件名称	数目	备注
测试终端	1套	—
测试软件	1套	—
GPS	1套	—
便携机	1台	普通性能的便携机，用于安装测试软件，采集数据并记录
高性能便携机	1台	FTP 上传下载或 TCP 灌包便携，基本配置：HP840G2 Inteli7-5600U，64bit，8GB 内存，512GB SSD
网线	2根	—
便携移动电源	3个	以 500W 便携电源为例，在有车载逆变器的情况下，便携移动电源的需求数为 1，使用便携电源后必须及时充电
车载逆变器	1个	—
车辆	1辆	普通车辆即可

注：测试终端需要提前安装好驱动软件，若在测试过程中出现异常情况，可通过重启或者断开再连接的方式排查异常情况；SIM 卡的开户速率要求大于 1Gbit/s，建议以高于峰值的速率开户；测试便携机、测试终端、GPS 都需要供电。便携机可以用电池，但电池的性能往往不能满足长时间的测试需求，如果车辆 UPS 电池无法提供满足要求的功率，则需要购买大功率的 UPS 电池，UPS 电池的功率须满足 8h 的测试要求。

6.2 单站验证和优化

6.2.1 单站验证的数据准备

单站验证需要做以下的准备工作：收集站点的位置信息，包括锚点 LTE 基站和 NR 基站的信息。具体信息包括站点名称、PCI、经纬度信息、站点在地图上的具体位置、站点周边的环境信息等。

测试路线规划：在进行单站验证时，由于要在站点的覆盖范围内测试，则要提前分析周围的道路情况，为定点测试确定候选位置区域，为移动性测试选择符合测试要求的线路。

6.2.2 单站验证的小区状态检查

在单站验证前，工程师需要确认 LTE 和 5G 小区是否存在告警问题、小区的状态是否正常、LTE 和 5G 小区的 X2 口是否正常建立，其中要特别关注间歇性告警的问题。基站检查清单见表 6-2。

表 6-2 基站检查清单

描述	检查标准
是否存在告警问题	确认告警并记录，重要告警等需要清零
NR 小区的状态是否正常	确认小区状态是否正常，如果小区无法被激活，则必须排查处理
本地小区的状态是否正常	确认本地小区状态是否存在异常，如果本地小区存在异常，则需要排查处理
时钟状态是否正常	确认 GPS 星卡的状态、时钟状态等是否正常，链路是否被激活
通道校正是否正常	确认 AAU 通道校正是否通过
收发光是否正常	确认收发光是否正常，建议收光大于 -10dBm
NG 链路是否正常	确认 NG 接口链路是否正常
链路 PING 测试	确认基站到核心网的链路 PING 大包（1400 字节）是否存在丢包、时延异常等情况
邻区是否添加	确认相邻基站的邻区是否添加
Xn 链路是否建立	确认相邻基站的 Xn 链路是否建立并且状态正常

在检查基站工作状态是否正常后，还需要检查扇区参数的配置信息，主要检查 5G 小区的频点配置、带宽配置、小区 PCI、NSA 开关、小区发射功率、邻区配置信息；同时检查 5G 小区周围异频小区的频点配置、邻区配置、PCI 配置等。

6.2.3 单站测试内容

对单站进行功能测试，验证基站性能是否满足验收标准。单站测试内容包括下行峰值速率测试、上行峰值速率测试、小包业务性能测试、5G 接入功能测试、覆盖性能测试、切换性能测试等。

6.2.3.1 下行峰值速率测试

确认 5G 基站的下行峰值速率是否正常。

① 测试内容：测试单用户单载波下行极好点速率。

② 测试条件：UE、测试小区、业务服务器正常工作；LTE、NR 网络按照要求配置。

③ 测试区域：选择一个 5G 主测小区，在该小区内测试，在室外选择极好点测试。

④ 测试方法：在终端发起下载业务，待数据业务稳定后，连续测试 2min，记录下行平均速率，将其作为本小区的下行极好点速率。

6.2.3.2 上行峰值速率测试

确认 5G 基站上行峰值速率是否正常。

① 测试内容：测试单用户单载波上行极好点速率。

② 测试条件：UE、测试小区、业务服务器正常工作；LTE、NR 网络按照要求配置。

③ 测试区域：选择一个 5G 主测小区，在该小区内测试，在室外选择极好点测试。

④ 测试方法：在终端发起上传业务，待数据业务稳定后，连续测试 2min，记录上行平均速率，将其作为本小区的上行极好点速率。

6.2.3.3　小包业务性能测试

① 测试内容：PING 包时延及 PING 包成功率。

② 测试条件：UE、测试小区、业务服务器正常工作；LTE、NR 网络按照要求配置。

③ 测试区域：选择一个 5G 主测小区，在该小区内测试，在室外选择极好点测试。

④ 测试方法：终端在选定的测试点成功接入待测小区；终端在激活状态下采用 DoS 中的 PING 指令发起 PING 包业务，包长 32 字节，PING 包等待回复时长不超过 2s，PING 包次数为 50 次，记录 RTT 各测试样值及统计数据；终端在激活状态下采用 DoS PING 的方式发起 PING 包业务，包长 1500 字节，PING 包等待回复时长不超过 2s，PING 包次数 50 次，记录 RTT 各测试样值及统计数据；基于统计数据记录平均 PING 包时延，即所有 RTT 样本的平均值；基于统计数据计算 PING 包成功率，PING 包成功率 =1– 丢包率。

6.2.3.4　5G 接入功能测试

通过 5G 接入功能测试，检查待测 5G 辅站变更是否正常。根据工程参数和地图，事先确定站内切换的路线，为保证站内切换的成功率，应尽量在规划的范围内测试。

① 测试内容：附着成功率，连接建立成功率。

② 测试条件：UE、测试小区、业务服务器正常工作；LTE、NR 网络按照要求配置。

③ 测试区域：选择一个 5G 主测小区，在该小区内测试，在室外选择极好点测试。

④ 测试方法：测试设备正常开启，工作稳定；UE 在 4G 小区发起连接请求并接入 5G 小区，UE 成功发送 5G Msg3，在 NR 侧成功发起 FTP 下载业务；关机后重新开机，重复步骤②，统计 10 次接入的成功率。

6.2.3.5　覆盖性能测试

检验小区的覆盖情况，确认是否存在天线接反的问题，并确认覆盖率是否达标。

① 测试内容：5G NR 覆盖，基于相关 5G 小区的 SS-RSRP、SS-SINR 测试样本统计。

② 测试条件：在同一个 gNB 基站下，各小区完成 CQT 测试后进行本项测试；LTE、NR 网络按照要求配置；基于广播波束实际配置进行测试；UE、测试小区、业务服务器正常工作。

③ 测试区域：沿基站的周边道路进行绕站测试；打开终端 GPS 定位功能，在地图上记录测试轨迹。

④ 测试方法：系统根据测试要求配置，正常工作；测试车辆携带测试终端、GPS 接收设备及相应的路测系统，测试车辆应视实际道路交通条件以中等速度（30km/h 左右）匀速行驶；终端在待测 5G 辅小区上建立连接，并进行数据业务下载，在每个扇区天馈主瓣方向 120° 扇区 50 ～ 200m 内进行栅格测试（视覆盖环境酌情选择测试路线）；重复步骤③，测

试该基站上的所有5G辅小区。

6.2.3.6 切换性能测试

确认本小区的相邻小区切换是否正常。

① 测试内容：基站内5G小区切换功能测试，终端切换是否正常，5G小区切换成功率。

② 测试条件：在同一个gNB基站下，各小区完成CQT测试后进行本项测试；UE、测试小区、业务服务器正常工作；LTE、NR网络按照要求配置。

③ 测试区域：沿基站的周边道路绕站测试；打开终端GPS定位功能，在地图上记录测试轨迹。

④ 测试方法：系统根据测试要求配置并正常工作，在测试终端进行数据下载业务；在距离基站50～300m的站内各5G小区间进行往返测试各10次。如果在本站的任意两个5G小区间可以双向正常切换，并且切换点在两个小区的边界处，则切换正常，小区覆盖区域合理；如果切换失败或切换点不在两个小区的边界处，各小区的覆盖区域与设计有明显偏差，则需要检查邻区配置、切换参数、天线工程参数等是否正确，须排除故障后再进行测试。

6.3 RF优化流程

RF优化也称射频优化，是移动通信中用来解决覆盖问题的常用方法，可解决网络中的天线接反、弱覆盖、越区覆盖、重叠覆盖、模3干扰、外部干扰和切换等问题。

RF优化总体流程如图6-2所示。

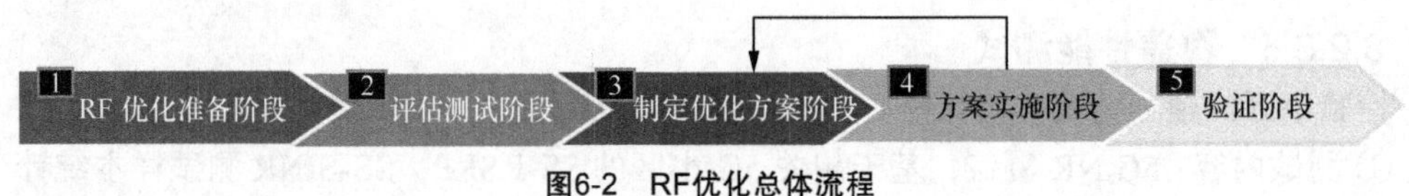

图6-2 RF优化总体流程

在RF优化准备阶段，收集需要优化的基站位置信息、天馈信息等，收集优化区域内的道路信息，制定评估测试路线，准备相关测试设备。

在评估测试阶段，根据前期规划的路线，制订相关的测试计划，在区域内进行道路测试，采集测试数据，为后期优化打好基础。

在制定优化方案阶段，首先分析采集的数据，结合收集的相关基站信息，针对网络问题制定优化方案。针对功率调整部分，可在网管上修改调整，修改前需要申请报备，修改后做好相关记录。在天馈调整部分，优化方案需要准确清晰，以便工程人员能够直接实施。

在方案实施阶段，工程人员需要根据天馈调整方案到基站核查相关信息是否一致：若相关信息一致，则可以按照 RF 优化方案直接实施；若相关信息不一致，则需要与方案制定者进行核对，并征求方案制定者的意见，确认是否需要修改方案。工程人员实施方案后，需要记录好相关数据，并对天线覆盖方向进行拍照记录。

在验证阶段，方案实施后需要验证 RF 优化调整的效果，确认其是否达到预期目标：若效果不佳，则需要制定二次优化方案，直到实现优化目标为止；若达到预期优化目标，则该问题点闭环，需要输出 RF 优化报告，RF 优化报告中必须包括前后优化效果的对比情况，例如，RSRP 强度对比、SINR 对比，并截图前后路测轨迹的对比情况。

5G 网络的室外站型主要为 Massive MIMO，与传统站型相比，5G Massive MIMO 广播信道采取窄波束轮询发射方式，天线增益比传统天线大幅提升，同时支持广播信道外包络多维调整，包括覆盖场景（控制水平波束宽度和垂直波束宽度）、数字方位角和数字下倾角，单个 Massive MIMO AAU 设备（以 64T 为例）支持的广播信道外包络形态多达上万种。加上传统手段，Massive MIMO 产品常用的 RF 优化方法有以下 7 种，见表 6-3。

表 6-3 RF 优化方法

<table>
<tr><th colspan="2">优化方法</th><th>成本对比</th><th>优化效果</th><th>限制因素</th></tr>
<tr><td rowspan="4">传统手段</td><td>机械倾角</td><td>高</td><td>同时对 SSB 和 CSI 生效</td><td>受安装条件限制</td></tr>
<tr><td>电子倾角</td><td>RET 天线低，非 RET 较高</td><td>同时对 SSB 和 CSI 生效</td><td>目前不支持 64T，支持 8T/32T，32T 复用数字倾角参数控制</td></tr>
<tr><td>方位角</td><td>高</td><td>同时对 SSB 和 CSI 生效</td><td>受安装条件限制</td></tr>
<tr><td>功率</td><td>低</td><td>同时对 SSB 和 CSI 生效，可单独控制</td><td>在工程优化阶段不建议调整</td></tr>
<tr><td rowspan="3">广播波束</td><td>覆盖场景</td><td>低</td><td>仅对 SSB 生效，通过切换链间接改变 CSI 覆盖</td><td>8T/32T 不能支持全部的 17 种场景</td></tr>
<tr><td>数字倾角</td><td>低</td><td>仅对 SSB 生效，通过切换链间接改变 CSI 覆盖</td><td>不支持 8T，垂直波宽 25°，场景不可调</td></tr>
<tr><td>数字方位角</td><td>低</td><td>仅对 SSB 生效，通过切换链间接改变 CSI 覆盖</td><td>水平波宽大于 90°，场景不可调</td></tr>
</table>

针对 4G/5G 共用 MM AAU 的情况，在站点设计阶段，RF 参数直接继承 4G 原网的场景，建议优先进行 4G/5G 联合 RF 优化，确定 4G/5G 两张网均可接受的天线方位 / 下倾角后（一般为满足网络覆盖层需求），再单独对 5G 侧进行 Pattern 优化。

6.4 参数优化流程

参数的合规性是业务正常开展的基础，也是进行优化工作的前提条件，在优化工作开展前需要对相关参数进行合规性检查，避免因参数配置问题误导后续的分析工作。

6.4.1 参数优化流程

参数优化流程包括优化参数评估核查、优化参数备份、制定参数优化方案、实施参数优化方案和验证参数优化效果 5 个阶段。参数优化流程如图 6-3 所示。

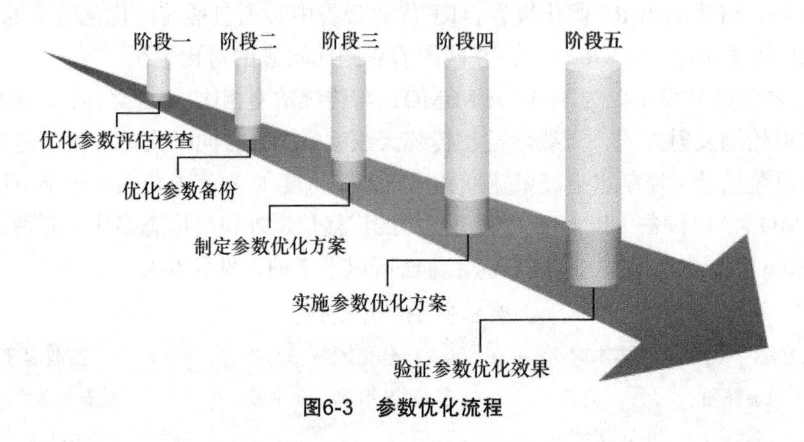

图6-3　参数优化流程

在优化参数评估核查阶段，评估现网中配置的参数，核查优化参数配置的问题，或者优化不在集团公司要求的配置范围内的参数配置，并且需要在优化参数之前整改这些参数。

在优化参数备份阶段，进行优化参数之前需要备份系统中配置的参数，便于后续分析及核查。

在制定参数优化方案阶段，根据路测数据或者 KPI 制定修改参数的方案，并提前定好修改参数的日期，提交修改参数的申请报告，审批后方可进入下一个阶段。

在实施参数优化方案阶段，根据参数优化方案修改参数，尽量选择在凌晨操作，因为部分参数修改会导致设备重启，在凌晨实施对现网的影响最小。

在验证参数优化效果阶段，修改参数后，可通过路测验证效果，评估修改参数后是否达到预期目标，也可以通过网络 KPI 观察优化参数的效果。

6.4.2 常见参数优化释义

在 5G 无线网络优化的过程中，常见的优化参数主要有覆盖类参数、功率配置参数、速率类参数、切换类参数和异系统参数等。

6.4.2.1 覆盖类参数

修改 5G 覆盖类参数可以调整小区的网络覆盖情况，并根据现场需求增强覆盖或者控制覆盖，从而通过覆盖参数优化达到预期目标。例如，通过调整方位角、下倾角等加强弱覆盖区域的信号强度。覆盖类参数见表 6-4。

表 6-4 覆盖类参数

参数名称（英文名称）	参数名称（中文名称）	参数含义
cbfMacroTaperType	垂直波束权重	垂直波束权重类型
coverageShape	覆盖形状（系统默认）	覆盖形状
customComBfwWideBeam	自定义的下行公共信道的波束赋形权重	自定义的下行公共信道的波束赋形权重，为一个由幅度和相位构成的权重矩阵
digitalPan	数字控制方位	数字控制方位
digitalTilt	数字控制倾角	数字控制倾角
csiRsPeriodicity	CSI-RS 发送周期	CSI-RS 发送周期
csiRsConfig16P	16-Port CSI 设置	16-Port CSI 设置和相应的 Port 到天线的映射关系
csiRsConfig32P	32-Port CSI 设置	32-Port CSI 设置和相应的 Port 到天线的映射关系
csiRsConfig8P	8-Port CSI 设置	8-Port CSI 设置和相应的 Port 到天线的映射关系

6.4.2.2 功率配置参数

通过功率参数优化，可以提升用户在进行业务时的发射功率，功率配置参数见表 6-5。

表 6-5 功率配置参数

参数名称（英文名称）	参数名称（中文名称）	参数含义
configuredMaxTxPower	最大输出功率	最大输出功率
pZeroNomPucch	PUCCH 功控 P0	PUCCH 功控 P0
pZeroNomPuschGrant	PUSCH 功控 P0	PUSCH 功控 P0
trsPowerBoosting	TRS 功率增强	TRS 功率增强
preambleRecTargetPower	前导码接收预期电平	前导码接收预期电平
pMax	上行最大发射功率	上行最大发射功率

6.4.2.3 速率类参数

速率类参数可以适当改善用户的下行速率，常见速率类参数见表 6-6。

表 6-6　常见速率类参数

参数名称（英文名称）	参数名称（中文含义）	参数含义
MaxMimoLayerNum	修改 MIMO 模式	MIMO 模式越大，承载的峰值速率越高
Dl256QamSwitch	打开下行 256QAM	打开高阶调制方式
OccupiedSymbolNum	PDCCH 占用符号数	设置为 1，减少控制性的开销
DlDmrsMaxLength	DMRS Type2 符号长度	DMRS Type2 符号设置为单符号
TrsBeamPattern	TRS 波束类型	配置 1 个波束，Pattern1 时小区 TRS 在频域上按 PCImod 6 错开，有利于规避 TRS 干扰问题
TrsPeriod	TRS 周期	移动场景推荐 20ms，定点峰值场景可以拉长到 40ms
Rsvd8Param26	下行 Additional DMRS 符号个数	移动场景推荐为 1

6.4.2.4　切换类参数

在切换参数优化时，优化锚点小区和 NR 小区与周边小区的切换带，避免 NR 小区或者锚点小区与周边小区进行频繁切换。常规参数有 NR 同频、异频切换门限、offsetA3、timeToTriggerA3 等。A1 ～ A5 切换参数见表 6-7 ～表 6-11。

表 6-7　A1 切换参数

变量	参数名称	参数 ID	说明
Hys	异频 A1/A2 幅度迟滞	NRCellInterFHoMeaGrp.InterFreqA1A2Hyst	通过该参数配置异频切换测量事件 A1/A2 的幅度迟滞
Thresh	基于覆盖的异频 A1 RSRP 触发门限	NRCellInterFHoMeaGrp.CovInterFreqA1RsrpThld	通过该参数配置基于覆盖的异频 A1 RSRP 触发门限
Thresh	基于频率优先级的异频 A1 RSRP 触发门限	NRCellInterFHoMeaGrp.FreqPriInterFA1RsrpThld	通过该参数配置基于频率优先级的异频 A1 RSRP 触发门限
TimeToTrig	异频 A1/A2 时间迟滞	NRCellInterFHoMeaGrp.InterFreqA1A2TimeToTrig	通过该参数配置异频 A1/A2 时间迟滞

表 6-8　A2 切换参数

变量	参数名称	参数 ID	说明
Hys	异频 A1/A2 幅度迟滞	NRCellInterFHoMeaGrp.InterFreqA1A2Hyst	通过该参数配置异频切换测量事件 A1/A2 的幅度迟滞
Thresh	基于覆盖的异频 A2 RSRP 触发门限	NRCellInterFHoMeaGrp.CovInterFreqA2RsrpThld	通过该参数配置基于覆盖的异频 A2 RSRP 触发门限
Thresh	基于覆盖的切换至 E-UTRAN 盲 A2 RSRP 门限	NRCellInterRHoMeaGrp.CovHoToEutranBlindA2Thl	通过该参数配置异频盲重定向 A2 RSRP 触发门限，异频和异系统共用该参数
Thresh	基于频率优先级的异频 A2 RSRP 触发门限	NRCellInterFHoMeaGrp.FreqPriInterFA2RsrpThld	通过该参数配置基于频率优先级的异频 A2 RSRP 触发门限
TimeToTrig	异频 A1/A2 时间迟滞	NRCellInterFHoMeaGrp.InterFreqA1A2TimeToTrig	通过该参数配置异频 A1/A2 时间迟滞

表 6-9　A3 切换参数

变量	参数名称	参数 ID	说明
Ofn	无	无	该变量采用固定值 0
Ocn	小区偏移量	NRCellRelation. CellIndividualOffset	表示邻区的小区偏移量：当该参数不为“0”时，该参数在测量控制消息中下发；当该参数为“0”时，不下发，计算时默认取值为“0”
Hys	同频切换的 A3 幅度迟滞	NRCellIntraFHoMeaGrp. IntraFreqHoA3Hyst	通过该参数配置同频切换测量事件 A3 的幅度迟滞，该参数针对 QCI（QoS Class Identifier）级配置
Ofs	无	无	该变量采用固定值“0”
Ocs	无	无	该变量采用固定值“0”
Off	同频切换的 A3 偏置	NRCellIntraFHoMeaGrp. IntraFreqHoA3Offset	通过该参数配置同频切换测量事件 A3 的偏置，该参数针对 QCI 级配置
TimeToTrig	同频切换的 A3 时间迟滞	NRCellIntraFHoMeaGrp. IntraFreqHoA3TimeToTrig	通过该参数配置同频切换的 A3 时间迟滞

表 6-10　A4 切换参数

变量	参数名称	参数 ID	说明
Ofn	连接态频率偏置	NRCellFreqRelation. ConnFreqOffset	通过该参数配置异频频点的频率偏置
Ocn	小区偏移量	NRCellRelation. CellIndividualOffset	表示邻区的小区偏移量：当该参数不为“DB0”时，该参数在测量控制消息中下发；当该参数为“DB0”时，不下发，计算时默认取值为 0
Hys	异频 A4/A5 幅度迟滞	NRCellInterFHoMeaGrp. InterFreqA4A5Hyst	通过该参数配置异频 A4/A5 幅度迟滞
Thresh	基于频率优先级的异频切换 A4 RSRP 门限	NRCellInterFHoMeaGrp. FreqPriInterFA4RsrpThld	通过该参数配置基于频率优先级的异频切换 A4 RSRP 门限
Thresh	运营商专用优先级异频切换 A4 RSRP 门限	NRCellInterFHoMeaGrp. OpDedPriHoA4RsrpThld	通过该参数配置基于运营商专用优先级异频切换的 A4 RSRP 触发门限
Thresh	基于业务的异频切换 A4 RSRP 门限	NRCellInterFHoMeaGrp. SrvInterFreqA4RsrpThld	通过该参数配置基于业务的异频切换 A4 RSRP 门限
TimeToTrig	异频 A4/A5 时间迟滞	NRCellInterFHoMeaGrp. InterFreqA4A5TimeToTrig	通过该参数配置异频 A4/A5 时间迟滞

表 6-11　A5 切换参数

变量	参数名称	参数 ID	说明
Hys	异频 A4/A5 幅度迟滞	NRCellInterFHoMeaGrp.InterFreqA4A5Hyst	通过该参数配置异频 A4/A5 幅度迟滞
Thresh1	基于覆盖的异频 A5 RSRP 触发门限 1	NRCellInterFHoMeaGrp.CovInterFreqA5RsrpThld1	通过该参数配置基于覆盖的异频 A5 RSRP 触发门限 1
Thresh2	基于覆盖的异频 A5 RSRP 触发门限 2	NRCellInterFHoMeaGrp.CovInterFreqA5RsrpThld2	通过该参数配置基于覆盖的异频 A5 RSRP 触发门限 2
Ofn	连接态频率偏置	NRCellFreqRelation.ConnFreqOffset	通过该参数配置异频频点的频率偏置
Ocn	小区偏移量	NRCellRelation.CellIndividualOffset	表示邻区的小区偏移量：当该参数不为“0”时，该参数在测量控制消息中下发；当该参数为“0”时不下发，计算时默认取值为“0”
TimeToTrig	异频 A4/A5 时间迟滞	NRCellInterFHoMeaGrp.InterFreqA4A5TimeToTrig	通过该参数配置异频 A4/A5 时间迟滞

6.4.2.5　异系统参数

异系统参数主要为 NR 与 LTE 的切换，包括 NR 的邻区、LTE 和 NR 的异系统邻区关系，异系统参数见表 6-12。

表 6-12　异系统参数

参数名称（英文名称）	参数名称（中文名称）	参数含义
b1Threshold	B1 门限	B1 事件的门限
hysteresisB1	B1 迟滞值	B1 事件的迟滞值
timeToTriggerB1	B1 时间触发量	B1 事件的时间触发量
triggerQuantityB1	B1 触发选项	B1 事件触发项

第7章

Chapter Seven

5G 路测数据分析方法

7.1 路测数据采集

7.1.1 簇划分和测试路线规划

移动通信网络在空间上是一个巨大的网络，由于各地市本地网用户规模、经济发展、建设投入不均衡，对本地网进行全范围优化相当耗时，投资极大。因此，网络优化也有主次之分。将网络划分成若干个簇，先对重点簇进行优化是各家运营商的既定策略。

簇优化是5G无线网络工程优化的重要组成部分，需要在单站优化后和全网优化前实施。基站簇中80%以上的NR基站开通后，即可对该簇进行整体测试和优化工作。每个簇通常包含15个NR基站，簇划分的主要依据是地形地貌、业务分布、相同的TAC区域等信息。

NR的簇优化需要考虑以下5个因素。

① **行政区域划分**。当网络覆盖区域涉及多个行政区域时，应该按照不同的行政区域划分簇，即簇内站点归属同一个行政区。

② **地形因素影响**。不同的地形地貌对于无线信号的传播会造成明显的影响。山脉（阴影衰落）会阻碍信号传播，是簇划分的天然边界；水面会反射无线信号，河流容易产生波导效应，使信号传播得更远；当湖面、江面较窄时，需要考虑两岸信号的相互影响，如果交通情况允许，应将两岸的站点划分在同一簇内进行优化；如果水面开阔，则需要关注上下游之间的信号影响，根据实际的交通情况用河道划分簇边界。

③ **不同簇间的信号影响最小**。由于优化调整是基于簇进行的，某个簇中站点的天线调整可能会对相邻簇的信号分布造成影响，需要在簇划分时尽可能地减少簇间的相互影响，簇间边界越短越好，通常按照蜂窝形状划分簇。

④ **不同簇的话务分布**。分析现有网络的话务或者用户分布情况，簇边界要尽可能地避开话务热点、用户密集、用户移动的关键枢纽地区，尽量让单个话务热点包含在一个簇内。

⑤ **测试工作量**。在簇划分时，需要考虑测试工作量是否可以在一天之内完成。簇划分完成后，要获取需要测试的簇列表、电子图层、专用下载服务器和相应的工程参数。在测试

评估前，做好路线规划工作，测试的路线需要遍历测试簇区域内的主要交通干道，密度均匀；测试前要做好线路规划，尽量减少重复路段的测试；测试必须公正、如实地反映网络的覆盖和性能，保证测试数据的可用性和准确性。

7.1.2 测试方法

道路测试与定点测试不同，首先要按照规划路线测试，遍历簇内基站的所有小区，并按照顺时针及逆时针方向各测试一圈。测试时，根据测试要求启动数据下载业务，并以不大于 30km/h 的速率匀速地按照测试路线开展测试，并长时间保持测试。如果存在未接通或掉话的情况，应及时停车记录问题、重新连接并开始测试。

具体测试内容包括覆盖性能测试、接入性能测试、PING 测试、保持性能测试和移动性能测试等。

7.1.2.1 覆盖性能测试

测试内容：SS-RSRP、SS-SINR 覆盖率、上下行边缘速率和小区平均吞吐量。

测试方法如下所述。

① NR 终端连接测试工具并放置于车内，发起下载业务并保持连接。

② 测试车辆以接近 30km/h 的速率沿既定的测试路线测试，测试路线应该为核心区域覆盖范围内能够行车的所有市政道路，要实时记录数据速率、SS-SINR、SS-RSRP。

7.1.2.2 接入性能测试

测试内容：测试 NR 连接建立成功率。

测试方法如下所述。

① 测试车携带测试终端、GPS 接收设备及相应的路测系统，测试车应视实际道路交通条件以中等速率（30km/h 左右）匀速行驶。

② 终端已经附着并处于 RRC IDLE 状态，因为要传送数据，所以要进行以下操作：随机接入—RRC 连接建立—DRB 建立。

③ 终端建立连接（建立 RRC 连接与无线承载后发起下载、上传业务，经过一定的时间后再停止数据传送，终端重新进入 RRC IDLE 状态），连接时长 30s，间隔 15s，记录连接建立成功 / 失败。

④ 终端建立起无线承载，而且能传送用户面数据（能 PING 网络服务器，并能 FTP 下载和上传数据），则判定其连接建立成功。

⑤ 终端重新进入 RRC IDLE 状态，然后重复进行步骤②～步骤④。测试车至少跑完测试路线一圈，终端至少进行 100 次连接建立尝试。

7.1.2.3 PING 测试

测试内容：PING 包成功率和 PING 包时延测试。

测试方法：NR终端连接测试工具被放置于车内，测试车辆以接近30km/h的速率沿既定的测试路线测试；终端发起PING包（1500字节）业务，采用DoS PING方式记录RTT，将其作为测试样值；重复以上操作，遍历核心区域覆盖范围内能够行车的所有市政道路，至少将测试路线走完一遍。

7.1.2.4　保持性能测试

测试内容：NR掉线率测试。

测试方法：测试设备正常开启，工作稳定；终端已经附着并处于RRC IDLE状态。终端建立连接（建立无线承载后，发起FTP或iperf TCP/UDP下载、上传数据），持续30s后重新连接（即释放承载后间隔15s重新发起连接）；记录是否掉线，含掉线及NR掉线；如果出现掉线的情况，则间隔15s后重新发起连接，若连续3次建立连接失败，则记录终端状态并重启终端，再进行后续测试；遍历核心区域覆盖范围能够行车的所有市政道路，连接呼叫次数在100次以上；若发生掉话，则在附近停车后重新发起数据业务，待速率稳定后继续进行路测。

7.1.2.5　移动性能测试

测试内容：NR切换测试。

测试方法：NR终端连接测试工具被放置于车内，测试车辆以接近30km/h的速率沿既定的测试路线测试；测试终端发起持续下载和上传业务，同时连接GPS测试；如果发生掉线的情况，则必须再次发起并保持，同时记录掉线点；遍历核心区域覆盖范围内能够行车的所有市政道路。分析信令，分别统计5G切换尝试次数和成功次数，以及5G用户面的平均时延。

7.2　路测数据分析基础

7.2.1　路测重要指标解读

在LTE中，功率的测量基本都是关于RSRQ和RSRP的。NR中的RSRQ和RSRP与LTE中的RSRQ和RSRP几乎相同，但也有区别。因为在LTE中，RSRQ和RSRP是基于小区参考信号定义的，但是在NR中没有CRS，所以RSRQ和RSRP在NR中是基于SSB和CSI-RS信号定义的。其中SSB在空闲态和连接态同时发送，影响终端的接入和移动性测量；CSI-RS仅在连接态发送，影响终端的CQI/PMI/RI测量等。在簇优化阶段，SSB主要影响测试终端的服务小区选择，CSI-RS主要影响业务信道质量评估，两者均对速率有明显的影响，因此在覆盖优化阶段需要同时考虑SSB和CSI-RS的覆盖和干扰水平。

① SS-RSRP是NR小区同步信号在每个RE上的平均功率，用于衡量小区下行同步信号

的接收强度。

② SS-SINR 是 NR 小区同步信号在每个 RE 上的平均 SINR 值，用于衡量小区下行同步信号的接收质量。

③ CSI-RSRP 是 NR 小区携带 CSI 信号在每个 RE 上的平均功率，用于衡量 CSI 信号的接收强度。

④ CS-SINR 是 NR 小区携带 CSI 信号在每个 RE 上的平均 SINR 值，用于衡量 CSI 信号的接收质量。

⑤ 下行 PDCP 层速率和上行 PDCP 层速率用于衡量上下行速率的高低，反映用户使用体验的好坏。

⑥ 覆盖率是 RSRP 和 SINR 结合起来满足一定门限的指标，在网络优化中用来评估该区域网络质量的好坏。5G 网络测试覆盖率见表 7-1。

表 7-1　5G 网络测试覆盖率

评测指标	指标定义	目标值建议
5G 网络测试覆盖率	核心城区：SS-RSRP ≥ –88dBm 且 SS-SINR ≥ –3dBm 的采样比例	≥ 90%
	普通城区：SS-RSRP ≥ –91dBm 且 SS-SINR ≥ –3dBm 的采样比例	

基于上述分析，当前 5G 覆盖优化的主要目标是：提升网络覆盖率，达到优化目标值；在确保覆盖率不下降的前提下，通过降低重叠覆盖优化 SINR 值，提升上下行速率。

7.2.2　良好的RF环境定义

在进行单站验证和簇优化的过程中，常需要进行定点测试，以检验不同场景下信号所要达到的标准，现阶段信道条件定义如下所述。

① 极好点：SS-RSRP ≥ –70dBm 且 SS-SINR ≥ 25dB。

② 好点：–80dBm ≤ SS-RSRP < –70dBm 且 15dB ≤ SS-SINR < 20dB。

③ 中点：–90dBm ≤ SS-RSRP < –80dBm 且 5dB ≤ SS-SINR < 10dB。

④ 差点：–100dBm ≤ SS-RSRP < –90dBm 且 –5dB ≤ SS-SINR < 0dB。

7.2.3　路测网络评估的KPI定义

路测中常用于评估网络的 KPI，包括覆盖性能指标、接入性能指标、时延指标、保持性能指标和移动性能指标等。

7.2.3.1　覆盖性能指标

覆盖性能指标主要基于测试数据，统计 SS-RSRP、SS-SINR、PDCP 层数据的速率；统计边缘指标及均值计算覆盖，从而判断网络覆盖是否满足指标的要求。

7.2.3.2 接入性能指标

接入性能指标包括连接建立成功率。

连接建立成功率 = 业务建立成功次数 / 业务建立尝试次数 ×100%。

7.2.3.3 时延指标

时延指标可被用来统计 PING 包成功率及 PING 包时延。

7.2.3.4 保持性能指标

保持性能指标可被用来统计 NR 掉话率。

NR 掉话率 = 业务保持过程中 NR 异常释放次数 / 添加成功次数。

① NR ERAB 异常释放及 10 秒以上应用层速率为零，均被视为掉线。

② 添加成功：添加请求后，UE 回复 RRC 连接重配置完成消息，则视为添加成功。

7.2.3.5 移动性能指标

移动性能指标可被用来统计切换成功率。

切换成功率 = 切换成功次数 / 切换尝试次数 ×100%。

7.3 覆盖问题分析与优化

7.3.1 5G覆盖特性分析

无线网络覆盖问题产生的原因是多种多样的，总体来讲有 4 类：一是无线网络规划结果和实际覆盖效果存在偏差；二是覆盖区无线环境的变化；三是工程参数和规划参数不一致；四是增加了新的覆盖需求。良好的无线网络覆盖是保障移动通信质量和指标要求的前提。因此，无线网络覆盖的优化是非常重要的，且贯穿网络建设的整个过程。

移动通信网络中涉及的覆盖问题主要为弱覆盖、越区覆盖、重叠覆盖和天线接反等。本章结合无线网络覆盖优化的相关案例，主要介绍了处理无线网络覆盖问题的一般流程和典型的解决方法。

无线网络覆盖优化的主要原则如下所述。

① 先主后次原则：优先解决面的问题，再解决点的问题，由主及次。

② 成本优先原则：从成本和效率的方面考虑，先设置较为合理的方位角和下倾角，再通过调整 Pattern、电子倾角等参数解决覆盖问题，降低上站调整的比例。

③ 预期明确原则：对优化方案预期达到的效果和可能产生的影响要有清晰的认识，尽量借助工具进行预期验证。

④ 测试验证原则：对所有的 RF 调整方案要及时进行复测验证，由于 RF 调整结果的不

确定性较高，在条件允许的情况下，调整与测试可以同时进行。

⑤ 问题收敛原则：在 RF 优化的过程中，要避免解决一个问题后又引入新的问题。要仔细地评估优化动作的影响，确保覆盖问题的数量是收敛的。

7.3.2 无线网络覆盖优化手段：通过理想预测查找“有害小区”

理想预测是通过分析测试数据，找出网络中的“纯干扰小区”和“低效小区”，并关闭这些“有害小区”，以测试网络的最佳性能。

① 纯干扰小区：在测试的过程中，只作为邻区出现的小区对测试路段的作用是纯干扰。

② 低效小区：在测试的过程中，低效小区的占用数很少，但作为邻区出现的次数很多；作为服务小区时，RSRP 高于 −86dB，且 SINR 值低于 10dB。

以下为实际排查方法。

步骤 1：根据测试数据，统计每个小区的 RSRP、SINR 值等采样点指标。

步骤 2：识别干扰小区。基于步骤 1 的数据统计结果，小区占用数大于“0”且邻区采样点 RSRP 大于一定门限的小区即为干扰小区。

步骤 3：识别低效小区。基于步骤 1 的数据统计结果，过滤占用数大于“0”且服务小区采样点小于一定门限的小区即为低效小区。

步骤 4：排查分析“有害”小区。

7.3.3 覆盖优化手段：天馈调整

7.3.3.1 调整方位角

调整方位角的目的是确保覆盖区域的小区数量不要过多，切换有序，同时满足 RSRP 的要求。每个区域主要由一个小区覆盖，覆盖距离不低于 200m，多余的天线将方向调开，在三扇区的情况下，各小区天线间的夹角要尽量大于 90°。

7.3.3.2 调整下倾角

调整完方位角后，如果仍有越区覆盖的信号，则要考虑倾角的调整，优先考虑电调。如果已达到电调的极限值，但仍然覆盖过远，则要考虑调整机械倾角，调整机械倾角后要进行路测验证。

7.3.3.3 建筑物遮挡造成的问题

经常发生 LTE 和 NR 安装在管塔的不同平台上，且 NR 所在的平台远低于 LTE 所在的平台高度这种情况。当覆盖方向有建筑物遮挡时，LTE 的信号可以从建筑物上方越过，而 NR 的信号被完全遮挡，造成覆盖不一致。这种情况的最佳解决方案是将 NR 天线的安装位置提升到更高的平台上。根据目前的安装情况来看，LTE 的 RRU 会安装在 LTE 的下一层平台上，如果条件允许，可以对调 LTE RRU 和 NR AAS 的安装位置。

7.3.4　覆盖优化手段：功率调整

基站和终端的发射功率也是覆盖能力的重要因素。发射功率越大，能接收到的信号越强。但是，发射功率受限于功放的能力，在元器件的限制下，发射功率不能被无限扩大。

目前，5G 基站每个通道的发射功率为 34.9dBm，SSB 的发射功率为 17.8dBm，发射功率可以根据现场优化的需要适当增加或者降低。

7.3.5　下行覆盖优化分析

下行链路是指从基站到终端侧，下行覆盖问题会导致终端无法接收到基站的信号，从而导致出现掉线、连接失败等问题。下行覆盖问题可以通过 RSRP 和 SINR 值指标进行分析排查，包括弱覆盖问题、重叠覆盖问题、越区覆盖问题、下行干扰问题和切换失败问题等。

5G 引入 Massive MIMO 实现波束赋形，通过窄波束将能量定向投放到用户的位置。相比于传统的宽波束方案，可扩大信号覆盖的范围，同时降低小区间用户的干扰。同步广播信道（SSB）以波束扫描的方式发送；业务信道（PDSCH）采用动态波束跟踪模式。因此，5G 网络覆盖相对灵活，可以通过调整赋形权值实现不同的覆盖形态，满足不同的覆盖场景和不同用户间的业务波束空间隔离，降低了干扰，更容易实现 MU-MIMO。

7.3.6　上行覆盖优化分析

上行链路是指从终端到基站侧，覆盖范围主要由终端的发射功率决定，但是受终端设备的限制，终端发射功率比基站侧小。因此，需要对上行覆盖进行优化，保证上下行的覆盖范围一致。在进行上行覆盖规划时，必须合理设置基站的站间距。

除了合理设置基站的站间距，在优化过程中，还需要特别注意上行干扰问题，上行干扰会使上行信号淹没在干扰中，从而导致基站无法解调上行信号。

7.3.7　弱覆盖问题及案例分析

7.3.7.1　影响因素分析

弱覆盖问题的形成不仅与系统许多技术指标（例如系统的频率、灵敏度、功率等）有直接的关系，而且与工程质量、地理因素、电磁环境等也有直接的关系。一般系统的指标相对比较稳定，但如果系统所处的环境比较恶劣，或者维护不当、工程质量不过关，则基站的覆盖范围可能会缩小。如果在网络规划阶段考虑不周全或不完善，则基站开通后可能存在弱覆盖或者覆盖空洞的现象，导致发射机输出功率减小或接收机的灵敏度降低，从而出现天线的方位角发生变化、天线的俯仰角发生变化、天线进水、馈线损耗等问题，对覆盖造成影响。综上所述，引起弱场覆盖问题的原因主要有以下5个方面。

① 因网络规划考虑不周全或不完善的无线网络结构引起。

② 由设备故障导致。

③ 由工程质量造成。

④ RS发射功率配置低，无法满足网络的覆盖要求。

⑤ 由建筑物等引起的阻挡。

7.3.7.2 解决措施

改变弱覆盖的解决措施主要包括调整天线方位角、下倾角等工程参数，以及修改功率参数。另外，可以通过在弱覆盖区域引入RRU拉远从根本上解决问题。总之，改变弱覆盖的目的是在弱覆盖区域找到一个合适的信号，并使之加强。主要的解决方法有以下4种。

① 调整工程参数。

② 调整RS的发射功率。

③ 改变波瓣赋形宽度。

④ 使用RRU拉远。

7.3.7.3 弱覆盖的优化案例

问题描述：jiangsanchun_2小区覆盖长江小区路段的RSRP（部分路段低于–100dBm）和SINR值（部分路段低于“0”）都较差，存在切换失败及掉线的风险，严重影响业务的正常进行。

问题分析：此路段为弱覆盖，天线安装在单管塔上，天线基本沿着道路方向覆盖，无明显阻挡，可通过调整天线方位角及下倾角解决。

优化措施：将该路段基站2扇区的方位角从200° 调整到180°，并作为主覆盖小区，将电子下倾角从3° 调整到0° 。

复测验证：调整天线后，路段的RSRP和SINR值都有很大的提升，RSRP达到–90dBm，SINR值达到11dB，在南环路丁字路口处可以顺利切换到优能科技2小区。

7.3.8 越区覆盖问题及案例分析

7.3.8.1 影响因素分析

越区覆盖容易导致出现手机上行发射功率饱和、切换关系混乱等问题，从而严重影响下载速率，甚至导致掉线。天线挂高引起的越区覆盖主要是由站点选择或者在建网初期只考虑覆盖引起的。为了保证覆盖范围，在初期，站址一般选择建在高大建筑物或者郊区的高山之上，但是这在后期带来了严重的越区现象；通常在市区内站间距较小、站点密集的情况下，下倾角设置得不够大，会使该小区的信号覆盖得比较远；站点如果设置在比较宽阔的街道旁边，波导效应会使信号沿着街道传播得很远；城市中有大面积的水域，如穿城而过的江河等。信号在水面的传播损耗很小，因此一般在此环境下覆盖得非常远，这些场景都可能导致越区覆盖。综上所述，越区覆盖的产生原因主要有以下 4 种。

① 天线挂高。

② 天线下倾角。

③ 街道效应。

④ 水面反射。

7.3.8.2 解决措施

越区覆盖的解决措施非常明确，就是减弱越区覆盖小区的覆盖范围，使其对其他小区的影响降到最低。通常最有效的措施就是调整天馈系统的参数，主要是调整下倾角的参数，在实际优化工作中，调整下倾角的参数之前要分析路测数据，然后再验证。调整功率等参数也能够有效地避免越区覆盖。越区覆盖的解决处理一般要经过 2 ～ 3 次的调整验证。所有的调整都要在保证小区覆盖目标的前提下进行。解决越区覆盖主要有以下 3 种措施。

① 调整工程参数。

② 调整 RS 的发射功率。

③ 调整天线的波瓣宽度。

7.3.8.3 越区覆盖的优化案例

问题描述：在南北支路上，jiangsanchun_3 小区在远见智能 1 和远见智能 3 小区间存在明显的越区覆盖，造成此路段的切换次数较多，切换点的 SINR 值较差，下载速率较低，存在切换失败及掉线风险。jiangsanchun 优化前的信号覆盖及切换如图 7-1 所示。

问题分析：jiangsanchun_3 小区安装在单管塔上，覆盖方向旁瓣无明显阻挡，在天线的方位角及下倾角之前，为了优化建业路上的覆盖，已经对其进行了调整，天线的物理参数没有进一步的调整空间，建议通过修改功率参数解决。

优化措施：将 jiangsanchun_3 扇区的功率下降 3dB。

复测验证：调整功率参数 Cell Power Reduce 后，jiangsanchun_3 小区的 RSRP 从 –87dBm 降为 –91dBm，车辆从南向北行驶时，UE 从远见智能 2 正常切换到远见智能 1，此路段不会再占用 jiangsanchun_3，切换点的 SINR 值从 3dB 提升到 11dB，下载速率从 15.5Mbit/s 提升到 23.5Mbit/s。

jiangsanchun 优化后的信号覆盖及切换如图 7-2 所示。

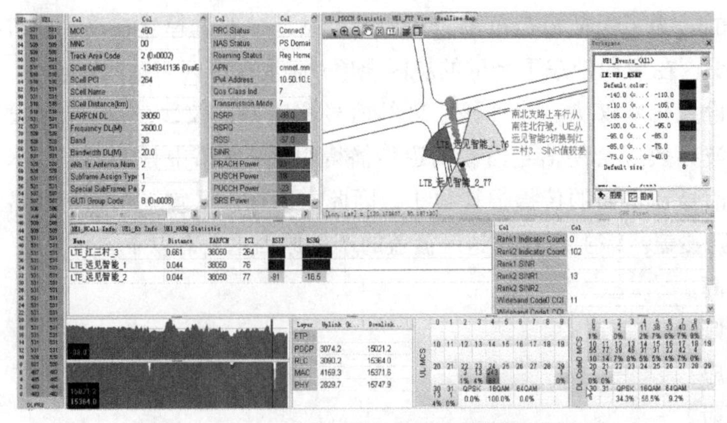

图7-1　jiangsanchun优化前的信号覆盖及切换

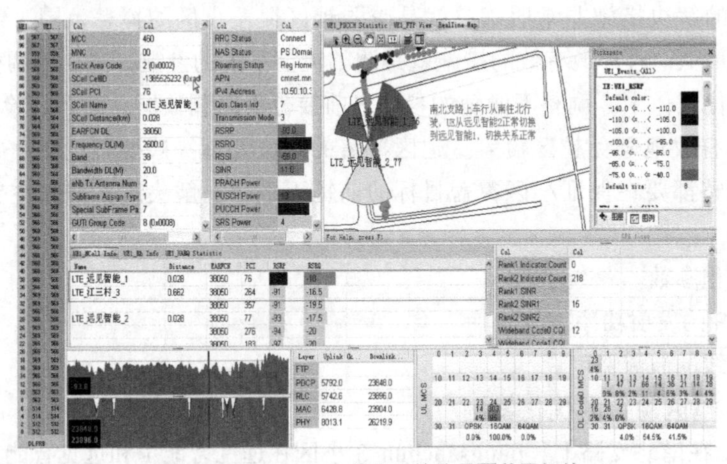

图7-2　jiangsanchun优化后的信号覆盖及切换

7.3.9　重叠覆盖问题及案例分析

7.3.9.1　影响因素分析

重叠覆盖会造成乒乓切换并导致下载速率下降，同时会导致SINR值下降，重叠覆盖与弱覆盖一起发生时会导致无主服小区，严重时可能导致切换失败并掉话。

一般需要通过减弱邻区覆盖解决重叠覆盖问题，优化重叠覆盖时需要注意可能引起的弱覆盖。

影响因素主要有基站选址、天线挂高、天线方位角、天线下倾角、小区布局、RS的发射功率和周围环境影响等。天线下倾角、方位角因素的影响在密集城区表现得比较明显。站间距较小，很容易发生多个小区重叠覆盖的情况。重叠覆盖的影响因素见表 7-2。

表 7-2　重叠覆盖的影响因素

问题分类	问题原因	分析方法	优化方案
RF 参数类	天线倾角（机械 + 电子）不合理	分析是否存在倾角不合理的情况，使非目标路段受到干扰	调整天线倾角，以降低对重叠覆盖路段的干扰
	天线方位角不合理	分析是否存在方位角不合理的情况，使非目标路段受到干扰	调整天线方位角，以降低对重叠覆盖路段的干扰
Pattern 参数类	波束场景不合理	分析是否存在水平或垂直波束过宽的情况，使非目标路段受到干扰	调整波束宽度，以降低对重叠覆盖路段的干扰
	数字倾角不合理	分析是否存在数字倾角不合理的情况，使非目标路段受到干扰	调整数字倾角，以降低对重叠覆盖路段的干扰
	数字方位角不合理	分析是否存在数字方位角不合理的情况，使非目标路段受到干扰	调整数字方位角，以降低对重叠覆盖路段的干扰

7.3.9.2　解决措施

造成重叠覆盖区域混乱的原因可能是多方面的，因此在进行区域覆盖优化时，要综合使用优化方法。有时候需要调整几个方面，或者一个内容的调整导致相应的其他内容也需要调整，这要在实际的问题中综合考虑。调整工程参数主要包括天线位置调整、天线方位角调整、天线下倾角调整、调整 RS 的发射功率等，以改变覆盖范围。

调整区域各个信号的覆盖范围是优化切换区域覆盖的首要手段，方法主要有以下 5 种。

① 调整工程参数。

② 调整小区的 PCI。

③ 优化邻区关系。

④ 调整切换参数。

⑤ 调整 RS 的发射功率。

7.3.9.3　优化案例

问题描述：在信诚路测试的过程中，车辆由南向北行驶，一开始终端占用滨江 ×× 公司大楼 _3；随着汽车逐渐向北行驶，终端检测到诺西大楼西 _1 的信号，随后两个小区间发生乒乓切换。

问题分析：诺西大楼西 _1 与滨江 ×× 公司大楼 _3 之间有一小段区域存在弱覆盖，两个小区在切换带区域的 RSRP 都较差，此路段无主控小区。

优化措施：将滨江 ×× 公司大楼 3 扇区方位角由 32° 调整到 330° ，电子下倾角由 4° 调整到 2° ，将诺西大楼 _1 扇区的方位角由 60° 调整到 80° 。

复测验证：对原先问题路段进行复测，在复测的过程中，之前的乒乓切换现象消失，在正常测试的过程中，以及在原先的明显问题区域（滨江 ×× 公司大楼 _3 与诺西大楼西 _1 间切换带乒乓切换点）进行定点测试的过程中，均未发生乒乓切换的现象。

7.4 PCI 优化

7.4.1 优化思路

小区 PCI 由物理层小区标识组 ID 和物理层小区标识组内的小区标识 ID 构成。小区 PCI=3× 物理层小区标识组 ID + 物理层小区标识组内的小区标识 ID。物理层小区标识组 ID 的取值为 0 ～ 167，用于对辅同步信号加扰；物理层小区标识组内的小区标识 ID 的取值为 0、1、2，用于对主同步信号加扰。

在 PCI 优化的过程中，需要考虑基站和周边有邻区关系的 NR 小区 PCI，不可以出现 PCI 相同或者 PCI 混淆的情况，从而导致 NR 邻区添加失败。

PCI 模 3 冲突，NR 中 PSS 根据 PCI 模 3 后的值映射到 12 个 PRB 中。当小区 PCI 模 3 相同时，会影响 UE 搜索主同步信号，需要在优化时注意避免同站内或相邻小区的 PCI 不能模 3。

PCI 模 6 冲突，在时域位置固定的情况下，下行信号在频域有 6 个频点转换。如果 PCI 模 6 的值相同，会造成下行信号相互干扰。

NR 的 PCI 模 30 冲突，PCI 模 30 导致上行 SRS 信道冲突，如果 PCI 模 30 的值相同，会造成上行 DMRS 和 SRS 的相互干扰，影响信道质量评估和波束管理中的波束切换和切换训练，需要考虑 PCI 模 30 的复用距离最大。

在优化时预留部分 PCI 为后续小区分裂、优化调整时使用。

而对于系统内的 PCI 问题，先要调整工程参数控制小区的覆盖，在做 PCI 规划时应尽量避免相邻小区 PCI 存在模 3 或模 6 的情况。在 LTE 同频组网时，在切换区域最好只有源小区及目标小区的信号，一定要控制好非直接切换的小区信号。解决干扰的主要方法有以下 3 种。

① 修改小区的 PCI（避免相邻小区出现模 3 或模 6）。

② 调整工程参数。

③ 提升主服务小区信号，降低干扰信号强度。

7.4.2 PCI的优化案例

问题描述：终端占用 ×× 税务局 3 小区进行下载测试，在长河路口附近终端尝试切换到江边 1 小区，切换失败导致下载业务掉线、数据不能传输。终端重选到江边 1 小区，此处的 RSRP 正常（80dBm），但 SINR 值较差（–8dB 左右）。从江边 1 小区到 × × 税务局 3 小区不能正常切换，也会出现业务掉线的情况，因此要进行小区重选。税务局优化前信号覆盖参数示意如图 7-3 所示。

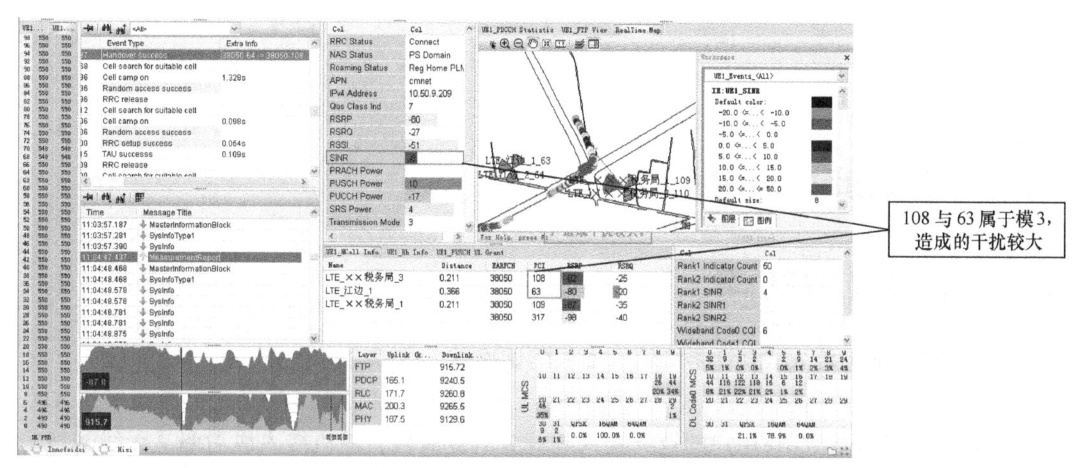

图7-3　税务局优化前信号覆盖参数示意

问题分析：第一，此处无线环境的 RSRP 较好，但是变量较差，因此判定小区之间存在干扰；第二，此处在 × × 税务局 3 小区和江边 1 小区的切换带上，扫频仪扫频时发现附近没有其他小区的强信号，也不存在异系统间的干扰，因此初步怀疑是两个小区 PCI 模 3 的结果相同，在切换时存在干扰，造成二者不能正常切换；第三，在切换时由于 × × 税务局 3 小区（PCI 为 108）和江边 1 小区（PCI 为 63）的模 3 结果都为 0，对主同步信号的加扰方式相同，造成切换时 SINR 值较差，干扰严重，从而使切换失败、业务掉线。

优化措施：结合周围站点的覆盖情况进行分析，对调江边 1 小区和江边 3 小区的 PCI。

复测验证：修改参数后，多次复测此路段小区间的切换情况，× × 税务局 3 小区和江边 1 小区都能正常切换，反向切换也正常。SINR 值由原来的 –8dB 提升到 10dB，业务正常进行，不会掉线。

第8章

Chapter Eight

5G 网络关键性能指标体系

8.1 呼叫接入类指标

8.1.1 随机接入成功率

指标定义：随机接入成功次数 / 随机接入尝试次数。

推荐范围：95% ～ 100%。

指标影响：该指标反映用户的业务接入与业务的连续性，随机接入成功率是无线网络的一个重要性能，良好的随机接入性能也使 DT 测试中的 DT 接通率在接入过程中得到保障。

8.1.2 Attach成功率

指标定义：Attach 成功次数 /Attach 尝试次数。

推荐范围：90% ～ 100%。

指标影响：该指标反映用户的业务接入，UE 发起演进分组系统（Evolved Packet System，EPS）附着请求的成功比例。

8.1.3 RRC连接建立成功率

指标定义：RRC 连接建立成功次数 /RRC 连接建立尝试次数。

推荐范围：95% ～ 100%。

指标影响：该指标反映用户的业务接入，以及小区的 UE 接纳能力。

8.1.4 寻呼拥塞率

指标定义：寻呼丢弃次数 / 寻呼次数。

推荐范围：0 ～ 1%。

指标影响：该指标是用来衡量信道拥塞程度的重要参数，可以用来衡量信道的利用率，也可以用来控制信道的利用率，防止信道拥塞。

8.1.5 NG信令连接建立成功率

指标定义：NG 信令连接建立成功次数 /NG 信令连接建立尝试次数。

推荐范围：95% ～ 100%。

指标影响：该指标用于衡量无线通信网络中，NG 信令层连接建立成功的情况，这个指标对于评估网络的稳定性和性能是至关重要的。

8.1.6 UE上下文建立成功率

指标定义：UE 上下文建立成功次数 /UE 上下文建立请求次数。

推荐范围：95% ～ 100%。

指标影响：该指标用于反映 AMF 和 gNB 之间建立起初始上下文的性能。

8.1.7 E-RAB建立成功率

指标定义：E-RAB 建立成功次数 /(E-RAB 建立成功次数 +E-RAB 建立失败次数)。

推荐范围：95% ～ 100%。

指标影响：该指标反映了用户的业务接入，E-RAB 建立反映了用户平面承载的建立。

8.2 移动性管理类指标

8.2.1 站内切换成功率

指标定义：gNB 站内小区间切出成功次数 /gNB 站内小区间切出尝试次数。

推荐范围：95% ～ 100%。

指标影响：该指标反映了移动性管理类的用户业务质量，同站小区间的移动性能。

8.2.2 Xn接口切换成功率

指标定义：gNB 站间 Xn 接口切出成功次数 /gNB 站间 Xn 接口切出请求次数。

推荐范围：95% ～ 100%。

指标影响：该指标反映了移动性管理类的用户业务质量，gNB 站间有 Xn 接口小区间的移动性能。

8.2.3 Ng接口切换成功率

指标定义：gNB 站间 Ng 接口切出成功次数 /gNB 站间 Ng 接口切出请求次数。

推荐范围：95% ～ 100%。

指标影响：该指标反映了移动性管理类的用户业务质量，gNB 站间有 Ng 接口小区间的移动性能。

8.2.4 系统内切换成功率

指标定义：系统内切换成功次数 / 系统内切换尝试次数。

推荐范围：95% ～ 100%。

指标影响：该指标反映了移动性管理类的用户业务质量，包含系统内切换入与切换出，反映了用户能否在 5G 系统内的移动过程中顺利切换。

8.2.5 系统间切换成功率

指标定义：系统间切换成功次数 / 系统间切换尝试次数。

推荐范围：90% ～ 100%。

指标影响：该指标反映了移动性管理类的用户业务质量，包含系统间切换入与切换出，反映了用户终端在 5G 系统与 4G 系统之间能否顺利切换。

8.2.6 Xn切换平均时长

指标定义：在统计时段内，gNB 间通过 Xn 接口成功切换的平均时长。

推荐范围：20 ～ 200ms。

指标影响：该指标反映了移动性管理类的用户业务质量，gNB 站间有 Xn 接口小区间的切换时长。

8.2.7　Ng切换平均时长

指标定义：在统计时段内，gNB 间通过 Ng 接口成功切换的平均时长。

推荐范围：20 ～ 200ms。

指标影响：该指标反映了移动性管理类的用户业务质量，gNB 站间有 Ng 接口小区间的切换时长。

8.2.8　系统内切换平均时长

指标定义：在统计时段内，5G 系统内成功切换的平均时长。

推荐范围：50 ～ 500ms。

指标影响：该指标反映了移动性管理类的用户业务质量，包含系统内切换入与切换出，反映了 5G 系统内不同频点间的切换时长。

8.2.9　系统间切换平均时长

指标定义：在统计时段内，5G 系统间成功切换的平均时长。

推荐范围：50 ～ 500ms。

指标影响：该指标反映了移动性管理类的用户业务质量，包含系统间切换入与切换出，反映了 5G 系统与 4G 系统的切换时长。

8.3　资源负载类指标

8.3.1　gNB基站CPU平均负荷

指标定义：在统计时段内，基站中央处理器（Central Processing Unit，CPU）占用率的均值。

推荐范围：10% ～ 70%。

指标影响：对 gNB 基站 CPU 占用率进行周期（不大于 2s）采样，以统计时段内所有采样的平均值作为该项指标值，该指标应能按基站主处理板和业务单板的 CPU 平均负荷分别统计输出，反映了基站的处理容量。

8.3.2 下行PRB资源利用率

指标定义：下行信道使用的 PRB 平均个数 / 下行可用的 PRB 个数。

推荐范围：10% ~ 70%。

指标影响：该指标反映了网络下行物理资源块的负荷情况。

8.3.3 上行PRB资源利用率

指标定义：上行信道使用的 PRB 平均个数 / 上行可用的 PRB 个数。

推荐范围：10% ~ 70%。

指标影响：该指标反映了网络上行物理资源块的负荷情况。

8.3.4 PDCCH占用率

指标定义：gNB 小区 PDCCH 的控制信道单元（Control Channel Element，CCE）占用个数 /PDCCH 的 CCE 可用个数。

推荐范围：10% ~ 70%。

指标影响：该指标反映了网络下行控制信道物理资源的负荷情况。

8.3.5 PUCCH占用率

指标定义：gNB 小区 PUCCH 的 CCE 占用个数 /PUCCH 的 CCE 可用个数。

推荐范围：10% ~ 70%。

指标影响：该指标反映了网络上行控制信道物理资源的负荷情况。

8.3.6 RRC最大连接用户数

指标定义：gNB 小区内处于 RRC 连接态的最大用户数。

推荐范围：无。

指标影响：该计数器可以反映统计周期内基站小区激活用户数的最大容量。

8.4 传统业务质量类指标

8.4.1 小区下行平均吞吐率

指标定义：下行总吞吐量 / 业务时长。

推荐范围：100Mbit/s ～ 2Gbit/s。

指标影响：该指标反映了业务下载速率。

8.4.2 小区上行平均吞吐率

指标定义：上行总吞吐量 / 业务时长。

推荐范围：50Mbit/s ～ 150Mbit/s。

指标影响：该指标反映了业务上传速率。

8.4.3 下行丢包率

指标定义：下行丢包数 / 下行发送包数。

推荐范围：0 ～ 10%。

指标影响：该指标反映了用户业务的使用质量，丢包率越低越好。

8.4.4 上行丢包率

指标定义：上行丢包数 / 上行发送包数。

推荐范围：0 ～ 10%。

指标影响：该指标反映了用户业务的使用质量，丢包率越低越好。

8.4.5 UE上下文掉线率

指标定义：UE 上下文异常释放次数 /(UE 上下文异常释放次数 +UE 上下文正常释放次数)。

推荐范围：0 ～ 3%。

指标影响：该指标是衡量通信网络性能的重要指标之一，反映了在通信过程中连接中断的频率。

8.4.6 语音掉话率

指标定义：语音异常释放次数 /（语音异常释放次数 + 语音正常释放次数）。

推荐范围：0 ～ 0.1%。

指标影响：该指标是移动通信网络中的一个重要指标，也被称为通话中断率，它衡量的是通话过程中通话意外中断的频率。

8.4.7 语音接通率

指标定义：语音接通成功次数 / 语音呼叫尝试次数。

推荐范围：95% ～ 100%。

指标影响：该指标是衡量通信系统性能的重要指标，它可以反映出系统的可靠性和可用性。

8.4.8 MOS

指标定义：平均意见值（Mean Opinion Score，MOS）。

推荐范围：MOS > 3.5。

指标影响：该指标是衡量通信系统语音质量的一个重要指标，MOS 越大越好。

8.5 流行业务感知类指标

8.5.1 抖音视频播放成功率

指标定义：抖音视频播放成功次数 / 抖音视频播放尝试次数。

推荐范围：95% ～ 100%。

指标影响：衡量抖音视频播放业务可靠性和可用性的能力。

8.5.2　抖音视频播放平均时延

指标定义：抖音视频播放时延指的是数据包到达后到渲染播放的时间。

推荐范围：2 ～ 4s。

指标影响：抖音视频播放业务用户等待的时间。

8.5.3　抖音视频播放每小时卡顿次数

指标定义：抖音视频播放每小时卡顿的次数。

推荐范围：0 ～ 1 次。

指标影响：衡量播放一个完整抖音视频业务的能力。

8.5.4　微信图片（5M）发送成功率

指标定义：微信图片发送成功次数 / 微信图片发送尝试次数。

推荐范围：95% ～ 100%。

指标影响：衡量微信数据通信业务可靠性和可用性的能力。

8.5.5　微信图片（5M）发送平均时延

指标定义：微信发送图片至图片传输完成的时间。

推荐范围：0 ～ 6s。

指标影响：衡量微信通信业务的重要指标，值越小越好。

8.5.6　网页（百度）首包平均时延

指标定义：用户发起浏览请求到收到目标服务器响应第一个 HTTP 200 OK 报文所经历的时长。

推荐范围：50 ～ 500ms。

指标影响：该指标体现了用户容易感知到的浏览器对 HTTP 的响应是否有反应及时长。

8.5.7 网页（百度）打开平均时延

指标定义：用户发起浏览请求到该页面加载完毕所需要的时长。

推荐范围：100 ～ 1500ms。

指标影响：该指标体现了用户从发送浏览请求到可以正常浏览页面所需要的时长。

8.5.8 王者荣耀基站时延

指标定义：数据从用户终端发送到基站所需要的时间。

推荐范围：5 ～ 50ms。

指标影响：该指标衡量的是用户所处位置通信信号的时延情况。

8.5.9 王者荣耀游戏时延

指标定义：数据从用户终端发送到游戏服务器需要的时间。

推荐范围：10 ～ 300ms。

指标影响：该指标直接反映用户对于王者荣耀游戏的体验感知。

8.6 话务统计 KPI 分析方法

话务统计 KPI 是对网络质量的直观反映。日常的话务统计监测是进行网络性能检测的一种有效手段。通过每日监测可以识别突发问题的小区，并将问题消除在初始阶段。通过周监测可以识别网络性能的持续短板小区，有针对性地对其进行优化提升。

话务统计 KPI 主要包括接入性指标、保持性指标、移动性指标、业务量指标、系统可用性指标和网络资源利用率指标 6 类。

通过对上述重点话务统计 KPI 的监测，可以达到识别突发问题、提前预警风险、稳定与提升话务统计 KPI 的目的。目前，5G 需要重点关注的话务统计 KPI 见表 8-1。

表 8-1 5G 需要重点关注的话务统计 KPI

指标分类	数据来源	具体的 KPI
接入性指标	无线侧	RRC 连接建立成功率
		E-RAB 建立成功率
		无线接通率

续表

指标分类	数据来源	具体的 KPI
保持性指标	无线侧	无线掉话率（E-RAB 异常释放）
移动性指标		系统内切换成功率
		系统间切换成功率
业务量指标		上下行业务平均吞吐率

网络优化前的准备工作如下所述。

① 检查设备使用的软硬件版本是否正确，确定各基站、版本是否配套。

② 确定每个基站是否都已进行过射频与灵敏度测试，保证每个基站都能良好工作。

③ 确定各基站是否都已进行过单基站的空载和加载测试，确保单基站工作正常、覆盖正常。

④ 确定各基站开通后是否已进行拨测，各基站是否已检查工程安装的正确性，拨测主要是观察通话是否能够正常接入，以及切换能否正常进行等。

⑤ 在排除上述问题后，检查每个扇区的实际覆盖与规划的期望覆盖的差距，如果覆盖存在异常情况，则检查天线安装的方位角、下倾角等是否与规划吻合。如果与规划吻合，而覆盖明显与规划的期望覆盖不一致，或者有重叠覆盖严重等现象，则需要调整天线的下倾角和方位角。调整天线时，需要注意不要孤立地调整单个扇区的覆盖，而要考虑周边的一整片区域，必要时可以一起调整几个扇区的天线。

网络优化方法如下所述。

① 分析话务统计指标时，要先看全网的整体性能测量指标，在掌握网络运行的整体情况后，再有针对性地分析扇区性能统计情况。分析扇区性能统计时一般采取过滤法，先找出指标明显异常的小区进行分析。这些异常情况很可能是版本、硬件、传输、数据出问题所导致的。如果无明显异常，则根据指标对各扇区进行统计分类，并整理出各重点指标较差的小区列表，以便分类分析。

② 调整参数时应谨慎，要考虑全面后再修改参数。例如，修改定时器时要注意不能因定时器的长度增加而造成系统负荷过大，导致其他问题产生。

③ 优化时如需调整天线、修改参数等，最好能在实施一项措施后，观察一段时间内的指标，确定该项措施的效果后再进行下一步，这样一方面可以以防万一，另一方面也便于积累经验。在实际情况中，网络指标的波动大、随机性强，如果改参数的前一个小时指标较差，改了参数后指标立即有所好转，并不能说明修改参数是有效的，因为指标在下一个小时可能又会变差。观察指标的时间最好在一天以上，将其与修改前同时段的指标相比后，才能得到基本准确的结论（最好将其与前一周同一天同一时段的指标比较），还要密切注意这段时间的告警信息。

④ 分析指标时，不能只关注指标的绝对数值，还应关注指标的相对数值。只有在统计量较大时，指标数值才具有指导意义。例如，出现掉线率为50%的事件并不代表网络差，只有在释放次数达到统计意义时，这个掉线率才有意义。

⑤ 需要注意的是，各个指标的存在并不是独立的，许多指标都是相关的，例如，干扰、覆盖等问题会同时影响多个指标。同样，如果解决了切换成功率低的问题，掉线率也能得到一定程度的降低。所以在实际分析和解决问题时，在重点抓住某个指标分析的同时需要结合其他指标一起分析。话务统计数据只是网络优化的一个重要依据，还需要结合其他的措施和方法共同解决网络问题。

其他辅助方法如下所述。

① 路测。路测是了解网络质量、发现网络问题较为直接、准确的方法。路测在掌握无线网络覆盖框架方面，具有话务统计等其他方法不可替代的特点。通过这些特点可以了解是否有过覆盖和覆盖空洞的情况、是否有上下行不平衡的情况、是否有光缆接反的情况等。特别是在调整参数或调整覆盖后，例如，调整天线或调整功率配比等参数后，需要通过路测了解这些调整是否能达到预期的效果。路测提供无线网络框架、工程安装的基本保证，通过细致分析话务统计中的指标，可以找到提高指标的思路，将宏观话务统计与细致的测试相结合才能有效解决问题。

② 信令跟踪。信令跟踪一般用于解决疑难杂症。系统提供跟踪功能，可以跟踪各个接口信令或针对单个用户跟踪。在出现较复杂的问题时，信令跟踪可以同时进行路测和跟踪测试UE的接口，尤其是空口的信令信息，实现从流程上的分析定位问题。

③ 告警信息。设备告警信息能实时反映全网设备的运行状态，需要密切关注。例如，话务统计中的某个指标出现异常，很有可能是设备出现告警而导致的。区别不同的告警并将其与话务统计指标联系起来可以提高效率。

操作维护中心（Operation and Maintenance Center，OMC）平台一般都能提供基于任务设定性能的告警功能，对性能指标进行定义，指标项超出设定阈值时，向服务器发出性能告警，可以通过集中告警平台查看。

④ 在宏观的话务统计数据的指导下，将上述各种方法有机地结合起来，可以很好地定位网络问题。

Chapter Nine

第 9 章 专题优化分析方法：吞吐率问题定位及优化

9.1 理论峰值吞吐率计算

9.1.1 物理层峰值吞吐率计算考虑因素

TS 38.306 中定义的 5G 最大速率计算公式如下：

$$data\ rate\ (\text{in Mbit/s}) = 10^{-6} \cdot \sum_{j=1}^{J} \left(v_{Layers}^{(j)} \cdot Q_m^{(j)} \cdot f^{(j)} \cdot R_{\max} \cdot \frac{N_{PRB}^{BW(j),\mu} \cdot 12}{T_s^{\mu}} \cdot \left(1 - OH^{(j)}\right) \right)$$

其中，

$v_{Layers}^{(j)}$：最大传输层数。目前，NSA 商用终端下行最大传输层数为“4”，上行为“1”。

$Q_m^{(j)}$：最大调制阶数。目前，商用终端下行支持 256QAM，调制阶数为“8”；上行支持 64QAM，调制阶数为“6”。

$f^{(j)}$：缩放因子，取值为“1”。

$R_{\max}$：最大频谱效率，取值为“0.92578125”（948/1024）。

$N_{PRB}^{BW(j),\mu}$：最大调度 *RB* 数。对于 FR1 频段，在带宽为 100MHz 的情况下，最大 *RB* 数为“273”。

$OH^{(j)}$：开销占比。对于 FR1 频段，下行为“0.14”，上行为“0.08”。

T_s^{μ}：平均每符号时长，具体定义为 $T_s^{\mu} = \frac{10^{-3}}{14 \times 2^{\mu}}$。

5G 理论下行峰值速率主要与带宽、调制方式、流数、配置的子载波间隔，以及帧结构相关，需要预设一些前置条件。具体预设参数如下所述。

带宽：100MHz。

子载波间隔：30kHz。

调制方式：256QAM（每个符号可表示 8 字节数据）。

流数：4。

5G 有两种常见的帧结构：Type 1 与 Type 2。

Type 1：2.5ms 双周期，如图 9-1 所示。

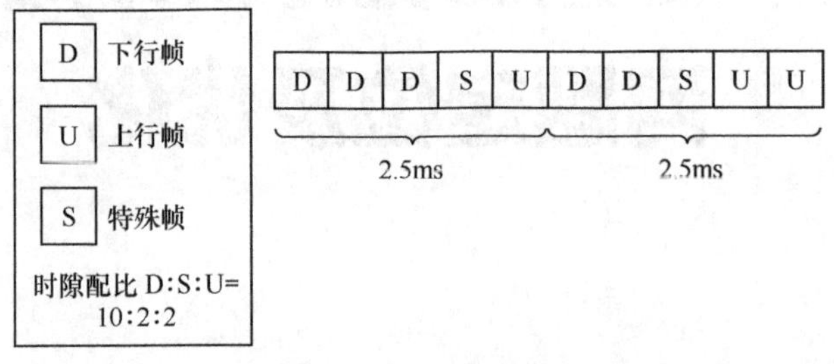

图9-1　2.5ms双周期

Type 2：5ms 单周期，如图 9-2 所示。

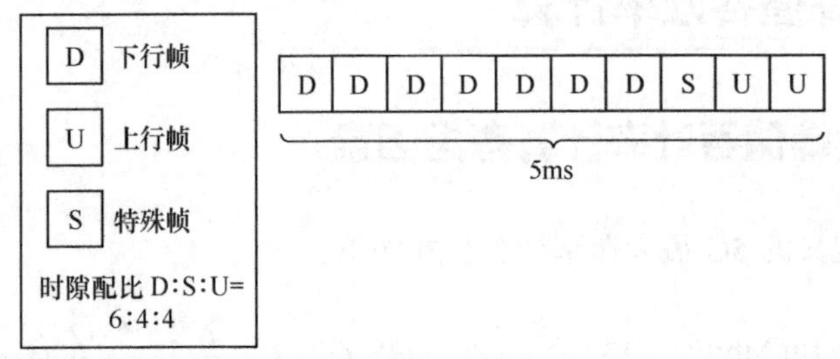

图9-2　5ms单周期

9.1.2　下行物理层峰值吞吐率计算实例

对 Type 1 与 Type 2 分别进行计算。

（1）Type 1：2.5ms 双周期

由 2.5ms 双周期帧结构可知，在特殊子帧时隙配比为 10：2：2 的情况下，5ms 内有（5+2×10/14）个下行时隙，则每毫秒的下行时隙数目约为 1.2857 个。

下行理论峰值速率的粗略计算如下。

273PRB×12 子载波 ×11 符号（扣除开销）×1.2857（1ms 内可分配到的下行时隙数）×8bit（每个符号）×4 流 /1ms=1.48Gbit/s。

（2）Type 2：5ms 单周期

由 5ms 单周期帧结构可知，在特殊子帧时隙配比为 6：4：4 的情况下，5ms 内有（7+6/14）个下行时隙，则每毫秒的下行时隙数目约为 1.4857 个。

下行理论峰值速率的粗略计算如下。

273PRB×12 子载波 ×11 符号（扣除开销）×1.4857（1ms 内可分配到的下行时隙数）×8bit（每个符号）×4 流 /1ms=1.7Gbit/s。

9.1.2.1　频域：PRB 数目

根据 3GPP TS 38.101-1 Table 5.3.2-1，PRB 的数目为 273（1 个 PRB=12 个子载波）。子载波间隔（Sub-Carrier Spacing，SCS）对应 PRB 数见表 9-1。

表 9-1　SCS 对应 PRB 数

SCS/kHz	5MHz	10MHz	15MHz	20MHz	25MHz	30MHz	40MHz	50MHz	60MHz	80MHz	90MHz	100MHz
	N_{RB}	N_{RB}	N_{RB}	N_{RB}	N_{RB}	N_{RB}	N_{RB}	N_{RB}	N_{RB}	N_{RB}	N_{RB}	N_{RB}
15	25	52	79	106	133	160	216	270	N/A	N/A	N/A	N/A
30	11	24	38	51	65	78	106	133	162	217	245	273
60	N/A	11	18	24	31	38	51	65	79	107	121	135

9.1.2.2　时域：Symbol 数目

根据 3GPP TS 38.211，每个时隙的占用时长为 0.5ms、OFDM 符号的数目为 14 个（考虑到部分资源需要用于发送参考信号，此处扣除开销部分做近似处理，认为 3 个符号用于发送参考信号与控制信道、剩下 11 个符号用于传输数据）。μ 值对应子载波间隔见表 9-2。μ 值对应符号数见表 9-3。

表 9-2　μ 值对应子载波间隔

μ	$\Delta f=2^{\mu}\times 15$	循环前缀
0	15kHz	Normal
1	30kHz	Normal
2	60kHz	Normal, Extended
3	120kHz	Normal
4	240kHz	Normal

表 9-3　μ 值对应符号数

μ	N_{symb}^{slot}	$N_{slot}^{frame,\mu}$	$N_{slot}^{subframe,\mu}$
0	14	10	1
1	14	20	2
2	14	40	4
3	14	80	8
4	14	160	16

9.1.3 上下行单用户物理层峰值吞吐率计算结果

上下行理论峰值速率见表 9-4。

表 9-4 上下行理论峰值速率

下行理论峰值速率	预设参数：带宽 100MHz、子载波间隔 30kHz、调制方式 256QAM、流数 4	Type 1	2.5ms 双周期，上下行子帧配比 3∶5∶2，特殊子帧时隙配比 D∶S∶U=10∶2∶2	1.48Gbit/s
		Type 2	5ms 单周期，上下行子帧配比 2∶7∶1，特殊子帧时隙配比 D∶S∶U=6∶4∶4	1.7Gbit/s
上行理论峰值速率	预设参数：带宽 100MHz、子载波间隔 30kHz、调制方式 64QAM、流数 1	Type 1	2.5ms 双周期，上下行子帧配比 3∶5∶2，特殊子帧时隙配比 D∶S∶U=10∶2∶2	180Mbit/s
		Type 2	5ms 单周期，上下行子帧配比 2∶7∶1，特殊子帧时隙配比 D∶S∶U=6∶4∶4	125Mbit/s

9.2 影响吞吐率的因素

9.2.1 基站侧

当用户占用的基站存在故障告警，可能会出现低速率的问题。常见的基站影响业务的告警有时钟告警、全球导航卫星系统（Global Navigation Satellite System，GNSS）告警、驻波等，此类告警不会导致基站长时间退服，但会极大地影响性能指标而导致低速率。常见影响业务的告警原因见表 9-5。

表 9-5 常见影响业务的告警原因

序号	告警名称
1	单板不在位
2	同步丢失、系统时钟不可用
3	GNSS 接收机、GNSS 天馈链路故障
4	单板通信链路断
5	内部故障、温度异常
6	RRU 功率检测异常、TX 通道基带输入信号异常
7	RRU 链路断电、设备掉电，单板故障
8	天馈驻波比异常

续表

序号	告警名称
9	接受光功率异常，光口链路故障
10	热补丁故障
11	GNSS 接收机搜星不足
12	SCIT 流数目不一致、SCTP 路径断开、SCTP 偶断

9.2.2　终端侧

速率不仅与网络的质量有关，也受终端的影响。终端的质量参差不齐、支持的功能不同，会直接影响用户的下行速率，进而影响用户感知。常见的影响速率的终端性能包括TCP 发送窗口大小、UE 支持线程数、UE 支持最大复用层数、UE 支持的 DL 和 UL 最大数据速率、UE 支持的 DRB 数量、256QAM 支持能力，以及载波聚合支持能力等。

以 TCP 发送窗口的大小为例，Speedtest 使用 TCP 进行数据交互时，如果手机的 TCP 发送窗口过小，手机需要频繁等待服务器肯定应答（Acknowledgement，ACK）之后，才能发送新数据，将导致上行速率低。

以 UE 支持的线程数为例，iOS 手机在做 Speedtest 时，一般最多建立两个 TCP 流做下载，而 Android 手机一般使用 4 线程做下载。这种不同在无线环境良好时一般不会表现出速率差异，但在无线环境较差时则会表现出明显的速率差异。

9.2.3　应用服务器

服务器侧核查需要分场景，如果是 UDP 测试，鉴于该传输协议不需要 ACK 确认，即便拥塞也不会影响终端、服务器或者传输资源及发包频次，因此服务器性能不会成为测试速率的影响因素；如果是 TCP 测试，该传输协议需要 ACK 反馈，同时，该场景还需要核查服务器性能。服务器异常导致的速率低问题，可以通过不同服务器测试速率对比时发现，例如，某些运营商部署的服务器会对非自有的 SIM 卡进行限速，从而导致下行速率低。

9.2.4　空口侧

（1）无线覆盖和无线质量

无线覆盖和无线质量是无线网络的基础指标，与速率在不同场景下有不同的相关性。

在无线环境简单的场景下，无线覆盖与速率的相关性强；在无线环境相对复杂的场景下，无线覆盖与速率的相关性弱。无线质量直接影响速率。从无线覆盖的角度来看，与速率相关的因素包括UE接收功率、基站发射功率、天线挂高、俯仰角和方位角等；从无线质量的角度来看，CSI-SINR值与速率正相关。

（2）无线资源

无线资源直接影响用户的速率。用户数、带宽配置、时隙配比、多载波配置等直接决定了空口资源调度，从而影响用户的速率。

（3）参数配置

5G侧与速率相关的参数包括5G邻区关系、NR子载波间隔、NR带宽RB数、频段、频点、功率、测量配置、MR采集关闭、Grant调度配置、IBLER配置、Rank配置和BWPRB分配数等。

9.2.5 传输侧

传输侧性能对整个通信网的通信质量起着至关重要的作用，传输性能影响速率主要受传输带宽、容量、时延、传输路由选择和传输损伤等因素的限制，影响传输性能的主要传输损伤包括误码、抖动和漂移等。

9.2.6 核心网侧

影响用户速率的核心网参数主要包括聚合最大比特速率（Aggregate Maximum Bit Rate，AMBR）和套餐容量。核心网根据用户选购的套餐容量和签约用户的总AMBR，通过SAE-GW实现限速。

9.3 路测速率优化分析方法

速率优化是5G感知优化的重中之重，与各维度的基础优化工作均紧密相关，需要结合速率相关的调度次数、调制编码方式、误码率、多径层数等进行综合分析并开展优化工作。

路测速率计算公式如下。

吞吐率=Rank数 × 调度次数 ×TBSIZE（PRB×MCS）×（1–BLER）。

式中，TBSIZE 指传输块的大小；MCS（Modulation and Coding Scheme，调制和编码方案）；BLER 指块差错率。

速率问题的优化思路如图 9-3 所示。在速率评估测试中，低速率区域需要重点关注每秒的调度次数、调度的 RB 数，以及调度的 MCS、Rank 等影响速率的指标。

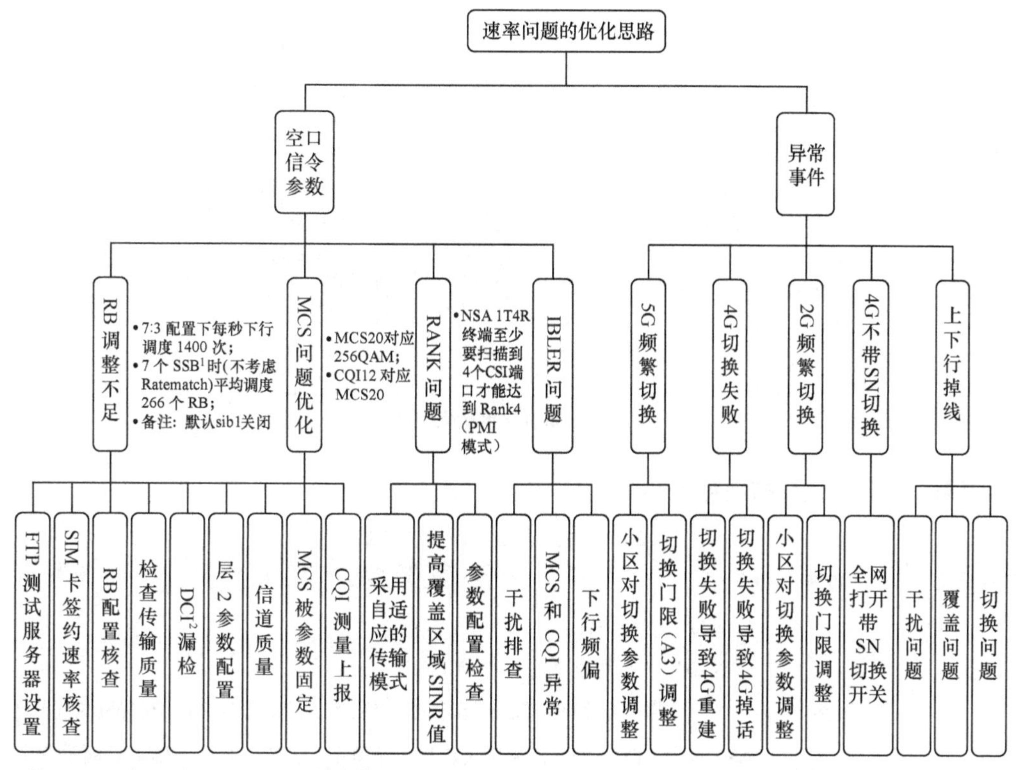

注：1. SSB（Single Side Band，单边带）。
　　2. DCI（Downlink Control Information，下行链路控制信息）。

图9-3　速率问题的优化思路

9.3.1　资源调度优化

调度次数和 RB 数不足会直接使速率受限，导致整体吞吐率恶化。资源调度优化流程如图 9-4 所示。

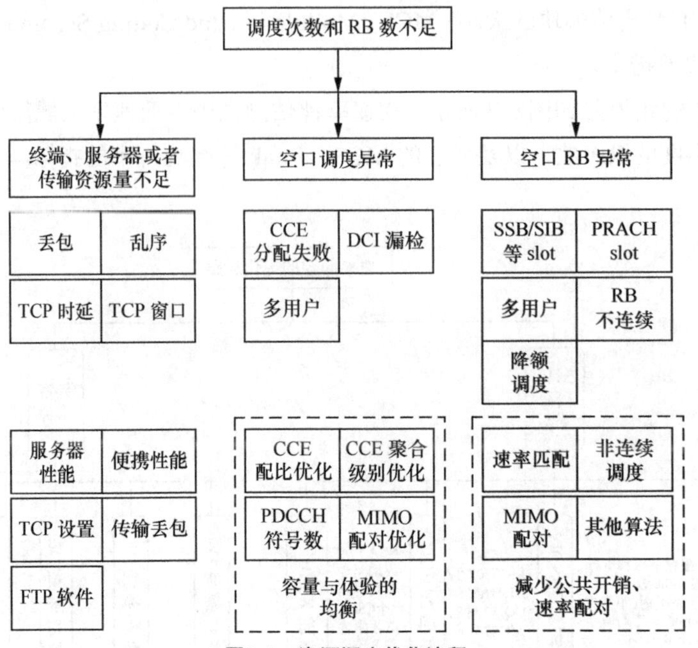

图9-4 资源调度优化流程

资源调度问题优化措施见表9-6。

表9-6 资源调度问题优化措施

问题现象	优化方法	原理
DL Grant调度次数小于1550	CCE优化	CCE分配比例不合理
		远点CCE聚合级别低，导致DCI漏检
	乒乓切换	LTE切换或者NR切换期间会导致调度速率掉底，终端服务器或者传输资源量不足
	GAP[1]优化	NSA场景LTE下发MR测量或者开启异频测量会产生GAP，GAP期间不调度
		NR侧下发MR或者开启异频测量会产生GAP，GAP期间不调度
	上行预调度	打开上行预调度，减小上行调度时延，改善TCP业务慢启动的过程
	服务器性能	TCP的窗口大小及线程大小直接决定TCP的理论速率
	FTP软件	服务器及便携性能影响TCP的报文处理能力，性能差会导致丢包乱序
	传输QoS	传输丢包、乱序会触发重复ACK，导致TCP发送窗口调整
	乒乓切换	刚切换到目标小区采用的保守的RB分配策略
使用RB小于260	高温降额	AAU温度过高会触发降额调度
	关闭SIB1调度	在NSA下不需要广播SIB1，可以关闭SIB1节省开销
	SSB宽波束	从速率提升的角度建议使用宽波束

续表

问题现象	优化方法	原理
进一步提升数据信道资源	DMRS Type 2	4 流场景，DMRS Type 1 需要占 12 个 RE[2]，DMRS Type 2 需要占 8 个 RE，DMRS Type 2 相比 Type 1 节省资源开销，但是 Type 1 导频密度更高，解调性能更好
	PDCCH RateMatching	当 PDCCH RateMatching 打开时，PDCCH 符号对应的剩余资源可用于数据传输，以提升资源增益
	CSI RateMatching	当 CSI RateMatching 打开时，除 NZP 和 IM 外的 RE 可用于数据传输，以节省资源开销
	TRS RateMatching	当 TRS RateMatching 打开时，TRS 剩余资源全部打孔，不能用于数据传输
		当 TRS RateMatching 关闭时，TRS 剩余资源可用于数据传输，以实现资源增益

注：1. GAP（Gaussian Approximation Potentials，高斯近似势能）。
2. RE（Resource Element，资源元素）。

9.3.2 Rank优化

根据理论计算，在满调度和不考虑误码的情况下，Rank 3&MCS 24 的理论速率为 1.07Gbit/s。考虑网络实际调度次数和误码，平均 Rank× 平均 MCS 要大于 72。

Rank 主要与无线环境相关，路径相关性越低越好，可通过调整天线，使用基站频谱效率最优 Rank 自适应算法获取信道最优 Rank。Rank 的影响因素如图 9-5 所示。

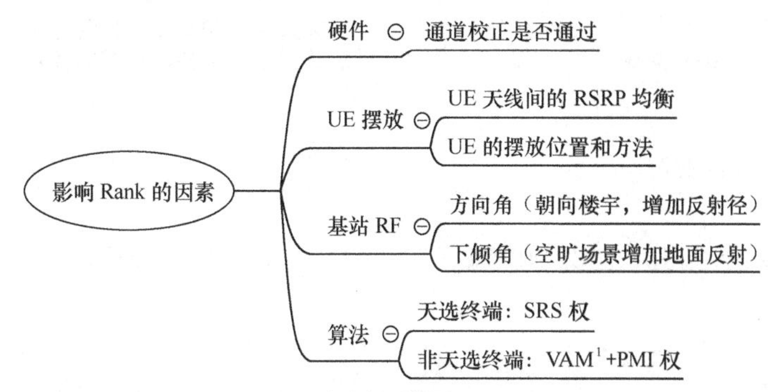

注：1. VAM（Virtual Authorization Module，虚拟授权模块）。

图9-5　Rank的影响因素

Rank 问题优化措施见表 9-7。

表 9-7　Rank 问题优化措施

问题现象	优化方法	原理
Rank 限制在 1.2 阶	检查通道校正，如果通道校正失败，则手动触发通道校正，查询确认成功	测量通道模拟发送或者接收信号并进行解调处理，获得每个发射通道与基准通道的相位、功率和时延等指标，系统按照差值在基带中进行补偿，确保所有发射通道或接收指标的一致性

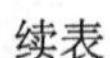

问题现象	优化方法	原理
Rank 限制在 1.2 阶	判断接收信号是否过饱和，检查终端接收的 SSB RSRP 是否大于 –50dBm	当信号过强时，会影响后几流的多径效果，加大流间干扰，从而影响 Rank 选阶
UE 下行各天线 SSB RSRP 差异大（线路平均）	通过降低基站发送功率优化	各个天线测量到 RSRP 信号尽量均衡，各天线间 RSRP 差异不超过 10dB
	调整 UE 位置	
	检查 UE SSB RSRP，判断是否有天线间差异	
	若各流始终有较大差异，怀疑终端本身有异常，进行终端信号检测	
	基站 RF 工程参数调整（针对站址较高、机械下倾又较小的站点，附近要有房屋楼宇）	调整方向角，朝向楼宇，增加反射
		调整下倾角，空旷场景，增加房屋反射
Rank 2 和 MCS 24 阶以上	固定 Rank 2/3 验证	固定 Rank，不按 Rank 自适应算法调整（当固定 Rank 速率更优，则建议固定 Rank；反之，则推荐 Rank 自适应）
		建议根据验证结果，按照小区差异化配置
	非天选 Rank 探测	非天选终端根据 UE 上报的 RI 值确定 Rank，无法获得最优性能，在基站侧新增非天选 Rank 自适应方案
	天选 Rank 探测	天选终端根据 UE 上报的 RI 值确定 Rank，无法获得最优性能
切换前后 Rank 变化大	改变切换门限，提早或延时切换	尽量让 UE 驻留在 Rank 高小区
切换后 Rank 低 / 抬升慢	提升切换后 Rank 值	切换后默认 Rank 1，建议设为 Rank 2
其他 Rank 调优手段	调整权值类型，根据不同的区选择不同的权值类型（仅针对非天选终端生效）	不同的小区空口信道环境有差异，不同的 VAM 权值类型可以更好地适应不同的信道环境（仅针对非天选终端生效）

在日常优化中，也可以通过天线覆盖方向优化来营造多径环境，提升 Rank。4 种常见场景示意如图 9-6 所示。

场景 1：无线环境单一，建筑物稀少，AAU 机械下倾角为 10° ～ 15°，法线位置对准建筑物的最优反射面，尽量上波束覆盖建筑反射面，下波束覆盖道路，这样更容易产生多径效应，提升速率。

场景2：道路窄小，两边建筑物成群。AAU机械下倾角10°+窄波束，法线位置对准建筑物的最优反射面，让波束信号在成群的建筑物之间来回反射，营造良好的多径环境，提升Rank与速率。

场景3：多车道十字路口，建筑物成群，道路空间开阔。AAU覆盖方向尽量选择路口两边建筑物的最优反射面，不能沿路覆盖，尽可能营造多面反射，提升Rank。

场景4：多车道道路，单排成群建筑，树木成荫。AAU覆盖方向选择单排建筑物或者地面，通过建筑、地面、车流反射营造多径环境，从而提升Rank与速率。

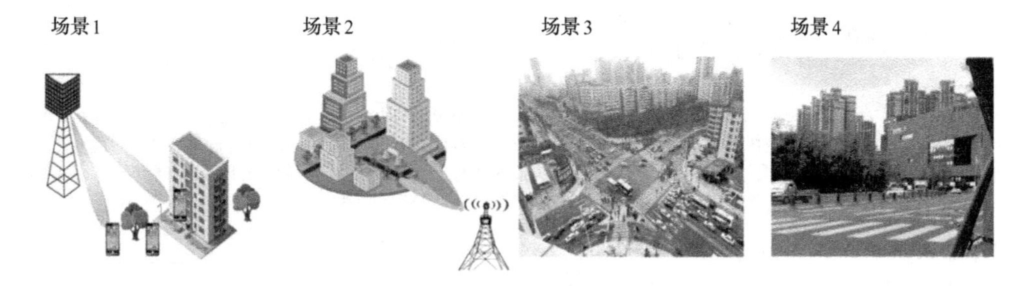

图9-6　4种常见场景示意

9.3.3　MCS&BLER优化

影响MCS的主要因素如下所述。

① CQI测量上报：影响初始的MCS选阶。

② 空口误码：IBLER在高误码场景中过高、不收敛，会导致MCS下降（一般默认设置收敛10%的初传误码门限）。

③ 移动速率：在移动速率比较高的场景中，UE信道的变化比较快，会影响权值精度。

MCS问题优化措施见表9-8。

表9-8　MCS问题优化措施

问题现象	优化方法	原理
CQI上报偏低（RSRP差）	优化覆盖	覆盖差
CQI上报偏低（SINR值低，SSB邻区电平与服务小区电平小于6dB）	排查干扰	NR不同小区间的干扰
CQI上报偏低（SINR值低，扫频干扰大）	排查干扰，建议移频、制造保护带	同频LTE小区对NR的干扰

续表

问题现象	优化方法	原理
CQI 不上报	SRS 资源未配置（测试软件中 SRS Information 观察，若未配置则为空）	
	CSI-RS 未调度或不支持非周期 CSI-RS	
切换后 MCS 提高慢	调整初始 MCS，切换后 CQI 外环初值可配	NR PCI 切换前后 2s，观察下行 MCS 是否有较大的变化。若有较大的变化，则可以进行切换后 MCS 优化（切换后 CQI 外环初值可配）
MCS 调整慢	信道较好时，加大 AMC 固定步长值	高速上近点出现较多 MCS 未到最高阶，但 IBLER 低于 10%。若比例较高，则可以通过加大 AMC 固定步长值，加快 MCS、提升速度。当信道质量变差时，还原默认 MCS，使整体吞吐量提升
SSB 波束未对齐	所有小区的 SSB 为宽波束	NR 不同小区间的干扰
MCS 波动大和误码率高	配置 1 个附加 DMRS	配置 1 个附加 DMRS
	极致短周期：CSI 和 SRS 周期配置为 5ms	高车速的信道质量波动较大，配置极致，短周期提升高速性能： ① CSI 周期配置为 5ms（非天选）； ② SRS 周期配置为 5ms
IBLER 高阶不收敛	IBLER 自适应参数排查	推荐打开，配置为 1，将下行 IBLER 配置为 1%

Chapter Ten

第10章 专题优化分析方法：覆盖与干扰问题定位及优化

10.1 覆盖问题定位及优化

10.1.1 5G NR覆盖优化流程

5G覆盖优化与LTE一样，整体遵循以下工作流程，应严格控制优化流程和质量，确保各项工作的顺利开展。整体覆盖优化流程如图10-1所示。

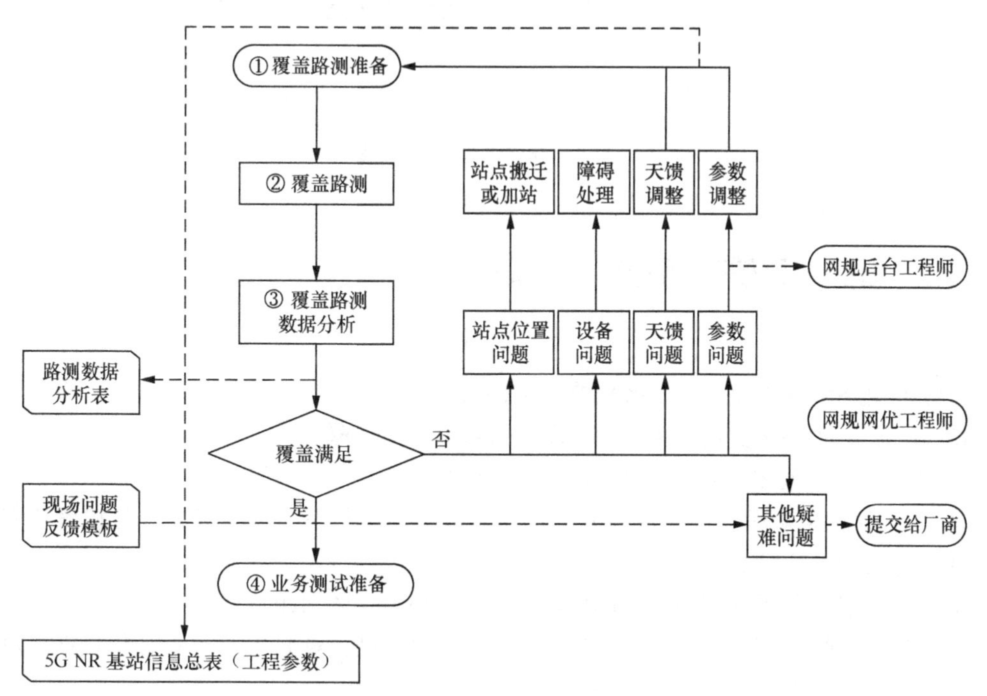

图10-1 整体覆盖优化流程

RF调整优化通常包括测试准备、数据采集、问题分析和调整实施方案4个步骤。RF优化详细工作流程如图10-2所示。

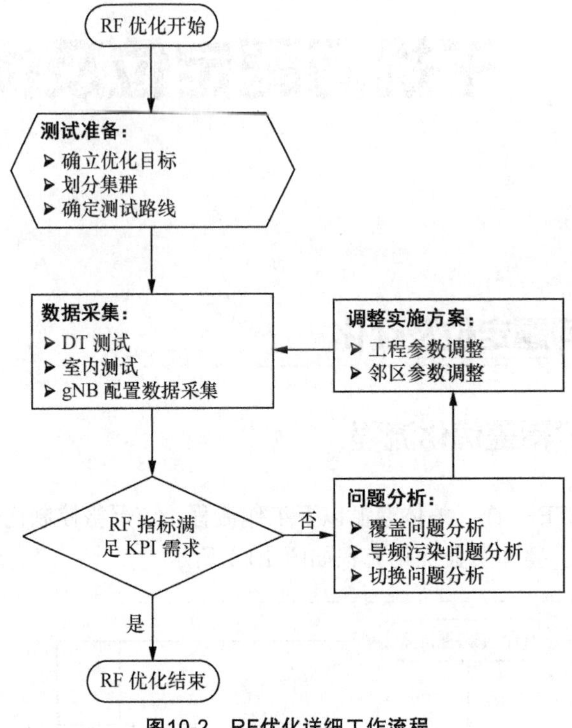

图10-2 RF优化详细工作流程

10.1.2 5G NR覆盖问题优化原则

5G NR覆盖问题优化整体遵循以下5个原则。

① 先优化SSB RSRP，后优化SSB SINR值。

② 覆盖优化的两大关键任务是消除弱覆盖和消除交叉覆盖。

③ 优先优化弱覆盖、越区覆盖，再优化导频污染。

④ 在工程优化阶段，按照规划方案优先开展工程质量整改，建议先进行权值功率优化，再进行物理天馈调整优化。

⑤ 充分发挥智能天线权值优化的优势，解决网络覆盖的问题。

在NSA组网模式下，5G NR的控制面锚定在LTE侧，对LTE网络存在依赖性，覆盖优化需要综合考虑4G/5G协同的问题。

NSA网络优化调整的注意事项如下所述。

① NSA覆盖优化涉及4G/5G两张网络，首先要保证锚点4G小区覆盖良好，无弱覆盖、越区覆盖和无主导小区的情况，业务性能提高，例如，接入/切换成功率良好、切换关系合理、抑制乒乓切换等。

② 在4G/5G 1：1组网下，5G RF的覆盖优化目标是和锚点LTE同覆盖。具体方法：方向角、下倾角初始规划可以和锚点LTE小区一致，在单验/簇优化/全网优化阶段再进行精细调整；在运维优化阶段，锚点4G覆盖，如果有调整，则5G同步跟进调整。

10.1.3　5G NR覆盖问题分析及优化方法和手段

10.1.3.1　覆盖问题原因分析

信号传播示意如图10-3所示。

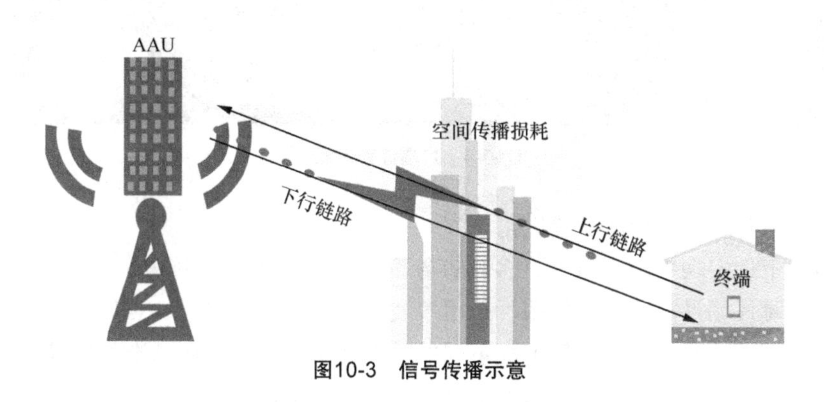

图10-3　信号传播示意

根据无线传播模型和无线网络优化经验，影响无线网络覆盖的主要因素有以下4个方面。

① **网络规划不合理。**网络规划不合理包括站址规划不合理、站高规划不合理、方位角规划不合理、下倾角规划不合理、主方向有障碍物、无线环境发生变化和新增覆盖需求等。

② **工程质量问题。**工程质量问题包括线缆接口施工质量不合格、天线物理参数未按规划方案施工、站点位置未按规划方案实施、GPS安装位置不符合规范和光缆接反等。

③ **设备异常。**设备异常包括电源不稳定、GPS故障、光模块故障、主设备运行异常、版本错误、容器吊死和AAU功率异常等。

④ **工程参数配置问题。**工程参数配置问题包括天馈物理参数、频率配置、功率参数、PCI配置和邻区配置等。

10.1.3.2　覆盖问题优化方法及手段

5G NR覆盖优化方法与LTE的相似度较高，即分析基础测试数据，结合网络拓扑结构、基础工程参数及参数配置对网络覆盖问题产生的原因进行深入分析后，制定相应的优化解决方案。

5G NR 覆盖优化方法主要有以下 3 种。

① **调整工程参数：**调整机械下倾角、机械方位角、AAU 天线挂高、AAU 位置等工程参数。

② **优化参数配置：**优化频点、功率、PCI/PRACH、邻区、切换门限等基础参数。

③ **优化广播波束管理：**优化广播波束管理主要涉及宽波束、多波束轮询配置，以及数字电调波束权值的配置。广播波束示意如图 10-4 所示。

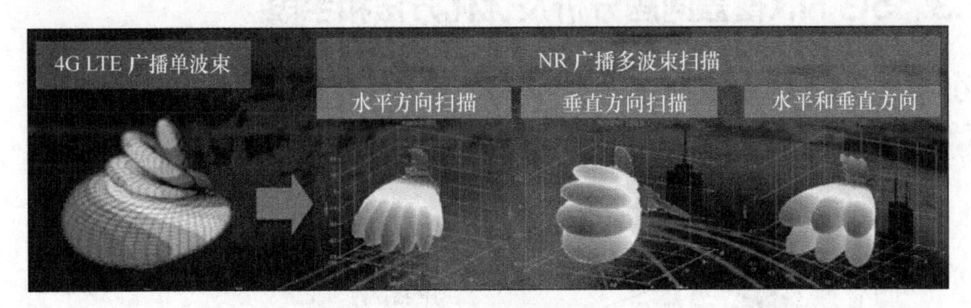

图10-4　广播波束示意

（1）宽波束与多波束轮询配置优化

一定情况下，在功率配置方面，多波束轮询相比宽波束配置整体上有 3 ～ 5dB 的覆盖增益，可根据具体场景需求配置使用。采用多波束扫描主要有以下 4 点优势。

① **精准强覆盖：**通过不同权值生成不同的赋形波束，以满足更精准的覆盖要求。

② **降干扰：**时分扫描降低广播信道干扰，改善 SS-SINR 值。

③ **可选子波束多：**广播波束要求在前 2ms 内发完，受帧结构的影响，最大波束个数存在一定的差异。中国移动 5ms 单周期帧结构下支持 8 波束配置，中国电信和中国联通 2.5ms 双周期帧结构下支持 7 波束配置。

④ 在工程优化阶段，**建议采用宽波束配置方式开展覆盖优化，**方便覆盖测试和优化调整。

（2）数字电调波束权值配置优化

5G NR 采用大规模输入输出（Massive Multiple Input Multiple Output，Massive MIMO）技术，AAU 天线通道数更多，智能天线技术更强大，可实现波束级的覆盖控制。波束信息是通过将不同通道的 RS 信号乘以不同的权值来控制的，因此可以通过波束权值配置优化，实现覆盖的优化调整。波束配置优化涉及波束时域位置、波束方位角偏移、波束倾角、水平波束宽度、垂直波束宽度和波束功率因子等，通过后台网管平台即可远程实施对前台基站的覆盖调整和优化，因此，可以大幅降低调整工程参数的频次。波束参数说明见表 10-1。

表 10-1　波束参数说明

波束参数名称	说明
子波束索引	子波束编号，索引值与 SSB 对应
方位角	分辨率 1°，建议 -85° ～ 85° 配置
倾角	分辨率 1°，建议 -85° ～ 85° 配置
水平波宽	用于调整子波束的水平半功率角度，1° ～ 65° 可配
垂直波宽	用于调整子波束的垂直半功率角度，1° ～ 65° 可配
子波束功率因子	调整每个子波束的功率因子
子波束是否有效	控制子波束是否使能

相关参数配置的原则说明如下所述。

① **子波束索引**：子波束索引与 SSB ID 对应，决定了波束扫描的时域位置。

② **方位角**：子波束的水平方位角，需要根据预先设计好的角度进行配置。如果主要在水平维度进行波束扫描，则需要对各波束配置不同的方位角，赋予各波束在水平维度的覆盖能力。

③ **倾角**：正数表示下倾，负数表示上倾，需要根据预先设计好的角度进行配置。如果需要在垂直维度进行扫描，则需要配置各波束的不同倾角，赋予各波束在垂直维度的覆盖能力。

④ **水平波宽**：配置子波束的水平半功率角度。

⑤ **垂直波宽**：配置子波束的垂直半功率角度。

⑥ **子波束功率因子**：每个子波束可以通过子波束的功率因子调整子波束的发射功率，从而降低对邻区的干扰。

（3）其他覆盖增强优化方案

其他覆盖增强优化方案如下所述。

① PDCCH 信道：可配置功率提升功能，提升信号覆盖解调能力。

② PDSCH 信道：通过传输模式配置可实现 BF 模式，提升信号覆盖和抗干扰能力。

（4）规划改造方案

针对通过优化手段无法解决的覆盖问题，可以将其及时反馈给规划建设部门，协同进行天线挂高改造、天线位置改造、新增 AAU、站址调整、新增宏基站、新增室分系统或宏微协同组网等工程规划方案的设计，从根本上解决此类覆盖问题。

10.2　干扰问题分析与优化

10.2.1　干扰判定标准

为了降低建网成本，不同的运营商会选择共站址的建网方案，一方面可以降低成本，另一方面还可以提高工程建设的效率。然而，共站址会带来异系统干扰的问题，如何消除互干扰成为设备制造商和运营商需要重点研究和解决的问题。

系统间干扰的抑制需要通过在不同系统之间设定合适的保护频带来实现。另外，可通过对滤波器进行优化来减少信号在工作带宽外的信号强度，从而减小系统间的保护频带，提高频谱利用率。

网络空载时，当上行接收信号强度指示（Received Signal Strength Indication，RSSI）> −105dBm 时，可认为有较严重的干扰。干扰产生的原因是多种多样的，某些专用无线电系统占用没有明确划分的频率资源，不同运营商的网络配置不同，收发滤波器的性能、小区重叠、环境、电磁兼容（Electromagnetic Compatibility，EMC），以及有意干扰都是移动通信网络射频干扰产生的原因。

不同系统之间的互干扰与干扰和被干扰两个系统之间的特点，以及射频指标紧密相关。但不同频率系统间的共存干扰是由发射机和接收机的非完美性造成的。发射机在发射有用信号时会产生带外辐射，带外辐射包括由调制引起的邻频辐射和带外杂散辐射。接收机在接收有用信号的同时，落入信道内的干扰信号可能会引起接收机灵敏度的损失，落入接收带宽内的干扰信号可能会引起带内阻塞。同时，接收机也具有非线性的特点，带外信号（发射机有用信号）会引起接收机的带外阻塞。干扰产生的原理如图 10-5 所示。

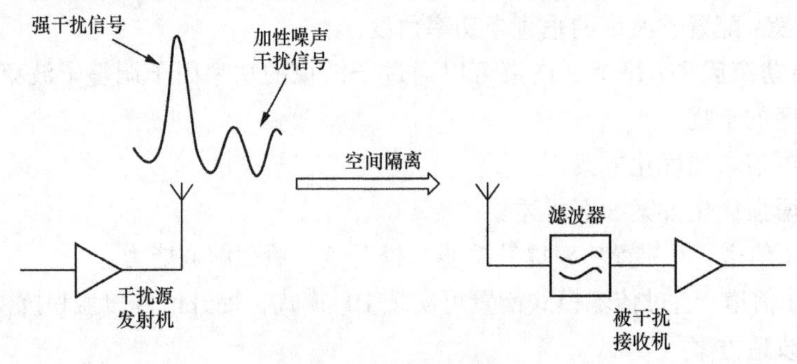

图10-5　干扰产生的原理

由图 10-5 可知，干扰源的发射信号（阻塞信号、加性噪声信号）从天线口被放大后发射出来，经过空间损耗 L，最后进入被干扰接收机。如果空间隔离不够的话，进入被干扰接收机的干扰信号强度足够大时，将会使接收机信噪比恶化或者饱和失真。

系统间的干扰类型主要有加性噪声干扰（杂散干扰）、邻道干扰、交调干扰和阻塞干扰。通常主要关注的是加性噪声干扰和阻塞干扰。

加性噪声干扰（杂散干扰）：这是干扰源在被干扰接收机工作频段产生的噪声，包括干扰源的杂散、噪声、发射互调产物等，使被干扰接收机的信噪比恶化。

邻道干扰：在接收机第一邻频存在的强干扰信号，是由滤波器残余、倒易混频、通道非线性等原因引起的接收机性能恶化产生的。通常用邻道选择性（Adjacent Channel

Selectivity，ACS）指标来衡量接收机抗邻道干扰的能力。

交调干扰：接收机的交调杂散响应衰减可以用于衡量在有两个干扰连续波（Continuous Wave，CW）存在的情况下，接收机接收其指定信道输入调制 RF 信号的能力。这些干扰信号的频率与有用输入信号的频率不同，可能是接收机非线性元件产生的两个干扰信号的 n 阶混频信号，最终在有用信号的频带内产生第 3 个信号。

阻塞干扰：阻塞干扰是指当强的干扰信号与有用信号同时加入接收机时，强干扰会使接收机链路的非线性器件饱和，产生非线性失真。如果只有有用信号，那么信号过强时，也会产生振幅压缩现象，严重时会阻塞。产生阻塞的主要原因有 3 个：一是器件的非线性；二是存在引起互调、交调的多阶产物；三是接收机的动态范围受限会引起阻塞干扰。

10.2.2　干扰分析总体流程

5G 系统干扰分析与 LTE 基本相同，可以通过干扰噪声 KPI 数据分析、现场测试、上行频谱扫描等进行排查。干扰分析流程如图 10-6 所示。

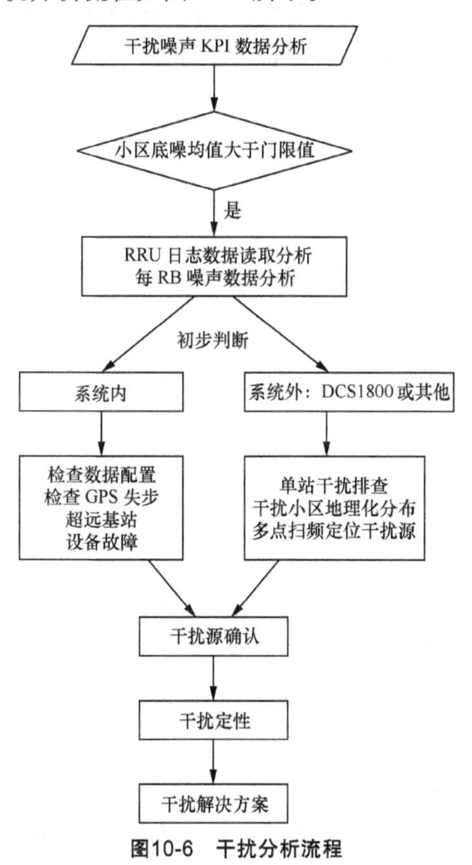

图10-6　干扰分析流程

波束级干扰性能监测，指定1个波束干扰监控，按照PRB平均统计干扰，每个RB是一个值，每秒上报一次；若RB的干扰高于-105dBm，则认为此RB存在干扰。PRB干扰统计如图10-7所示。

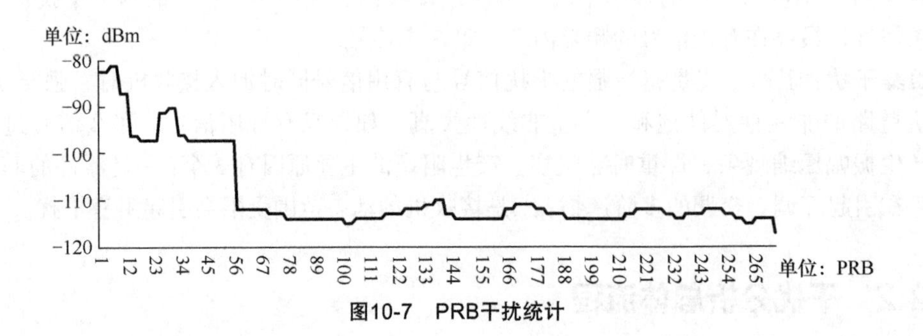

图10-7 PRB干扰统计

10.2.2.1 FFT频谱扫描

每秒随机采集一个符号对整个带宽的干扰，每100kHz/200kHz总能量计算1个值。如果存在明显高于底噪10dB的信号，则判断其为干扰信号。FFT频谱扫描如图10-8所示，可据此分析干扰的频域特征。

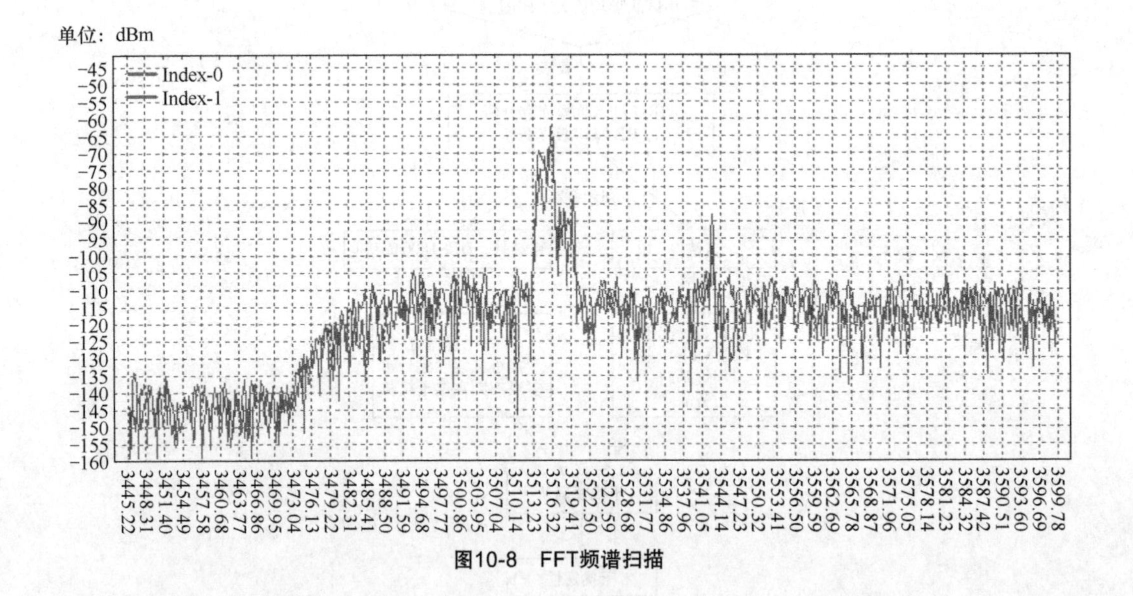

图10-8 FFT频谱扫描

10.2.2.2 反向频谱扫描

每次采集一个子帧所有符号整个带宽的干扰，每RE总能量计算1个值。通过不同的上行符号上的干扰数据判断干扰的符号级特征（时域特征）。

10.2.3　异系统干扰原因分析

根据移动 NR 频段和当前中国移动、中国联通、中国电信 LTE 频段的使用情况，当前中国联通 D6、中国电信 D7 和中国移动内部 D1/D2 频点均会对 100MHz 组网 NR 造成干扰，现阶段退频不彻底导致的同频干扰将成为 NR 的主要干扰。运营商频段如图 10-9 所示。

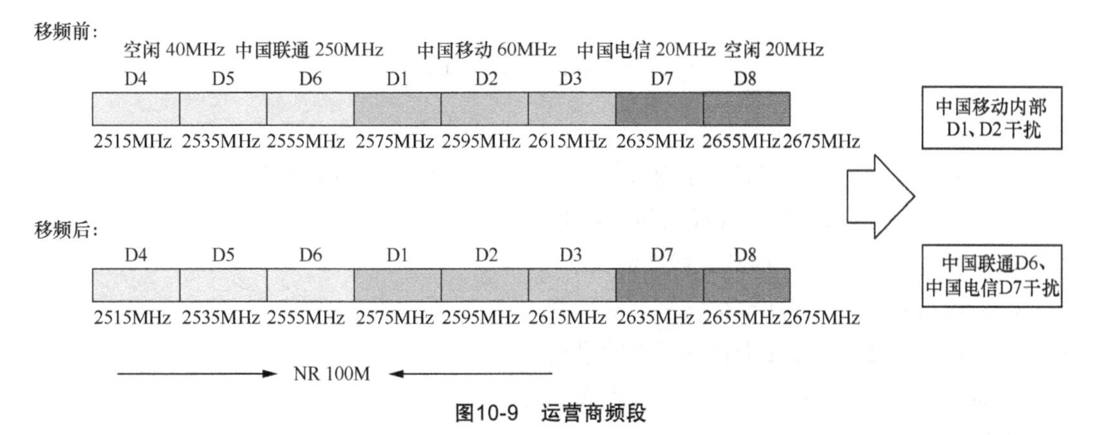

图10-9　运营商频段

为避免中国联通、中国电信退频不彻底对 NR 造成干扰，需要开展扫频工作并进行清频处理。具体干扰影响分析如下所述。

① 通过仿真，5G NR 与 LTE 同频组网场景时，无隔离情况，LTE → NR 小区干扰较 NR → NR 小区干扰高 6 ～ 7dB；隔离 2 层 LTE 小区（600 ～ 800MHz 隔离带），LTE 对 NR SINR 的干扰影响小于 1dB。

② 通过测试分析发现：在 NR 整片区域，NR 100MHz 相比 NR 100MHz（无 LTE 干扰）场景，平均吞吐量恶化约 9.7%。在 NR 边缘区域，NR 100MHz 相比 NR 100MHz（无 LTE 干扰）场景，平均吞吐量恶化约 30%。

10.2.4　异系统干扰隔离度分析

空间隔离估算是干扰判断的重要阶段，通过系统间天线的距离、主瓣指向等计算得出理论的空间隔离度后才能为干扰定性做准备，从理论上确定系统受干扰的程度。

在移动通信中，空间隔离度即天线间的耦合损耗，是指发射机发射信号功率与该信号到达另一种可能产生互调产物的发射机输出端（或者接收机输入级）的功率比值，比值用 dB 来表示。

收发天线间足够的隔离度可以保证接收机的灵敏度。因为位于同一基站或附近基站等的发射机产生的带外信号或者带内强信号将使接收机的底噪抬升或者阻塞。降低干扰的关键点在于，使两基站天线应有足够的空间距离，滤除带内干扰和带外信道噪声。

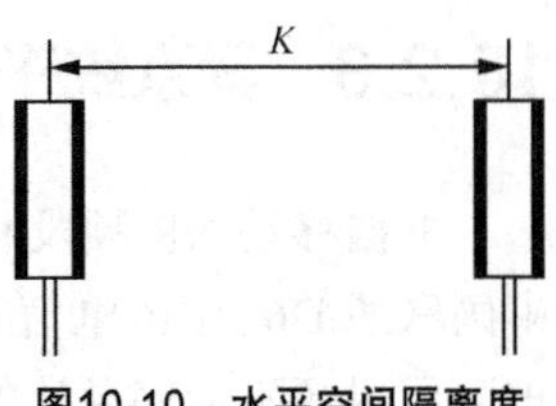

图10-10　水平空间隔离度

10.2.4.1　水平空间隔离度

水平空间隔离度如图 10-10 所示。

水平空间隔离度计算公式：

$$I_H = 22 + 20\lg\frac{d_h}{\lambda}\left(G_{Tx} + G_{Rx}\right)$$

其中，

I_H(dB)：水平空间隔离时，发射天线与接收天线之间的隔离度要求。

d_h(m)：发射天线与接收天线之间的水平距离。

λ(m)：接收频段范围内的无线电波长。

G_{Tx}(dBi)：发射天线在干扰频率上的增益。

G_{Rx}(dBi)：接收天线在干扰频率上的增益。

下面列出几个典型场景下水平空间隔离度的计算。

首先给出 17dB 增益，半功率波宽为 65° 的定向天线水平方向图。定向天线方向示意如图 10-11 所示。

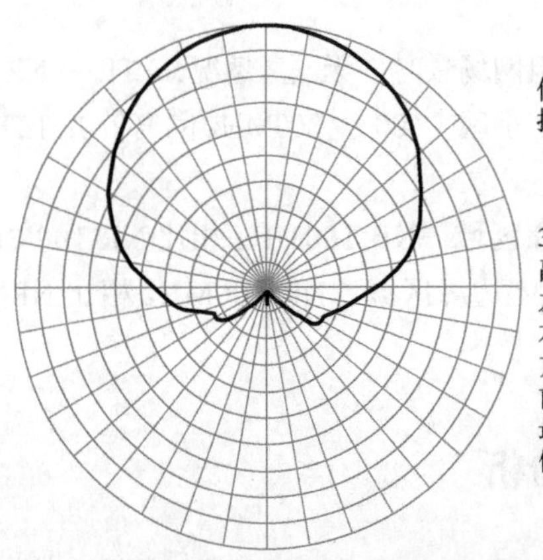
信号源：AV1481
接收机：HP8753

3dB 宽度：68.0
副瓣电平：
左：(−11733) =−22.9dB
右：(1.1) =0dB
方向性系数：8.9dB
前后比：27.69dB
最大电平：−50.35dB
倾角：3.691406°

图10-11　定向天线方向示意

1. 对于定向天线

(1) 天线主瓣同向的水平空间隔离

两天线主瓣同向示意如图 10-12 所示。

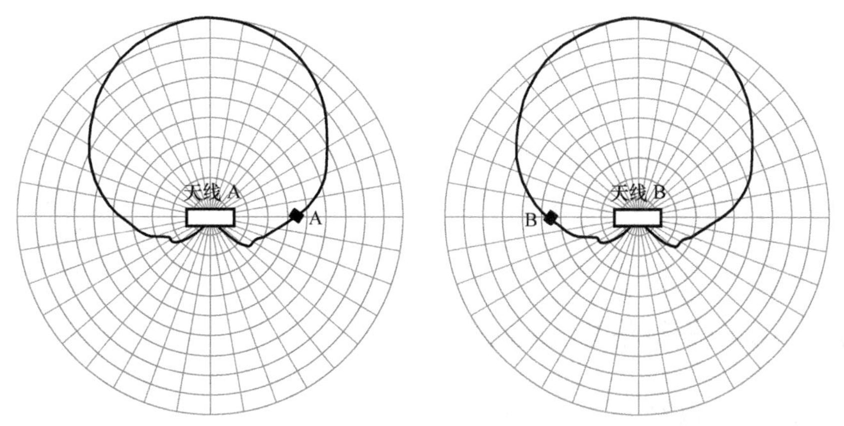

图10-12　两天线主瓣同向示意

由图 10-12 可以估算出到两天线在 0° 或 180° 上 G_{Tx} 和 G_{Rx} 均为 0dBi。

因此，水平空间隔离度的公式为：

$$I_H = 22 + 20\lg\frac{d_h}{\lambda}$$

（2）天线主瓣非同向的水平空间隔离

如图 10-12 所示，G_{Tx} 和 G_{Rx} 的取值需要根据两个天线夹角，查看天线方向图上的增益值。在 35° 夹角下，A 点的天线增益为 G_{Tx} = 17+7×（–3）= –4dB，G_{Rx} = 17+7×（–3）= –4dB。考虑到实际工程情况中一般不按负增益计算，所以 G_{Tx} 和 G_{Rx} 均取 0dBi。

2. 对于全线天线

根据天线水平波瓣图，G_{Tx} 等于干扰方向上的天线增益，G_{Rx} 等于被干扰方向上的天线增益。

10.2.4.2　垂直空间隔离度

垂直空间隔离示意如图 10-13 所示。

垂直空间隔离度计算公式：

$$I_v = 28 + 40\lg\frac{d_v}{\lambda}\left(G_{Tx} + G_{Rx}\right)$$

其中，

I_v（dB）：垂直空间隔离时，发射天线和接收天线之间的垂直隔离度。

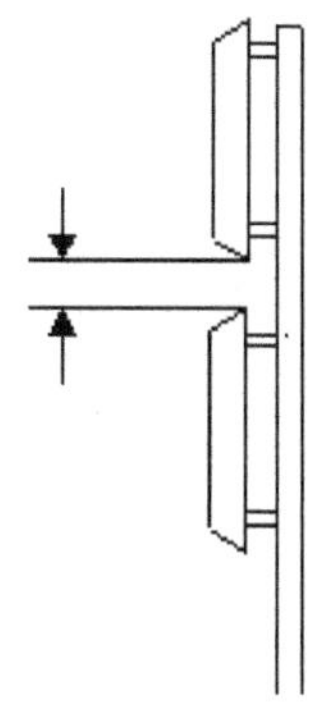

图10-13　垂直空间隔离示意

d_v（m）：发射天线与接收天线之间的垂直距离。

下面列出两个典型场景下垂直空间隔离度的计算。

首先给出 17dB 增益，下倾角为 8° 的定向天线垂直方向图，垂直方向示意如图 10-14

所示。

① 对于定向天线，根据天线垂直波瓣图，G_{Tx} 和 G_{Rx} 均等于 0。

② 对于全线天线，根据天线垂直波瓣图，G_{Tx} 等于干扰方向上的天线增益，G_{Rx} 等于被干扰方向上的天线增益。

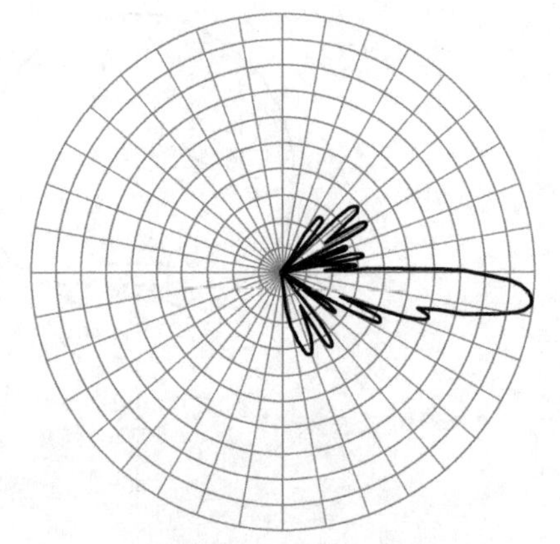

图10-14　垂直方向示意

10.2.5　系统内干扰识别及规避

10.2.5.1　干扰识别

可通过 KPI 统计每个 RB 的干扰指标，空载时在 −105dBm 以上时，则该基站存在干扰问题。

10.2.5.2　规避措施

系统内干扰的规避措施如下所述。

① 空间隔离：规划运营商共基站的站址时，必须保证站址间有足够的空间距离。

② 退频策略：针对现网中使用的频点逐步进行退频策略，避免干扰 5G 频点。

第 11 章 Chapter Eleven

业务感知专题优化

11.1 视频业务优化

移动通信网络中的视频流媒体业务流程如图 11-1 所示。

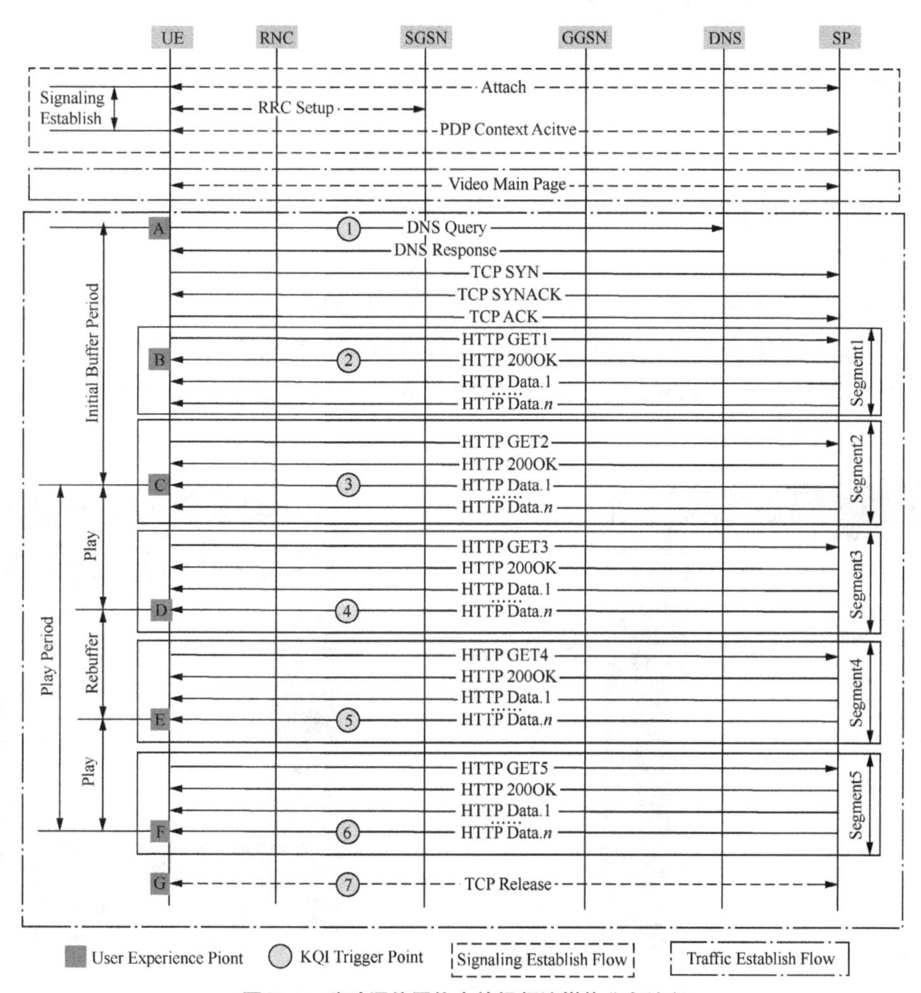

图11-1　移动通信网络中的视频流媒体业务流程

移动通信网络中的视频流媒体业务流程主要包括以下 4 个过程。

① 接入过程：对应图 11-1 中 Signaling Flow Process。

② 视频流媒体主页面打开过程：对应 Video Main Page Process。

③ 视频流媒体初始缓冲过程：终端用户与业务服务器建立连接，开始视频流媒体下载，包括 DNS、TCP 建立及视频流媒体请求过程，之后下载视频流媒体数据，直到缓冲结束，对应图 11-1 中的 A ～ C 的过程。

④ 视频流媒体播放过程：从缓冲结束到视频流媒体下载结束，对应图 11-1 中的 C ～ G 的过程。

11.1.1 视频业务测试方法

测试设备：华为 Mate 60 Pro，也可以使用同功能、同性能的测试终端，例如小米 15、中兴努比亚 Z70 等。

测试软件：华为 SpeedVideo。

分析软件：Wireshark 用于抓包分析。

测试过程：

① 测试不需要手动记录，打开软件，设置测试界面如图 11-2 所示；

② 自动测试至结束（看的视频约 5min 结束，15min 为粒度的则需要看 3 次）；

③ 最终跳至电子邮箱界面，设好电子邮箱地址，测试记录自动发送到设置的电子邮箱。

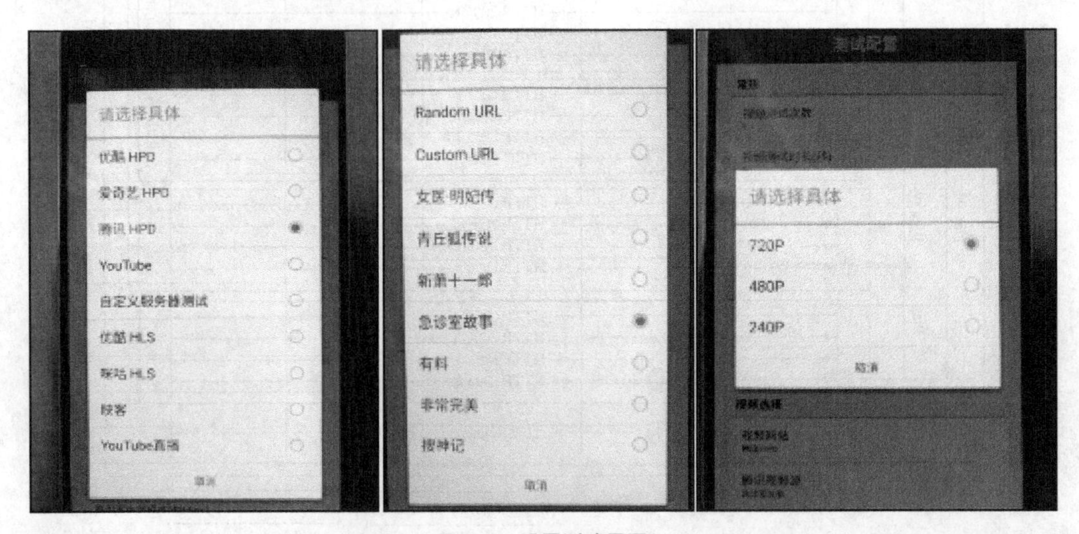

图11-2　设置测试界面

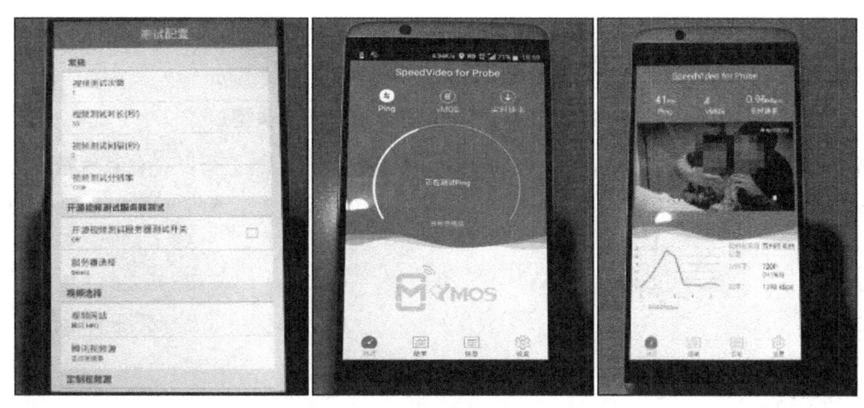

图11-2 设置测试界面（续）

11.1.2 视频业务分析思路

1. 质差区域分析

如果能够获取全部测试结果，可以基于此数据进行地理化分析，看是否存在连片指标差的区域，优先重点分析和优化 TOP 质差的区域。

2. 空口分析

视频文件下载阶段与小文件下载类似，如果出现视频下载平均速率低的问题，可以先通过FTP 排查空口。空口分析主要是确认在一个定点或路测过程中 FTP 速率是否达到预期，是否存在明显的调度 / 空口重传等问题。

从理论上分析，视频文件下载和 FTP 下载可以达到相同的速率，但是由于视频服务器可能存在限速（视频播放最重要的是不卡顿，下载速率达到一定值后就可以保证不卡顿，所以某些网站可能会限速），同时，视频文件可能较小（电信业务感知测试速率最小只有 2Mbit/s，TCP 下载速率无法冲到很高速率），视频下载的平均速率可能会比 FTP 下载的速率低。但是如果 FTP 的下载速率也很低，低于对应的视频速率预期，此时的首要问题就是数据传输速率低的问题。

3. 用户面问题排查

用户面问题排查主要依靠 TCP 抓包工具分析入手，重点分析是否存在窗口、时延、丢包和重传等问题。通过抓包分析存在丢包乱序问题需要隔离定位时，安排多点转变进行定位，需要在问题复现的同时抓取终端侧、基站侧和核心网等的用户面数据，然后核对 TCP 的序号，确定问题引入的节点。

以三点抓包为例来说明分析过程，假设 TCP 数据的流向是 A→B→C，C 点是 PC 端，通过 C 点的抓包过滤发现有重传问题，将视频业务数据滤波器复制到 A、B、C 三点的抓包文件中同时执行，根据过滤得到的包数量可以判断错误的类型。滤波器在 A、B、C 三点过滤得到的包数量来判断 TCP 异常类型，详见表 11-1。

表 11-1　三点过滤法判断 TCP 异常类型

A 点	B 点	C 点	TCP 异常类型
0	0	1	A 点或者 B 点漏抓包
2	1	1	AB 点之间丢包
2	2	1	BC 点之间丢包
2	2	2	乱序或者超时重传

4. 视频 KQI 质差的定界

业务定界是为了确认业务异常产生的问题点相对于定界点在哪方面出现了问题。对于在用户面接口抓包进行业务评估定界的方案来讲，即确认问题点是在用户面接口以上的网络侧问题造成的，还是由在用户面接口以下的无线网络问题造成的，或是由终端本身问题造成的，进而采取相应的措施。

视频流媒体定界思路：对每次视频流媒体业务质量进行分析，判断是否存在业务质量问题，对于存在业务质量问题的视频流媒体业务，结合定界的指标隔离问题，区分是上层网络的问题，还是无线网络的问题或终端的问题。

Streaming 业务定界流程如图 11-3 所示。

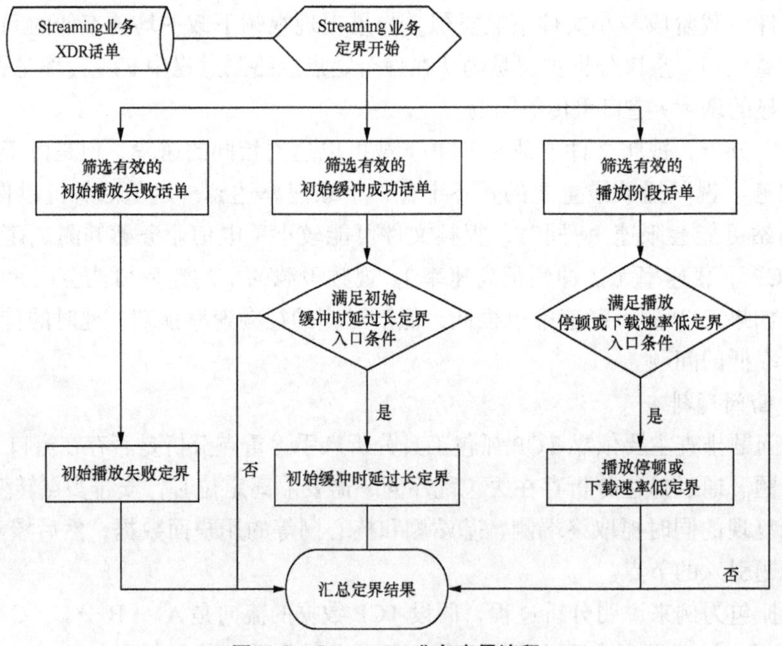

图11-3　Streaming业务定界流程

Streaming 定界流程概述如下。

① 确定话单是否满足初始缓冲时延过长定界入口条件，如果满足则进行初始缓冲时延过长的定界过程。

② 确定话单是否满足播放停顿或下载速率低定界入口条件，如果满足则进行播放停顿或下载速率低的定界过程。

5. 业务质量差话单筛选

主要按照以下两个维度筛选出业务质量差的记录。

一是视频流媒体初始缓冲时延过长。可以判断从点击视频链接到出现第一个视频画面的时间长短，当初始缓冲时延过长时，属于异常记录。

二是视频流媒体播放停顿或下载速率低。可以判断视频流媒体播放的流畅程度，当视频流媒体产生停顿或者下载速率低时，属于异常记录。

6. 业务质量问题定界

在确定异常话单后，结合该话单的 TCP 层的信息，可以进一步定位出异常原因是网络侧的问题，还是无线网络的问题或终端的问题。视频流媒体业务异常问题定界结果如图 11-4 所示。

（1）视频流媒体初始缓冲时延过大类别定界原因

视频流媒体业务初始视频流媒体缓冲时长定界见表 11-2。

表 11-2 视频流媒体业务初始视频流媒体缓冲时长定界

序号	视频流媒体初始缓冲时延过大分类	问题定界
1	终端接收窗口小	终端侧的原因
2	终端零窗口	终端侧的原因
3	TCP 第二次握手时延过大	CN/SP 侧的原因
4	ACK 到视频流媒体第一个请求时延大	无线侧的原因
5	TCP 第三次握手时延过大	无线侧的原因
6	DNS 请求响应时延过大	CN/SP 侧的原因
7	视频流媒体主请求响应时延过大	CN/SP 侧的原因
8	TCP 下行 RTT 时延大	无线侧的原因
9	下游丢包率高	无线侧的原因
10	上游丢包率高	CN/SP 侧的原因
11	片段间终端请求时延大	无线侧的原因
12	码率过高	视频流媒体源的原因
13	上游传输速率低	CN/SP 侧的原因
14	服务器发送窗口小	CN/SP 侧的原因

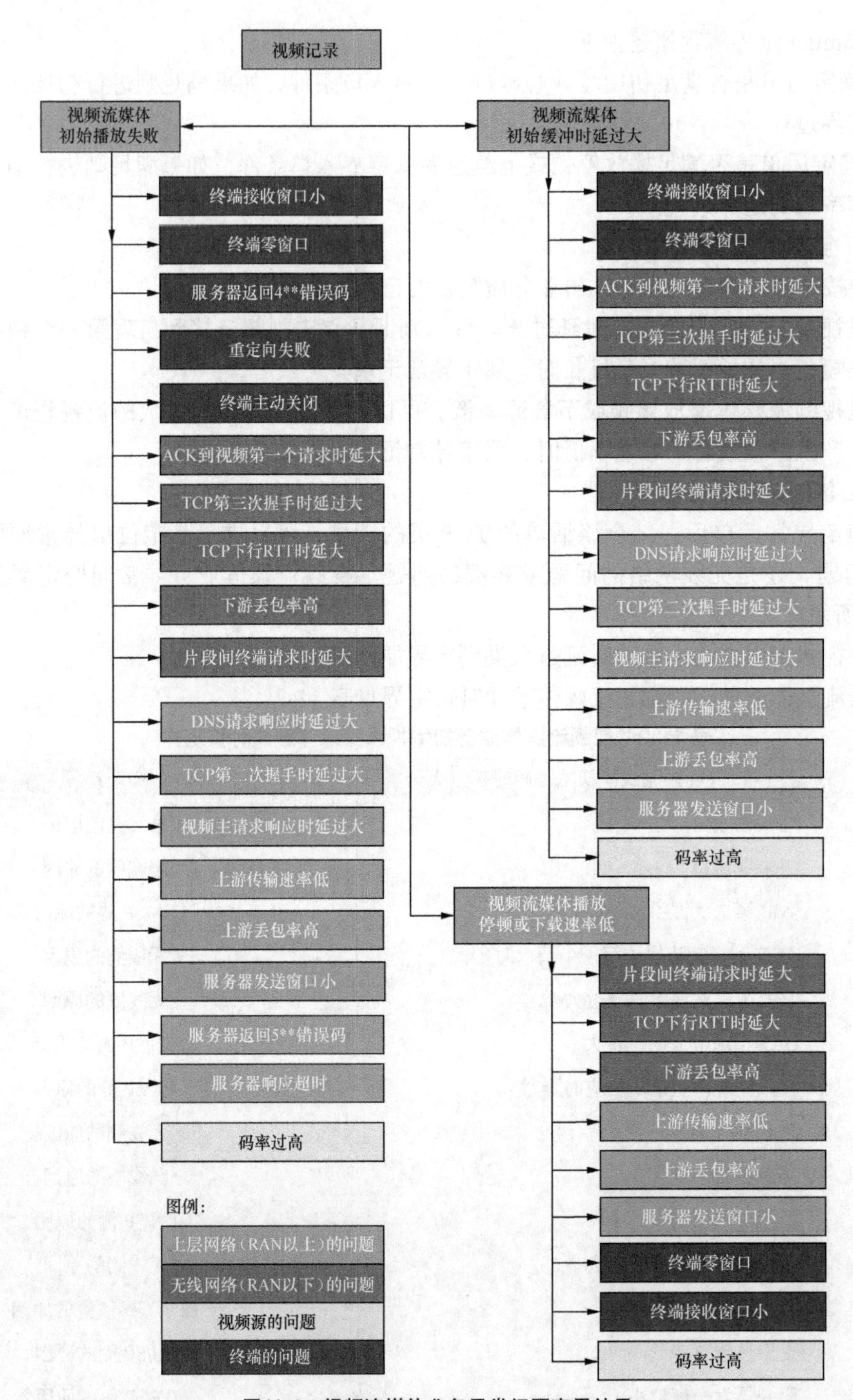

图11-4　视频流媒体业务异常问题定界结果

原因解释如下。

① 终端接收窗口小：在TCP连接过程中，终端ACK携带的接收窗口小。这主要是由终端引起的，一般归类为终端的问题。

② 终端零窗口：表示在视频流媒体缓冲过程中，终端出现接收窗口拥挤，不能接收服务器发送数据的情况。这主要是由终端引起的，一般归类为终端的问题。

③ TCP第二次握手时延过大：从抓包接口收到终端发送的TCP建立请求同步序列编号（Synchronize Sequence Numbers，SYN）包开始，到抓包接口收到服务器发送的应答SYN ACK包结束，这段时间超过一定的门限值。这主要是由上层网络引起的，一般归类为上层网络的问题。

④ ACK到视频流媒体第一个请求时延大：从抓包接口收到终端发送的应答ACK包开始，到抓包接口收到终端发送的GET包结束，这段时间超过一定的门限值。这主要是由无线层网络引起的，一般归类为无线网络的问题。

⑤ TCP第三次握手时延过大：从抓包接口收到服务器发送的应答SYN ACK包开始，到抓包接口收到终端的应答ACK包结束，这段时间超过一定的门限值。这主要是由无线层网络引起的，一般归类为无线网络的问题。

⑥ DNS请求响应时延过大：从抓包接口收到终端发送的应答DNS请求包开始，到抓包接口收到服务器的应答DNS响应包结束，这段时间超过一定的门限值。这主要是由上层网络引起的，一般归类为上层网络的问题。

⑦ 视频流媒体主请求响应时延过大：从抓包接口收到终端发送的GET包开始，到抓包接口收到服务器返回的响应码包结束，这段时间超过一定的门限值。这主要是由上层网络引起的，一般归类为上层网络的问题。

⑧ TCP下行RTT时延大：表示在视频流媒体缓冲过程中，从服务器发送的数据包到达接口开始，到终端发送该数据包的确认包到达接口结束，平均的下层RTT时延。这主要是由无线网络引起的，一般归类为无线网络的问题。

⑨ 下游丢包率高：表示在视频流媒体缓冲过程中，从服务器发送的数据包到达接口后，出现丢包/乱序的比例。这主要是由无线网络引起的，一般归类为无线网络的问题。

⑩ 上游丢包率高：表示在视频流媒体缓冲过程中，从服务器发送的数据包到达接口前，出现丢包的比例。这主要是由上层网络引起的，一般归类为上层网络的问题。

⑪ 片段间终端请求时延大：表示在视频流媒体缓冲过程中，两个片段间累加的时间超过一定的门限值。这主要是由无线网络引起的，一般归类为无线网络的问题。

⑫ 码率过高：表示在视频流媒体缓冲过程中，视频流媒体源本身的码率过大，大幅超过现行无线下载的速率，导致需要更长的下载时间。一般归类为视频流媒体源本身的问题。

⑬ 上游传输速率低：表示在视频流媒体缓冲过程中，服务器实际有效传输时间过短，长时间无数据传输。这主要是由上层网络引起的，一般归类为上层网络的问题。

⑭ 服务器发送窗口小：服务器已经发送但还没有被确认的数据量太小。这主要是由服务器太忙、发包速率低，或者上层网络引起的，一般归类为上层网络的问题。

（2）视频流媒体播放停顿或下载速率低

视频流媒体业务播放停顿 / 下载速率低定界见表 11-3。

表 11-3　视频流媒体业务播放停顿 / 下载速率低定界

序号	视频流媒体播放停顿 / 下载速率低分类	问题定界
1	片段间终端请求时延大	无线侧原因
2	TCP 下行 RTT 时延大	无线侧原因
3	下游丢包率高	无线侧原因
4	上游传输速率低	CN/SP 侧原因
5	上游丢包率高	CN/SP 侧原因
6	终端零窗口	终端问题
7	终端接收窗口小	终端问题
8	码率过高	视频流媒体源问题
9	服务器发送窗口小	CN/SP 侧原因

原因解释如下。

① 片段间终端请求时延大：表示在视频流媒体缓冲过程中，两个片段间累加的时间超过一定的门限值。这主要是由无线网络引起的，一般归类为无线网络的原因。

② TCP 下行 RTT 时延大：表示在视频流媒体下载过程中，从服务器发送的数据包到达接口到终端发送该数据包的确认包到达接口平均的下行 RTT 时延。这主要是由无线网络引起的，一般归类为无线网络的问题。

③ 下游丢包率高：表示在视频流媒体播放过程中，从服务器发送的数据包到达接口后，出现丢包的比例。这主要是由无线网络引起的，一般归类为无线网络的问题。

④ 上游传输速率低：表示在视频流媒体播放过程中，服务器实际有效传输时间过短，长时间无数据传输。这主要是由上层网络问题引起的，一般归类为上层网络的问题。

⑤ 上游丢包率高：表示在视频流媒体播放过程中，从服务器发送的数据包到达接口前，出现丢包 / 乱序的比例。这主要是由上层网络引起的，一般归类为上层网络的问题。

⑥ 终端零窗口：表示在视频流媒体下载过程中，终端出现接收窗口拥挤，不能接收服务器发送数据的情况。这主要是由终端引起的，一般归类为终端的问题。

⑦ 终端接收窗口小：在 TCP 连接过程中，终端 ACK 携带的接收窗口小。这主要是由终端引起的，一般归类为终端的问题。

⑧ 码率过高：表示在视频流媒体播放过程中，视频流媒体源本身的码率过大，大于现行无线下载的速率，导致下载需要更长的时间。一般归类为视频流媒体源本身的问题。

⑨ 服务器发送窗口小：服务器已经发送但还没有被确认的数据量太小。这主要是由于

服务器太忙、发包速率低，或者上层网络引起的，一般归类为上层网络的问题。

在按照视频流媒体两个维度定界完网络的异常记录后，就可以得到不同原因占异常记录的比例，将无线侧的原因累计起来，就可以得到无线侧异常的次数及比例，可以在后续的分析中作为筛选 TOP 小区的一个参考。

11.1.3　视频业务空口优化思路

1. 基础网络优化

通过序列号（Sequence Number，SEQ）定界分析后，无线侧问题优化步骤见表 11-4。

表 11-4　无线侧问题优化步骤

步骤	排查步骤	分析目的	分析工具
基础优化排查	步骤 1：故障告警排查	对于存在告警的关键质量指标（Key Quality Indicators，KQI）质差的小区，优先处理告警问题	网管 OMC
	步骤 2：资源容量排查	对于业务量、用户数明显偏高的小区，考虑收缩覆盖和加站 / 扩容	网管 OMC/ 网优平台
定向优化排查	步骤 3：弱覆盖排查	排查下行覆盖弱的原因，给出相应的解决方案	MDT[1] 平台
	步骤 4：上行干扰排查	排查上行干扰的原因，给出相应的解决方案	网管 OMC/ 网优平台 / MDT 平台
	步骤 5：PCI 模 3 干扰	排查 PCI 模 3 干扰的原因，给出相应的解决方案	前后台测试分析软件
	步骤 6：导频污染排查	排查导频污染的原因，给出相应的解决方案	前后台测试分析软件
	步骤 7：越区覆盖排查	排查越区覆盖的原因，给出相应的解决方案	前后台测试分析软件
	步骤 8：信令流程排查	排查信令流程的问题，包括掉话、切换和 RRC 重建等	后台分析软件 / 网管 OMC

注：1. MDT（Minimization Drive Test，最小化路测）。

无线侧问题的定位和优化，分为基础优化排查和定向优化排查两个部分：基础优化排查在优化过程中无条件进入，优先排查、处理告警和容量问题；定向优化排查是指根据问题特征，基于性能分析平台和网管平台等网优工具，对前、后台数据进行综合分析和优化。

2. 专有参数优化

视频业务属于QCI 4的业务，通过修改涉及QCI 4的参数组配置，可以改善缓存类视频业务感知，QCI 4 对应业务如图 11-5 所示。

GBR

QCI=1: Example Services: Conversational voicemscbsc

QCI=2: Conversational Video (Live streaming)

QCI=3: Real Time Gaming

QCI=4: Non-conversational voice (buffered streaming)

Non-GBR

QCI=5: IMS signaling

QCI=6: Video (buffered streaming), TCP-based (e.g. www, email, chat, ftp, p2p file sharing, progressive video,etc)

QCI=7: Voice, Video (live streaming), interactive gaming

QCI=8: Video (buffered streaming), TCP-based (e.g. www, email, chat, ftp, p2p file sharing, progressive video,etc)

QCI=9: Video (buffered streaming), TCP-based (e.g. www, email, chat, ftp, p2p file sharing, progressive video,etc)

图11-5　QCI 4对应业务

11.2　网页浏览业务优化

网页浏览业务优化网络结构如图 11-6 所示。

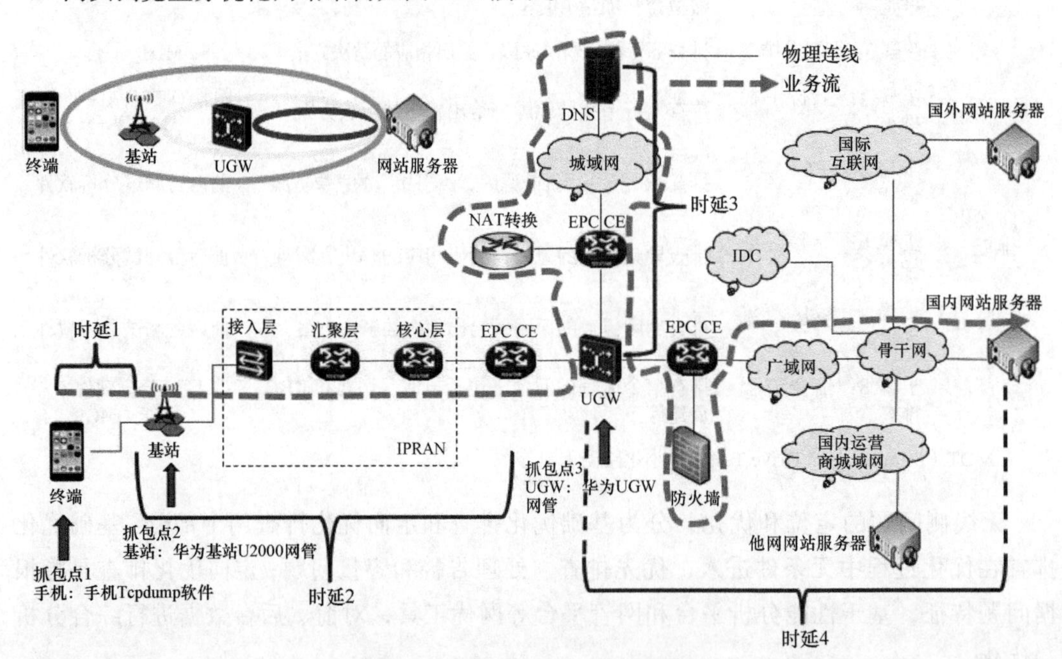

图11-6　网页浏览业务优化网络结构

常用的单用户抓包从终端侧、基站侧、UGW 侧进行抓包并计算每个流程的分段时延。网页浏览抓包节点如图 11-7 所示。

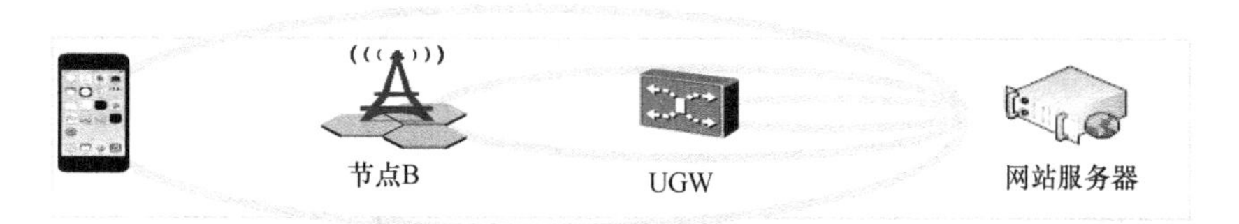

图11-7　网页浏览抓包节点

11.2.1　网页浏览测试方法

测试设备：华为 Mate 60 Pro、四端口鼎利远程控制单元（Remote Control Unit，RCU），也可以使用同功能、同性能的测试终端，例如小米 15、中兴努比亚 Z70 等。

测试软件：业务感知 App 或 RCU。

测试过程：

① 测试终端打开感知软件，开始测试，一次打开后即可再次重复打开。

② RCU 导入配置好的网页地址（百度首页），间隔时长设为 0，反复打开。

网页浏览测试界面如图 11-8 所示。

图11-8　网页浏览测试界面

11.2.2　网页浏览分析思路

1. 端到端定界总体思路

通过 SEQ 探针进行定界分析，如果 S1-U 口采集点以上时延大，则可以判断为 CN/SP

侧问题；如果 S1-U 口采集点以下时延大，则可以判断为无线（RAN）侧问题。端到端定界思路如图 11-9 所示。

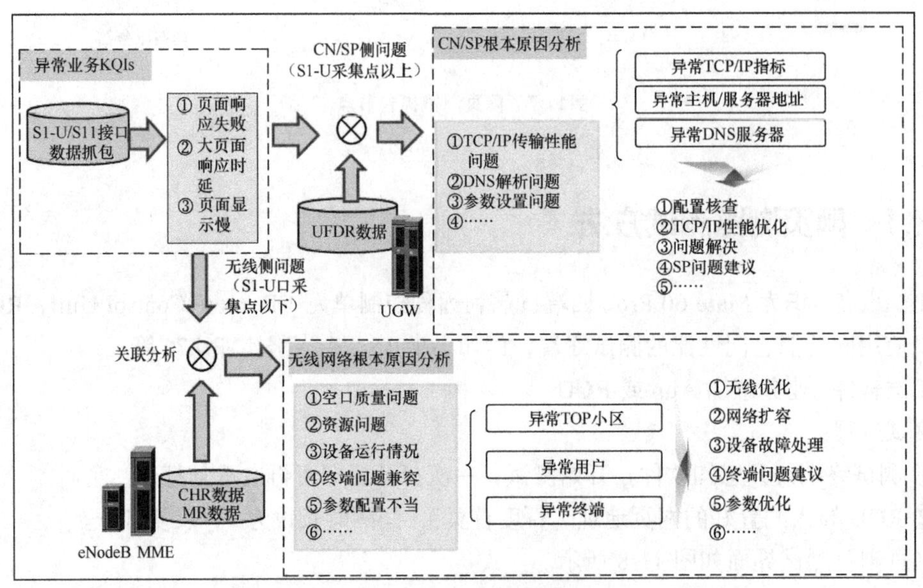

图11-9　端到端定界思路

2. 端到端定界流程

基于 SEQ 平台探针的部署，抓取海量的业务过程时延，通过对业务过程各阶段时延及丢包率的推理分析，对影响网页浏览类 KQI 的异常时延、丢包率等原因进行定界。端到端定界流程如图 11-10 所示。

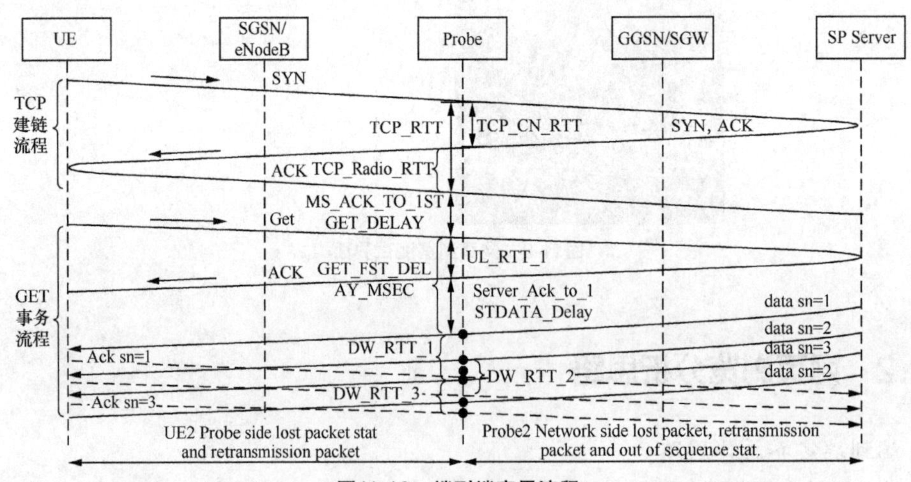

图11-10　端到端定界流程

3. 端到端定界原理

SEQ 平台能够统计每条话单在不同时间段的时延，根据不同时间段的时延情况，可以定界 KQI 感知差的原因。端到端定界时延见表 11-5。

表 11-5　端到端定界时延

分类	序号	首包时延定界分类	问题定界
首包时延	1	第二次握手时延过大	CN/SP 侧原因
	2	第三次握手时延过大	RAN 侧原因
	3	首 GET 响应时延过大	CN/SP 侧原因
页面打开时延	1	第二次握手时延过大	CN/SP 侧原因
	2	第三次握手时延过大	RAN 侧原因
	3	Ack 与 Get 间时延过大	RAN 侧原因
	4	首 GET 响应时延过大	CN/SP 侧原因
	5	上行 RTT 过大	CN/SP 侧原因
	6	下行 RTT 过大	RAN 侧原因
	7	服务器侧下行 TCP 丢包率过大	CN/SP 侧原因
	8	无线侧上行 TCP 丢包率	RAN 侧原因

4. 端到端定界指标

（1）首 DNS 响应时延

DNS 请求和响应过程是数据业务建立传输层链接前的一个重要过程，DNS 的请求失败会导致数据业务传输连接建立失败，DNS 响应时延长会导致用户数据业务体验差。

通过多维度查询发现 DNS 响应时延过长，可通过 SEQ 业务质量分析、DNS 质量分析查询不同时段、服务器等的 DNS 成功率和响应时延，找出一定的规律，最终定位问题。对于一些比较特殊的问题，可以通过拨测抓取码流分析解决。

首 DNS 响应时延如图 11-11 所示。

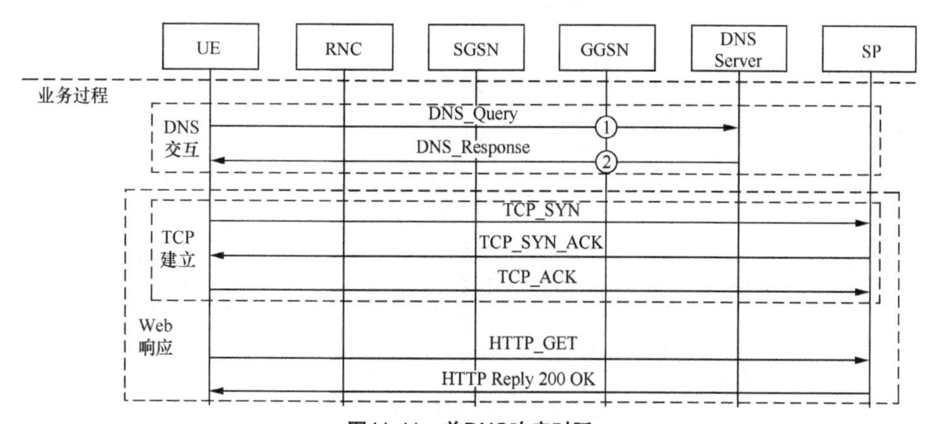

图11-11　首DNS响应时延

（2）TCP 建链接口以上时延

此部分时延为 TCP 建链时在探针接口以上的时延（包括部分传输网、核心网及 SP 等），通过此指标的波动情况，可以清楚地反映接口以上的传输质量。

TCP 建链接口以上时延如图 11-12 所示。

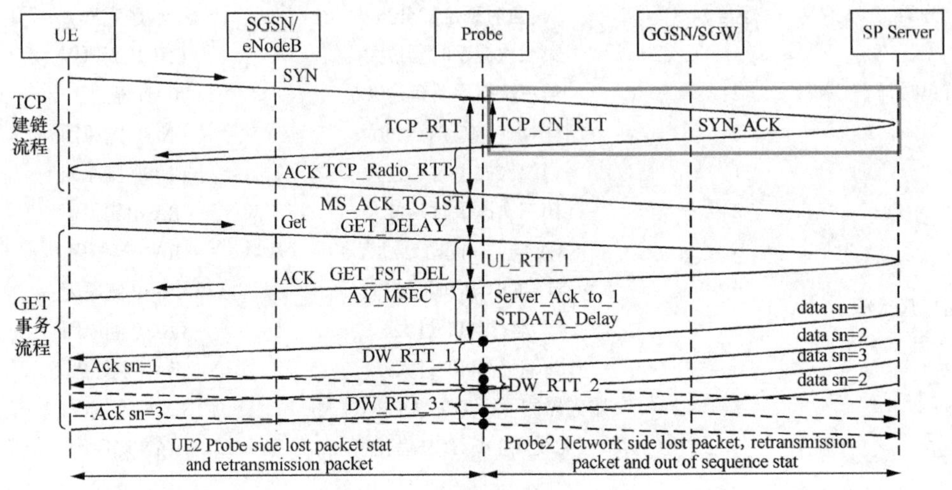

图11-12　TCP建链接口以上时延

（3）TCP 建链接口以下时延

此部分时延为 TCP 建链时在探针接口以下的时延（包括部分传输网、无线及终端等），通过此指标的波动情况，可以清楚地反映接口以下的传输质量。

TCP 建链接口以下时延如图 11-13 所示。

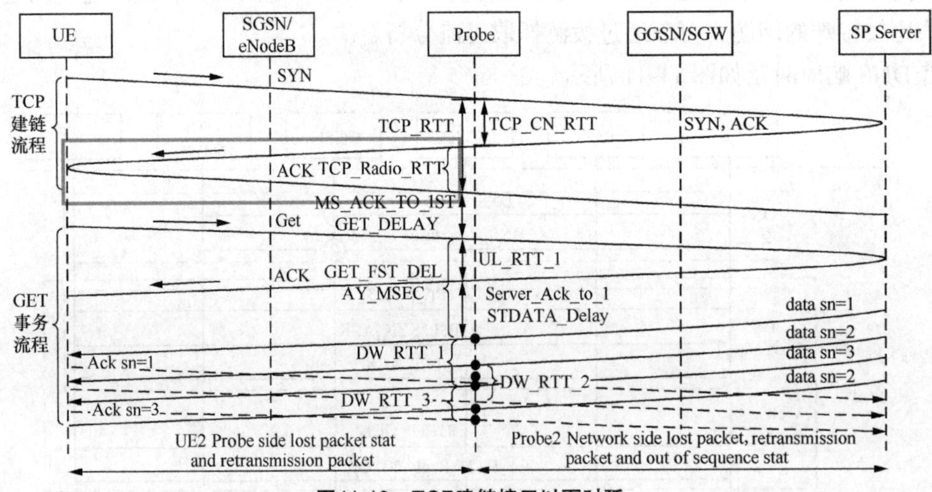

图11-13　TCP建链接口以下时延

（4）接口以下平均 RTT

在数据传输过程中，服务器侧会向终端侧下发大量的数据包，通过统计接口以下平均 RTT 来衡量接口以下的传输质量（包括部分传输网、无线及终端等）。

接口以下平均 RTT 如图 11-14 所示。

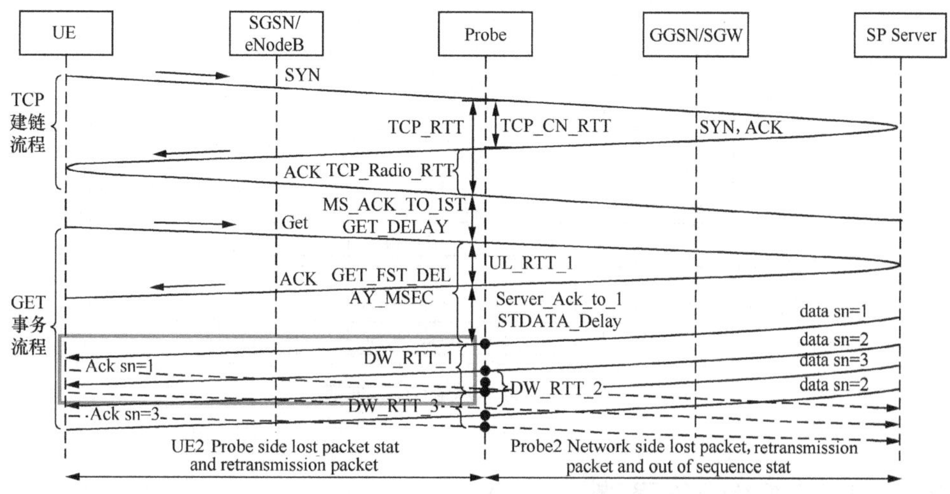

图11-14　接口以下平均RTT

（5）接口以上平均 RTT

在数据传输过程中，终端侧会向服务器侧上传大量的 GET 和 POST 请求，通过统计接口以上平均 RTT 来衡量接口以上的传输质量（包括部分传输网、核心网及 SP 等）。

接口以上平均 RTT 如图 11-15 所示。

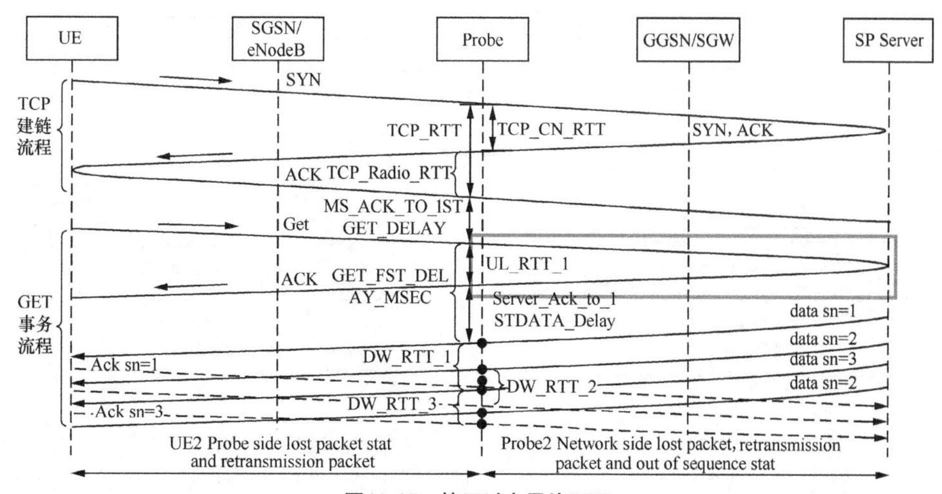

图11-15　接口以上平均RTT

（6）终端 ACK 至首 GET 时延

此部分时延是指 TCP 建链的最后一步，终端向服务器回 ACK 至终端发起首 GET 的时延，此部分时延主要反映终端的性能，但在终端性能良好的情况下，也可将问题定位为无线侧的原因。

终端 ACK 至首 GET 时延如图 11-16 所示。

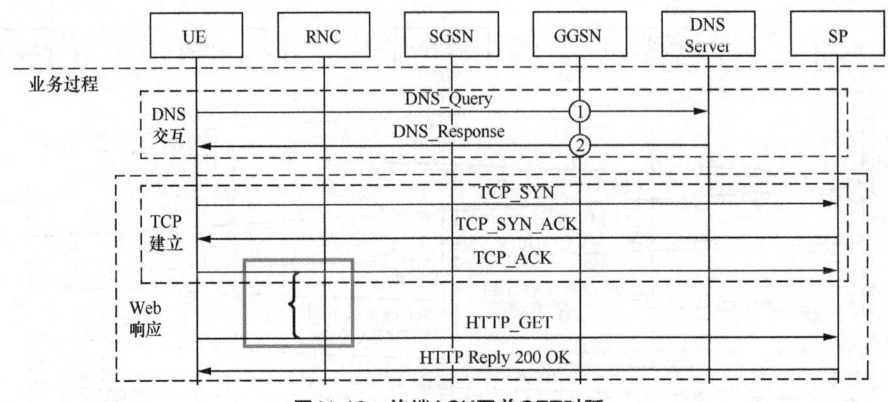

图11-16　终端ACK至首GET时延

11.2.3　网页浏览优化思路

KQI 类感知指标的整体优化思路如图 11-17 所示。

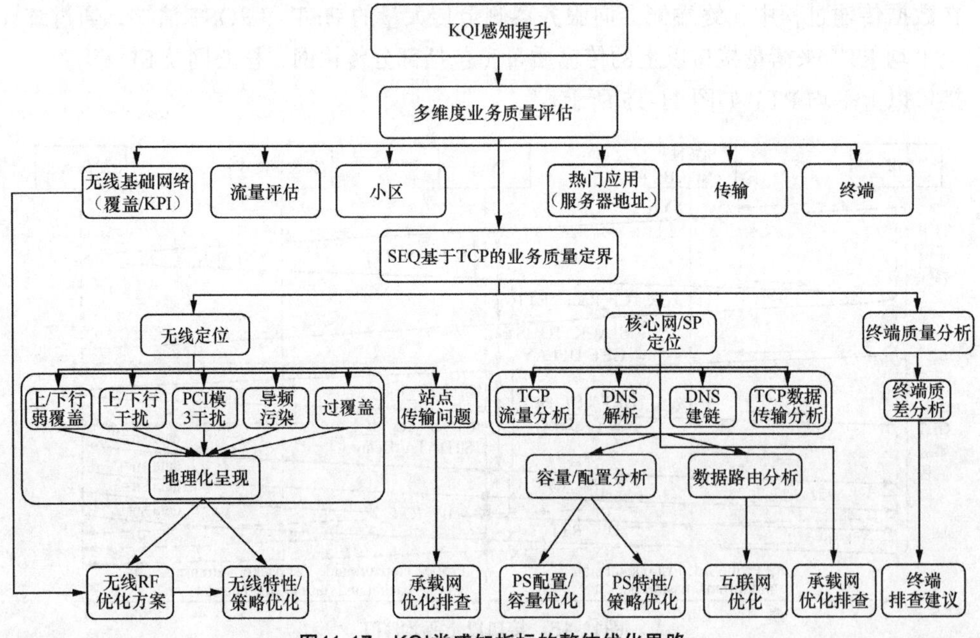

图11-17　KQI类感知指标的整体优化思路

1. 大数据平台优化思路

大数据平台优化思路见表 11-6。

表 11-6 大数据平台优化思路

评估阶段	分段阶段——趋势法	汇聚法	结论
取 App 质差话单对应的小区和时间点：在 SEQ 中筛选对应小区在对应时间段的 KQI 作为 A；在 SEQ 中取该小区当天 15min 粒度的 KQI 作为 B；确定 SEQ 中 KQI 的质差门限作为 C	A 场景：突发差并且持续差。小区该时刻 KQI（A）及小区全天均值（B）均低于 SEQ 质差门限（C）	汇聚 SP 和 EPC	可定界 SP 问题、单一 EPC 通道下问题
		汇聚用户	可定界无线网或者用户行为问题
		无用户问题	直接派单给无线问题处理
	B 场景：突发不差但持续差。小区该时刻 KQI（A）优于 SEQ 质差门限（C），但小区全天均值（B）低于 SEQ 质差门限（C）	汇聚 SP 和 EPC	可定界 SP 问题、单一 EPC 通道下问题
		汇聚用户	可定界无线网或者用户行为问题
		无用户问题	直接派单给无线问题处理
	C 场景：突发差但持续不差。小区该时刻 KQI（A）差于 SEQ 质差门限（C），但小区全天均值（B）优于 SEQ 质差门限（C）	汇聚 SP 和 EPC	可定界 SP 问题、单一 EPC 通道下问题
		汇聚用户	可定界无线网或者用户行为问题
		无用户问题	直接派单给无线问题处理
	D 场景：突发和持续均不差。小区该时刻 KQI（A）及小区全天均值（B）均优于 SEQ 质差门限（C）	不需要继续汇聚	App 质差话单小概率事件

其中，A、B、C 类场景均需要定界分析，D 类场景认为感知 App 质差为突发事件，不需要分析。

（1）核心网以上 DNS 时延分析（网站维度）

核心网以上正常 DNS 时延一般约为 1ms，除了极小概率遇到域名 TTL 到期后，需要到根目录下查询时会有较大的转发时延。SEQ 统计平均时延约在 15ms，99% 样本在 10ms 以内。

（2）核心网以上传输环回 RTT 时延分析（IP 维度）

× × 地市各网站的 RTT 时延差异。其中淘宝和苹果本地 IDC 机房无服务器，其他网站大部分访问都已经被本地化。

（3）SP 服务器性能差异导致发送请求时延评估（相同网站的 IP 维度）

按照不同服务器 IP 进行统计，针对不同服务器性能进行对比，将性能较差的服务器的业务迁移到性能较好的服务器上。例如，搜狐服务器外地优良率明显差于本地，可以将搜狐服务器本地 IDC 化改造（无法统计加密网站 SEQ，因此只针对非加密网站进行统计，SEQ 统计的百度、淘宝等是非加密网站的时延）。

（4）丢包率排查（IP 维度）

按 IP 排查服务器下行丢包率。

对丢包率高的网站进行分段抓包排查，或者迁移到传输较好的服务器，例如外地差于本地，建议进行本地 IDC 改造。

2. 无线侧网络优化思路

SEQ 无线侧以下将按照小区维度进行评估（小区维度），分析到小区级样本数逐渐减少，因此结果分布具有随机性。

考核指标：第三次握手时延（SYN+ACK，到 ACK 建链时延）、终端 RTT（所有流下行 RTT）和无线侧上行 TCP 丢包率作为无线侧评估标准。

SEQ 定界分析流程如下。

步骤 1：通过 App 平台统计输出 KQI 质差小区。

步骤 2：排查 TOP 小区中 App 平台 SINR、RSRP 指标分析是否空口差导致。

步骤 3：通过 SEQ 确认该小区是否存在空口问题。

步骤 4：排查告警、干扰、弱覆盖因素并进行针对性优化。

步骤 5：优化后通过 SEQ 3 项指标观察指标是否被优化。

步骤 6：丢包率高的问题，则进一步排查基站到核心网传输是否存在故障。

步骤 7：排查是否异常终端导致的结果。

通过 SEQ 定界分析，无线侧问题排查步骤见表 11-7。

表 11-7　无线侧问题排查步骤

排查步骤	排查内容	分析目的	分析工具
步骤 1	基站设备故障排查	基站是否在正常工作	OMC 网管
步骤 2	传输排查	传输光路有无异常，丢包是否过高	OMC 网管
步骤 3	性能指标排查	上下行 PRB 利用率、RRC 用户数，接通率、掉线率有无异常	性能指标网优平台
步骤 4	外部干扰排查	是否存在外部干扰影响终端性能	扫频仪 / 频谱仪
步骤 5	参数排查	接入参数、保持类参数、移动性参数是否配错	OMC 网管 / 前后台路测分析软件
步骤 6	射频排查	是否存在弱覆盖、越区覆盖、导频污染、模 3 干扰等问题	前后台路测分析软件

通过 SEQ 定界分析，对无线侧问题进行排查。排查步骤同第 11 章中的“视频业务

优化”。

（1）资源容量排查

随着用户数的增加，PRB 利用率越来越高，导致用户感知速率下降。PRB 利用率反映了空口带宽的利用程度，感知速率反映了用户体验，通过对二者的联合监控，可以反映在一定空口带宽利用程度下的用户体验。

（2）弱覆盖排查

弱覆盖排查见表 11-8。

表 11-8 弱覆盖排查

排查方向	动作详述
覆盖类参数核查	覆盖类参数主要包括功率配置、切换参数和重选参数，这些参数设置不合理会直接影响网络覆盖
网络结构合理性排查	网络结构不合理，包括超近站、超远站、超高站、超低站，以及下倾角过小、下倾角过大和方向角不合理等。如果发现网络结构不合理的站点，需要在现场测试（现场测试过程，需要注意无线环境，例如服务扇区是否受墙壁、树木或者大型建筑的阻挡），结合实际情况对问题小区或区域再进行 RF 优化
邻区关系核查	邻区在漏配 / 错配 / 多配的情况下，很容易导致 UE 切换不及时、切换失败或者不能成功发起切换，使 UE 持续处于弱覆盖状态，直接影响用户的业务感受。因此，需要对邻区关系进行核查
通道核查	通过排查通道问题，可以排除驻波及下行通道故障导致的下行覆盖异常。通道故障主要有两类问题：一是驻波比问题；二是硬件故障问题。这两类问题一般会发出告警，问题小区 / 区域是否有告警是判断通道是否正常的一个重要手段

（3）上行干扰排查

上行干扰排查见表 11-9。

表 11-9 上行干扰排查

方案名称	方案详述
从话务统计分析干扰小区情况	以半小时、小时级对小区 IN 值分布进行分析
	以 symbol 为单位，分析存在干扰的无线帧情况
	实时跟踪频域，分析干扰规律
	对干扰小区进行地理化分析
频谱扫描	FFT 频谱分析
	基带反向频谱分析
干扰类型识别	互调干扰等

（4）PCI 模 3 问题排查

根据路测数据或者基站 MR 数据，结合地理化分析，排查存在 PCI 模 3 干扰的小区是否严重受到干扰。PCI 模 3 干扰严重的小区将直接影响 SINR，使 UE 处于低阶调制，影响用户感受。分析天馈连接质量，排查小区天馈接反和小区鸳鸯线的问题；并进行 RF 优化、PCI 调整、功率调整等。

（5）重叠覆盖问题排查

通过路测数据或者基站 MR 数据，结合地理化分析，如果存在 3 个或以上小区，这些小区的 RSRP 值都大于 −90dB，而且最强小区 RSRP 与最弱 RSRP 差值小于等于 4dB，则认为该地理位置存在重叠覆盖问题。需要进行 RF 优化，调整服务小区或干扰小区的下倾角和方向角；也可以通过功率调整，提升服务小区功率或是降低干扰小区功率。

（6）越区覆盖问题排查

通过路测数据或者基站 MR 数据，结合地理化分析，确认问题区域是否越区覆盖。可以通过 RF 优化、功率优化等手段来解决。

（7）信令流程排查

由于 5G 网络的切换都是硬切换，每一次切换都意味着业务的中断，当 UE 切换频繁时，将直接影响用户的感受。UE 切换频繁一般有以下两个原因：一是切换位置属于无主导小区区域，可以通过 RF 优化和小区合并，优化覆盖该区域的小区功率；二是切换参数不合理，例如同频切换、异频切换和负荷均衡切换等参数，可以通过优化切换参数解决。

QCI 9 如图 11-18 所示。

GBR

QCI=1: Example Services: Conversational voicemscbsc

QCI=2: Conversational Video (Live streaming)

QCI=3: Real Time Gaming

QCI=4: Non-conversational voice (buffered streaming)

Non-GBR

QCI=5: IMS signaling

QCI=6: Video (buffered streaming), TCP-based (e.g. www, email, chat, ftp, p2p file sharing, progressive video,etc)

QCI=7: Voice, Video (live streaming), interactive gaming

QCI=8: Video (buffered streaming), TCP-based (e.g. www, email, chat, ftp, p2p file sharing, progressive video,etc)

QCI=9: Video (buffered streaming), TCP-based (e.g. www, email, chat, ftp, p2p file sharing, progressive video,etc)

图11-18　QCI 9

11.3 即时通信业务优化

微信后台服务器部署如图 11-19 所示。

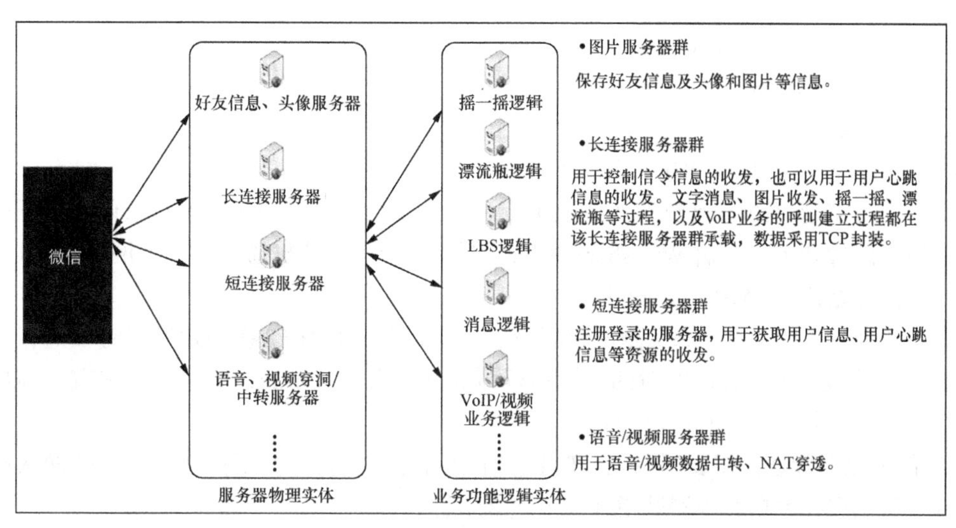

图11-19　微信后台服务器部署

微信客户端与服务器之间传输层利用 TCP/UDP 进行通信，应用层协议由腾讯自定义，微信当前自定义的应用层协议主要包含 SYNC 协议（基于 TCP）和 QUIC 协议（基于 UDP）：基于 TCP 的涉及服务器端口号为 80、8080 和 443，Wireshark 会将 80 端口和 8080 端口对应报文解析成 HTTP 报文，443 端口解析成 SSL 报文。但实际上，TCP 之上的并不是 HTTP 和 SSL，而是腾讯自定义的 SYNC 协议；基于 UDP 的涉及服务器端口号为 80、8080 和 443，Wireshark 会将 80 端口和 443 端口对应报文解析成 QUIC 协议。

微信客户端发送文本消息时，消息由用户先发送到服务器，然后由服务器再转发到好友的客户端。

微信协议栈模型如图 11-20 所示。

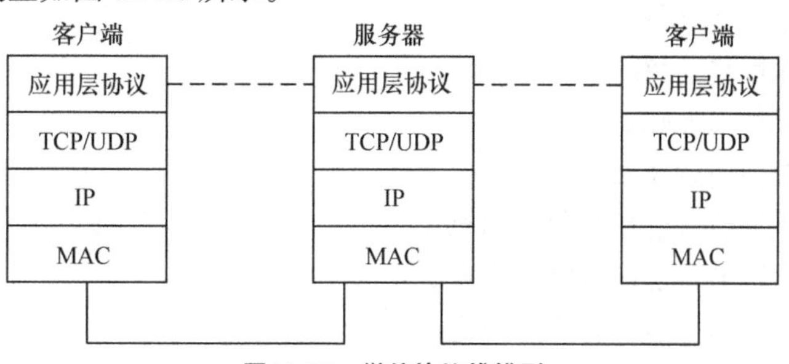

图11-20　微信协议栈模型

11.3.1 即时通信测试方法

测试设备：华为 Mate 60 Pro、笔记本计算机，也可以使用同功能、同性能的测试终端，例如小米 15、中兴努比亚 Z70 等。

测试软件：微信、鼎利软件。

分析软件：Wireshark 用于抓包分析。

测试过程如下。

① 预先准备若干组高清图片（图片 5MB 大小）。

② 计算机连接手机，计算机关闭其他无关软件或插件，例如 360 杀毒软件等。开启鼎利软件但不配置业务，开启 Wireshark 跟踪上网的网卡（计算机通过手机上网），手机登录微信，微信开始传送 5MB 大小图片。

③ 整个测试持续进行（每次测试间隔 10s，单次测试内发送 2 次，发送超时 60s），及时做好记录，并填写每次传图的时间，填写好体验感知人工记录表，如果发送失败，等显示为失败后立即重新发送，并再次记录。

④ 使用原图传送，需要记录发送时长、卡顿速率，每图只传送一次，禁止传两次相同的文件，防止缓存数据影响测试指标。

⑤ 后台通过端到端平台跟踪用户。

11.3.2 即时通信分析思路

1. 微信收发消息时交互流程

登录微信业务后，保持微信业务前台运行的状态，每间隔一段时间通过微信接收或发送信息，每次收发信息的时间间隔均不相同。通过抓包分析，在每次有信息收发时，UE 均会与 IP 地址为 121.51.130.102 的服务器进行 TCP 交互，无收发包时没有交互，且每次交互的时间均与收发信息的时间吻合，因此可以通过交互的 RTT 时延及上下 TCP 丢包率对微信传图业务进行端到端定界优化。

微信抓包如图 11-21 所示。

15 时 00 分 36 秒登录微信。

15 时 03 分 31 秒添加好友。

15 时 04 分 35 秒同意被添加好友。

15 时 05 分 34 秒前台运行时收到消息 1。

15 时 06 分 32 秒前台运行时收到消息 2。

15 时 08 分 34 秒前台运行时发送消息 3。

15 时 13 分 05 秒前台运行时收到消息 4。

	No.	Time	Source	Destination	Protocol	Length	Info
登录微信	8…	15:00:36.651442	10.26.184.211	121.51.130.102	TCP	76	42528 → 80 [SYN] Seq=0 Win=13600 Len=0 MSS=1360 SACK_PERM=1 TSval=109266 TSecr=0 WS=256
	8…	15:00:36.706411	121.51.130.102	10.26.184.211	TCP	68	80 → 42528 [SYN, ACK] Seq=0 Ack=1 Win=2880 Len=0 MSS=1400 SACK_PERM=1 WS=4
	8…	15:00:36.706681	10.26.184.211	121.51.130.102	TCP	56	42528 → 80 [ACK] Seq=1 Ack=1 Win=13824 Len=0
	8…	15:00:36.708363	10.26.184.211	121.51.130.102	TCP	222	42528 → 80 [PSH, ACK] Seq=1 Ack=1 Win=13824 Len=166
	8…	15:00:36.763421	121.51.130.102	10.26.184.211	TCP	56	80 → 42528 [ACK] Seq=1 Ack=167 Win=2880 Len=0
	8…	15:00:36.763612	121.51.130.102	10.26.184.211	TCP	167	80 → 42528 [PSH, ACK] Seq=1 Ack=167 Win=2880 Len=111
	8…	15:00:36.763772	10.26.184.211	121.51.130.102	TCP	56	42528 → 80 [ACK] Seq=167 Ack=112 Win=13824 Len=0
	8…	15:00:36.801362	10.26.184.211	121.51.130.102	TCP	391	42528 → 80 [PSH, ACK] Seq=167 Ack=112 Win=13824 Len=335
	8…	15:00:36.864414	121.51.130.102	10.26.184.211	TCP	105	80 → 42528 [PSH, ACK] Seq=112 Ack=502 Win=2880 Len=49
	8…	15:00:36.864666	10.26.184.211	121.51.130.102	TCP	56	42528 → 80 [ACK] Seq=502 Ack=161 Win=13824 Len=0
	9…	15:00:39.173125	10.26.184.211	121.51.130.102	TCP	233	42528 → 80 [PSH, ACK] Seq=502 Ack=161 Win=13824 Len=177
	9…	15:00:39.300433	121.51.130.102	10.26.184.211	TCP	56	80 → 42528 [ACK] Seq=161 Ack=679 Win=2880 Len=0
	9…	15:00:39.380443	121.51.130.102	10.26.184.211	TCP	514	80 → 42528 [PSH, ACK] Seq=161 Ack=679 Win=2880 Len=458
	9…	15:00:39.380691	10.26.184.211	121.51.130.102	TCP	56	42528 → 80 [ACK] Seq=679 Ack=619 Win=14848 Len=0
	9…	15:00:40.116958	10.26.184.211	121.51.130.102	TCP	300	42528 → 80 [PSH, ACK] Seq=679 Ack=619 Win=14848 Len=244
	9…	15:00:40.193410	121.51.130.102	10.26.184.211	TCP	56	80 → 42528 [ACK] Seq=619 Ack=923 Win=2636 Len=0
	9…	15:00:40.295465	121.51.130.102	10.26.184.211	TCP	1416	80 → 42528 [ACK] Seq=619 Ack=923 Win=2880 Len=1360
	9…	15:00:40.295725	10.26.184.211	121.51.130.102	TCP	56	42528 → 80 [ACK] Seq=923 Ack=1979 Win=17408 Len=0
	9…	15:00:40.295787	121.51.130.102	10.26.184.211	TCP	1416	80 → 42528 [ACK] Seq=1979 Ack=923 Win=2880 Len=1360
	9…	15:00:40.295916	10.26.184.211	121.51.130.102	TCP	56	42528 → 80 [ACK] Seq=923 Ack=3339 Win=20224 Len=0
	9…	15:00:40.295947	121.51.130.102	10.26.184.211	TCP	1416	80 → 42528 [ACK] Seq=3339 Ack=923 Win=2880 Len=1360
	9…	15:00:40.296088	10.26.184.211	121.51.130.102	TCP	56	42528 → 80 [ACK] Seq=923 Ack=4699 Win=23040 Len=0
	9…	15:00:40.296595	121.51.130.102	10.26.184.211	TCP	882	80 → 42528 [PSH, ACK] Seq=4699 Ack=923 Win=2880 Len=826
	9…	15:00:40.296808	10.26.184.211	121.51.130.102	TCP	56	42528 → 80 [ACK] Seq=923 Ack=5525 Win=25600 Len=0
收发消息（添加好友）	1…	15:03:31.544247	121.51.130.102	10.26.184.211	TCP	1066	80 → 42528 [PSH, ACK] Seq=5525 Ack=923 Win=2880 Len=1010
	1…	15:03:31.545454	10.26.184.211	121.51.130.102	TCP	56	42528 → 80 [ACK] Seq=923 Ack=6535 Win=28416 Len=0
	1…	15:03:32.022812	10.26.184.211	121.51.130.102	TCP	311	42528 → 80 [PSH, ACK] Seq=923 Ack=6535 Win=28416 Len=255
	1…	15:03:32.101049	121.51.130.102	10.26.184.211	TCP	56	80 → 42528 [ACK] Seq=6535 Ack=1178 Win=2628 Len=0

	No.	Time	Source	Destination	Protocol	Length	Info
	1…	15:03:31.544247	121.51.130.102	10.26.184.211	TCP	1066	80 → 42528 [PSH, ACK] Seq=5525 Ack=923 Win=2880 Len=1010
	1…	15:03:31.545454	10.26.184.211	121.51.130.102	TCP	56	42528 → 80 [ACK] Seq=923 Ack=6535 Win=28416 Len=0
	1…	15:03:32.022812	10.26.184.211	121.51.130.102	TCP	311	42528 → 80 [PSH, ACK] Seq=923 Ack=6535 Win=28416 Len=255
	1…	15:03:32.101049	121.51.130.102	10.26.184.211	TCP	56	80 → 42528 [ACK] Seq=6535 Ack=1178 Win=2628 Len=0
收发消息（同意添加好友）	1…	15:04:35.939962	121.51.130.102	10.26.184.211	TCP	97	80 → 42528 [PSH, ACK] Seq=6535 Ack=1178 Win=2880 Len=41
	1…	15:04:35.940699	10.26.184.211	121.51.130.102	TCP	56	42528 → 80 [ACK] Seq=1178 Ack=6576 Win=28416 Len=0
	1…	15:04:35.974005	121.51.130.102	10.26.184.211	TCP	858	80 → 42528 [PSH, ACK] Seq=6576 Ack=1178 Win=2880 Len=802
	1…	15:04:35.974702	10.26.184.211	121.51.130.102	TCP	56	42528 → 80 [ACK] Seq=1178 Ack=7378 Win=31232 Len=0
	1…	15:04:36.084774	10.26.184.211	121.51.130.102	TCP	316	42528 → 80 [PSH, ACK] Seq=1178 Ack=7378 Win=31232 Len=260
	1…	15:04:36.163814	121.51.130.102	10.26.184.211	TCP	56	80 → 42528 [ACK] Seq=7378 Ack=1438 Win=2624 Len=0
	1…	15:04:36.258881	121.51.130.102	10.26.184.211	TCP	882	80 → 42528 [PSH, ACK] Seq=7378 Ack=1438 Win=2880 Len=826
	1…	15:04:36.259212	10.26.184.211	121.51.130.102	TCP	56	42528 → 80 [ACK] Seq=1438 Ack=8204 Win=33792 Len=0
	1…	15:04:36.895588	10.26.184.211	121.51.130.102	TCP	311	42528 → 80 [PSH, ACK] Seq=1438 Ack=8204 Win=33792 Len=255
	1…	15:04:36.959247	121.51.130.102	10.26.184.211	TCP	56	80 → 42528 [ACK] Seq=8204 Ack=1693 Win=2628 Len=0
消息1	2…	15:05:34.499717	121.51.130.102	10.26.184.211	TCP	858	80 → 42528 [PSH, ACK] Seq=8204 Ack=1693 Win=2880 Len=802
	2…	15:05:34.500127	10.26.184.211	121.51.130.102	TCP	56	42528 → 80 [ACK] Seq=1693 Ack=9006 Win=36608 Len=0
	2…	15:05:34.500208	121.51.130.102	10.26.184.211	TCP	858	[TCP Spurious Retransmission] 80 → 42528 [PSH, ACK] Seq=8204 Ack=1693 Win=2880 Len=802
	2…	15:05:34.500405	10.26.184.211	121.51.130.102	TCP	68	[TCP Dup ACK 2057#1] 42528 → 80 [ACK] Seq=1693 Ack=9006 Win=36608 Len=0 SLE=8204 SRE=9006
	2…	15:05:34.500462	121.51.130.102	10.26.184.211	TCP	858	[TCP Spurious Retransmission] 80 → 42528 [PSH, ACK] Seq=8204 Ack=1693 Win=2880 Len=802
	2…	15:05:34.500558	10.26.184.211	121.51.130.102	TCP	68	[TCP Dup ACK 2057#2] 42528 → 80 [ACK] Seq=1693 Ack=9006 Win=36608 Len=0 SLE=8204 SRE=9006
	2…	15:05:34.805546	10.26.184.211	121.51.130.102	TCP	311	42528 → 80 [PSH, ACK] Seq=1693 Ack=9006 Win=36608 Len=255
	2…	15:05:34.873573	121.51.130.102	10.26.184.211	TCP	56	80 → 42528 [ACK] Seq=9006 Ack=1948 Win=2628 Len=0
消息2	2…	15:06:32.463685	121.51.130.102	10.26.184.211	TCP	458	80 → 42528 [PSH, ACK] Seq=9006 Ack=1948 Win=2880 Len=402
	2…	15:06:32.464792	10.26.184.211	121.51.130.102	TCP	56	42528 → 80 [ACK] Seq=1948 Ack=9408 Win=39168 Len=0
	2…	15:06:32.761558	10.26.184.211	121.51.130.102	TCP	311	42528 → 80 [PSH, ACK] Seq=1948 Ack=9408 Win=39168 Len=255
	2…	15:06:32.849004	121.51.130.102	10.26.184.211	TCP	56	80 → 42528 [ACK] Seq=9408 Ack=2203 Win=2628 Len=0
消息3	2…	15:08:34.989903	10.26.184.211	121.51.130.102	TCP	186	42528 → 80 [PSH, ACK] Seq=2203 Ack=9408 Win=39168 Len=130
	2…	15:08:35.139212	121.51.130.102	10.26.184.211	TCP	56	80 → 42528 [ACK] Seq=9408 Ack=2333 Win=2880 Len=0
	2…	15:08:35.269083	121.51.130.102	10.26.184.211	TCP	208	80 → 42528 [PSH, ACK] Seq=9408 Ack=2333 Win=2880 Len=152
	2…	15:08:35.269337	10.26.184.211	121.51.130.102	TCP	56	42528 → 80 [ACK] Seq=2333 Ack=9560 Win=41984 Len=0

	No.	Time	Source	Destination	Protocol	Length	Info
	2…	15:08:35.139212	121.51.130.102	10.26.184.211	TCP	56	80 → 42528 [ACK] Seq=9408 Ack=2333 Win=2880 Len=0
	2…	15:08:35.269083	121.51.130.102	10.26.184.211	TCP	208	80 → 42528 [PSH, ACK] Seq=9408 Ack=2333 Win=2880 Len=152
	2…	15:08:35.269337	10.26.184.211	121.51.130.102	TCP	56	42528 → 80 [ACK] Seq=2333 Ack=9560 Win=41984 Len=0
消息4	3…	15:13:05.053380	10.26.184.211	121.51.130.102	TCP	93	42528 → 80 [PSH, ACK] Seq=2333 Ack=9560 Win=41984 Len=37
	3…	15:13:05.143186	121.51.130.102	10.26.184.211	TCP	56	80 → 42528 [ACK] Seq=9560 Ack=2370 Win=2880 Len=0
	3…	15:13:05.143461	121.51.130.102	10.26.184.211	TCP	93	80 → 42528 [PSH, ACK] Seq=9560 Ack=2370 Win=2880 Len=37
	3…	15:13:05.143635	10.26.184.211	121.51.130.102	TCP	56	42528 → 80 [ACK] Seq=2370 Ack=9597 Win=41984 Len=0
	3…	15:13:35.119530	121.51.130.102	10.26.184.211	TCP	442	80 → 42528 [PSH, ACK] Seq=9597 Ack=2370 Win=2880 Len=386
	3…	15:13:35.120643	10.26.184.211	121.51.130.102	TCP	56	42528 → 80 [ACK] Seq=2370 Ack=9983 Win=44800 Len=0
	3…	15:13:35.120885	121.51.130.102	10.26.184.211	TCP	442	[TCP Spurious Retransmission] 80 → 42528 [PSH, ACK] Seq=9597 Ack=2370 Win=2880 Len=386
	3…	15:13:35.121288	10.26.184.211	121.51.130.102	TCP	68	[TCP Dup ACK 3158#1] 42528 → 80 [ACK] Seq=2370 Ack=9983 Win=44800 Len=0 SLE=9597 SRE=9983
	3…	15:13:35.121443	121.51.130.102	10.26.184.211	TCP	442	[TCP Spurious Retransmission] 80 → 42528 [PSH, ACK] Seq=9597 Ack=2370 Win=2880 Len=386
	3…	15:13:35.121717	10.26.184.211	121.51.130.102	TCP	68	[TCP Dup ACK 3158#2] 42528 → 80 [ACK] Seq=2370 Ack=9983 Win=44800 Len=0 SLE=9597 SRE=9983
	3…	15:13:35.433733	10.26.184.211	121.51.130.102	TCP	311	42528 → 80 [PSH, ACK] Seq=2370 Ack=9983 Win=44800 Len=255
	3…	15:13:35.558256	121.51.130.102	10.26.184.211	TCP	56	80 → 42528 [ACK] Seq=9983 Ack=2625 Win=2880 Len=0

图11-21　微信抓包

2. 微信传图业务感知指标定义

SEQ 平台能够统计每条话单不同时间段的时延，据此可以定界 KQI 感知差的原因，指标建模见表 11-10，交互流程如图 11-22 所示。

表 11-10　指标建模

指标建模	计算公式	打点位置
服务器侧 RTT	上行总 RTT/ 上行 RTT 总次数	上行总 RTT：Σ（“TCP DATA”消息到“TCP ACK”消息之间的时长，图 11-22 中统计点⑦～⑧）
		上行 RTT 总次数：在图 11-22 中的统计点⑨处，统计上行 RTT 的次数

续表

指标建模	计算公式	打点位置
终端侧 RTT	下行总 RTT/ 下行 RTT 总次数	下行总 RTT：在下行流量的流程中，Σ（“TCP Data”消息到“TCP ACK”消息之间的时长），如图 11-22 中的统计点④～⑤
		下行 RTT 总次数：统计点⑥，统计下行 RTT 的次数
服务器侧下行 TCP 丢包率	服务器侧下行 TCP 丢包数 / TCP 下行包数	服务器侧下行 TCP 丢包数：在图 11-22 中统计点⑤，根据收到重复 ACK 且未收到期望包判断是否丢包
		TCP 下行包数（带 PAYLOAD）：在图 11-22 统计点④，统计所有下行带 PAYLOAD 的包数
终端侧上行 TCP 丢包率	终端侧上行 TCP 丢包数 / TCP 上行包数	终端侧上行 TCP 丢包数：在图 11-22 中统计点⑧，根据收到重复 ACK 且未收到期望包判断是否丢包
		TCP 上行包数（带 PAYLOAD）：在图 11-22 中统计点⑦统计所有上行带 PAYLOAD 的包数

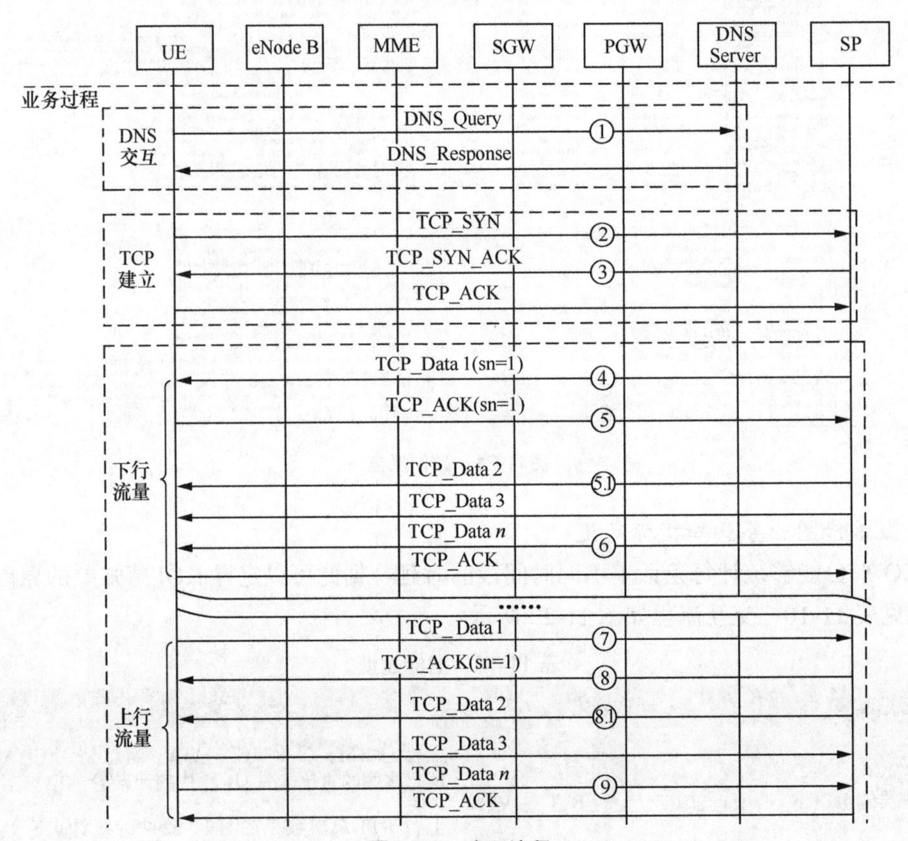

图11-22　交互流程

3. 端到端定界指标

服务器侧 RTT：在数据传输过程中，终端侧会向服务器侧上传大量的 GET 和 POST 请求，通过统计服务器侧 RTT 来衡量 S1-U 接口以上的传输质量（包括部分传输网、核心网及 SP 等）。

终端侧 RTT：在数据传输过程中，服务器侧会向终端侧下发大量的数据包，通过统计终端侧 RTT 来衡量 S1-U 接口以下的传输质量（包括部分传输网、无线及终端等）。

服务器侧下行 TCP 丢包率反映了 S1-U 接口以上的传输质量。

终端侧上行 TCP 丢包率反映了 S1-U 接口以下的传输质量。

11.3.3　即时通信优化思路

1. 服务器侧分析

（1）SP 服务器性能差异导致 RTT 时延评估

对比不同服务器性能，可以将性能较差的服务器的业务迁移到性能较好的服务器上。

（2）服务器侧下行 TCP 丢包率排查（IP 维度）

按 IP 排查服务器下行 TCP 丢包率。

针对丢包率高的网站进行分段抓包排查，或者迁移到传输较好的服务器，如果外地差于本地，建议对本地 IDC 进行改造。

2. 无线侧网络优化思路

排查流程同无线侧网络优化思路。

11.4　即时游戏业务优化

以某游戏为例讨论即时游戏业务的优化。

1. 手机游戏启动流程

启动过程终端，首先通过 DNS 解析获取到服务器的 IP 地址，然后通过 HTTP GET/POST 与服务器进行数据交互，最后启动游戏。手机游戏启动流程如图 11-23 所示。

2. 手机游戏登录流程

手机游戏终端通过 DNS 解析获取服务器的 IP 地址，建立 TCP 链接，再通过 TCP 报文进行交互。手机游戏登录流程如图 11-24 所示。

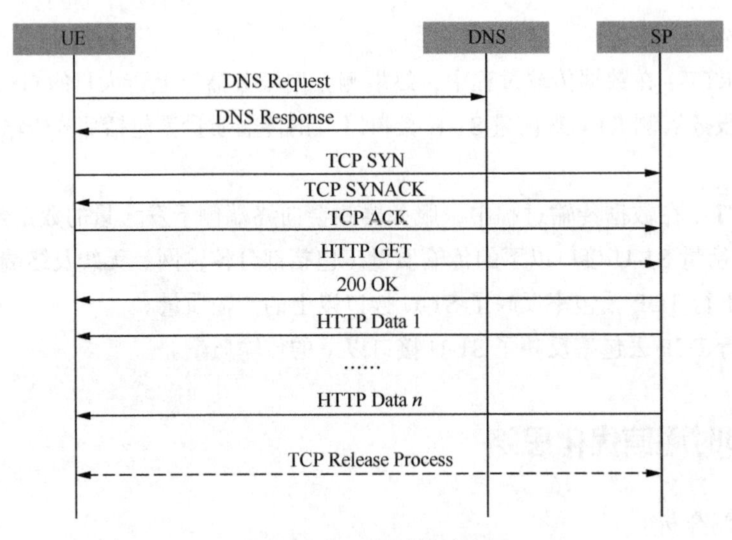

图11-23　手机游戏启动流程

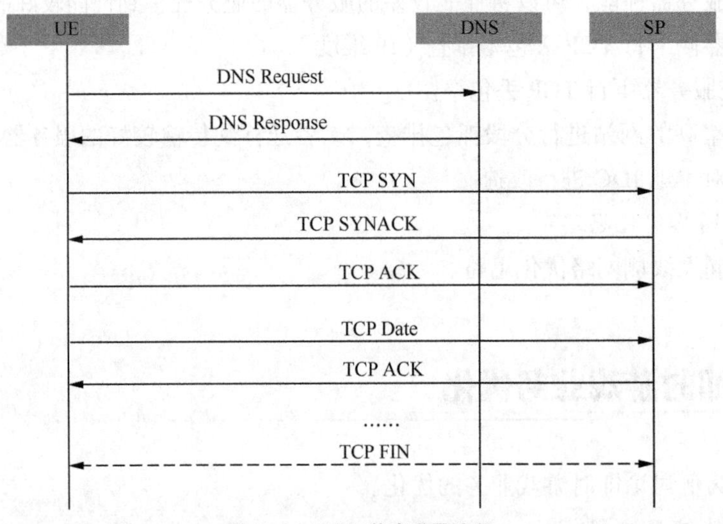

图11-24　手机游戏登录流程

3. 手机游戏对战流程

对用户感知影响最大的阶段是第 3 阶段，前面介绍的两个阶段对用户体验感知影响总体较小，然而一旦开始游戏，会间接导致挂机、恶意攻击，最后造成扣分。因此联机对战阶段是对用户体验影响最大的一个阶段，也是优化流程的聚焦阶段。

游戏自身提供了感知获取机制，供用户参考，用户获取游戏体验的方式有在屏幕右上角的游戏时延显示和游戏自带的“网络诊断”功能。

网络诊断的机制如图 11-25 所示。

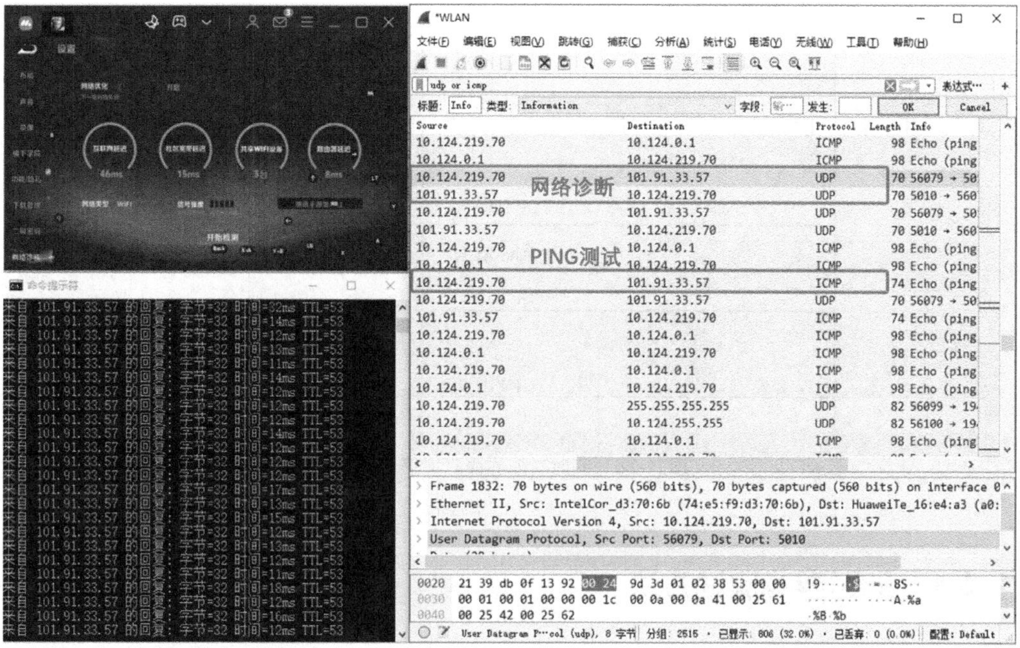

图11-25　网络诊断的机制

从图 11-25 中可以看出，采用游戏内自带的“网络诊断”功能，用户端向服务器 101.91.33.57 发起 UDP 连接，服务器在收到消息后，随即也向用户端发起一个 UDP 连接，通过类似于 PING 测试的确认方式来确定与服务器的时延。尝试用 PING 直接对该服务器进行测试（采用 ICMP），并与游戏中的诊断功能同步，得到的结果基本与诊断结果是基本一致的，可以论证之前的观点。

通过对比发现，网络测试服务器有时候与用户游戏服务器有可能不是一个，因此网络诊断功能并不一定能代表用户在游戏中的实际体验，用户实际的体验还是要通过直接交互的游戏服务器来获取。

4. 游戏时延显示机制

游戏的显示时延通过 TCP 连接来获取，实时对战界面 TCP 信令流程如图 11-26 所示。

基于 TCP 统计的用户感知指标是作为衡量用户体验的一个重要参考，游戏时延的获取机制与 TCP 的 RTT 时延大相关。

因此，从服务器优化的角度分析，优化感知的关键就是要降低网络与游戏动作服务器的时延。从 3 家运营商的测试分析，游戏服务器主要集中在北京、上海和广州，部署本地游戏服务器是能够降低服务器侧的 RTT 时延的有效手段。

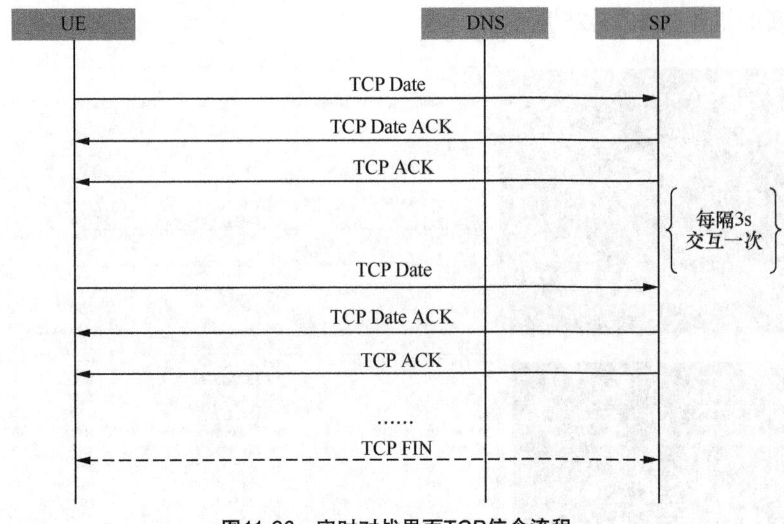

图11-26　实时对战界面TCP信令流程

11.4.1　即时游戏测试方法

测试设备：华为 Mate 60 Pro，也可以使用同功能、同性能的测试终端，例如小米 15、中兴努比亚 Z70 等。

测试软件：手游软件、鼎利软件和 Wireshark。

测试过程如下。

① 手机连接计算机，开启鼎利软件，不设置业务。

② 打开 Wireshark 开始抓包。

③ 打开游戏界面，开始游戏。

④ 记录 3 个时延及卡顿时长（每 2min 记录一次）。

⑤ 后台通过端到端平台，跟踪用户。

11.4.2　即时游戏分析思路

王者荣耀业务感知分析流程如图 11-27 所示。

1. 快速定界

快速定界即通过 KQI 阈值分析，将问题定界到接口以下原因和接口以上原因这两大类。SEQ 平台通过多维查询，分析服务器侧 RTT、终端侧 RTT 和丢包率指标。下面以终端 RTT 时延过大为例，介绍定界具体步骤，其他指标的分析方法类似。

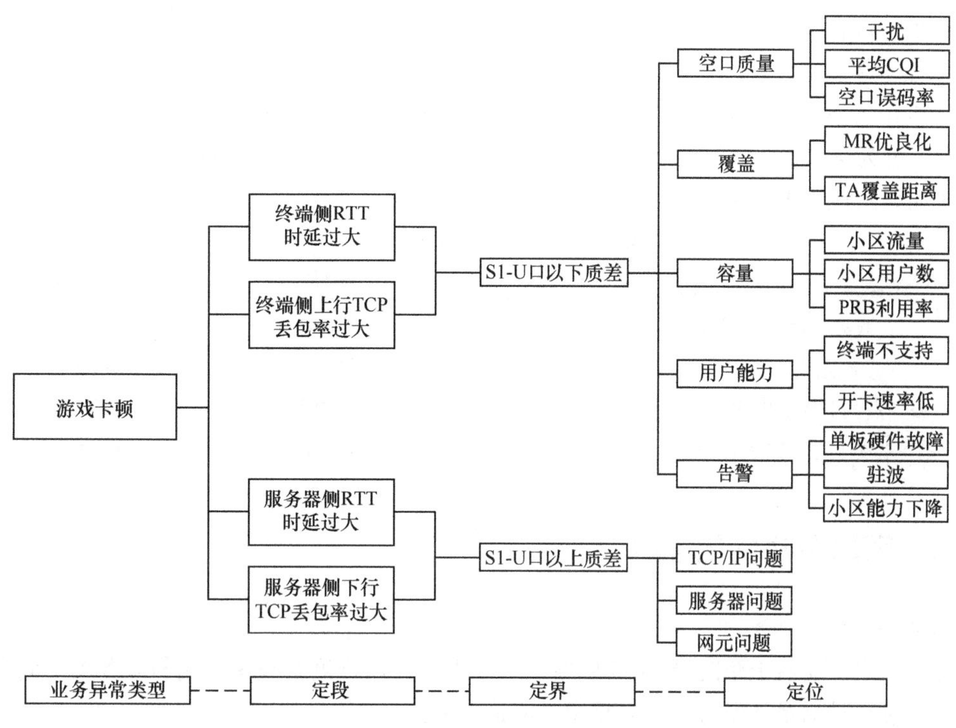

图11-27　王者荣耀业务感知分析流程

① 通过在“Home→多位查询分析”的Dashboard中选择游戏业务。

② 选择需要定界的区域、接入网类型和分析时间，点击查询。

③ 显示查询结果后，根据KQI阈值图表，确认异常KQI指标，进行定段定界。

2. 深入定界

深入定界就是在精准定段的基础上，结合无线KPI指标、MR&CHR日志、核心网及传输和服务器等相关数据源对问题进行更深入的分析，进一步缩小问题范围。

（1）服务器原因定位

通过分析服务器RTT异常指标，确认异常服务器SERVERIP，根据不同IP的时延类指标，进一步定位出TOP小区质差SERVERIP，将质差SERVERIP清单反馈至游戏厂商处理。

（2）无线侧原因定位

质差小区在无线侧方面主要受用户数、PRB利用率、QCI 3承载、干扰和覆盖等方面的影响。针对定界为无线侧问题的质差小区，分析步骤如下：分析现网无线参数设置和网络健康度，定位参数特性作用和特殊场景问题；分析现网物理站点的分布和覆盖质量问题，协助MR数据定向分析覆盖质量问题原因及属性；现场定向分析优化方案的合理性和方案的可实施性，并实施优化方案验证方案效果。

分析过程如下。

根据无线侧原因，从告警、覆盖、用户数、干扰和异常终端等维度进行分析。

针对TOP小区进行单日小时级指标分析，查看小区的质差时段是否有明显的特征。

针对定位为覆盖及干扰问题不佳的小区，开展RF优化能提升网络的质量。

KQI定界阈值见表11-11。

表11-11　KQI定界阈值

某游戏感知定界分类	问题定界	质差门限
服务器侧RTT过大	CN/SP侧原因	100ms
终端侧RTT过大	RAN侧原因	100ms
服务器侧下行TCP丢包率过大	CN/SP侧原因	0.50%
终端侧上行TCP丢包率过大	RAN侧原因	0.50%

11.4.3　即时游戏优化思路

1. 抓包分析

通常从游戏界面右上角时延2s的更新周期来看，可以推测游戏客户端与服务器之间存在心跳，通过心跳测量环回时延，并显示在界面的右上角。

为了证明这个推测，进行了抓包分析。

（1）服务器域名

某游戏服务器的域名。

（2）服务器IP地址

游戏客户端通过域名解析，可获得某游戏服务器的IP地址列表。

（3）客户端与服务器之间的TCP长连接

游戏客户端与服务器之间建立一个TCP长连接，进行心跳和其他信息交互。

心跳流程如图11-28所示。

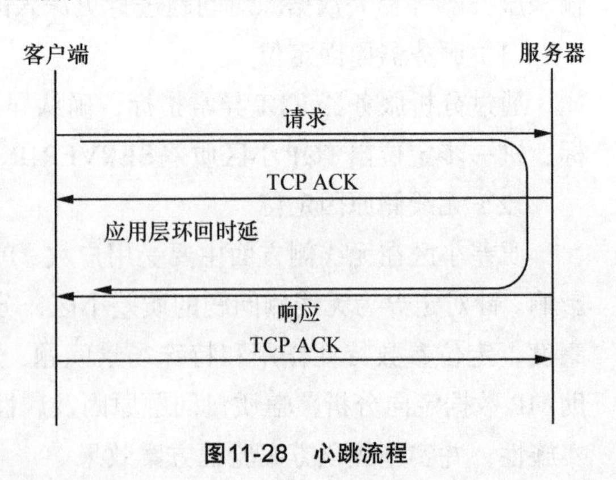

图11-28　心跳流程

心跳请求消息和心跳响应消息的IP报文长度都是108字节。

心跳间隔：3s。当连接上有其他报文交互时，心跳会停止（不需要通过心跳来检测服务器工作是否正常）；当没有其他报文交互时，每隔3s心跳一次。

- 从心跳间隔（3s）来看，与游戏界面右上角显示时延的更新周期（2s）不一致。
- 通过心跳消息交互测得的应用层环回时

延大约为 60ms，游戏界面右上角显示的时延约为 100ms，二者明显不一致。

通过上面的分析可以得出：游戏界面右上角显示的时延并不是通过心跳连接测得的环回时延。

（4）客户端和服务器之间交互的 UDP 报文

客户端和服务器之间交互的报文，除 TCP 长连接报文外，还有大量的 UDP 报文，如图 11-29 所示。

File Edit View Go Capture Analyze Statistics Telephony Tools Internals Help

Filter: ip.addr == 120.204.9.102 && udp　Expression... Clear Apply

No.	Time	Source	Destination	Protocol	Length	Info
1782	123.962631	120.204.9.102	10.26.244.181	UDP	177	15330 -> 42206
1783	124.029593	120.204.9.102	10.26.244.181	UDP	177	15330 -> 42206
1785	124.101568	120.204.9.102	10.26.244.181	UDP	183	15330 -> 42206
1788	124.169486	120.204.9.102	10.26.244.181	UDP	175	15330 -> 42206
1789	124.229517	120.204.9.102	10.26.244.181	UDP	168	15330 -> 42206
1790	124.292484	120.204.9.102	10.26.244.181	UDP	165	15330 -> 42206
1791	124.359576	120.204.9.102	10.26.244.181	UDP	150	15330 -> 42206
1792	124.429527	120.204.9.102	10.26.244.181	UDP	167	15330 -> 42206
1793	124.444226	10.26.244.181	120.204.9.102	UDP	140	42206 -> 15330
1794	124.492510	120.204.9.102	10.26.244.181	UDP	179	15330 -> 42206
1795	124.492749	120.204.9.102	10.26.244.181	UDP	124	15330 -> 42206
1796	124.569573	120.204.9.102	10.26.244.181	UDP	179	15330 -> 42206
1797	124.622560	120.204.9.102	10.26.244.181	UDP	197	15330 -> 42206
1798	124.691603	120.204.9.102	10.26.244.181	UDP	198	15330 -> 42206
1799	124.769485	120.204.9.102	10.26.244.181	UDP	189	15330 -> 42206
1800	124.821518	120.204.9.102	10.26.244.181	UDP	193	15330 -> 42206
1801	124.889629	120.204.9.102	10.26.244.181	UDP	182	15330 -> 42206
1802	124.952501	120.204.9.102	10.26.244.181	UDP	176	15330 -> 42206
1803	125.021690	120.204.9.102	10.26.244.181	UDP	175	15330 -> 42206
1804	125.025942	10.26.244.181	120.204.9.102	UDP	140	42206 -> 15330
1805	125.084513	120.204.9.102	10.26.244.181	UDP	195	15330 -> 42206
1808	125.149499	120.204.9.102	10.26.244.181	UDP	190	15330 -> 42206
1809	125.219523	120.204.9.102	10.26.244.181	UDP	190	15330 -> 42206
1810	125.289561	120.204.9.102	10.26.244.181	UDP	189	15330 -> 42206
1812	125.347577	120.204.9.102	10.26.244.181	UDP	173	15330 -> 42206
1815	125.413804	120.204.9.102	10.26.244.181	UDP	170	15330 -> 42206
1816	125.481509	120.204.9.102	10.26.244.181	UDP	173	15330 -> 42206

图11-29　客户端和服务器之间交互的UDP报文

上行 UDP 报文：客户端通过上行 UDP 报文将玩家所做的操作上报给服务器。

下行 UDP 报文：服务器汇总参加对战的所有玩家的操作，通过下行 UDP 报文广播给参加对战的所有玩家的客户端。

2. 帧同步机制分析

参加对战游戏的玩家手机制式（2G/3G/4G）有可能不同，而不同制式的无线网络时延差别较大，很容易出现各玩家的游戏步调不一致的情况。为了避免出现这种情况，手机游戏在设计时采用了帧同步机制，确保参加对战游戏的各玩家步调一致。

（1）理想场景

对战游戏的帧同步机制如图 11-30 所示。

① 服务器收集各玩家上报的各自操作，进行汇总，以固定的时间间隔（例如 60ms）向

参加对战的各玩家广播所有玩家的操作。

② 各客户端接收到广播，知晓了所有玩家的操作，按照相同的游戏逻辑进行运算，得到相同的结果，呈现在游戏界面上。

③ 上报玩家操作。

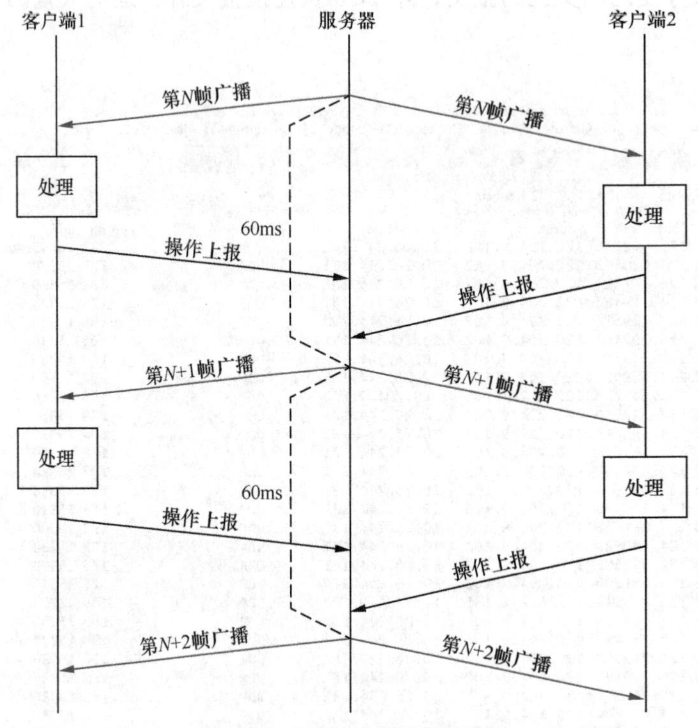

图11-30　对战游戏的帧同步机制

通过上述帧同步机制，基本可以保证参加对战的各玩家游戏步调是一致的，也就是说，如果将几个游戏玩家的手机放在一起，各个手机的显示基本是相同的（网络时延的不同会略有差异）。

（2）大时延场景

大时延场景如图 11-31 所示。

客户端 2 玩家会受到时延的影响，并造成游戏感知体验下降。

3. 报文分析

（1）广播报文

目前了解到的信息：在 5 人对战的场景下，广播间隔 60ms，报文大小不超过 460 字节，如图 11-32 所示。

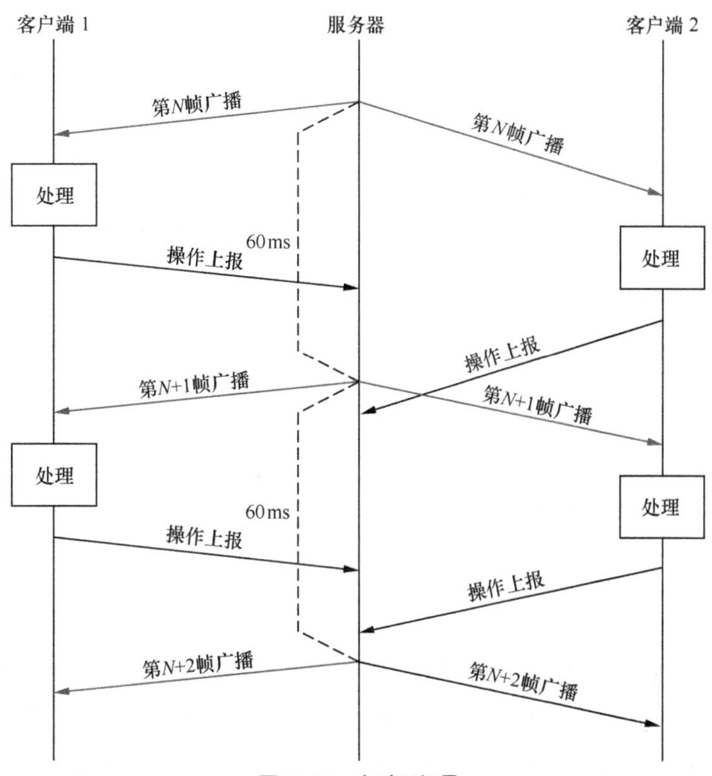

图11-31　大时延场景

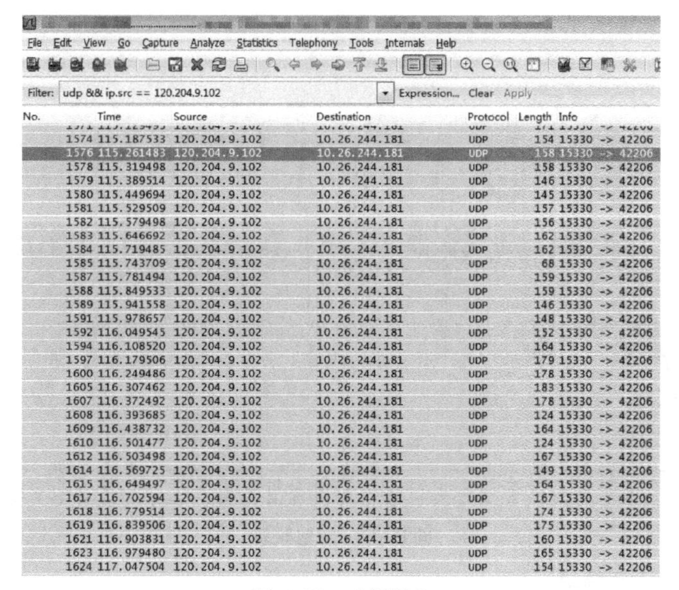

No.	Time	Source	Destination	Protocol	Length	Info
1574	115.187533	120.204.9.102	10.26.244.181	UDP	154	15330 -> 42206
1576	115.261483	120.204.9.102	10.26.244.181	UDP	158	15330 -> 42206
1578	115.319498	120.204.9.102	10.26.244.181	UDP	158	15330 -> 42206
1579	115.389514	120.204.9.102	10.26.244.181	UDP	146	15330 -> 42206
1580	115.449694	120.204.9.102	10.26.244.181	UDP	145	15330 -> 42206
1581	115.529509	120.204.9.102	10.26.244.181	UDP	157	15330 -> 42206
1582	115.579498	120.204.9.102	10.26.244.181	UDP	156	15330 -> 42206
1583	115.646692	120.204.9.102	10.26.244.181	UDP	162	15330 -> 42206
1584	115.719485	120.204.9.102	10.26.244.181	UDP	162	15330 -> 42206
1585	115.743709	120.204.9.102	10.26.244.181	UDP	68	15330 -> 42206
1587	115.781494	120.204.9.102	10.26.244.181	UDP	159	15330 -> 42206
1588	115.849533	120.204.9.102	10.26.244.181	UDP	159	15330 -> 42206
1589	115.941558	120.204.9.102	10.26.244.181	UDP	146	15330 -> 42206
1591	115.978657	120.204.9.102	10.26.244.181	UDP	148	15330 -> 42206
1592	116.049545	120.204.9.102	10.26.244.181	UDP	152	15330 -> 42206
1594	116.108520	120.204.9.102	10.26.244.181	UDP	164	15330 -> 42206
1597	116.179506	120.204.9.102	10.26.244.181	UDP	179	15330 -> 42206
1600	116.249486	120.204.9.102	10.26.244.181	UDP	178	15330 -> 42206
1605	116.307462	120.204.9.102	10.26.244.181	UDP	183	15330 -> 42206
1607	116.372492	120.204.9.102	10.26.244.181	UDP	178	15330 -> 42206
1608	116.393685	120.204.9.102	10.26.244.181	UDP	124	15330 -> 42206
1609	116.438732	120.204.9.102	10.26.244.181	UDP	164	15330 -> 42206
1610	116.501477	120.204.9.102	10.26.244.181	UDP	124	15330 -> 42206
1612	116.503498	120.204.9.102	10.26.244.181	UDP	167	15330 -> 42206
1614	116.569725	120.204.9.102	10.26.244.181	UDP	149	15330 -> 42206
1615	116.649497	120.204.9.102	10.26.244.181	UDP	164	15330 -> 42206
1617	116.702594	120.204.9.102	10.26.244.181	UDP	167	15330 -> 42206
1618	116.779514	120.204.9.102	10.26.244.181	UDP	174	15330 -> 42206
1619	116.839506	120.204.9.102	10.26.244.181	UDP	175	15330 -> 42206
1621	116.903831	120.204.9.102	10.26.244.181	UDP	160	15330 -> 42206
1623	116.979480	120.204.9.102	10.26.244.181	UDP	165	15330 -> 42206
1624	117.047504	120.204.9.102	10.26.244.181	UDP	154	15330 -> 42206

图11-32　广播报文

对游戏中的广播报文进行分析，可以得到广播报文的大小和发包频率。

① 广播报文的大小：最小 68 字节，最大 313 字节，平均 190.8 字节，广播报文的大小分布如图 11-33 所示。

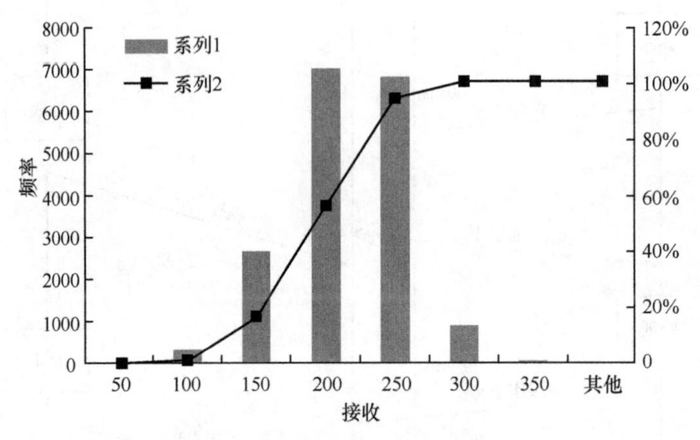

图11-33　广播报文的大小分布

② 发包频率：按时间对每秒的下行 UDP 报文个数进行统计，发现有每秒 16 个、每秒 32 个和每秒 48 个 3 个台阶。王者荣耀服务器每隔 60ms 广播一次，每次广播的报文个数不同，每次分别广播 1 个报文、2 个报文和 3 个报文，发包频率如图 11-34 所示。

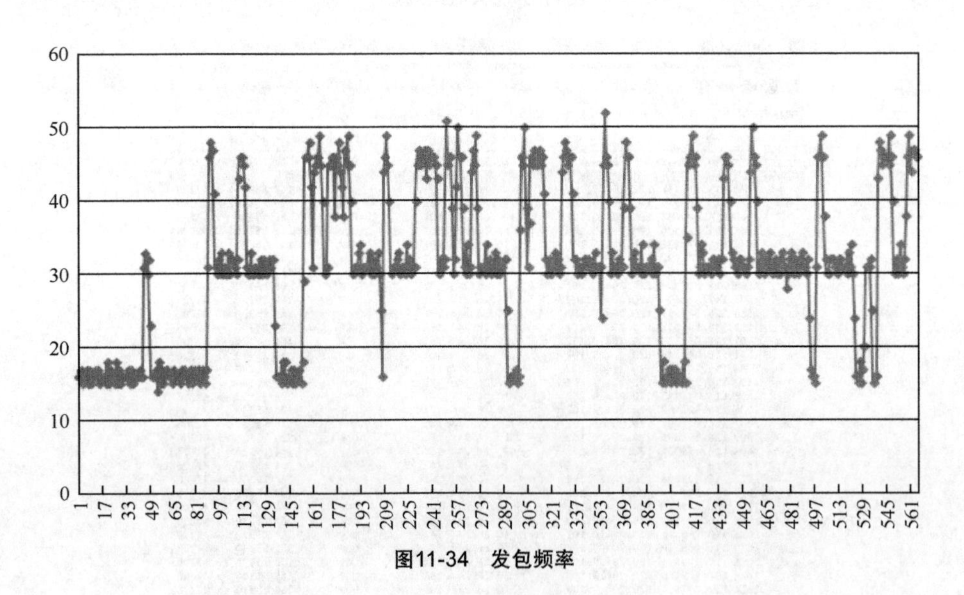

图11-34　发包频率

通过 Wireshark 的 IO_Graph 统计也可以看清楚发包频率，如图 11-35 所示。

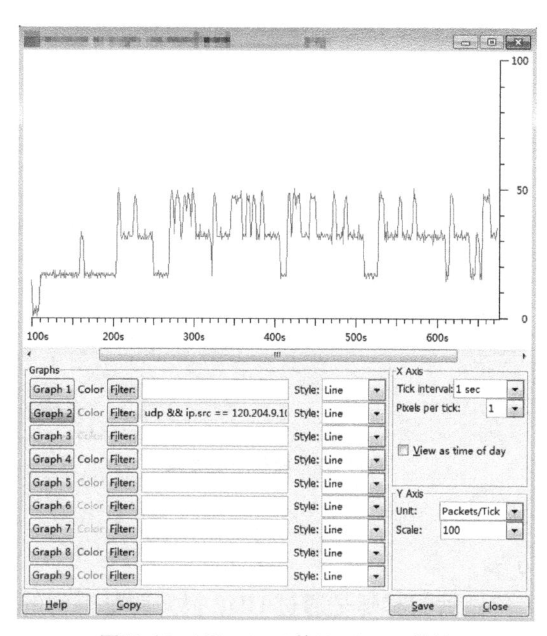

图11-35　Wireshark的IO_Graph统计

（2）操作上报报文

大部分报文大小都是 140 字节，少量为 68 字节，如图 11-36 所示。

File Edit View Go Capture Analyze Statistics Telephony Tools Internals Help

Filter: udp.srcport == 42206 && ip.dst == 120.204.9.102　Expression... Clear Apply

No.	Time	Source	Destination	Protocol	Length	Info
[illegible]	[illegible]	10.26.244.181	120.204.9.102	UDP	140	[illegible]
1566	114.986130	10.26.244.181	120.204.9.102	UDP	140	42206 -> 15330
1568	115.022409	10.26.244.181	120.204.9.102	UDP	140	42206 -> 15330
1570	115.117471	10.26.244.181	120.204.9.102	UDP	140	42206 -> 15330
1586	115.745638	10.26.244.181	120.204.9.102	UDP	68	42206 -> 15330
1590	115.947065	10.26.244.181	120.204.9.102	UDP	140	42206 -> 15330
1593	116.077407	10.26.244.181	120.204.9.102	UDP	140	42206 -> 15330
1599	116.232270	10.26.244.181	120.204.9.102	UDP	140	42206 -> 15330
1602	116.293955	10.26.244.181	120.204.9.102	UDP	140	42206 -> 15330
1606	116.335065	10.26.244.181	120.204.9.102	UDP	140	42206 -> 15330
1611	116.502143	10.26.244.181	120.204.9.102	UDP	68	42206 -> 15330
1613	116.515779	10.26.244.181	120.204.9.102	UDP	140	42206 -> 15330
1616	116.681618	10.26.244.181	120.204.9.102	UDP	140	42206 -> 15330
1640	117.949058	10.26.244.181	120.204.9.102	UDP	140	42206 -> 15330
1643	118.071632	10.26.244.181	120.204.9.102	UDP	140	42206 -> 15330
1647	118.150827	10.26.244.181	120.204.9.102	UDP	140	42206 -> 15330
1650	118.271170	10.26.244.181	120.204.9.102	UDP	140	42206 -> 15330
1651	118.302113	10.26.244.181	120.204.9.102	UDP	140	42206 -> 15330
1652	118.333024	10.26.244.181	120.204.9.102	UDP	140	42206 -> 15330
1654	118.365526	10.26.244.181	120.204.9.102	UDP	140	42206 -> 15330
1662	118.601816	10.26.244.181	120.204.9.102	UDP	140	42206 -> 15330
1685	119.556803	10.26.244.181	120.204.9.102	UDP	68	42206 -> 15330
1688	119.690208	10.26.244.181	120.204.9.102	UDP	140	42206 -> 15330
1691	119.852098	10.26.244.181	120.204.9.102	UDP	140	42206 -> 15330
1695	120.009617	10.26.244.181	120.204.9.102	UDP	140	42206 -> 15330
1698	120.135945	10.26.244.181	120.204.9.102	UDP	140	42206 -> 15330
1704	120.266791	10.26.244.181	120.204.9.102	UDP	140	42206 -> 15330
1707	120.381782	10.26.244.181	120.204.9.102	UDP	140	42206 -> 15330
1708	120.382310	10.26.244.181	120.204.9.102	UDP	140	42206 -> 15330
1712	120.517226	10.26.244.181	120.204.9.102	UDP	140	42206 -> 15330
1738	122.028198	10.26.244.181	120.204.9.102	UDP	140	42206 -> 15330
1750	122.404578	10.26.244.181	120.204.9.102	UDP	140	42206 -> 15330
1756	122.609947	10.26.244.181	120.204.9.102	UDP	68	42206 -> 15330

图11-36　操作上报报文

操作上报报文的个数与玩家的操作有关，操作越频繁，操作上报报文的个数就越多，操作上报频率如图 11-37 所示。

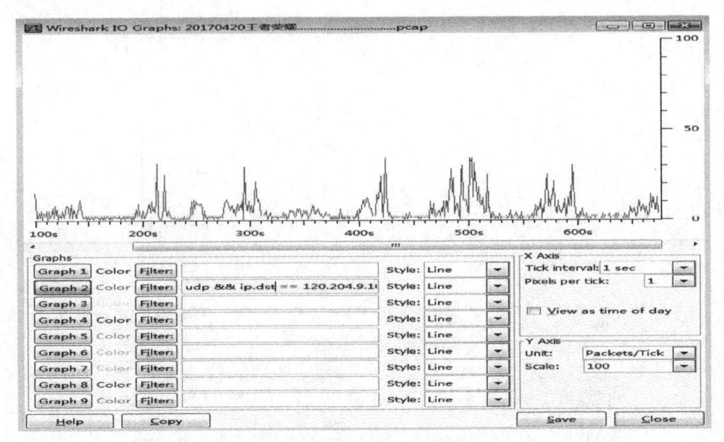

图11-37 操作上报频率

4. 游戏时延分析

（1）游戏时延统计方法

推测：游戏界面右上角显示的时延是通过UDP报文测量得到的，游戏时延统计方法如图11-38所示。

① 时延的测量：服务器测量发出广播报文到收到客户端操作上报报文的时间间隔作为RTT。

② 求时延的平均值：对2s内测得的所有RTT取平均值。

③ 时延的显示：服务器将平均RTT下发给客户端显示出来。

（2）游戏时延抓包分析方法

游戏时延抓包分析方法如图11-39所示。

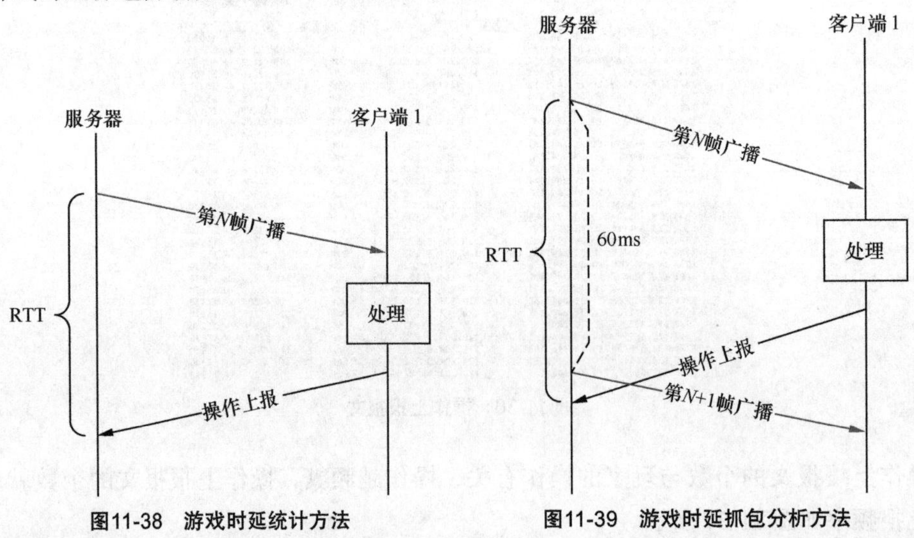

图11-38 游戏时延统计方法

图11-39 游戏时延抓包分析方法

若准确获取下行UDP广播报文和上行操作上报UDP报文的对应关系，则可以准确统计RTT，但因涉及私有协议，暂未能获取。

（3）游戏时延影响因素分析

综上所述，游戏界面右上角显示的RTT时延受网络环回时延和客户端的处理时延两个因素影响。

① 网络环回时延。上行调度的相关算法对网络环回时延影响较大。

例如，在用户数较多的情况下，调度周期长会导致网络环回时延较大；如果开启智能预调度算法，预调度的数据量不低于140字节，智能预调度的持续时长应足够长（建议大于100ms），否则等上报玩家开始操作时可能智能预调度已经结束了，将会导致玩家操作不能及时通过预调度发送给服务器。

② 客户端的处理时延。从实际抓包心跳连接统计的时延来看，在网络时延只有几十毫秒的情况下，游戏界面右上角显示的时延有100多毫秒，说明客户端的处理时延比较大。

客户端的处理时延主要受手机性能影响。

可以配置手机的工作模式，包括“省电模式”和“性能模式”，为了提高网络问题定位的准确性，需要在测试时将手机配置为“性能模式”。

（4）游戏时延要求

下面是从腾讯获得的王者荣耀服务器对环回时延的要求。

① 100ms以下，流畅。

② 100～200ms，一般。

③ 200～460ms，体验不好。

④ 460ms以上，丢包，或服务器为丢包，不处理。

服务器下发广播帧后，客户端上报的玩家操作如果能在100ms内收到，则游戏体验较好，时延越大则体验越差；如果超过460ms，服务器会丢弃客户端上报的玩家操作，导致该玩家的操作无响应，感知恶化。

5. 手游特性参数优化

前期对测试终端的游戏过程进行无线侧的信令跟踪，发现游戏过程中手机会概率性地发生休眠。

经分析，产生这个问题的原因在于无线侧配置的DRX机制。

DRX是基于包的数据流，其数据传输通常是突发性的，仅在一段时间内有数据传输，而在随后较长时间内没有数据传输。此时，可以通过停止接收PDCCH（同时停止PDCCH盲检）来降低功耗，从而延长电池的使用时间，即实现了DRX的作用。

DRX的基本机制是为处于RRC_CONNECTED态的（还有空闲态的，在游戏过程中使用连接态的DRX机制）UE配置一个DRXcycle。DRXcycle由“OnDuration”和“OpportunityforDRX”组成：①在“OnDuration”时间内，UE监听并接收PDCCH（激活期）；②在“OpportunityforDRX”

时间内，UE 不接收 PDCCH 以减少功耗（休眠期）。

当 UE 配置了 DRXcycle 时，UE 处于激活期的时间包括以下 4 种。

① onDurationTimer、InactivityTimer、drx-RetransmissionTimer、mac-ContentionResolutionTimer：正在运行时。

② drx-InactivityTimer：DRX 非激活定时器（子帧），表示 DRX 非激活定时器的长度，该值设置越大，越能降低系统时延，但增加了 UE 的耗电量。

③ drx-RetransmissionTimer：DRX 等待重传数据的定时器（子帧），表示 DRX 等待重传数据的定时器的长度，该值设置越大，UE 处于活动期的时间越长，能够降低系统的时延，但 UE 会更耗电。

④ onDurationTimer：DRX 持续定时器，表示 DRX 持续定时器的长度，该值设置越大，越能降低系统时延，但会增加 UE 耗电量。

结合游戏过程，实际无线侧的抓包情况如图 11-40 所示。

从图 11-42 来看，由于 DRX 机制的存在，如果在 UE 睡眠期间，下行有新数据到达，基站只有等到 UE 进入 INACTIVE 状态，才会向 UE 发送数据，从而产生时延，图 11-40 中，第一次睡眠周期产生的时延最高约为 20ms（349 帧第 6 子帧到 351 帧第 4 子帧）。

从无线侧信令跟踪可以发现，多次进入休眠期会影响无线侧时延。可以通过关闭热点区域 DRX 相关参数，减少调度时终端处于 SLEEP 的概率，降低用户的游戏时延，提升用户感知。针对部分王者荣耀活跃的小区进行 DRX 参数优化后，从 SEQ 效果评估来看还是非常明显的。评估指标见表 11-12。

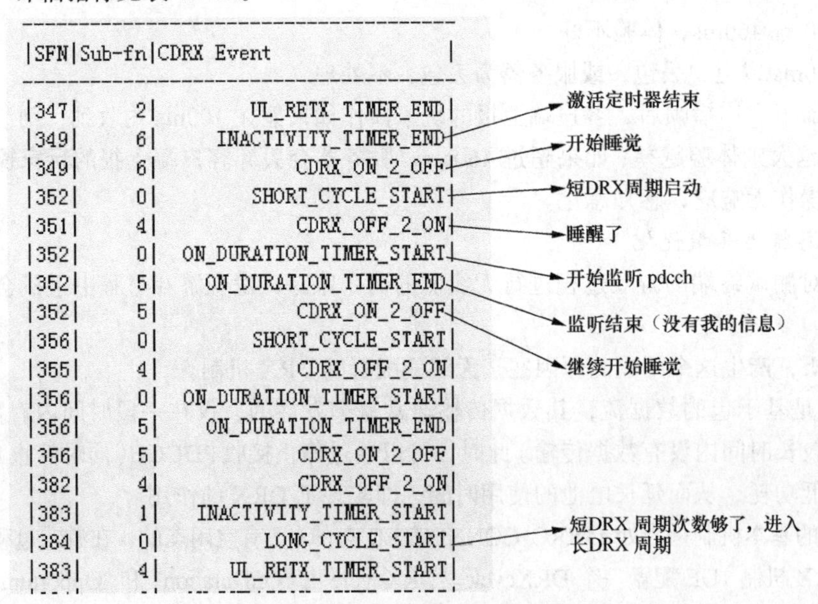

SFN	Sub-fn	CDRX Event
347	2	UL_RETX_TIMER_END
349	6	INACTIVITY_TIMER_END
349	6	CDRX_ON_2_OFF
352	0	SHORT_CYCLE_START
351	4	CDRX_OFF_2_ON
352	0	ON_DURATION_TIMER_START
352	5	ON_DURATION_TIMER_END
352	5	CDRX_ON_2_OFF
356	0	SHORT_CYCLE_START
355	4	CDRX_OFF_2_ON
356	0	ON_DURATION_TIMER_START
356	5	ON_DURATION_TIMER_END
356	5	CDRX_ON_2_OFF
382	4	CDRX_OFF_2_ON
383	1	INACTIVITY_TIMER_START
384	0	LONG_CYCLE_START
383	4	UL_RETX_TIMER_START

图11-40　实际无线侧的抓包情况

表 11-12　评估指标

参数名	参数方案一	参数方案二	参数方案三
drx–InactivityTimer	psf60	psf100	关闭
drx–RetransmissionTimer	psf6	psf8	
onDurationTimer	psf5	psf10	
实测 RTT 时延	89.8ms	84.98ms	80.06ms
SEQ 终端侧 RTT 时延	未比较	43.83ms	33.72ms
SLEEP 次数	470	316	0

通过感知计算公式和抓包分析，无线侧参数见表 11-13。

表 11-13　无线侧参数

优化参数组	参数名称	默认参数	优化参数
RLC 层时延加速特性	RLC 参数自适应配置	关	开
无线空口质量优化	RBG 资源分配策略	ADAPTIVE	ROUND_UP
	频选开关	关	开
无线空口质量优化（反向干扰）	上行频选增强	关	开
	PUCCH 功控 DTXSINR 优化处理开关	关	开
	PUSCH 动态调度下内环功控开关	关	开
	PUCCH 功控目标 SINR 偏置	0	10
无线空口质量优化（RRC 建立）	UU 消息并发开关	关	开
	随机接入响应消息和寻呼消息码率	117	50
	功率攀升步长	2dB	4dB

调度及 DRX 补偿参数见表 11-14。

表 11-14　调度及 DRX 补偿参数

优化参数组	参数名称	默认参数	优化参数
调度优先特性	预调度开关	关	开
	智能预调度开关	关	开
	预调度用户最小间隔周期	5ms	5ms
	智能预调度每次持续时间	50ms	50ms
	智能预调度稀疏业务每次持续时间	1500ms	1500ms
	用户预调度数据量	80	512
DRX 补偿优化特性	长 DRX 周期	320ms	320ms
	短 DRX 周期	80ms	40ms
	短 DRX 次数	1 次	12 次
	DRX 不激活定时器	100ms	40ms

6. 手游业务QCI 3保障策略

在EPS中，QoS控制的基本单元是承载。用户的业务数据流以该基本单元在网络实施QoS控制。映射到同一个EPS承载的业务数据流将得到同样的QoS保障（例如调度策略、无线承载策略等）。如果想对两个SDF提供不同的QoS保障，则这两个SDF需要分别建立不同的EPS承载。3GPP定义的EPS承载业务分层架构如图11-41所示。

EPS承载按照是否有保证比特率（Guaranteed Bit Rate，GBR）保障分类如下：GBR承载采用专用承载，主要用于实时业务，例如语音、视频和实时游戏等；Non-GBR承载主要用于非实时业务，例如EMAIL、FTP和HTTP等。

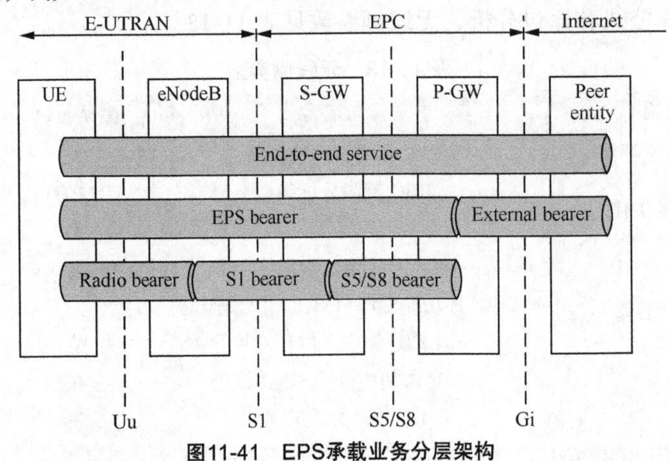

图11-41 EPS承载业务分层架构

承载参数说明见表11-15。

表11-15 承载参数说明

承载类型	说明
GBR承载	如果一个EPS承载被固定分配专用网络资源以保障这个EPS承载的GBR，则这个EPS承载被称为GBR承载
Non-GBR承载	如果一个EPS承载没有被固定分配专用网络资源以保障这个EPS承载的GBR，则这个EPS承载被称为Non-GBR承载

EPS对不同业务用户的体验要求不同，例如语音要清晰、视频画面要流畅，以及浏览网页速度要快，EPS需要将这些体验映射为各个节点能识别处理的技术参数，即QoS参数，再根据QoS参数控制用户的业务体验。QoS参数说明见表11-16。

表11-16 QoS参数说明

QoS参数	说明
QCI	QCI包括标准QCI和扩展QCI两大类，扩展QCI极大地丰富了可控业务的种类。QCI标准化了业务的QoS要求。每个QCI指示每类业务的资源类型、优先级、时延和丢包率等质量要求，QCI在EPS中各个网元中传递，避免了协商和传递大量具体的QoS参数，EPS按照QCI来控制QoS

在 E-RAB 建立时，EPC 会下发 QCI 标识给基站。基站按照 QCI 标识为业务配置无线承载和传输相关的 QoS 参数并建立无线承载，无线承载可以满足不同类型业务的 QoS 需求，不同承载对应相关 QoS 参数详情见表 11-17。

表 11-17　不同承载对应相关 QoS 参数详情

分类	QCI	优先级	时延 /ms	误包率	典型业务
GBR	1	2	100	10^{-2}	语音会话
	2	4	150	10^{-3}	视频会话
	3	3	50	10^{-3}	实时游戏
	4	5	300	10^{-6}	视频流媒体
Non-GBR	5	1	100	10^{-6}	IMS 信令
	6	6	300	10^{-6}	非会话视频（缓冲流媒体）、基于 TCP 业务
	7	7	100	10^{-3}	语音、视频（直播流媒体）和交互式游戏
	8	8	300	10^{-6}	非会话视频（缓冲流媒体）和基于 TCP 业务
	9	9			

采用标准化的 QCI 进行 QoS 服务等级区分，保证不同的业务体验，如图 11-42 所示。

图11-42　QoS服务等级区分

7. 无线网络 QoS 加速典型应用场景

实时手游业务对时延敏感，是目前对 QoS 能力需求最强烈的行业之一。QoS 加速典型应用场景如图 11-43 所示。

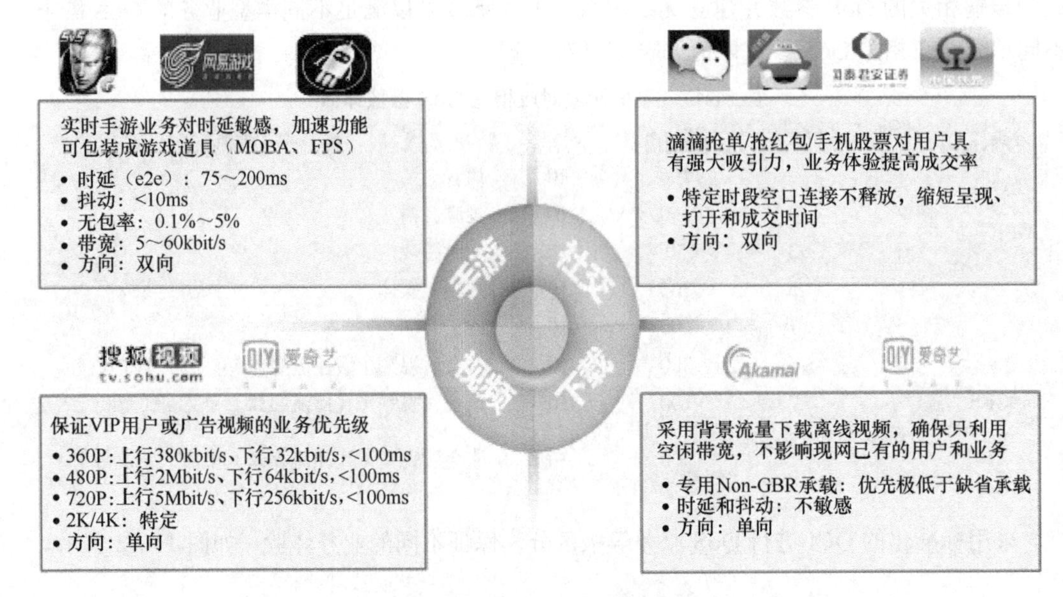

图11-43　QoS加速典型应用场景

无线网络 QoS 应用原理如图 11-44 所示。

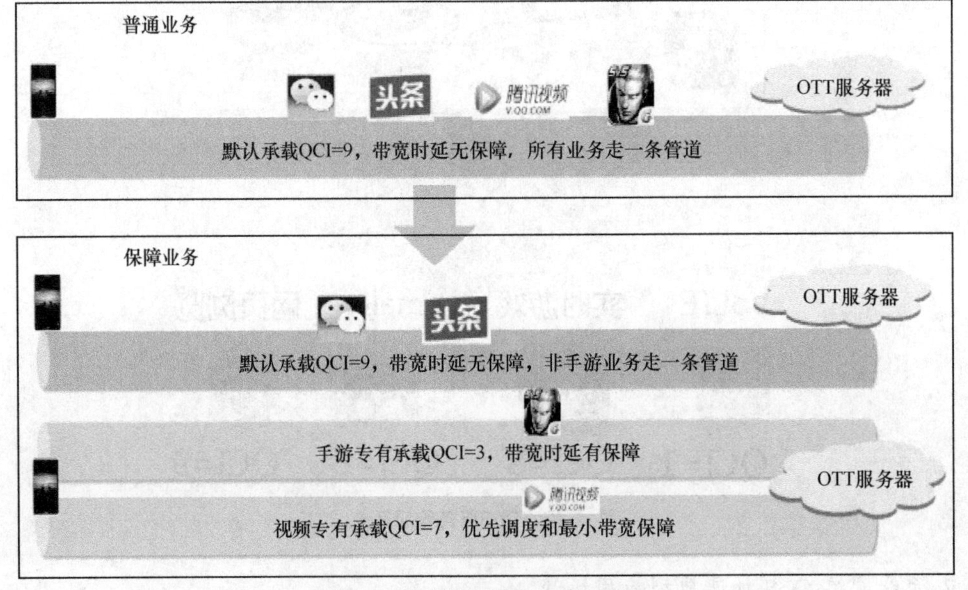

图11-44　无线网络QoS应用原理

① 在普通情况下，PDN 连接的所有业务都走同一个默认承载，网络对业务不区分，提供无差异化服务——尽力而为，对带宽和时延有要求的业务体验无法保障。

② 存在保障业务时，可将具体业务流指定到新的专有承载上转发，区别对待用户的业务需求，保障业务优先转发和最低带宽保障服务，提供差异化服务，从而实现流量和体验的业务变现。

EPSQoS 包括以下参数：QCI、ARP（Allocation and Retention Priority，分配和保留优先级）、GBR/MBR（Maximum Bit Rate，最大比特率）、UE-AMBR（Aggregate Maximum Bit Rate，聚合最大比特率）和 APN-AMBR（perAPN Aggregate Maximum Bit Rate，APN 平均最大比特率）。

以手游王者荣耀加速流量包为例：QCI=3，带宽为 200kbit/s。

王者荣耀 QCI 3 应用流程如图 11-45 所示。

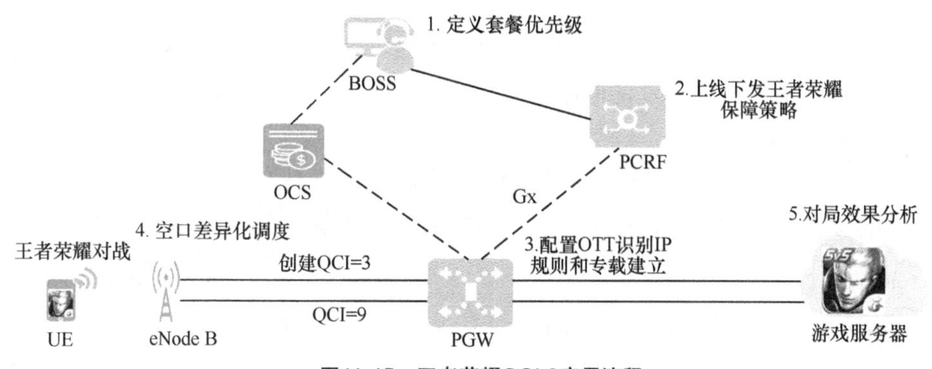

图11-45　王者荣耀QCI 3应用流程

前提条件是手游 OTT 提供加速识别特征，例如 IP/URL 等。

① BOSS 针对手游加速流量包设计 SID 和套餐优先级。

② 用户上线时，PCRF 针对签约王者荣耀加速流量套餐用户下发王者加速预定义规则。

③ 用户开始王者荣耀对局时，UGW 根据预定义规则（根据 OTT 提供规则配置 rule）检测到加速业务时，开始建立 QCI 3 专载请求，并将相关 QoS 信息下发基站。

④ 基站收到 QCI 3 专载请求，开始在空口和 S1-U 建立 QCI 3 专载，并实施网络侧下发的 QoS 信息及本地 QCI 3 保障参数，例如关闭 DRX，提高 QCI 3 调度优先级等。

⑤ 建立 UE 到 PGW 专载成功后，王者荣耀业务上下行业务流均走 QCI 3 专载。

⑥ 用户退出王者荣耀，约 30s 无业务流时删除 QCI 3 专有承载，释放资源。

第12章

Chapter Twelve

高铁场景专项优化

12.1 高铁场景优化难点

12.1.1 列车穿透损耗大

高速列车采用密闭式厢体设计，安全舒适的车厢设计增加了车体损耗，22 种 CRH（中国铁路高速列车）具有不同的穿透损耗，列车车型损耗最大高达 40dB，高铁各型号列车信号穿透损耗见表 12-1。

表 12-1　高铁各型号列车信号穿透损耗

序号	高铁型号	车体材料	车速	穿透损耗	车厢数	最高载员 / 人	厂家
1	CRH1A	不锈钢	200 ～ 250km/h	24dB	8	673	加拿大庞巴迪（CRH1）
2	CRH1B				16	1299	
3	CRH1E				8	642	
4	CRH2A	铝合金	200 ～ 350km/h	14 ～ 24dB	8	610	日本川崎（CRH2）
5	CRH2B				16	1230	
6	CRH2C				8	610	
7	CRH2E				8	630	
8	CRH3C		250 ～ 350km/h	29dB	8	556	德国西门子（CRH3）
9	CRH5A		250km/h	20 ～ 24dB	8	622	法国阿尔斯通（CRH5）
10	CRH5G				8	613	
11	CRH6A		200km/h	14dB	8	557	中车青岛四方
12	CRH6F				20	1502	

续表

<table>
<tr><th>序号</th><th>高铁型号</th><th>车体材料</th><th>车速</th><th>穿透损耗</th><th>车厢数</th><th>最高载员 / 人</th><th>厂家</th></tr>
<tr><td>13</td><td>CRH380A</td><td rowspan="10">铝合金</td><td rowspan="8">380km/h</td><td rowspan="3">29dB</td><td>8</td><td>490</td><td>中车青岛四方</td></tr>
<tr><td>14</td><td>CRH380B</td><td>8</td><td>510</td><td>中车唐山轨道</td></tr>
<tr><td>15</td><td>CRH380C</td><td>8</td><td>502</td><td>中车长春轨道</td></tr>
<tr><td>16</td><td>CRH380D</td><td>40dB</td><td>8</td><td>565</td><td>中车青岛四方、加拿大庞巴迪</td></tr>
<tr><td>17</td><td>CRH380AL</td><td rowspan="3">29dB</td><td>16</td><td>1002</td><td>中车青岛四方</td></tr>
<tr><td>18</td><td>CRH380BL</td><td>16</td><td>1043</td><td>中车唐山轨道</td></tr>
<tr><td>19</td><td>CRH380CL</td><td>16</td><td>1004</td><td>中车长春轨道</td></tr>
<tr><td>20</td><td>CRH380DL</td><td>40dB</td><td>16</td><td>974</td><td>中车青岛四方、加拿大庞巴迪</td></tr>
<tr><td>21</td><td>CR400AF</td><td rowspan="2">400km/h</td><td>40dB</td><td>8</td><td>556</td><td>中车青岛四方</td></tr>
<tr><td>22</td><td>CR400BF</td><td>29dB</td><td>16</td><td>1193</td><td>中车长春轨道、中车唐山轨道</td></tr>
</table>

例如，沪宁高铁上运行的列车主要以 CRH2C 和 CRH380D 型为主，京沪高铁上运行的列车以 CRH380B 与复兴号 CR400 列车为主。以静态车厢头尾的 C 座做实际测试对比发现，CRH2 型高铁列车的车体损耗为 15 ～ 23dB，CRH380 型列车的车体损耗为 27 ～ 29dB，基本上与表 12-1 数值一致。

12.1.2　多普勒效应明显

高速移动引起的多普勒频移会加重子载波间干扰，降低信噪比。同时，其会导致符号间相位偏差，影响信道估计。多普勒频移如图 12-1 所示。

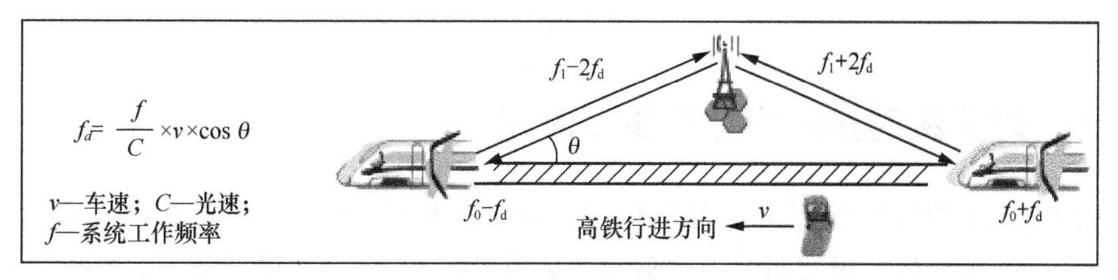

图12-1　多普勒频移

根据多普勒原理，在移动通信中，当移动台移向基站时频率变高，远离基站时频率变低，以此计算高铁带来的多普勒频移，各频段不同速率多普勒偏移量见表12-2。CRH车速过快会造成网络切换频繁，相同的覆盖区域，速度越快，终端穿越覆盖区域的时间越短；当终端移动速度足够快，可能导致穿越覆盖区的时延小于系统切换处理最低时延，从而引起切换失败、产生掉线，因此需要考虑覆盖区域的重叠区范围。

表12-2　各频段不同速率多普勒偏移量

列车速度/（km/h）	800MHz 频偏/HZ		1.8GHz 频偏/HZ		2.1GHz 频偏/HZ		3.5GHz 频偏/HZ	
上/下行	下行	上行	下行	上行	下行	上行	下行	上行
150	111	222	250	500	292	583	486	972
200	148	296	333	667	389	778	648	1296
250	185	370	416.5	833	486	972	810	1620
300	222	444	500	1000	583	1167	972	1944
350	259	518	583.5	1167	681	1361	1134	2269
400	296	593	666.5	1333	778	1556	1296	2593
450	333	667	750	1500	875	1750	1458	2917

从表12-2可以看出，列车速度越快、频率越高带来的多普勒频移影响越大，在车速350km/h的情况下，3.5GHz上行的频移达到了2.2kHz。虽然NR 3.5GHz使用了100MHz的宽频带，但由于子载波都是使用30kHz的小带宽，则频移对接收机性能影响较大，终端在上行极易出现上行失步、接入失败等现象。

12.1.3　高铁覆盖场景复杂

我国幅员广阔、地形复杂多样，高速铁路穿越的场景类型多种多样。高速铁路经过市区、郊区、乡镇和农村等多个行政区域；贯穿了多种地形地貌，例如平原、山地、丘陵，以及大桥、隧道等特殊场景。不同的场景需要采取不同的覆盖策略，才能在投入和覆盖效果方面取得最优的平衡。

12.1.4　网络瞬时多用户、产生高流量

当两辆CRH的两列16节车厢编组列车交会时，网络最高瞬时用户数可达到2400人，载客量大、运行速度快，短时间内需要满足大量用户需求，业务体验要求高。特别是高铁用户使用抖音视频业务、直播、微信视频、网页浏览业务等大带宽业务占比较多，用户对体验速率要求高，导致网络瞬时负荷极高。

12.2 高铁场景规划策略

12.2.1 高铁组网方式选择

1. 公网覆盖方式

公网覆盖方式主要指高铁频点和周围大网相同，原本周围大网覆盖的小区和合适的站点，可以调整用来优先覆盖高铁，周围大网兼顾覆盖。

优点：新增硬件设备较少；网络建设工作量较少。

缺点：网络调整困难，网络优化工作量较大；调整部分网络影响周围大网覆盖效果；影响局部信号强度和业务质量。

2. 专网覆盖方式

专网覆盖方式即以专用网络覆盖高速铁路沿线，是与公网相对独立的网络。专网组网有利于切换链的设计，除了在车站等列车停留区域与大网切换外，沿线采用链形邻区设计，可较少与大网发生切换。

优点：专用小区网络，不需要考虑铁路周围的网络覆盖；单站覆盖距离大；重选、切换关系简单，切换重选速度较快，成功率高。

缺点：建网成本较高，工程量大，工作周期长；频率规划需要使用专用频点，周围基站频点需要协调退让，工作难度大；抗毁性差，单站发生故障时无法切换邻近大网信号。

3. 组网方式选择

不同场景设置可考虑以下原则。

① 车速在 120km/h 以下的区域，且公网密集区域，建议采用公网兼顾覆盖，通过公网扩容满足高铁和公网容量需求。

② 车速在 120km/h 以上的区域，建议采用专网部署，并开启高速特性相关功能。

③ 高铁专网频段应考虑与高铁沿线公网异频组网，尤其是在干扰复杂的城区。

12.2.2 高铁站间距规划原则

高铁站间距规划原则可分为 3.5GHz 站间距规划原则和 2.1GHz 站间距规划原则。

1. 3.5GHz 站间距规划原则

3.5GHz_8TR 站间距以 500m 为基准，结合增强技术与新工艺，合理规划站间距。

① 500m 内的站间距保持原有站址规划。

② 在 500 ～ 650m 的站间，可采用高铁专用高性能天线、精准安装工艺、软件增强等技术手段，保障网络连续性覆盖。

③ 在 650m 以上的站间，建议需要进行结构性补点，以保障网络的连续性覆盖。

2. 2.1GHz 站间距规划原则

2.1GHz 站间距以 750m 为基准，结合增强技术与新工艺，合理规划站间距。

① 在 750m 以下的站间，采用 4TR 建设方案，与 4G 站点进行 1∶1 部署。

② 在 750 ～ 1000m 的站间，可采用高铁专用高性能天线、精准安装工艺、8TR 设备等技术手段。

③ 在 1000m 以上的站间，建议进行结构性补点，以保障网络的连续性覆盖。

12.2.3 高铁线路覆盖规划原则

电波在自由空间传播损耗 = $32.4+20\lg D+20\lg F$。

D 为距离，单位为 km。

F 为频率，单位为 MHz。

在距离一定的情况下，频率越高，损耗越大，3.5GHz 频段相比于 1.8GHz 频段损耗大约多了 6dB。

根据传播损耗模型：终端接收功率 = 基站发射功率 − 自由空间传播损耗 − 车体损耗。如果将终端接收功率RSRP（参考信号接收功率）= −105dBm设为小区覆盖边缘信号接收强度，可以得到基站此时的小区边缘覆盖距离 R。

站轨距与入射角关系如图 12-2 所示。

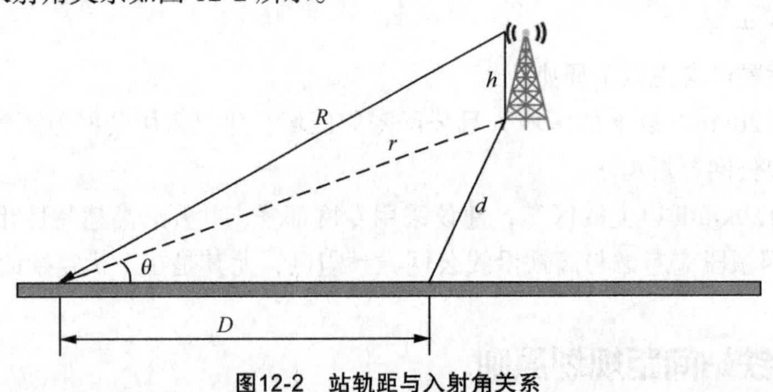

图12-2　站轨距与入射角关系

图中：

d——站轨距，是指基站到铁轨的距离；

θ——入射角，是指基站与用户的连线与轨道方向的夹角；

R——小区覆盖半径；

r——小区覆盖半径 R 的投影距离；

h——站高；

D——覆盖高铁轨道的距离；

d——站轨距；

θ——入射角。

其中，站轨距 $d = \sqrt{R^2 - h^2} \times \sin\theta$。

通过实测验证，确定了高铁 5G 线路覆盖规划原则。

1. 站轨距及高度

NR 3.5GHz 站点距离轨道控制在 50 ～ 200m，站轨距为 100 ～ 150m 的效果最佳。通常高铁站点天线高于铁轨 10 ～ 25m 效果较好，但由于部分高铁线路采用高架架设，高架高度在 15 ～ 20m，因此该场景高铁站点天线挂高要求在 35 ～ 45m。

2. 入射角

信号的入射角是影响穿透损耗的重要因素，入射角越小，穿透损耗越大，信号垂直入射时的穿透损耗最小；入射角小于 10° 时，穿透损耗呈指数级增加。建议入射角 θ 大于 20° ，并确保入射角不小于 15° 。

3. 天线选用

虽然 4G 和 5G 的穿透损耗、最小入射角基本相同，但路径损耗差别较大，单站覆盖距离相差 500m，建议站间距较大路段，原则上使用 8TR 高性能天线。

4. 信源选择

由于当前 AAU 暂不支持高速特性，覆盖高铁基站设备建议采用 BBU+RRU 方式覆盖。

5. 基站布局

为保持车厢内两侧用户接收信号质量相对均匀，采用如下原则。

① 对于直线铁轨，相邻站点建议交错分布于铁路的两侧，最佳为“之”字形方式布站，基站沿铁路线两侧交叉分布。

② “)” 形弯道铁轨列车轨道弯曲部分布站时，站点要选择在曲线弯曲的内侧设置。

6. 下凹地形

狭长地形的特点是地形内凹、具有一定方向性，如图 12-3 所示。因此对于“两山夹一谷”的狭长山谷和为高速铁路专做的“U”形地堑，天线挂高要充分考虑地势的影响，以便信号有效覆盖。

图12-3　下凹地形示意

12.2.4 高铁组网隧道覆盖规划原则

1. 短隧道

对于长度小于500m的短隧道，可采用RRU+泄漏电缆的方式覆盖，也可以采用H杆+RRU方式覆盖，RRU设在隧道外两端，配合高增益定向天线，信号直接覆盖隧道内，切换带不可设在隧道内，避免火车在出入隧道时影响网络切换，隧道前后的两个小区可采用小区合并技术，减少信号切换。

2. 中等距离隧道

建设500～1000m的中等距离隧道，建议采用RRU+泄漏电缆的方式覆盖。泄漏电缆可布设于隧道侧壁上，高度应与列车窗口等高。这种场景便于将隧道前后多个物理小区采用小区合并为超级小区，避免在隧道内发生小区切换。

3. 长隧道

对于大于1000m的长距离隧道，建议采用泄漏电缆进行覆盖，泄漏电缆安装高度一般在车窗上方位置的隧道墙壁上，更贴近于用户终端。为了保证隧道内外信号的平稳过渡切换，在隧道两端要设置外部天线，对于隧道覆盖，应充分考虑泄漏电缆的使用，隧道内应采用低耦合损耗、低衰减的泄漏电缆。适用于隧道距离过长的场景，切换带可以设在隧道内，依然可以采用小区合并技术来减少隧道内的信号切换。

12.2.5 小区合并规划建议

小区合并是将多个小区发射和接收点（Transmission and Reception Point，TRP）合并为一个超级小区，在超级小区中，所有TRP使用相同的PCI。下行广播和控制信道采用多TRP的方式联合发送，使原先彼此干扰的多个小区信号变成多径叠加增强的信号，减少小区数和切换次数。小区合并示意如图12-4所示。小区合并的优点是提升下行覆盖和吞吐率，减少掉话，提升用户业务体验。

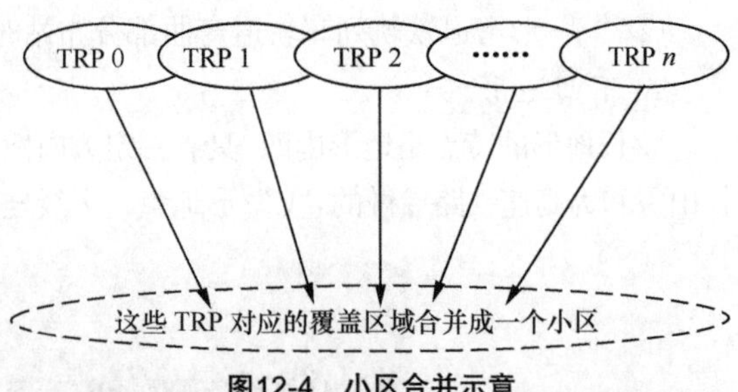

图12-4 小区合并示意

在高铁场景下，进行小区合并时需要考虑切换带重叠覆盖区域的影响。切换带重叠覆盖区域过小会导致切换失败，过大会导致干扰增加，影响用户业务感知。重叠覆盖区域需要考虑双向信号，重叠距离=2×（切换电平迟滞对应距离+周期上报距离+时间迟滞距离+切换执行距离）。其中，切换迟滞值（2dB）、切换时延（328ms+30ms）。终端切换重叠需求距离见表12-3。

表 12-3 终端切换重叠需求距离

速度 / (km/h)	过渡区A/m	切换区B/m	切换重叠需求距离/m
400	50	40	180
350	50	35	170
300	50	30	160
250	50	25	150
200	50	20	140

基于以上分析，高铁在350km/h设计时速下，单次切换时延同频重叠需求距离为170m。

目前，5G NR采用100Mbit/s带宽，一个BBU有12个光口对接小区，覆盖高铁站点通常采用两个扇区。

小区合并的规划建议如下。

① 建议高铁小区与普通小区使用不同BBU。如果无法避免使用同一BBU，高铁小区和普通小区应使用不同基带板。

② 建议将连续物理站点进行小区合并，并挂接在同一基带板上。

③ 结合网络负荷情况，建议城区专网小区4～6个小区合并，郊区可以考虑6～12个小区合并，高铁站点基带板建议采用高规格的基带板。

④ 建议将站间距较大的连续站点进行小区合并，将站间距较小的站点设置为切换区。

⑤ 连续覆盖站点BBU挂接规划需要考虑站间距和传输资源等因素，建议将4个小区规划在同一BBU的同一基带板上，在新增站点时不需要新增BBU资源。

12.2.6 TAC跟踪区规划

TAC跟踪区规划作为5G NR网络规划的一部分，与网络寻呼性能密切相关。合理规划5G TAC跟踪区，能够均衡寻呼负荷和TAU信令开销，有效控制系统信令负荷。TAC跟踪区的规划要求如下。

① 确保寻呼区域内寻呼信道容量不受限。

② 基于MME的寻呼能力、gNB的处理能力、寻呼话务模型，确定位置区的范围。

③ 尽量避免追踪区域更新频繁。

④ 位置区在地理上为一片连续的区域，避免不同位置区的基站进行插花组网。

⑤ 尽量利用低话务区域（例如山体等）作为位置区的边界，降低TAU；在NR复用LTE站址建网时，5G NR可以借鉴LTE的TAC。

规划方案：5G NR高铁的TAC规划优先使用LTE高铁的TAC范围，避免TAC规划存在插花场景，减少乒乓登记影响。

12.3 5G高铁场景优化策略

12.3.1 5G高铁射频优化策略

5G较4G具有频段高、绕射能力差、覆盖距离短的特点，相应的5G天线较4G天线波瓣更窄、增益更高，针对5G射频优化，通过对理论和大量测试实践的归纳总结，5G的SINR（信噪比）和邻区内6dB内分支数存在紧密的关联，邻区中存在6dB内1路/2路/3路分支时，最强SINR分别对应20dB/15dB/10dB。因此，高铁场景射频优化策略是：RSRP大于−85dBm且邻区RSRP电平差值在6dB内的信号分支数少于2路时，可以达到网络质量更优、SINR更好的效果。

12.3.2 5G高铁参数优化策略

高铁场景5G参数优化策略，针对高铁场景特性，对性能影响较大的5G参数进行分析。

1. 采用专用频段覆盖

考虑高铁车厢高穿透损耗和上下行业务平衡和4G/5G协同要求，一般高铁线路优先采用2.1GHz频段作为5G主频段（2×40Mbit/s带宽）进行覆盖。对发车密集、载客量大、业务量特别大的高铁线路，以及2.1GHz清频困难的高流量、高价值线路，建议采用高铁NR 3.5GHz专用频段覆盖，信号更加纯净、干扰更少、覆盖质量更优。

随着5G网络业务流量需求进一步提升，若现有频段带宽全部启用后，仍无法满足容量需求的高价值路段，可以考虑叠加设备，打造3.5GHz+2.1GHz双频网络，进而打造5G高体验品牌示范线路。

2. 高速标识

高铁多普勒效应明显，特别是上行随机接入极易失败，发生上行失步脱网现象，国内主流设备厂家的5G RRU都是支持高速特性的，AAU暂不支持高速特性。覆盖高铁线路5G基站在开通前需要提前确认落实高速标识的License资源，确保高铁小区在开通后支持高速特性。

为了降低多普勒频移，在高速场景下的上行采用自动频率控制算法，通过开启基站小区级指示参数高速标识来配置高速小区。Cell.HighSpeedFlag配置为HIGH_SPEED（Cell.HighSpeedFlag为华为区网管参数，nrCellScene为中兴区网管参数）。

基站可根据终端最大移动速度选择小区速度模式，以满足高铁场景的需求。不同频段速度模式对应的速度门限不同，实际操作中以速度 120km/h 为门限。

① 高速公路和高速干道：车速一般低于 120km/h，则配置为低速小区，不进行上行符号内纠偏。

② 高铁/动车：车速一般大于 200km/h，终端高速移动引起的多普勒频移会对 gNB 基带单元接收信号产生影响，需要开启高速标识，配置为高速小区，开启频偏补偿（上行符号内纠偏），提升用户在高速移动场景下的用网体验。

3. 5G 切换参数及 4G/5G 互操作策略

（1）5G 切换参数

将 5G 切换参数 A3 偏置与 A3 幅度迟滞均由默认值 3 设置成 1，将 A3 时间迟滞参数 Time To Triger（时间触发器）由默认值 320ms 设置成 40ms，尽早触发切换，缩小切换时延，保证尽早切换成功。5G 切换参数配置建议见表 12-4。

表 12-4　5G 切换参数配置建议

参数类别	参数功能	参数列表	现网配置	建议值
高速切换参数优化	A3 时间迟滞	IntraFreqHoA3TimeToTrig	320ms	40ms
	A3 偏置	IntraFreqHoA3Offset	3	1
	A3 幅度迟滞	IntraFreqHoA3Hyst	3	1

（2）4G/5G 互操作策略

在 5G 连续覆盖路段，通过重选、切换、4G/5G 互操作配置优化，让 5G 终端优先使用 5G 网络。

在 5G 不连续覆盖路段或 4G/5G 边界，通过重选、切换、4G/5G 互操作配置优化，将 4G/5G 互操作参数配置成早触发、早切换完成，防止信号急剧劣化或来不及切换信号，让终端占用信号更好的 4G/5G 小区。

4. 功率参数配置策略

针对弱覆盖区域开展功率最大化配置，优化互操作门限，尽可能避免上下行链路不平衡的问题。

① 考虑上下行平衡：5G NR 系统是上行受限系统，功率配置需要考虑上下行链路平衡，若功率配置过大，会导致上下行覆盖严重不平衡和下行干扰过大。

② 考虑覆盖：若 5G NR 功率过低，则会导致覆盖不足。

③ 考虑功率规格：所有载波功率之和不能超过 RRU 功率规格。

5. 高速定向切换参数

高速用户定向切换是指，当高铁专网下小区存在两个及以上高速邻区时，本小区的高速用户只允许向高速小区切换，防止高速用户切入低速小区，提高用户的切换成功率。该功能通过 NRCellAlgoSwitch.HighSpeedDedPolicySw 的子开关“HIGH_SPEED_DIRECTIONAL_HO_SW”控制。邻小区若为本小区的站内邻区：NRDUCell.HighSpeedFlag 参数配置为“HIGH_SPEED”；邻小区若为本小区的外部邻区：NRExternalNCell.HighSpeedFlag 参数配置为“HIGH_SPEED”。

6. 低速用户迁出

低速用户迁出是指当高铁专用网络穿过城市或郊区时，为了让高铁专用网络不被公网低速用户占用，需要将进入高铁专用网络的公网低速用户迁出公网，降低公网用户对高铁专网用户的资源抢占。

当开启低速用户迁出功能时，在高铁未经过期间，基站每个周期选择一定数量的低速用户从高铁专网迁移到公网，减少公网用户对高铁专网用户的资源抢占。在高铁经过专网时，基站停止低速用户迁出的处理。公专网频点通过 NRCellFreqRelation.HighSpeedFlag 来区分，公网小区频点需配置为“LOW_SPEED”，高铁专网小区频点配置为“HIGH_SPEED”。

7. 高速用户迁回

为了让高速用户更长时间驻留在高速小区，引入高速用户迁回功能。当功能开启后，可以让进入公网小区的高速用户，重新定向回到高铁专网小区。高速用户迁回功能由参数 NRCellAlgoSwitch.HighSpeedDedPolicySw 的子开关“HIGH_SPEED_UE_REDIRECT_SW”控制。在公网小区上打开该功能后，基站将识别本小区的高速移动用户，将高速移动用户重定向至 4G/5G 专网。该功能仅对 SA 组网架构下的用户生效。

第 13 章 Chapter Thirteen

共建共享优化专题

13.1 共建共享背景

为践行网络强国战略，推动供给侧结构性改革，实现行业高质量发展，按照党中央、国务院关于开展 5G 网络共建共享，加快 5G 建设的相关决策部署，中国电信与中国联通在全国范围内共建共享一张 5G 网络，共享 5G 频率资源，5G 核心网各自建设。致力于 5G 全生命周期的合作，服务于双方集团的共同利益。中国电信和中国联通划定区域，分区建设，秉承谁建设、谁投资、谁维护、谁承担网络运营成本的原则，共同打造一张覆盖广、速率高、体验好的 5G 精品网。短期目标是确保 5G 共建共享工作顺利承接落地，长期目标是保障 5G 共建共享持续健康运行。

13.2 共建共享方案设计原则及目标

13.2.1 目标架构

共建共享方案设计以 SA 为目标架构，引领推动 SA 发展与成熟，构建共建共享方案的竞争优势。

中国电信和中国联通共建共享拟达到以下 3 个目标。

① 网络规模和建设基站节奏与中国移动相当。

② 业务感知好，堪比中国移动的性能。

③ 节约投资成本。

目标架构如图 13-1 所示。

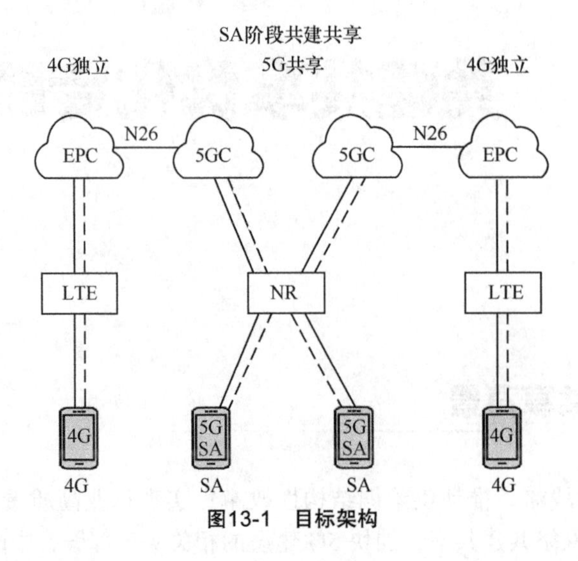

图13-1　目标架构

13.2.2　方案设计原则

共建共享方案设计包含以下 4 个原则。

① 充分考虑网络演进能力，最终目标为 SA 共建共享。

② 尽量避免影响现有用户体验，语音业务回本网，保障语音基础业务体验。

③ 充分发挥频率资源合力优势，通过高低频协同规划，合理布局 5G 目标网基础覆盖层和容量层，具备竞争力。

④ 5G 用户共享，4G 用户不共享；5G 用户共享网络，4G 用户仍由归属网络提供服务。

13.3　共建共享总体建设意见

1. 目标网

在规模建网阶段，考虑到未来垂直行业业务需求和网络演进方向，建议采用 SA 共建共享作为优选方案，开展重点建设。

2. 方案选择

方案选择应充分考虑建设场景需求，将快速建网、体验优先、成本优先等因素作为方案选择的依据。

3. 业务保障

在 5G 共建共享场景下，5G 用户业务由 5G 承建方的 5G 网络提供基础保障，4G 用户业务仍由各自的 4G 网络提供基础保障。

4. 设备选型

200MHz 频宽是共建共享保持网络竞争力的关键，是保障资源公平使用的基础，也是面向企业业务独立拓展的前提，可以将 200MHz 频宽作为设备选型的优选条件。

13.4 共建共享方式介绍

SA 共建共享方式具有组网简单、体验更优、支持 E2E 切片、实施难度小等优点。SA 共建共享组网示意如图 13-2 所示。

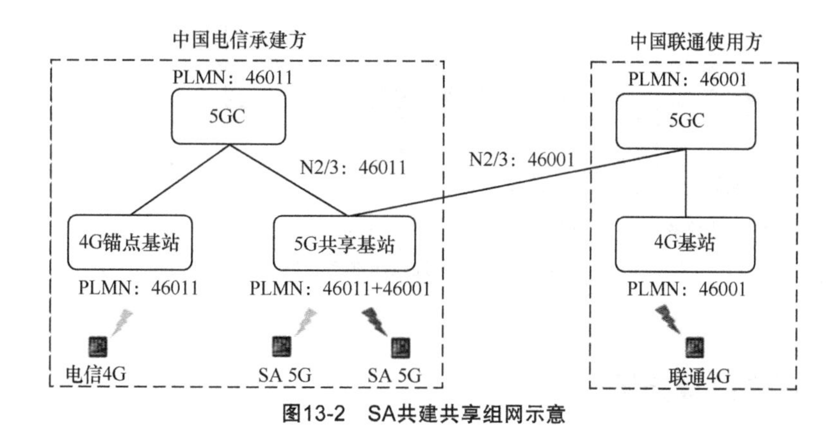

图13-2　SA共建共享组网示意

13.5 共建共享基本方案

基于运营商的深度合作和网络共享涉及的技术手段，网络共享方式可以分为基础设施共享、传输共享方案、多运营商核心网（Multi-Operator Core Network，MOCN）共享（载波是否共享两种方式）、资源分配机制和移动性管理机制。基础设施的共享不涉及物理设备的共享，其余几种都可以共享接入网的物理设备。

13.5.1 基础设施共享

基础设施共享是比较常见的方式，从铁塔到机房，从电源到配套，这些基建都可以共享，但是每一个运营商的具体网元，BBU、RRU 都是独立运营的，网管、核心网也都完全独立，平常的网络操作也不需要协同配合。基础设施的共享主要解决选址困难问题，是最常见的网络共享方式，多个运营商共用站址、机房、传输和塔台等。5G 基础设施共享方案示意如图 13-3 所示。

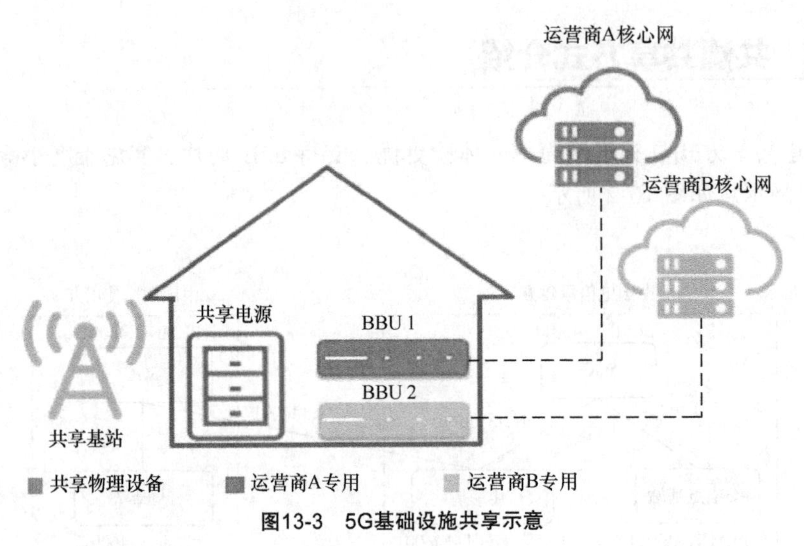

图13-3 5G基础设施共享示意

13.5.2 传输共享方案

传输共享方案一般可以分为 3 种，方案一是非主运营商共享主运营商的全部传输设备；方案二是非主运营商共享主运营商的部分传输设备；方案三是非主运营商和主运营商分别使用各自的传输设备。

（1）传输共享方案一

非主运营商共享主运营商的全部传输设备，在核心层实现非主运营商和主运营商的互通。主要应用场景不依赖共享机房，不限定 CU/DU 合设方式。该方案的缺点是在共享区域增加了租方核心层的互通时延，在共享和非共享交界区域租方 XN（SA 组网情况下的共享 NR 与非共享 NR）、X2（NSA 组网下）传输时延大幅增加。共享主运营商的全部传输设备示意如图 13-4 所示。

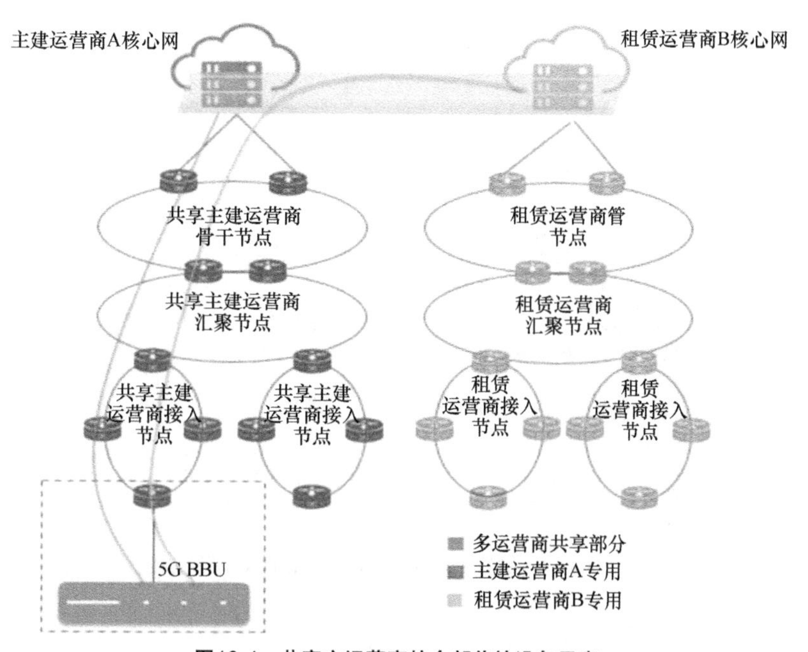

图13-4　共享主运营商的全部传输设备示意

该方案需要中国电信和中国联通双方在IP映射和路由上做好细致的对接配合。同时，利用原有4G共建共享的IP段方案为当前传输层面快速开通方案，暂时无法大规模应用也应在后期集团公司、省公司统一规则后大规模实施。

（2）传输共享方案二

非主运营商共享主运营商的部分传输设备，在传输侧实现非主运营商和主运营商的互通。主要应用场景不依赖共享机房，不限定CU/DU合设方式。该方案对非主运营商来说，接口时延相对核心层互通时延低；该方案的缺点是不同运营商需要独立建设其传输网络，此时传输网络节点多，波及范围大，跨运营商间的传输网络基本不可能支持互操作。共享主运营商的部分传输设备示意如图13-5所示。

（3）传输共享方案三

该方案是非主运营商和主运营商分别使用各自的传输设备，主要在CU/DU合设的分布式无线接网场景应用。优点是非主运营商和主运营商能够共享机房，缺点是非主运营商和主运营商的传输设备都必须满足5G大带宽的需求。非主运营商和主运营商分别使用各自的传输设备示意如图13-6所示。

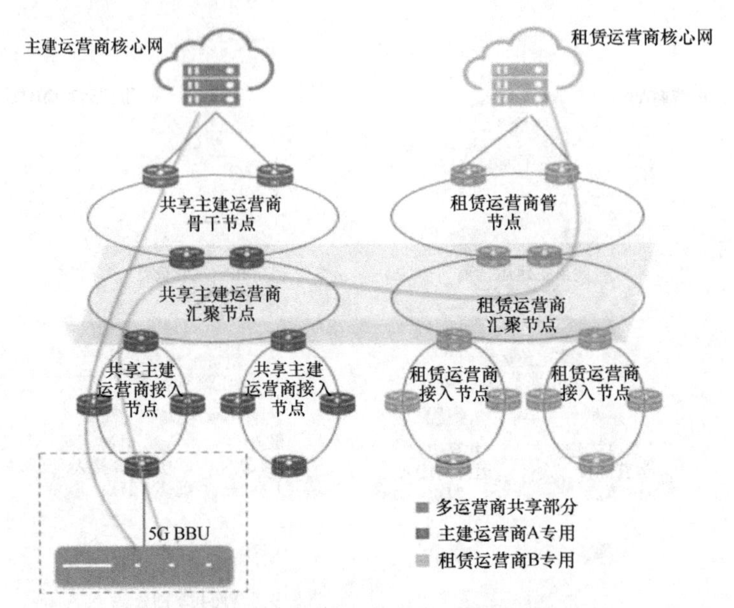

图13-5 共享主运营商的部分传输设备示意

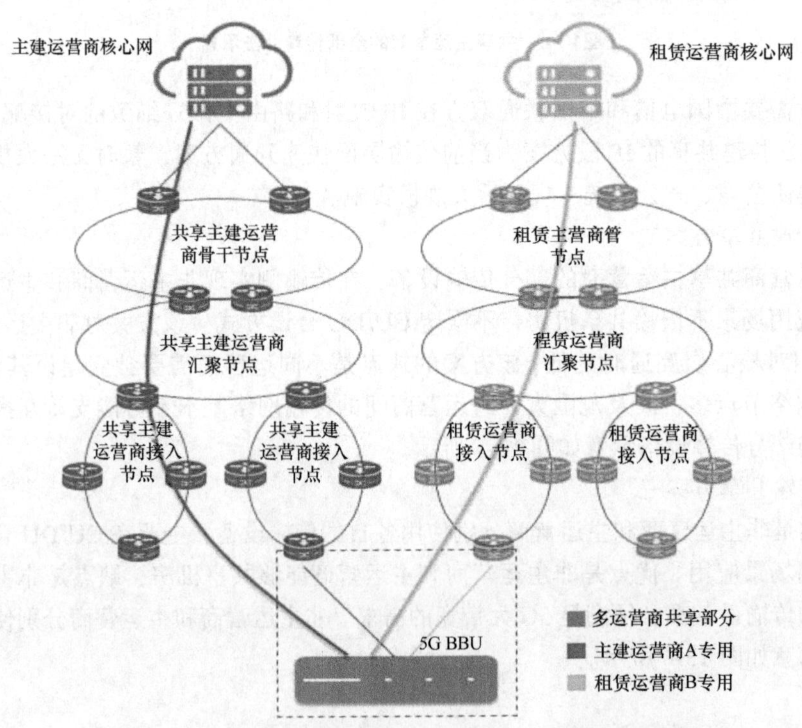

图13-6 非主运营商和主运营商分别使用各自的传输设备示意

13.5.3 MOCN共享

MOCN 被 3GPP 定义为一种在站点共享的基础上，进一步共享无线接入网设备的方式，该共享方式的各个运营商拥有各自独立的核心网。

RAN 侧根据 UE 在接入信令中提供 PLMN 的信息，为 UE 选择合适的核心网元，运营商之间的耦合性高，失去无线网络独立控制权，业务差异化缩小，需要共同协商无线侧参数配置和运维等。运营商将协议规定的 MOCN 方式下的独立载波方式单独定义为运营商无线接入网（Multi-Operator Radio Access Network，MORAN），该共享方式运营商拥有独立的无线载波资源，运营商之间的耦合性较低，可以进行独立无线侧参数配置。MOCN 通常被认为是载波不独立的，即载波共享。MOCN 和 MORAN 是运营商在保持网络独立性的基础上，快速进入新市场的便捷方式，在共享基础设施的基础上，进一步共享了基站设备。唯一区别在于 MORAN 载波独立，而 MOCN 载波共享。被共享的运营商可以收取费用，而主动进入共享基础设施的运营商则可以节省大量的网络建设开支，且保持自身网络独立性。MOCN 共享方案示意如图 13-7 所示。

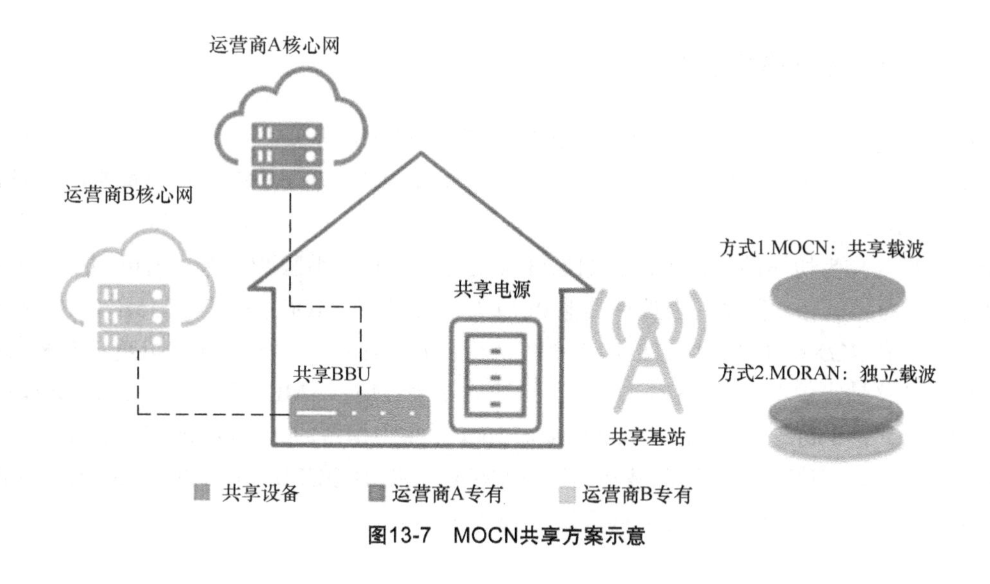

图13-7　MOCN共享方案示意

13.5.4 资源分配机制

资源分配机制可以分为空口资源的分配和 RRC 用户数的分配。

（1）空口资源的分配

在 MOCAN 共建共享方式下，主运营商和非主运营商分别使用各自的载频，无线频段的隔离不需要专门的管理；在 MOCN 共建共享方式中，由于使用相同的空口资源，需要明确主运营商和非主运营商空口资源的划分、负荷控制和参数配置等内容。根据不同运营商的需求，无线空口资源划分可以分为静态和动态两种。静态划分即给运营商分配固定的无线资源，分配固定的 RB 数目；动态划分可以根据两家运营商的负荷情况，分配相应的 RB 数目。

（2）RRC 用户数的分配

RRC 用户数的分配功能指运营商根据后台配置的"RRC 用户数资源比例"参数，来分配各自可接入的 RRC 用户数。当 UE 所在小区支持的 PLMN 数大于 1，则需要通过"PLMN 标识"及"RRC 用户数资源比例"等参数来调整小区的接纳控制。对初始新接入的 UE，当 RRC 连接建立完成后，才能得知 UE 的服务 PLMN，UE 在 RRC 连接建立完成消息中将 Selected PLMN 带给 gNB。所以对于初始新接入的 UE，需要将小区用户数接纳控制挪到 RRC 连接建立完成后进行，如果接纳成功，则继续后续的接入流程，如果接纳失败，则释放 UE，给 UE 发 RRC 连接释放消息。

13.5.5 移动性管理机制

总体来说，无论是 5G 和 4G 间的互操作，还是 5G 内部共享基站和非共享基站的互操作，均是基于 PLMN 进行的。从 gNB 角度来看，gNB 的功能需要合理选择目标基站，同时将相应的 PLMN ID 通知给相应的网元。协议中要求源侧 gNB 优先选择支持当前服务小区 PLMN 的小区作为切换的目标小区，如果没有支持当前服务小区 PLMN，则可用小区作为切换目标，再根据移动限制列表选择其他 PLMN。无论是在 MOCAN 还是在 MOCN 模式下进行 S1/N2 和 X2/XN 切换，均应根据 PLMN 去选择目标小区。对于 S1/N2 切换，要求源侧 gNB 通过切换请求中携带的 TARGETID 通知给 AMF/MME，AMF/MME 通过 HANDOVER REQUEST 中的 Source to Target Transparent Container 中携带的 Target Cell ID 通知给目标侧。对于 X2/XN 切换，要求源侧基站通过 HANDOVER REQUEST 中携带的 Target Cell ID 通知给目标基站。移动性管理机制示意如图 13-8 所示。

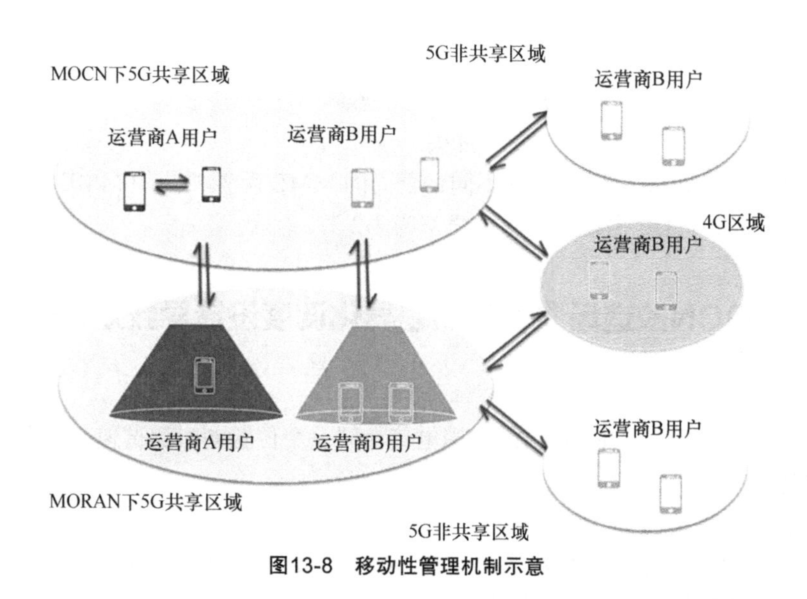

图13-8　移动性管理机制示意

13.6 共建共享典型问题及案例介绍

13.6.1 双方核心网MMEC ID冲突导致基站S1建立失败

1. 问题描述

共享载波场景下某局点基站出现 S1 建立失败，告警提示 MMEC 冲突。

2. 问题分析

单锚点共享载波基站连接的中国联通和中国电信 MMEC ID 现网存在冲突，导致 S1 建立失败。MME 寻呼 UE 使用的标识是 S-TMSI。S-TMSI= MMEC+M-TMSI，如果 MMEC 存在冲突，那么 UE 无法区分是哪一个 MME 在寻呼自己。网管告警见表 13-1。

表 13-1　网管告警

服务核心网的全局唯一标识	核心网的相对容量	S1 链路故障原因
460-01-23042-4, 460-01-23042-5	255	无
460-01-23042-2, 460-01-23042-3	255	无
460-01-23042-16, 460-01-23042-17	255	无
460-11-4352-1	255	无
460-11-4352-3	0	MMEC 冲突
460-11-4352-2	0	MMEC 冲突

3. 解决措施

① 统一规划双方核心网 MMEC ID，避免冲突。

② 通过打开基站的兼容性开关规避冲突。

当打开开关时，如果共享 eNB 的不同运营商的 MME 配置相同的 MMEC，则可能导致 UE 出现误寻呼。单个 UE 出现误寻呼的概率为 $1/2^{32}$。

13.6.2 MOCN改造场景，QCI差异化调度设置导致双方体验差异大

1. 问题描述

在 5G MOCN 场景下，中国联通、中国电信在同一个位置同时测试速率，发现双方用户的速率差异比较大。

2. 问题分析

接受测试的中国联通用户的默认承载是 QCI 6，接受测试的中国电信用户的默认承载是 QCI 8。中国联通则配置了差异化调度，将 QCI 8 作为 VIP，则中国电信的普通用户也可以享受高优先级的调度服务。

3. 解决措施

在共建共享之后，中国联通、中国电信的差异化配置策略必须保持一致。5G 已经发布了差异化套餐，否则会造成用户调度策略混乱，无法提供预期的差异化服务，从而引起用户投诉。

13.6.3 干扰导致寻呼未收到

1. 问题描述

在 EPS FB[1] 拉网过程中，出现一次被叫终端收不到寻呼而导致呼叫建立失败的问题。从终端日志中，终端在对应时间范围内没有盲检到对应的寻呼 DCI。

2. 问题分析

① 从基站抓取的日志进行分析，基站已经在 NG 口接收到来自核心网的寻呼。

② 使用中兴天机 10s Pro 终端（采用高通 X55 芯片）沿初始测试路线进行复现，出现终端偶尔收到寻呼的情况，且没收到寻呼时也是因为终端没盲检到寻呼 DCI。

3. 解决措施

临时把该站的所有小区 TAC 配置成 YYYY（造成 TAC 插花），并更改配置指向中国联通 MME PooL1，功能恢复正常。

1. EPS FB（Evolved Packet System Fallback，演进分组系统倒退）。

长期方案：中国电信、中国联通协同规划 TAC 和 PooL 映射关系，确保在特定场景下功能正常。

13.6.4 宏微策略导致基站不触发切换

1. 问题描述

在上报 5G A3 测量报告后，基站不触发切换，排查后发现邻区配置和邻区使用状态均正常。

2. 问题分析

上报 5G A3 测量报告后，基站不触发切换，排查后发现邻区配置和邻区使用状态均正常。排查抓打印，发现打印中到达 micro-micro handover，查看小区属性，发现源小区为 QCELL 站，初步怀疑宏微切换测量配置策略存在问题。

继续检查移动性功能中的“宏微切换测量配置策略”= 宏微切换测量分开 [split]，在此配置下，从 QCELL 切换到宏基站要使用专用的配置，现场修改“宏微切换测量配置策略”= 宏微切换测量合一 [united] 后，切换正常。网管配置操作示意如图 13-9 所示。

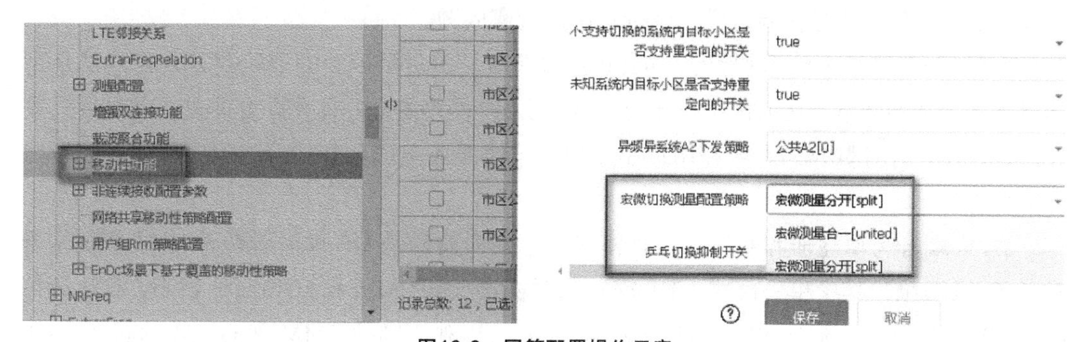

图13-9　网管配置操作示意

分析告警，现网在配置完成后立刻出现配置数据超出 License 的限制告警。

3. 规避措施

修改“宏微切换测量配置策略”= 宏微切换测量合一 [united] 后，问题解决。

第 14 章

Chapter Fourteen

SA 组网下 4G/5G 协同优化

14.1 4G/5G 协同组网架构

SA 组网下的 5G 电联共享网络相较于 NSA 有较大的变化，全新的网络架构和 4G/5G 长期共存使网络变得越来越复杂，给网络优化带来多方面的挑战。如何通过 4G/5G 系统间互操作功能提升用户业务体验，成为亟待解决的现实问题。

为实现 5G 网络 SA 组网架构，3GPP 组织提出了 5G 网络与 4G 核心网网元融合的新型网络架构，新型网络架构的推出意味着业务、数据、网络将会一体化融合演进，此时用户签约数据、用户业务数据的融合和用户业务的连续性都是 4G/5G 在融合过程中必须首先考虑的问题。

SA 终端分为单注册和双注册两种模式，单注册指的是 UE 仅注册在 5GC 或者仅注册在 EPC，UE 维护其中单一模式，UE 需要同时协调处理 EMM 和 5GMM 的状态。双注册指的是 UE 可以同时注册在 EPC 侧和 NR 侧，UE 可以独立维护 EMM 和 GMM 的状态。UE 可以选择仅注册在 5GC 或 EPC，或者同时注册在 5GC 和 EPC，UE 可以独立维护 5GC 和 EPC 模式。

N26 接口是将 5G 核心网络功能 AMF 与 4G 网络节点 MME 互连的接口，5GC 中的 AMF 和 EPC 中的 MME 之间需要支持 N26 接口，以实现系统间切换的无缝会话连续性，这对语音服务是至关重要的。如果语音呼叫是在 5G NR 中发起的，即当存在 LTE 的 RAT 间切换时，可以继续进行 VoNR 呼叫，并且语音呼叫作为 VoLTE 呼叫继续。4G/5G 互操作系统架构示意如图 14-1 所示。

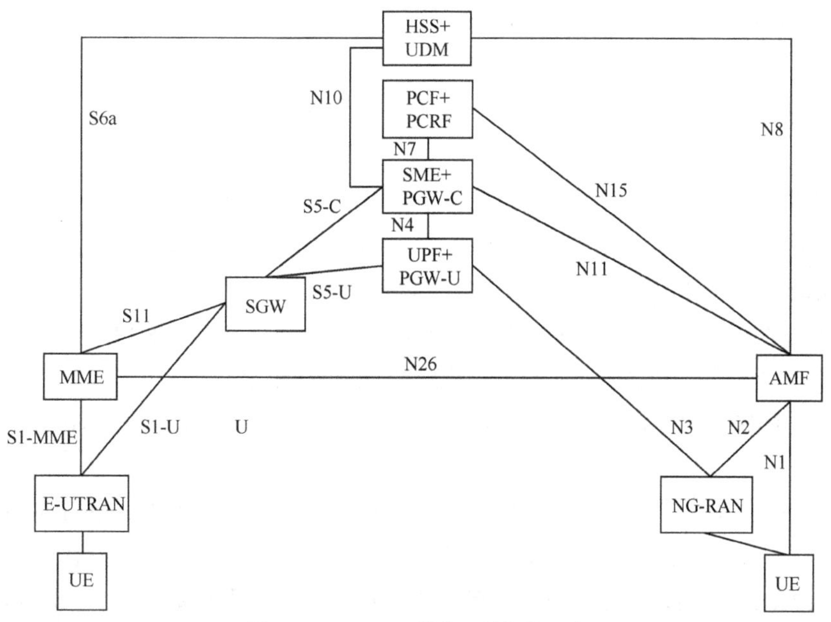

图14-1　4G/5G互操作系统架构示意

14.2 4G/5G 融合组网整体流程

当UE为RRC_IDLE和RRC_INACTIVE状态时，走重选流程；当UE为RRCE态时，4G/5G移动性管理可分为空闲态移动性管理和连接态移动性管理。4G/5G 互操作流程如图 14-2 所示。

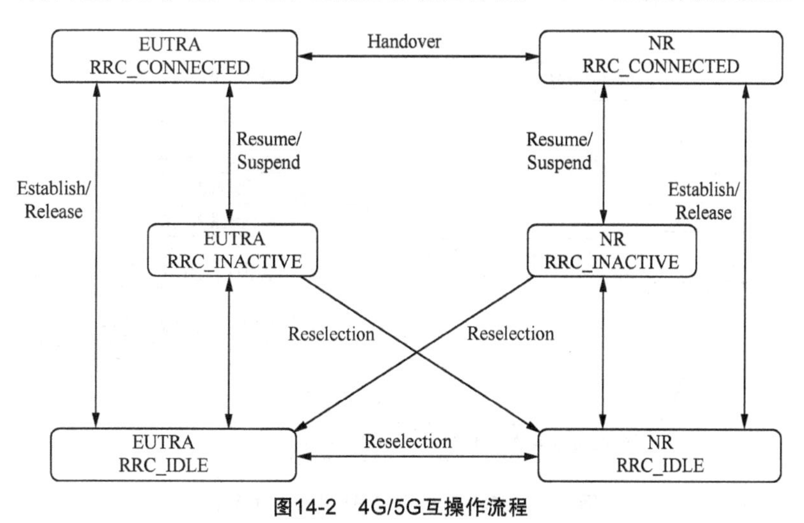

图14-2　4G/5G互操作流程

1. 空闲态移动性包括小区选择及小区重选。

UE驻留某小区后，通过系统消息获取异系统优先级重选门限等相关参数。

① UE会持续对高优先级异频或异系统小区进行测量，如果各方面条件满足，则尝试重选并驻留到高优先级小区。

② 对于同/低优先级异频或低优先级异系统小区，当UE测量到服务小区信号强度或者质量低于一定门限时，才测量同/低优先级系统和频点，如果各方面条件满足，则尝试重选同/低优先级系统和频点，并驻留到同/低优先级小区。

2. 连接态移动性即LTE与NR之间的切换、重定向、语音EPS FB和Fast Return。

① 保证数据业务和语音业务的切换功能，实现业务的连续性。

② 重定向包括基于测量的重定向和盲重定向功能，当没有N26接口时，UE可以走重定向流程。

③ 语音EPS FB，当5G网络不支持IMS Voice时，可将UE切换或重定向到支持IMS Voice的4G网络中，以便继续负责语音呼叫的功能，保证语音业务的连续性。

④ Fast Retun功能，当UE进行语音呼叫业务时从5G网络通过EPS FB功能到4G网络，语音通话结束后通过Fast Return功能加速返回到5G网络，保证用户的5G业务体验。

14.3 4G/5G互操作策略

5G SA与4G LTE互操作分类包括空闲态互操作、数据业务连接态互操作和语音业务连接态互操作3种。5G SA与4G LTE互操作分类示意如图14-3所示。

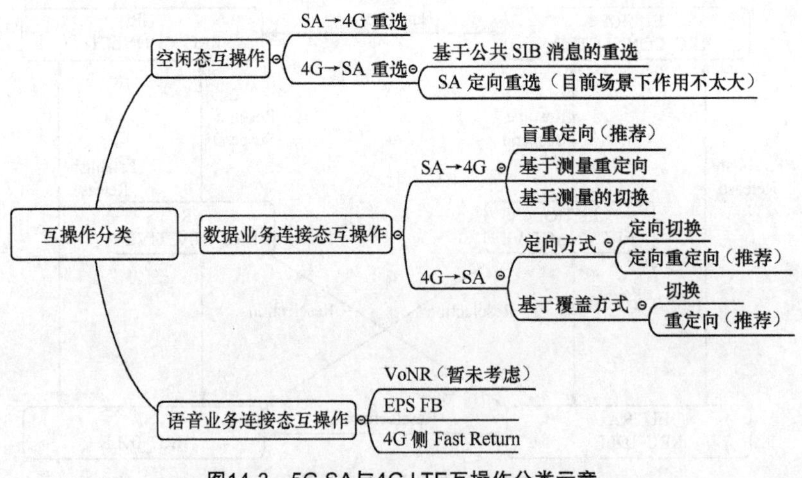

图14-3 5G SA与4G LTE互操作分类示意

14.3.1 空闲态互操作策略

当终端处于空闲态时，如果发生 5GC 到 EPC 的移动，终端可以选择使用由 5G-GUTI 映射的 EPS-GUTI 进行 TAU 或 Attach 流程完成移动性处理，MME 通过 N26 接口获取终端在 5G 的移动性管理上下文和会话管理上下文。在此过程中，MME 并不会感知跨系统互操作过程，N26 接口从 MME 处理的角度来说等同于 S10 接口。

如果空闲态下终端发生 EPC 到 5GC 的移动，终端将使用由 EPS-GUTI 映射的 5G-GUTI 执行移动性注册滚动登记流程，并且向网络指示该终端的源网络是 EPC，同时 AMF 通过 N26 接口获取终端在 4G 的移动性管理上下文和会话管理上下文，并将会话部分的信息发送给 SMF。

1. 小区重选总体策略

终端在空闲态时会根据服务小区在系统信息广播中配置的小区选择和重选参数，执行小区选择、重选过程。为了充分体现 5G 技术优势，一般采取以下设置原则。

① NR 小区重选优先级高于 4G，终端优先驻留 NR 网络。

注意：如果网络在专用 RRC 信令中向终端提供小区专用优先级信息，则终端应忽略系统消息中提供的优先级。此外，异系统之间必须设置不同优先级。

② 在 NR 弱覆盖区域，终端执行到 4G 低优先级的小区重选，当 4G 信号满足重选条件时，重选到 4G 网络。

③ 终端驻留 4G 网络时，周期性搜索高优先级 NR 信号，当 NR 信号满足重选条件时，重选到 NR 网络。

小区重选流程示意如图 14-4 所示。

2. 5G 到 4G 小区重选过程

① 终端进入空闲态后读取 NR 系统消息，SIB2（NR 本小区重选信息）和 SIB5（4G 异系统重选信息）。

② 终端根据 SIB 中的参数启动测量并执行重选判决。

测量启动条件：由于 4G 小区优先级低于 NR 服务小区，要求服务小区满足 Srxlev ≤ SnonIntraSearchP 或 Squal ≤ SnonIntraSearchQ，终端才执行异系统测量。低优先级 4G 异系统重选判决条件如下：

- 终端在当前 NR 服务小区驻留时长超过 1s；
- 如果 NR 服务小区在 SIB2 中广播了 threshServingLowQ，则选择 RSRQ 作为判决量，并且在 Treselection RAT 期间，NR 服务小区需要满足 Squal < Thresh Serving, LowQ，同时目标 4G 异系统小区需要满足 Squal > Thresh X, LowQ；
- 否则，选择 RSRP 作为判决量，并且在 Treselection RAT 期间，NR 服务小区满足 Srxlev < Thresh Serving, LowP，且目标 4G 异系统小区满足 Srxlev > Thresh X, LowP。

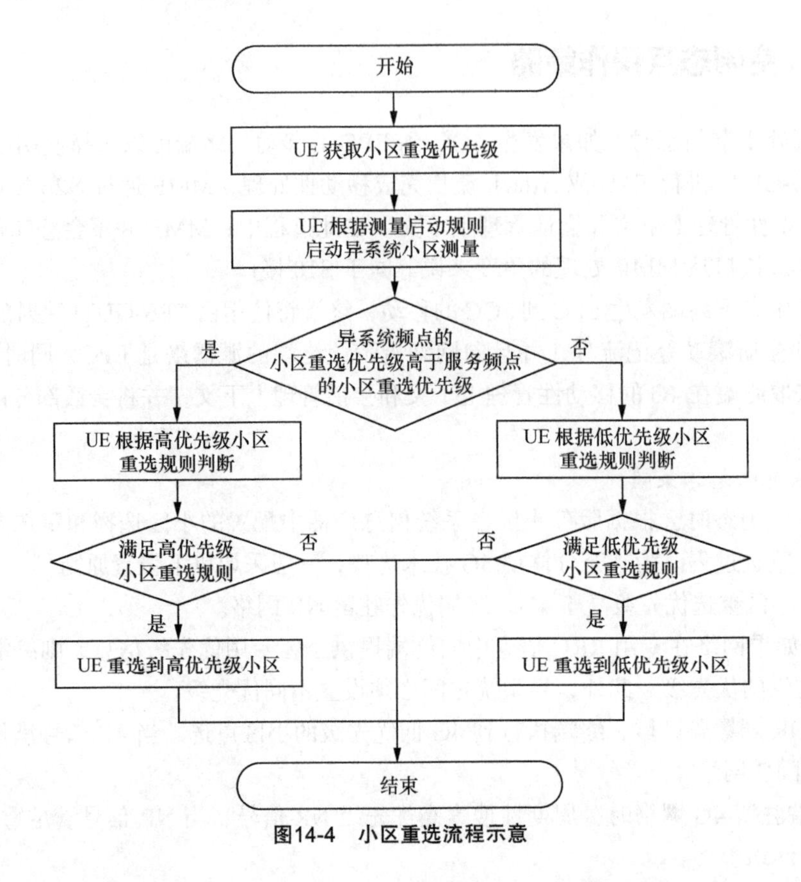

图14-4　小区重选流程示意

③ 终端重选至4G网络后在4G上执行TAU或Attach过程。

执行TAU：如果终端和EPC均支持attach without PDN connectivity（即支持在Attach过程中不建立默认承载的场景），或者终端至少存在一个支持异系统间交互的PDU会话，则执行TAU过程。

执行Attach：如果终端在5GC中没有建立任何PDU会话或者已建立的PDU会话不支持在异系统间交互，并且终端和EPC只要有一个不支持attach without PDN connectivity，则执行Attach过程。

3. 4G到5G SA小区重选过程

① 终端进入空闲态后读取4G系统消息，SIB3（4G本小区重选信息）和SIB24（NR异系统重选信息）。

② 终端根据SIBs中的参数启动测量并执行重选。

测量启动条件：如果NR小区优先级高于4G服务小区，那么终端必须周期性进行高优先级NR异系统小区测量。

高优先级 NR 异系统重选判决条件如下：

• 终端在当前 4G 服务小区驻留时长超过 1s；

• 如果 4G 服务小区在 SIB3 中广播了 threshServingLowQ，则选择 RSRQ 作为判决量，目标 NR 异系统小区需要满足 Squal > Thresh X, HighQ；

• 否则，选择RSRP作为判决量，并且在 Treselection RAT 期间，目标NR异系统小区需要满足 Srxlev > Thresh X, HighP。

③ 终端重选至 NR 网络后发起 5GC 的注册流程。

14.3.2 数据业务连接态互操作策略

当终端处于连接态时，无论是发生 5GC 到 EPC 的移动，还是发生 EPC 到 5GC 的移动，都可以执行跨系统切换流程。在切换过程中，HSS+UDM 将不再受理针对该终端的由 AMF 或由 MME 发来的注册请求。同时 4G/5G 网络之间也可以采用重定向流程。

1. 重定向总体策略

① 4G 到 5G：为了保障用户享受 5G 高速上网体验，当终端在 4G 发起业务后，触发 NR 的 B1 测量，当满足 B1 条件，及时触发到 NR 的切换或者重定向。

② 5G 到 4G：为了保障用户业务感知连续性，在 NR 弱覆盖区域，通过 A2/B2 事件触发终端切换或者重定向到 4G 侧。

2. 5G 到 4G 重定向过程

① 基于测量的重定向：NR 下发启动异系统测量 A2 事件，当 NR 收到 A2 报告后下发对应 A1 和 B1 测量事件；若 NR 收到 A1 报告，则删除 A1 和 B1 事件，增加 A2 事件；反之 NR 若收到 B1 事件，触发向 4G 频点的重定向。盲重定向：NR 下发盲重定向 A2 测量事件，当 NR 收到 A2 报告后触发向 4G 频点的重定向。

② NR 在 RRC Release 消息内携带 4G 频点信息，通知终端重定向该 4G 频点。

③ 终端重定向至 4G 网络后发起 TAU 的过程。

5G 到 4G 重定向信令流程示意如图 14-5 所示。

3. 4G 到 5G 重定向过程

① 基于测量的重定向：4G 基站下发 NR 频点的 B1 测量事件；若 4G 基站收到 B1 报告，则触发向 NR 频点的重定向。

② 4G 基站在 RRC ConnectionRelease 消息内携带 NR 频点信息，通知终端重定向该 NR 频点。

③ 重定向至 NR 网络后，发起在 5GC 的注册流程。

4G 到 5G 重定向流程示意如图 14-6 所示。

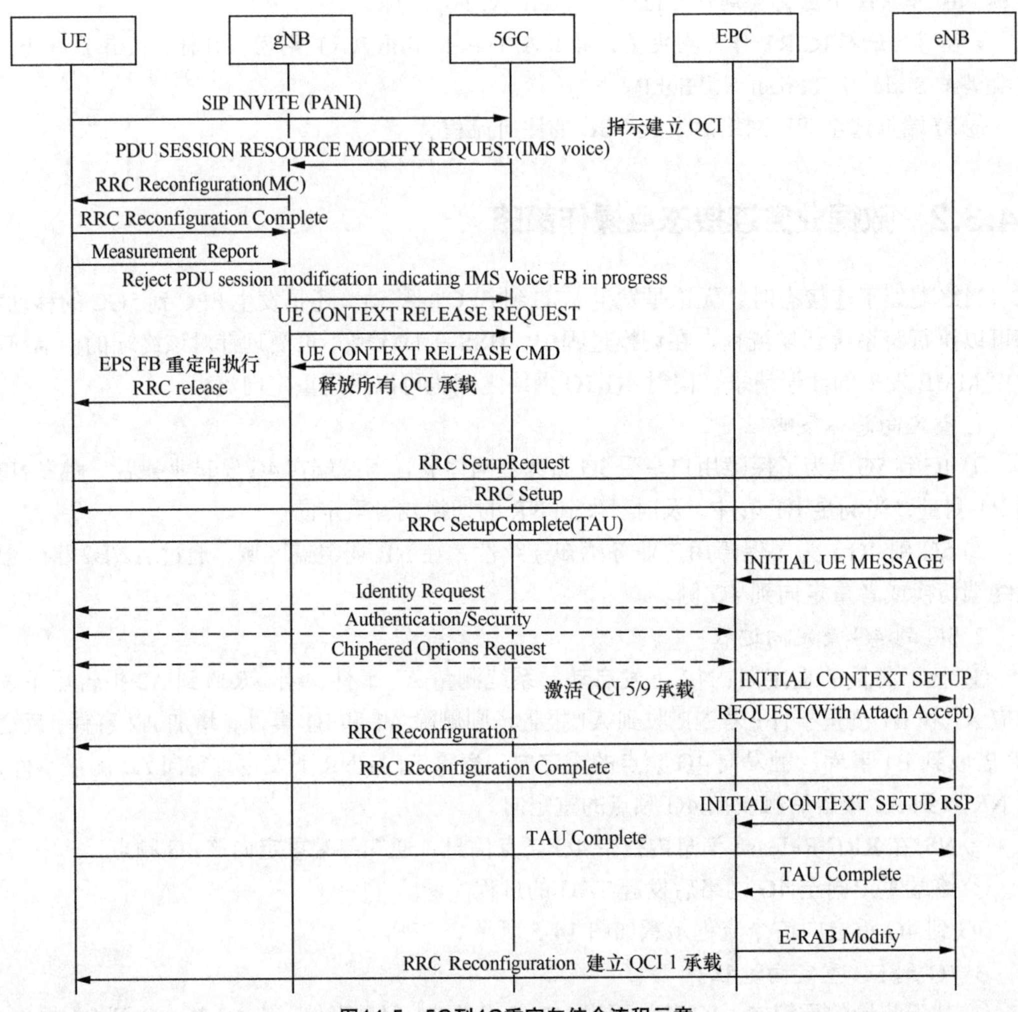

图14-5　5G到4G重定向信令流程示意

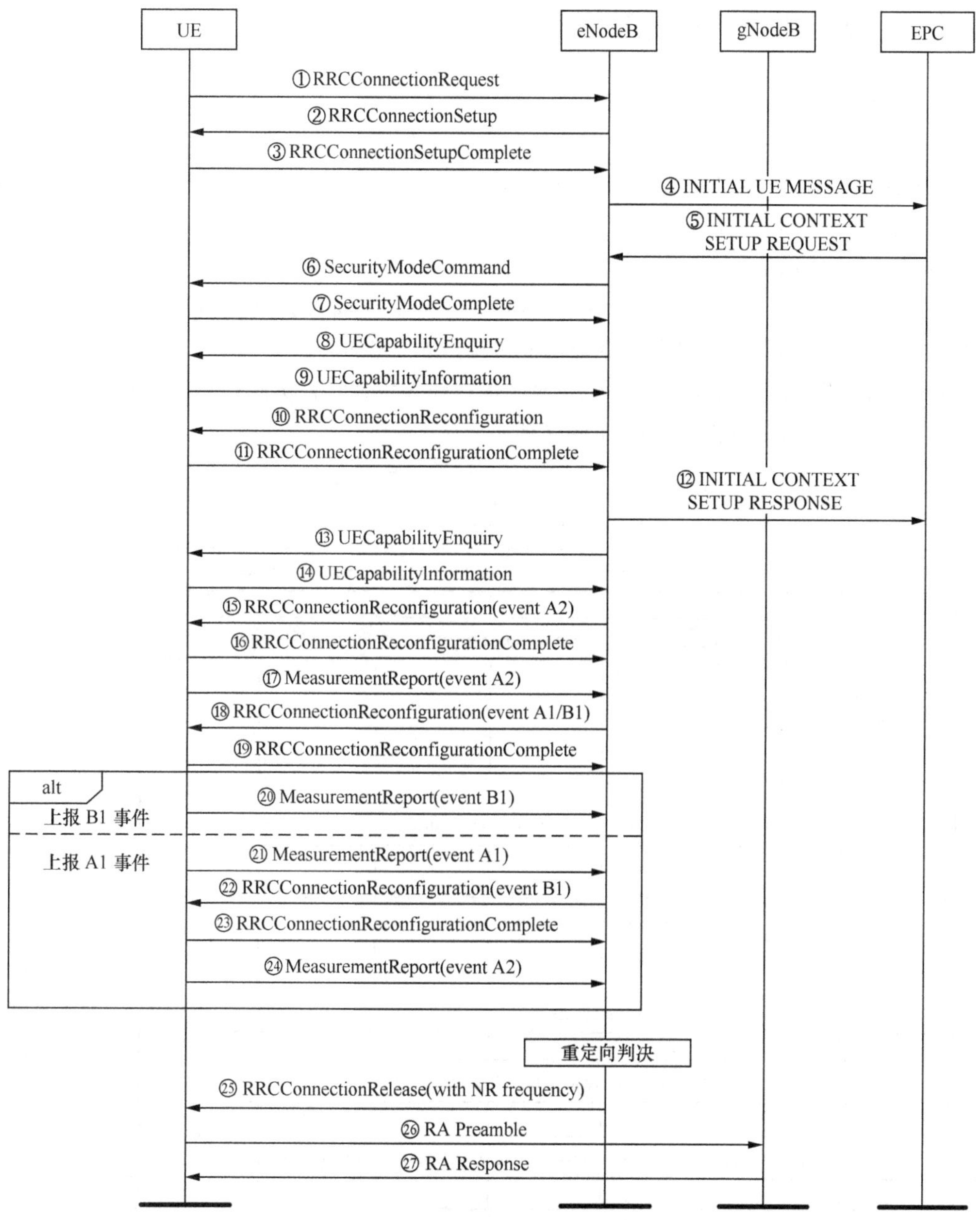

图14-6　4G到5G重定向流程示意

14.3.3 语音业务连接态互操作策略

1. 5G 到 4G 互操作

SA 共建共享 EPS FB 分别回落本网 LTE 和网络 EPS FB，原理描述如下。

当 NG-RAN 网络不支持 VoNR 时，UE 在 NG-RAN 中发起的语音业务可以通过 EPS FB 功能回落到 E-UTRAN，包括普通语音回落和紧急呼叫语音回落。从 NG-RAN 语音回落到 RAN 的 UE 被称为 EPS FB 用户。

普通语音回落功能通过 NRCellAlgoSwitch.VoiceStrategySwitch 的子开关“EPS_FB_SWITCH”打开。紧急呼叫语音回落是基本功能，无参数控制。

当驻留在 NR 的终端有语音业务且 NR 不能提供 VoNR 时，由网络侧发起 EPS FB 流程，5G 到 4G EPS FB 信令流程示意如图 14-7 所示。

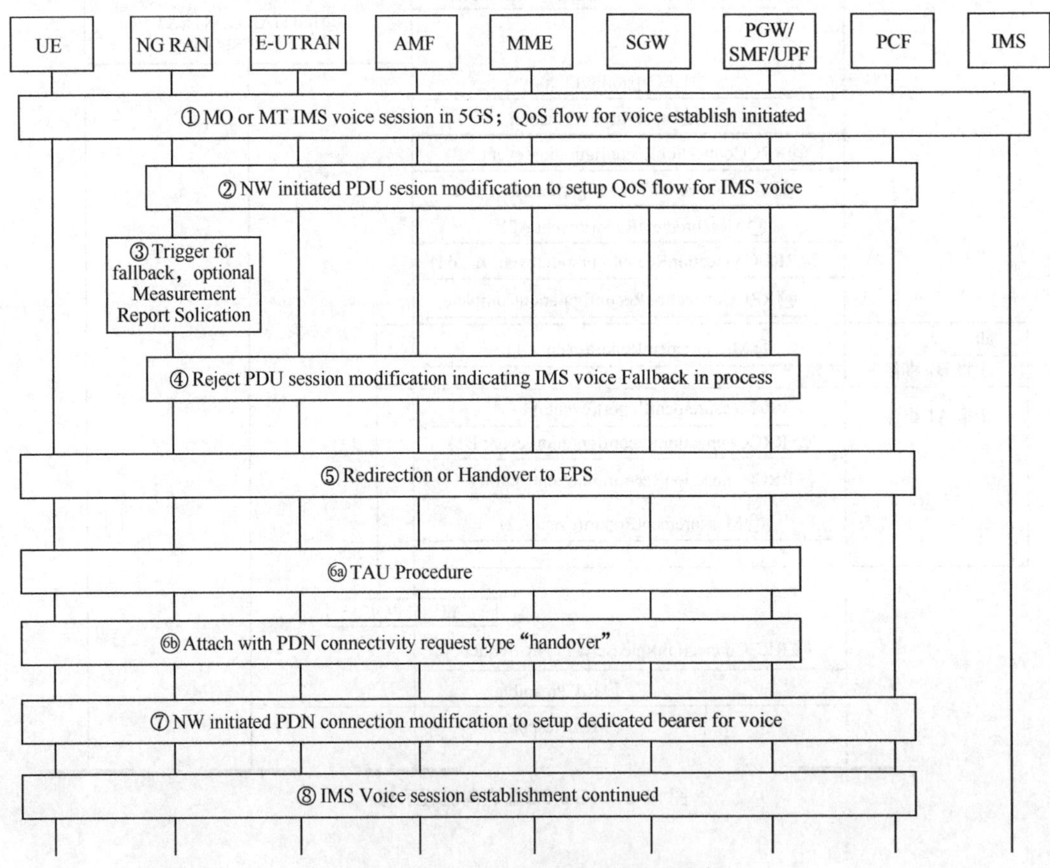

图14-7 5G到4G EPS FB信令流程示意

EPS FB 在流程上主要有如下策略。

从 EPS FB 是否测量 LTE 来看，19B/20A 版本仅支持基于测量的方式，20B 版本支持盲重定向的方式，19B/20A 版本在以下情况将执行盲重定向到 LTE。

① EPS FB 保护定时器超时仍未收到异系统 B1 测量报告。

② 切换准备尝试失败。

EPS FB 执行方式可以分为以下两种。

① 基于重定向的 EPS FB：终端回落到 LTE 后需要读取 4G 侧系统消息，建立 RRC 连接，然后建立 VoLTE 业务，如果在 EPS FB 之前有数据业务，也需要在 LTE 侧重新建立承载以恢复数据业务。

② 基于 PSHO 的 EPS FB：终端的语音业务和数据业务（如果存在）一起切换至 LTE 侧，语音建立时延与数据业务中断时延相对较短。

2. 4G 到 5G 互操作

SA 共建共享 VoLTE 语音业务开启 Fast Return 开关，Fast Return 特性主要目的是加快 EPS FB 用户在业务结束后返回 NR 小区的速度，以提升用户体验。

Fast Return 具体流程如下。

① 当用户完成 VoLTE 语音业务，并删除语音业务承载后，判断 UE 是否支持 NR 和 NGC（a. 判断终端能力是否支持 NR；b. 判断 UE 的初始上下文 / 上下文修改信息中的 handover restriction list，只要核心网没有将 NR 列为禁止名单，则认为在 5G 已开户），如果支持 NR 和 NGC，则当前版本还会判断 UE 携带的业务 QCI 的切换属性，当存在 MUST HO 且不存在 NO HO 的 QCI 时，转下一步。

② eNodeB 下发异系统 B1 事件测量。

③ UE 收到 eNodeB 的测量配置，进行异系统 NR 测量。

如果测量 NR 信号在 InterRatHoNrParamGrp.NrB1B2TimeToTrigger 内持续大于 InterRatHoNrParamGrp.ServBasedNrB1RsrpThld，则 UE 上报事件测量报告，选择过滤后信号质量最好的 NR 小区作为目标小区 / 频点。

如果 eNodeB 在 InterRatHoNrParamGrp.NrB1B2TimeToTrigger 超时后，还未收到异系统 B1 事件上报，则终止异系统 B1 事件，不再继续后续操作。

④ UE 收到 NR 目标小区或目标频点信息后，完成到 NR 小区的切换或重定向。

4G 到 5G 切换信令流程如图 14-8 所示。

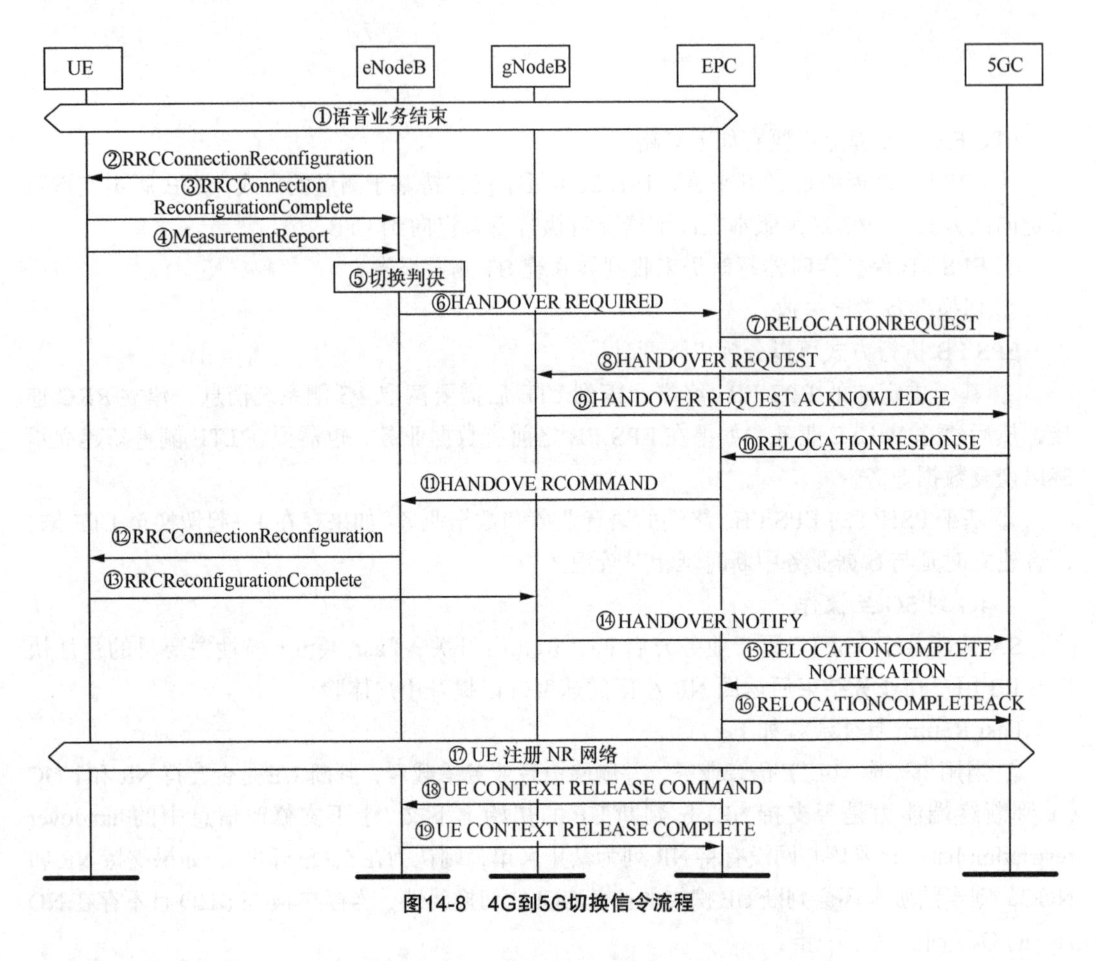

图14-8　4G到5G切换信令流程

14.4　4G/5G 互操作问题分析思路

1. 失败趋势、范围、话务统计原因分解、关联指标分析

① KPI[1] 趋势分析

确认所用 KPI 定义公式是否正确，不要出现公式使用错误等问题，尤其是版本升级后，应确认是否变更了话务统计指标定义。

分析最近一段时间（至少 2 周）的异系统问题 KPI 趋势，判断是指标突变问题、渐变问

1. KPI（Key Performance Indicators，关键绩效指标）。

题还是指标优化问题。

• 如果是突变问题，要分析是否存在重大节日、网元升级、参数修改、组网变化，例如，新增站点、割接等动作，即需要重点分析规定动作。

• 如果是渐变问题，要分析用户量是否在逐渐增加，是否有新款终端上市或终端升级，是否存在逐渐优化邻区（ANR 或手工）等。

• 如果是指标优化问题，则按序进行排查。

分析问题的技术人员，要进行关联指标分析，例如接入、系统内切换成功率、掉话率等是否同步恶化、业务建立是否出现大量增长，用户是否在制式间转移等。

② 问题范围确定

分析 TOP 小区在问题中所占的比例，并以此确定问题范围（TOP 小区问题 / 整网问题），再明确问题的影响。如果是 TOP 小区出现问题，则可以尝试从问题站点和正常站点的差异寻找问题突破口。

由于异系统互操作涉及切换、源和目标小区，并且涉及两张网络，需要进一步确认是切换源侧的问题，还是切换目标侧的问题，进而将问题隔离。

2. 故障和告警排查

核查指标劣化时间段是否存在网元设备告警、分析告警和设备故障，根据故障和告警处理帮助进行告警清零。

TOP 小区问题通过 LNR 互操作性能指标趋势图或客户投诉时间点确认转折点，查找转折点前一周的告警和设备故障日志。

3. 参数核查

参数核查主要包含 4 个部分。

① RAN 侧参数核查，主要包含基线参数核查和参数一致性核查两部分，需要注意切换门限核查，防止乒乓切换。

② License 核查：可以在 FPD 中找到相应特性的 License，部分地区单独包装 License 需要咨询当地产品经理。

③ UE 能力核查。

④ 其他人工参数核查，主要是涉及核心网的部分重要参数。

4. 信令推理分析

如果在典型站点中可以找到典型的问题场景，可通过相关信令进行逐步排查。

5. 网络规划优化

邻区漏配：可能导致用户无法触发异系统切换或切换到次优小区，切换失败。

邻区错配：可能导致用户切换到错误小区而切换准备失败（对端网络没有该错误小区）或切换执行失败（对端网络配置了该错误小区，但不是实际的目标小区）。

PCI[1] 混淆：同频同 PCI 会导致无线过滤此类小区，而切换到次优小区，切换失败。

当目标网络存在弱覆盖时，会导致切换后接入失败。

目标制式拥塞会导致切换准备成功率低。

6. TOP 用户排查 +TOP 终端类型排查

① 对于整网问题，进行 TOP 终端类型分析。

② 对于 TOP 小区问题，进行 TOP 用户分析。

14.5 4G/5G 互操作案例

14.5.1 EPS FB回落4G后，TAU失败问题

1. 问题描述

在测试 EPS FB 时，终端回落 4G 失败，电话无法接通，通过信令查看，终端通过 ULInformationTransfer 发送 TAU request，并且收到下行 NAS 直传消息 DLInformationTransfer，但是并没有解码出 TAU accept。

2. 问题分析

核心网收到 TAU request 后，回复 TAU accept，需要查看终端是否收到。

终端通过 ULInformationTransfer 发送 TAU request，并且收到下行 NAS 直传消息 DLInformationTransfer，但是并没有解码出 TAU accept。

通过 3GPP message decoder 可以解析 TAU accept，说明终端收到了 TAU accept 的码流，只是终端没有解析成功。

3. 解决措施

5GC 为了避免手机接入失败，软件参数配置不支持 CR611/CR616，修改软件参数支持 CR611/CR616 后测试正常。

14.5.2 TAU和EPS FB HO流程冲突时语音呼不通

1. 问题描述

UE 在移动到两个 5G TAC 的交界区时，同时打电话会导致语音不通，可通过信令跟踪。

1. PCI（Physical Cell ID，物理小区 ID）。

2. 问题分析

发现基站优先处理语音，核心网优先处理 TAU 流程，会发生流程冲突。信令分析如图 14-9 所示。

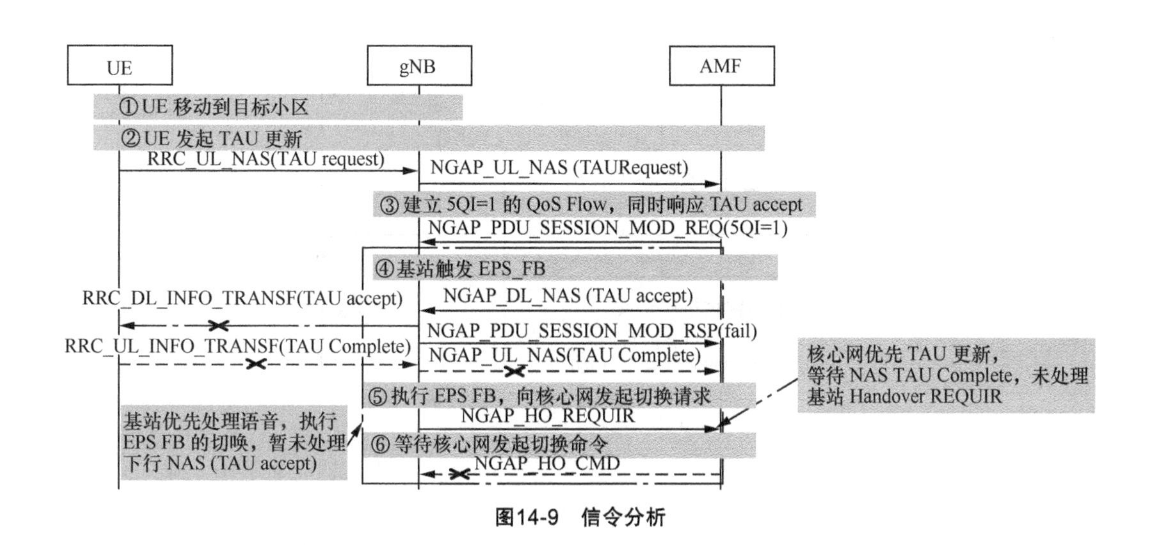

图14-9　信令分析

3. 解决措施

① 核心网：基于 TA List 进行 TAU，扩大 TA 范围，降低问题概率。

② 无线：并行处理 TAU 的 NAS 消息和 EPS FB HO，确保 TAU 流程和 EPS FB 流程正常。

14.5.3　PDU会话建立与UE 不活动定时器流程冲突导致语音呼不通

场景 1：

① AMF 发送 PDU Session Resource Setup 给 gNB；

② gNB 短时间内没有任何活动，不活动定时器超时向 AMF 发 UE CONTEXT REL，释放了 PDU；

③ 基站针对 PDU 建立回复 5QI 5 建立成功，IMS 正常下发 INVITE，但是无法接通。

场景 2：UE 不活动定时器超时触发 UE CONTEXT REL，AMF 向基站发送 PDU Session Resource Setup，同样存在流程冲突导致语音不通的情况。PDU 会话建立信令分析如图 14-10 所示。

解决方案：针对场景 1，基站优化处理流程（21B 版本），当收到 PDU Session Resource Setup 后，重启 UE 不活动定时器，避免发生流程冲突。

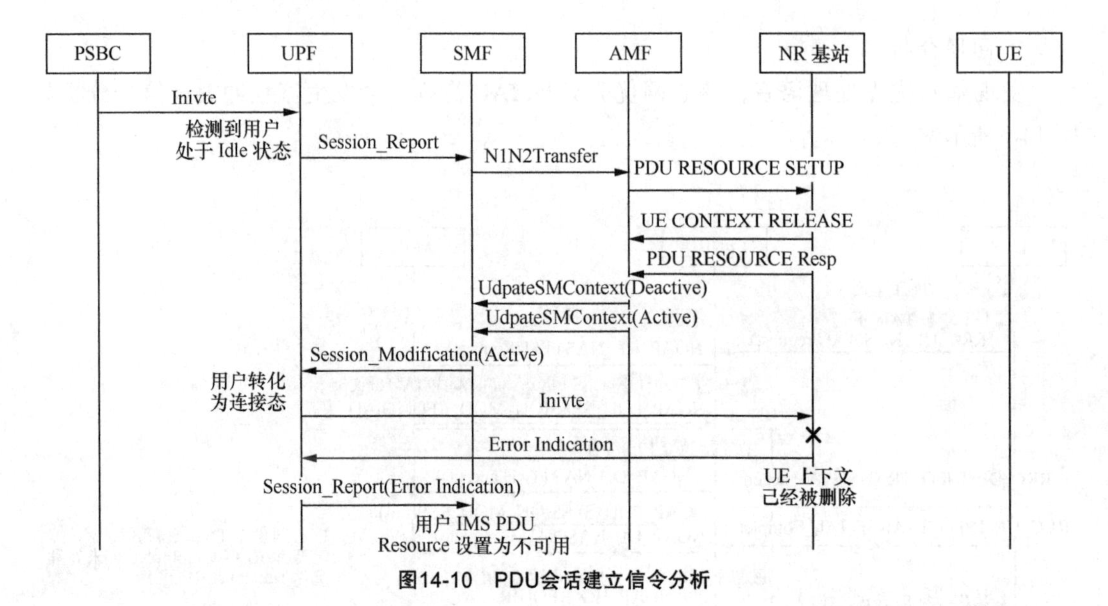

图14-10　PDU会话建立信令分析

第 15 章

Chapter Fifteen

未来网络演进及 6G

15.1 未来网络演进及 6G 技术趋势展望

5G 打开了世界从万物互联到万物智联的大门，让全社会对移动通信有了更高的期许。当前，6G 的研发进程恰与全球新一代信息技术发展交汇同步。6G 典型应用场景在增强移动宽带、海量物联网、低时延高可靠的 5G 三角形基础上加入沉浸式通信、人工智能与通信融合、感知与通信融合，将与近两年骤然升温的生成式人工智能、低空经济共同掀起一场更为猛烈的人类科技变革。

我国在 5G 标准、设备、终端、业务方面领先世界已经是行业的共识。目前，除我国外，欧盟、美国、俄罗斯、日本、韩国等国家和地区已有一些机构陆续启动 B5G 或者 6G 技术概念设计和研发工作，但是还远没有达到“统一 6G 定义”的阶段，部分观点认为 6G 基于太赫兹频段，部分观点认为 5G+AI 2.0=6G，还有部分观点认为 5G+ 空联网 =6G。综合起来，行业专家认为 6G 要向以下 4 个方向发展。

15.1.1 6G将进入太赫兹频段

从 1G 到 5G，为了提高速率、提升容量，移动通信向着更多的频谱、更高的频段扩展。对射频工程师而言，毫米波、太赫兹都不陌生，只是之前并未应用于移动通信领域。太赫兹技术被评为“改变未来世界的十大技术”之一。5G 的毫米波技术并不是在 4G 显示出其局限性时才开始研究的，其理论基础早在 2018 年以前就已经完成了。目前，毫米波 5G 的大规模商用部署仍然是一个难题。6G 是否会进入太赫兹频段，还要根据 5G 毫米波大规模商业后的应用程度和带来的技术价值来看，所以当前对太赫兹的研究是不可或缺的。

太赫兹频段是指 100GHz ～ 10THz，是一个频率比 5G 高出许多的频段。从通信 1G（0.9GHz）到现在的 4G（1.8GHz 以上），人们使用无线电磁波的频率在不断升高。因为频率越高，允许分配的带宽范围越大，单位时间内所能传递的数据量就越多，也就是通常说的“网速变快了”。

目前，通信行业正在积极开拓尚未开发的太赫兹频段，已有厂商在 300GHz 频段上实现了 100Gbit/s 的通信速率。

15.1.2 地面无线与卫星通信集成的全连接世界

迈向太赫兹是为了不断提升网络的容量和速率，但移动通信还有一个更伟大的梦想——缩小“数字鸿沟”。5G 是一个万物智联的世界，车联网、远程医疗等应用需要一个几乎无盲点的全覆盖网络，但全覆盖的梦想不可能一蹴而就，相信这将在 6G 时代得到更好的完善。

通信行业的一些专家提出，6G 网络将打造一个地面无线与卫星通信集成的全连接世界。将卫星通信整合到 6G 移动通信，实现全球无缝覆盖，让网络信号抵达任何一个偏远的乡村，让身处山区的病人能接受远程医疗，让孩子们能接受远程教育。同时，在全球卫星定位系统、电信卫星系统、地球图像卫星系统和 6G 地面网络的联动支持下，地空全覆盖网络还能帮助人类预测天气、快速应对自然灾害等。

15.1.3 软件与开源化颠覆网络建设方式

软件化和开源化趋势正在涌入移动通信领域，在 6G 时代，SDR、SDN、云化、开放硬件等技术会进入成熟阶段。这意味着从 5G 到 6G，电信基础设施的升级将更加便利，只需要基于云资源和软件升级就可以实现。同时，随着硬件的白盒化、模块化，以及软件的开源化、本地化，自主式的网络建设方式将成 6G 时代的新趋势。

除此之外，还需要了解基站小型化的发展趋势。例如，已有企业正在研究“纳米天线”，将新材料制成的天线紧凑地集成于小基站里，以实现基站的小型化和便利化，让基站无处不在。

总体来看，6G 时代的网络建设方式将发生前所未有的变化。

15.1.4 人工智能的网络规划和优化

随着网络越来越复杂，QoS 要求和运维成本越来越高，未来的移动网络将会是一个自治系统，能够学习、预测和闭环处理问题，这已在业界达成共识。随着人工智能的发展，像无人驾驶一样的自动化网络在 6G 时代将成为现实。一个全自动化的网络意味着技术人员可以动态地选择不同类型的无线接入技术，可以根据需求自动配置网络资源，可以自动提出网络规划建议等。

简而言之，网络是有意识的，网络规划和优化本身属于网络的一部分，必然会代替一部分传统的、人工的网络规划和网络优化工作。同时，分布式的网络构架更需要基于人工智能的自动化网络来满足对 QoS 越来越严苛的要求，仅依靠人力是无法满足人们对网络敏捷性需求的。

无论关于 6G 的构想有多么丰富，未来的 6G 一定都是 5G 的持续演进。5G 拥有的要依靠 6G 改进，5G 没有的则要依靠 6G 扩展。

15.2 各国的 6G 研究进展

2024 年是 6G 技术遴选的关键窗口期，也迎来 6G 标准启动。凝聚全球共识的 6G 愿景已经发布，但 6G 发展需求、技术路线等方面仍需进一步探索。人工智能和空天地一体通信等新技术的迅猛发展迫切要求整合全球资源与智慧，推动 6G 形成全球统一标准，加速 6G 商业化进程。在 2024 全球 6G 技术大会上，来自全球的专家学者、产业精英表示，6G 未来并不遥远，要把握机遇。

2024 年 2 月 26 日，美国白宫发表美国、英国、法国、日本、韩国、瑞典、芬兰、捷克、加拿大、澳大利亚 10 国的联合声明，称就 6G 无线通信系统的研发达成“共同原则”。声明中提到，通过共同努力，实现支持开放、自由、全球、可互操作、可靠、有弹性和安全的连接。该声明同时呼吁其他政府、组织和利益相关者团结合作，共同支持和维护这些原则。联合声明认识到合作与团结是解决 6G 发展面临的紧迫挑战的关键，并宣布将在各国采取相关政策，鼓励第三国采取此类政策，并推动研发和应用。

AI-RAN 联盟在西班牙巴塞罗那举行的 2024 年世界移动通信大会上宣布成立。AI-RAN 联盟在声明中称，这一合作项目旨在将 AI 融入蜂窝技术，进一步推进 RAN 技术和移动网络的发展。AI-RAN 联盟将致力于提高移动网络效率、降低功耗和改造现有基础设施，为电信公司在 5G 与 6G 的助力下利用 AI 释放新商机奠定基础。当下，通信技术的发展日新月异，面对 6G 时代的来临和科技变革所带来的重大机遇，多家大型科技企业乃至各个国家正在抢占 6G 战略制高点。

6G 研发启动以来，全球标准意见不统一的问题一直存在。但由于 6G 多学科多领域交叉的技术内生需求，以及横跨众多垂直行业、纵贯产业链上下游产业生态发展，决定着开放、合作一直是 6G 研发的主流。

而我国信息通信业在 6G 领域的前瞻布局、领先成果、开放姿态无疑将推动中国成为全球 6G 发展的核心力量。在 6G 标准启动前夕，3GPP 的 3 位联席主席的到来也释放着这样的信号。

3GPP SA 技术标准规范组主席 Puneet Jain 在会议上表示，走向 6G 的历程并不仅仅是一个科技和技术上需要努力去实现的目标，也是一个由全球 6G 标准驱动的合作性目标。我们需要所有人的参与和贡献来创造一个统一的全球6G标准。

我国作为全球通信技术领域的重要参与者和领导者，已经意识到下一代通信技术的重要性，并正在积极布局和推动相关研究与发展。

研究领先：我国在6G领域的研究成果突出，得益于长期的投资、庞大的市场需求和政府的大力支持。我国的科研机构、高校和企业在6G关键技术领域展开了深入的研究，涉及超高频通信、量子通信、智能天线、人工智能应用等各个方面。并在6G关键技术的研发上取得了显著进展，为全球6G标准的制定作出了重要贡献。

专利布局：在全球6G专利排行方面，我国以40.3%的6G专利申请量占比高居榜首。这不仅展示了我国在技术研发上的实力，也为未来在6G标准制定和商业化中占据有利地位奠定了基础。这些专利涵盖了从基础通信协议到具体应用场景的多个方面。

随着我国数字经济的持续发展和对6G技术应用的不断探索，预计我国在6G领域的领先地位将进一步巩固，并呈现积极、稳健的态势。同时，我国将继续加强与国际合作伙伴的交流与合作，共同推动全球6G技术的发展和应用，为6G技术的商业化和产业化奠定坚实基础，助力我国通信产业的全球领先地位。

其他国家对6G的研发情况如下。

（1）美国FCC

提出6G=区块链+动态频谱共享。美国FCC委员杰西卡在2018年洛杉矶举行的美国移动世界大会上表示，6G将迈向太赫兹频率时代，随着网络越来越致密化，基于区块链的动态频谱共享技术是未来通信技术的发展趋势。

（2）欧盟

2018年11月6日，欧盟发起第六代移动通信（6G）技术研发项目征询，旨在2030年实现6G技术商用。欧盟对6G技术的初步设想为：6G峰值数据传输速率要大于100Gbit/s（5G峰值速率为20Gbit/s）；使用高于275GHz频段的太赫兹（THz）频段；单信道带宽为1GHz（5G单信道带宽为100MHz）；网络回传和前传采用无线方式。

（3）英国

英国电信集团（BT）首席网络架构师尼尔·麦克雷在一个行业论坛中展望了6G、7G（第七代移动通信）系统。他的观点如下。

① 5G是基于异构多层的高速因特网，早期是“基本5G”，中期是“云计算与5G”，末期是“边缘计算与5G”（三层异构移动边缘计算系统）。

② 6G将是“5G+卫星网络（通信、遥测、导航）”，将在2025年得到商用，特征包括以“无线光纤”技术实现超快宽带。

③ 7G将分为“基本7G”与7.5G。其中，“基本7G”将是“6G+可实现空间漫游的卫星网络”。

他认为6G是在5G的基础上通过集成卫星网络来实现全球覆盖。

① 6G应该是一种便捷、超快速的互联网技术，可为无线或移动终端提供高数据速率或极快互联网速率——高达11Gbit/s（即便是在偏远地区接入6G网络）。

② 组成6G系统的卫星通信网络可以是电信卫星网络、地球遥感成像卫星网络、导航卫星网络。6G系统集成这些卫星网络的目的是为6G用户提供网络定位标识、多媒体与互联网接入、天气信息等服务。

③ 6G系统的天线将是“纳米天线”，这些纳米天线将广泛部署于各处，包括路边、村庄、商场、机场、医院等。

④ 在6G时代，可飞行的传感器将得到应用——为处于远端的观察站提供信息、对有入侵者活动的区域进行实时监测等。

⑤ 在6G时代，在高速光纤链路的辅助下，点到点（Point to Point，P2P）无线通信网络将成为6G终端传输快速宽带信号。

（4）日本

日本三大电信运营商之一的日本电报电话公司（Nippon Telegraph and Telephone，NTT）已成功开发出瞄准“后5G时代”的新技术。虽然NTT仍面临传输距离极短的问题，但是新技术的传输速率是5G的5倍，即每秒100GBbit/s。NTT使用一种名为“OAM”的技术，实现了数倍于5G的11个电波的叠加传输。OAM技术是使用圆形的天线将电波旋转成螺旋状进行传输，由于其物理特性，其转数越高，传输越困难。NTT计划未来实现40个电波的叠加。

缩略语

英文缩写	英文全称	中文
1G	The 1st Generation	第一代移动通信技术
2G	The 2rd Generation	第二代移动通信技术
3G	The 3rd Generation	第三代移动通信技术
3GPP	3rd Generation Partnership Project	第三代移动通信标准化伙伴项目
3GPP2	The 3rd Generation Partnership Project 2	第三代移动通信标准化伙伴项目 2
3M RRU	Multi-band, MIMO, Multi-Standard-Radio Remote Radio Unit	多频段、MIMO、多模远程射频单元
4G	The 4rd Generation	第四代移动通信技术
5G	The 5rd Generation	第五代移动通信技术
5GC	5G Core Network	5G 核心网
5QI	5G QoS Identifier	5G QoS 标识符
AAA	Authentication, Authorization and Accounting	鉴权、授权和计费
ACK	Acknowledgement	确认
AF	Application Function	应用功能
AMBR	Aggregate Maximum Bit Rate	聚合最大比特率
AMC	Adaptive Modulation and Coding	自适应调制编码
AMPS	Advanced Mobile Phone System	先进移动电话系统
AMS	Adaptive MIMO Switching	自适应 MIMO 切换
ANR	Automatic Neighbor Relation	自动邻区关系
AP	Access Point	接入点
ARP	Allocation and Retention Priority	分配和保留优先级
AS	Autonomous System，Access Stratum	自治系统、接入层
ATIS	Alliance for Telecommunications Industry Solutions	电信行业解决方案联盟
ATM	Asynchronous Transfer Mode	异步传输模式
AUSF	Authentication Server Function	鉴权服务功能
BBU	Base Band Unit	基带处理单元
BLER	Block Error Rate	误块率
BOSS	Business and Operation Support System	运营支撑系统
BPSK	Binary Phase Shift Keying	二相相移键控

续表

英文缩写	英文全称	中文
CAPEX	Capital Expenditure	资本性支出
CCE	Control Channel Element	控制信道单元
CCSA	China Communications Standards Association	中国通信标准化协会
CDMA	Code Division Multiple Access	码分多址
CPE	Customer Premises Equipment	客户端设备
CPRI	The Common Public Radio Interface	通用公共无线接口
CQI	Channel Quality Indicator	信道质量指示
CQT	Call Quality Test	呼叫质量测试
C-RNTI	Cell-Radio Network Temporary Identifier	小区无线网络临时标识
CS	Circuit Switched	电路交换
CSFB	Circuit Switched Fallback	电路线回落
CSG	Closed Subscriber Group	闭合用户组
CT	Core Network and Terminals	核心网和终端
CW	Continuous Wave	连续波
D-AMPS	Digital-Advanced Mobile Phone System	先进的数字移动电话系统
DC	Direct Current	直流
DCCH	Dedicated Control Channel	专用控制信道
DCI	Downlink Control Information	下行控制信息
DCS	Digital Communication System	数字通信系统
DFT	Discrete Fourier Transform	离散傅里叶变换
DL	Downlink	下行链路
DNS	Domain Name System	域名系统
DRB	Dedicated Radio Bearer	专用无线承载
DRX	Discontinuous Reception	非连续性接收
DT	Drive Test	路测
EDGE	Enhanced Data Rate for GSM Evolution	增强型数据速率 GSM 演进
EIR	Equipment Identity Register	设备标识寄存器
EMM	EPS Mobility Management	EPS 移动管理
eNB	evolved Node B	演进的 Node B
EPC	Evolved Packet Core	演进分组核心网
EPS	Evolved Packet System	演进分组系统

续表

英文缩写	英文全称	中文
E-RAB	EPS Radio Access Bearer	EPS 无线接入承载
ETSI	European Telecommunications Standards Institute	欧洲电信标准化协会
E-UTRA	Evolved Universal Terrestrial Radio Access	演进型通用陆地无线接入
E-UTRAN	Evolved Universal Terrestrial Radio Access Network	演进型陆地无线接入网
FDD	Frequency Division Duplex	频分双工
FDMA	Frequency Division Multiple Access	频分多址
FFT	Fast Fourier Transform	快速傅里叶变换
FTP	File Transport Protocol	文件传输协议
GBR	Guaranteed Bit Rate	保证比特率
GIS	Geographical Information System	地理信息系统
GPRS	General Packet Radio Service	通用分组无线服务
GPS	Global Positioning System	全球定位系统
GSM	Global System for Mobile Communications	全球移动通信系统
GUTI	Globally Unique Temporary Identity	全局唯一临时标识
HPLMN	Home PLMN	归属陆地移动通信网
HSS	Home Subscriber Server	归属签约用户服务器
ICI	Inter Carriers Interference	载波间干扰
IMS	IP Multimedia Subsystem	IP 多媒体子系统
IMT-2000	International Mobile Telecommunications-2000	国际移动通信—2000 推进组
IoT	Internet of Things	物联网
IP	Internet Protocol	互联网协议
ISI	Inter Symbol Interference	符号间干扰
ITU	International Telecommunications Union	国际电信联盟
KPI	Key Performance Indicator	关键性能指标
LDPC	Low-Density Parity-Check code	一种信道编码
LTE	Long Term Evolution	长期演进
MCS	Modulation and Coding Scheme	调制和编码方案
MIB	Master Information Block	主信息块
MIMO	Multiple Input Multiple Output	多输入多输出
MME	Mobility Management Entity	移动管理实体
MPLS	Multi-Protocol Label Switching	多协议标签交换

续表

英文缩写	英文全称	中文
MU-MIMO	Multi User-MIMO	多用户 MIMO
NACK	Negative Acknowledgement	否定应答
NAS	Non-Auess-Stratum	非接入层
NEF	Network Exposure Function	网络开放功能
NRF	Network Repository Function	网络存储功能
NSSF	Network Slice Selection Function	网络切片选择功能
OAM	Operation, Administration and Maintenance	操作维护管理
OCS	Online Charging System	在线收费系统
OFDM	Orthogonal Frequency Division Multiplexing	正交频分复用
OFDMA	Orthogonal Frequency Division Multiplexing Access	正交频分多址
OPEX	Operating Expense	运营费用
PCF	Policy Control Function	策略控制功能
PCI	Physical Cell Identify	物理小区标识
PCRF	Policy and Charging Rules Function	策略与计费规则功能单元
PDCCH	Physical Downlink Control Channel	物理下行控制信道
PDCP	Packet Data Convergence Protocol	分组数据汇聚协议
PDN	Packet Data Network	分组数据网
PDSCH	Physical Downlink Shared Channel	物理下行共享信道
PGW	PDN Gateway	PDN 网关
PHS	Personal Handy phone System	个人手持式电话系统
PHY	Physical Layer	物理层
PLMN	Public Land Mobile Network	公共陆地移动网
PMI	Precoding Matrix Indication	预编码矩阵指示
PON	Passive Optical Network	无源光网络
PRACH	Physical Random Access Channel	物理随机接入信道
PRB	Physical Resource Block	物理资源块
PSS	Primary Synchronization Signal	主同步信号
PUCCH	Physical Uplink Control CHannel	物理上行控制信道
PUSCH	Physical Uplink Shared CHannel	物理上行共享信道
QAM	Quadrature Amplitude Modulation	正交振幅调制
QCI	QoS Class Identifier	QoS 等级标识符

续表

英文缩写	英文全称	中文
QoS	Quality of Service	服务质量
RACH	Random Access Channel	随机接入信道
RB	Resource Block	资源块
RBG	Resource Block Group	资源块组
RLC	Radio Link Control	无线链路控制协议
RRC	Radio Resource Control	无线资源控制
RRM	Radio Resource Management	无线资源管理
RRU	Radio Remote Unit	射频拉远模块
RSRP	Reference Signal Receiving Power	参考信号接收功率
RSRQ	Reference Signal Received Quality	参考信号接收质量
RSSI	Received Signal Strength Indicator	接收信号强度指示
SCTP	Stream Control Transmission Protocol	流控制传输协议
SGW	Serving GateWay	服务网关
SIB	System Information Block	系统消息块
SINR	Signal to Interference and Noise Ratio	信号与干扰加噪声比
SMF	Session Mangement Function	会话管理功能
SMSF	Short Message Service Function	短消息功能
SNR	Signal to Noise Ratio	信噪比
SON	Self Organization Network	自组织网络
SONET	Synchronous Optical Network	同步光网络
SP	Service Provider	业务提供商
SR	Segment Routing	段路由
SRB	Signaling Radio Bearer	信令无线承载
SRS	Sounding Reference Signal	探测用参考信号
SSS	Secondary Synchronization Signal	辅同步信号
TA	Tracking Area	跟踪区
TAC	Tracking Area Code	跟踪区号码
TACS	Total Access Communication System	全接入通信系统
TAU	Tracking Area Update	追踪区域更新
TCP	Transmission Control Protocol	传输控制协议
TDD	Time Division Duplex	时分双工
TDMA	Time Division Multiple Access	时分多址

续表

英文缩写	英文全称	中文
UDP	User Datagram Protocol	用户数据报协议
UDM	Unified Data Management	统一数据管理
UDR	Unified Data Repository	统一的数据仓库
UDSF	Unstructured Data Storage Function	非结构化数据存储功能
UE	User Equipment	用户设备
UPS	Uninterruptable Power System	不间断电源系统
URL	Universal Resource Locator	统一资源定位器
USIM	Universal Subscriber Identity Module	用户业务识别模块
VLAN	Virtual Local Area Network	虚拟局域网
WAP	Wireless Application Protocol	无线应用协议

参考文献

1. 刘海林，林延. 5G无线网络优化流程及策略分析[J]. 电信快报，2019(11):20-23.
2. 林延. 大数据在网络优化中大有可为[N]. 人民邮电报，2014-09-18(6).
3. 张文俊，吴刚. LTE下行吞吐率的影响因素及优化方法[J]. 电信快报，2015(10):36-39.
4. 陈震. 切换对LTE网络的影响及优化策略的研究[J].工业B，2015(3):144.
5. 赵鑫彦. 面向5G的无线网络评估及测试方法研究 [J]. 电信快报，2019(11):38-39.
6. 朱晨鸣，王强，李新. 5G关键技术与工程建设[M]. 北京：人民邮电出版社，2019.
7. 龚陈宝，刘海林. LTE 800M非标带宽创新研究与应用[J]. 电信快报，2020(1):38-41.
8. 王强，刘海林，李新，等. TD-LTE无线网络规划与优化实务 [M]. 北京：人民邮电出版社，2018.
12. IMT-2020(5G)推进组.5G-Advanced通感融合场景需求研究报告[R].2022-07.
13. IMT-2020(5G)推进组.5G-Advanced通感融合网络架构研究报告[R]. 2022-11.
14. IMT-2020(5G)推进组.5G-Advanced通感融合空口技术方案研究报告[R]. 2024-04.
15. 龚陈宝. 高铁场景5G覆盖策略研究[J]. 江苏通信, 2023, 39(5): 17-19.
16. 万菁晶，赵杰卫，刁枫，等. 4/5G网络协同优化的主要问题及应对策略[J]. 电子工程学院学报, 2020.